中华伦理
源远流长
东方古碧
泽证万方

　　　　罗国杰

时年九十有六
丙戌友

《中华伦理范畴丛书》总序

张立文

"内修则外理，形端则影直"。由山东曲阜孔子研究院发起编纂《中华伦理范畴》丛书，准备从中华民族传统伦理道德中撷取60个重要德目，并对每个德目自甲骨金文以至现代，进行全面系统研究，以凸显篡文本之梳理，明演变之理路，辨现代之意义，立撰者之诠释的价值。撰写者探赜索隐，钩深致远，编纂者孜孜矻矻，兀兀穷年，为弘扬中华伦理精神和道德建设做出了贡献。

一、

何谓伦理？何谓道德？讲中华伦理不能不明乎此。从词源涵义来看，伦的本义是辈、类的意思。《说文》："伦，辈也。从人，侖声。一曰道也。"段玉裁注："伦，引申之谓同类之次曰辈。"《礼记·曲礼下》："儗人必于其伦。"郑玄注："伦，犹类也。"理的本意是条理，引申为道理。《说文》："理，治玉也。从玉，里声。"《说文解字系传校勘记》引徐锴说："物之脉理惟玉最密，故从玉。"理的本义是指玉、石的纹理。工匠依玉石的固有纹理，加以剖析雕琢，便是治玉，或曰理玉。天有天理，地有地理，人有人理，社会有条理，人事有事理，各有其理，便引申为原理。伦理的义蕴便是指事物的道理。《礼记·乐记》："乐者通伦理者也。"郑玄注："伦犹类也，理分也。"[①] 即为伦

《中华伦理范畴》丛书编委会

主　　任：傅永聚
副 主 任：孙文亮　　张洪海
编　　委：成积春　　陈　东　　马士远　　任怀国　　修建军
　　　　　曹　莉　　王东波　　李　建　　王幕东　　周海生
　　　　　滕新才　　曾　超　　曾　毅　　曾振宇　　傅礼白
　　　　　仝晰纲　　查昌国　　于云翰　　张　涛　　项永琴
　　　　　李玉洁　　任亮直　　柴洪全　　董　伟　　孔繁岭
　　　　　陈新钢　　李秀英　　郑治文　　刘厚琴　　李绍强
　　　　　张亚宁　　陈紫天　　刘　智　　朱爱军　　赵东玉
　　　　　李健胜　　冀运鲁　　邱仁富　　齐金江　　王汉苗
　　　　　王　苏　　张　淼　　刘振佳　　冯宗国　　孔德立
　　　　　刘　伟　　孔祥安　　魏衍华　　王淑琴　　王曰美
　　　　　何爱霞　　李方安　　孙俊才　　张生珍　　赵　华
　　　　　赵溢阳　　张纹华
总　　编：傅永聚　　韩钟文　　曾振宇
副 总 编：胡钦晓　　成积春　　陈　东

第二函主编：傅永聚　成积春　齐金江

国家社会科学基金项目

《中华伦理智慧与当代心态伦理研究》(07BZX048)

结题成果之一

中庸

中国社会科学出版社

图书在版编目(CIP)数据

中华伦理范畴丛书．第2函／傅永聚等主编．—北京：中国社会科学出版社，2012.12
 ISBN 978-7-5161-0803-1

Ⅰ.①中… Ⅱ.①傅… Ⅲ.①伦理学—研究—中国
Ⅳ.①B82-092

中国版本图书馆 CIP 数据核字(2012)第 079380 号

出 版 人	赵剑英	
责任编辑	冯春凤	
责任校对	林福国等	
责任印制	王炳图	

出　　版	中国社会科学出版社	
社　　址	北京鼓楼西大街甲 158 号（邮编 100720）	
网　　址	http://www.csspw.cn	
	中文域名：中国社科网　010-64070619	
发 行 部	010-84083685	
门 市 部	010-84029450	
经　　销	新华书店及其他书店	
印　　刷	北京华联印刷有限公司	
装　　订	北京华联印刷有限公司	
版　　次	2012 年 12 月第 1 版	
印　　次	2012 年 12 月第 1 次印刷	
开　　本	880×1230　1/32	
总 印 张	130.125	
插　　页	2	
总 字 数	3336 千字	
总 定 价	390.00 元（全九册）	

凡购买中国社会科学出版社图书，如有质量问题请与本社联系调换
电话：010-64009791
版权所有　　侵权必究

《中华伦理范畴》丛书总序

张立文

"内修则外理，形端则影直。"由山东曲阜孔子研究院发起编纂《中华伦理范畴》丛书，准备从中华民族传统伦理道德中撷取60个重要德目，并对每个德目自甲骨金文以至现代，进行全面系统研究，以凸显集文本之梳理、明演变之理路、辨现代之意义、立撰者之诠释的价值。撰写者探赜索隐，钩深致远，编纂者孜孜矻矻，兀兀穷年，为弘扬中华伦理精神和道德建设作出了贡献。

一

何谓伦理？何谓道德？讲中华伦理不能不明乎此。从词源涵义来看，伦的本义是辈、类的意思。《说文》："伦，辈也。从人，仑声。一曰道也。"段玉裁注：伦，引申之谓"同类之次曰辈"。《礼记·曲礼下》："儗人必于其伦。"郑玄注："伦，犹类也。"理的本义是条理，引申为道理。《说文》："理，治玉也。从玉，里声。"《说文解字系传校勘记》引徐锴说："物之脉理唯玉最密，故从玉。"理的本义是指玉、石的纹理。工匠依玉石的固有纹理，加以剖析雕琢，便是治玉，或曰理玉。天有天理，地有地理，人有人理，社会有条理，人事有事理，各有其理，便引

1

申为原理。伦理的义蕴便是指人、事、物的道理。《礼记·乐记》："乐者通伦理者也。"郑玄注："伦犹类也，理分也。"[①] 即为伦类理分。

在一般意义上，伦理与道德紧密联系，伦理以道德为自己的研究对象，道德通过伦理而呈现，道的初义是指道路，《说文》："道，所行道也……一达谓之道。"道是人所经行的通达一定目的地的道路。道既是主体实存的人行走出来的，也是指引主体实存要到达一定地方而不发生偏差的必经之路，由此而引申为一种必然趋势，或人们必须遵守的原则和原理；道有起点和终点，其间有一定距离的路程，而引申为事物变化运动的过程。道的这种隐然的可被引申的可能性，随着人们在社会实践中对主体和客体体认的加深，道的隐然的内涵亦渐渐显示出来，而成为中华民族哲学思想的最重要的范畴。

道无见于甲骨文而见于金文，德有见于甲骨。[②] 金文《毛公鼎》在甲骨文"⿰彳罒"（郭沫若：《殷契粹编》八六四，1937年拓本）的基础上加"心"字，作"德"。假如说甲骨文德意蕴着循行而前视，或行走而上视，那么，金文德字意味着人对自身行为和视觉认知的深入，譬如视什么？如何走？到那里？都与能想能思的心相联系，古人以心为五官之君，受心的支配，故演为《毛公鼎》的字形，于是《秦公钟》便作"德"，即为德字；又舍"彳"，《侯马盟书》作"惪"，《令孤君壶》作"悳"，"惪"或"悳"字，即古之德字。由"德"与"悳"的分别，《说文》训德为"升"，属彳部。段玉裁《说文解字注》："升当作登。《辵部》曰：'迁，登也。'此当同之……今俗谓用力徒前曰德，古语也。"又《说

[①] 《乐记》，《礼记正义》卷37，《十三经注疏》，中华书局1980年版，第1528页。

[②] 参见拙著《和合学概论——21世纪文化战略的构想》，首都师范大学出版社1996年版，第684页。

文·心部》训"悳，外得于人，内得于己也。从直从心。"德与悳同。《礼记·曲礼上》："道德仁义，非礼不成。"《韩非子·五蠹》："上古竞于道德，中世出于智谋，当今争于气力。"既有通物得理之意，又有协调人间修德的竞争之意。

追究伦理道德之词源含义，是为了明伦理道德意义之真。然由于时代的差异，价值观念的不同，各理解者、诠释者见仁见智，各说齐陈。或谓道德是指"人类现实生活中由经济关系所决定，用善恶标准去评价，依靠社会舆论、内心信念和传统习惯来维持的一类社会现象"[1]；或谓"道德是行为原则及其具体运用的总称"[2]；或谓"道德则就个人体现伦理规范的主体与精神意义而言"，"道德则重个人意志的选择"，"道德可视为社会伦理的个体化与人格化"[3]；或谓道德是"一种社会意识形式，是规定人们的共同生活和行为、调整人际之间和个人与社会之间的关系的原则、规范的总和"[4]。各人依据自己的体认，而有其合理性和时代的需要，但都就人与人、人与社会的关系来规定道德的内涵。

就伦理而言，或谓伦理是表示有关道德的理论，伦理学是以道德作为自己的研究对象的科学。[5] 或谓"伦理学（ethǒs）是哲学的一个分支。它研究什么是道德上的善与恶、是与非。伦理学的同义语是道德哲学。它的任务是分析、评价并发展规范的道德标准，以处理各种道德问题"[6]；或谓伦理就人类社会中人际关

---

[1] 罗国杰主编《伦理学》，人民出版社1989年版，第7页。
[2] 张岱年：《中国伦理思想研究》，上海人民出版社1989年版，第3页。
[3] 成中英：《中国伦理精神的历史建构序》，江苏人民出版社1992年版，第2页。
[4] 黄楠森、夏甄陶主编《人学词典》，中国国际广播出版社1990年版，第423页。
[5] 罗国杰主编《伦理学》，人民出版社1989年版，第4页。
[6] 《简明不列颠百科全书》第五卷，中国大百科全书出版社1986年版，第456页。

系的内在秩序而言，它侧重社会秩序的规范，可视为个体道德的社会化与共识化；①或谓伦理学是哲学的一个分支学科，即关于道德的科学。伦理是中国古代用以概括人与人之间的道德原则和规范的。②这些规定涉及社会秩序的规范和人与人之间的道德原则，以及善与恶、是与非的道德标准等问题，有其合理性；又以伦理学是哲学的分支学科，乃是根据学科分类来规定，它不属于伦理学内涵的表述。

现代西方伦理学，学派纷呈。如胡塞尔、舍勒、哈特曼的现象学价值伦理学；海德格尔、萨特的存在主义伦理学；弗洛伊德的精神分析伦理学；詹姆士、杜威的实用主义伦理学；鲍恩、弗留耶林、布莱特曼、霍金的人格主义伦理学；马里坦的新托马斯主义伦理学；弗罗姆的人道主义伦理学；弗莱彻尔的境遇伦理学；斯金纳的行为技术伦理学；马斯洛的自我实现伦理学。③就伦理学的方法而言，自英国亨利·西季威克1874年出版《伦理学方法》以来，它作为确证和建构伦理精神的价值合理性方法，说明伦理精神价值合理性方法的核心是价值选择和主体行为的程序合理性，是人们据以确定"应当"做什么或什么为"正当"的合理程序。西季威克所阐述的"自我本位"的价值合理性方法曾是英语世界中影响最大的道德哲学文献。然而，马克斯·韦伯《新教伦理与资本主义精神》的出版，却为确证伦理精神的价值合理性提供一种超越西季威克的新视野、新方法。韦伯认为，确证伦理精神价值合理性的标准和方法，是伦理与经济、社会发展的关系，以及主体所遵循的普遍的行为准则。这样便转西

---

① 成中英：《中国伦理精神的历史建构序》，江苏人民出版社1992年版，第2页。

② 《中国大百科全书·哲学卷》，中国大百科全书出版社1987年版，第515页。

③ 参见万俊人《现代西方伦理学史》，北京大学出版社1992年版。

季威克式行为的目的或效果的合理性为韦伯式的主体所遵循的行为准则的普遍性及其合理性,即转"伦理本位"为"关系本位"。被称为第二次世界大战后伦理学、政治哲学领域中最重要的理论著作的约翰·罗尔斯的《正义论》,他要在伦理与政治、伦理与经济等关系中建构"正义",作为社会的共同准则的普遍价值合理性。由于规则的普遍性与合理性,都必须在"关系"中确立,使罗尔斯陷入了两难;他在价值合理性的确证上超越了自我本位的抽象,却陷入了关系本位的抽象;他追求某种现实的具体,却陷入历史的抽象。这种"关系抽象",也是现代西方伦理学的价值方法内在的局限。针对这种局限,阿拉斯戴尔·麦金太尔诘难:"谁之正义?何种合理性?"麦金太尔认为,在历史传统和现实生活中,存在多种对立的正义和互竞的合理性,正义和合理性是一个历史的概念,没有超越一定历史传统的正义和共同体的普遍价值。伦理价值及其合理性,关键是主体的道德品质(美德),否则一定价值都不能成为行为准则。麦金太尔认为,罗尔斯的正义论缺乏人格或品质的解释力,传统的多样性使正义和价值合理性也具有多样性。尽管麦氏试图解构罗氏以正义为一种伦理价值的普遍性和合理性,即现实的合理性,而寻求真正的合理性,但麦氏自己却从罗氏的现实的"关系抽象"走入了历史的"关系抽象",最后回归亚里士多德以"美德"确证价值的合理性和现实性。[1]

21世纪的伦理学和伦理精神的价值合理性,应度越人类本位主义的存在主义的、精神分析的、实用主义的、人格主义的、新托马斯主义的、人道主义的、行为技术的、自我实现的伦理学,这种伦理学是在人类中心主义的观照下,把人与政治、经济、宗

---

[1] 参见樊浩《伦理精神的价值生态》,中国社会科学出版社2001年版,第2—7页。

教、人际的关系合理性作为伦理精神价值;也要度越伦理精神的价值合理性的利己主义、直觉主义、功利主义的"自我本位",以及"关系本位"的伦理学方法。之所以要度越,是因为其"天地万物与吾一体"的观念的缺失,是"天地之塞,吾其体;天地之帅,吾其性。民吾同胞,物吾与也"[①]伦理价值合理性的丧失,而要建构"天人和合","天人共和乐"的伦理精神的价值合理性。

笔者曾在《和合学概论——21世纪文化战略的构想》一书中,提出道德和合与和合伦理学,便是企图弥补这些缺失,建构自然、社会、人际、心灵、文明间融突的和合伦理精神的价值合理性。在道德和合与和合伦理学的视阈中,道德不仅是人与人、人与社会、人的心灵及文明间关系伦理精神原则和行为规范,而且是人与宇宙自然间关系的伦理精神原则和行为规范。基于此,笔者规定道德是指协调、和谐人与自然、人与社会、人与人、人的心灵、不同文明间融突而和合的总和。

道德与伦理,两者不离不杂。伦理是指人与自然、人与社会、人与人、人的心灵、各文明间关系的伦辈差分中而成的次序和谐的道理、理则价值的合理性的和合。如孟子说:"人吃饱了,穿暖了,住得安逸了,如果没有教育,就与禽兽差不多。"圣人为此而忧虑,便派契做司徒的官,来管理教育,用人之所以为人的伦理价值合理性和行为规范来教化人民。"教以人伦:父子有亲,君臣有义,夫妇有别,长幼有序,朋友有信。"[②]父子、君臣、夫妇、长幼、朋友的辈分及其之间的差分,这便是伦辈或"名分";亲、义、别、序、信,这就是伦辈之间关系的理则、道理或规范,它体现了伦理关系及其行为的价值合理性和中华民族的伦理精神。

---

① 《正蒙·乾称篇》,《张载集》,中华书局1978年版,第62页。
② 《滕文公上》,《孟子集注》卷五,世界书局1936年版,第39页。

二

中华民族伦理精神的价值合理性的合理性，就在于与时偕行的社会历史发展中，以其伦理精神价值的具体合理性适应现实社会的伦理道德的需要。现实应然需要的，就是合理的；但合理的，不一定就是现实需要的。中华伦理精神的价值合理性是在现实社会不断发展中不断丰富完善的。

（一）道废与伦理

伦理道德是现实社会政治、经济、文化精神之本，本立则道生；现实社会政治、经济、文化精神废，即断裂，则"道"亦废。由于其道废，使社会政治、经济、文化破缺和动乱，社会失序、政治失衡、伦理失理、道德失德，便要求建设伦理精神和行为规范。老子说："大道废，有仁义。""六亲不和，有孝慈，国家昏乱，有忠臣。"[①] 大道被废弃，才有仁义道德的建构；父子、兄弟、夫妇的不和睦，才要求孝慈道德的建构；国家陷于动乱，就需要有忠臣的道德。这里仁义、孝慈、忠是为了化解大道废、六亲不和、国家昏乱的道德伦理缺失和紧张的需要，这种需要是伦理精神的价值合理性应有之义。所以老子表述为"失道而后德，失德而后仁，失仁而后义，失义而后礼"[②]。这个失道、失德、失仁、失义的次序，不一定合理，但由其缺失而需要弥补、重建，这是与价值合理性相符合的。

孔老时处"礼崩乐坏"的时代，社会无序，伦理错位，臣弑其君，子弑其父，重利轻义。孔子对于这种违反伦理道德和礼

[①] 《老子》第18章。
[②] 《老子》第38章。

乐典章的事件，非常气愤：是可忍，孰不可忍！他要求做君主的要像君主的样子，做臣子的要像做臣子样子，做父亲的要像做父亲的样子，做儿子的要像做儿子的样子。这就是说君君、臣臣、父父、子子，各行其道，各尽其责，各安其位，各守其礼，这便是其伦辈名分的价值合理性。孔子对于传统伦理道德的破坏、断裂，既表示了强烈的不满，又显示了严重的忧患。作为当时维护国家秩序的典章制度的礼乐，既是社会伦理精神的体现，亦是人们行为规范。鲁大夫季孙氏僭用天子的礼乐。按当时的规定奏乐舞蹈，天子为八佾64人，诸侯六佾48人，大夫四佾32人（佾，朱熹注："舞列也，天子八，诸侯六，大夫四，士二。每佾人数，如其佾数，或曰每佾八人，未详孰是。"一是每佾人数与佾数相等；二是每佾人数固定为八人，不受佾数而变化。现一般采用后说，并以服虔《左传解谊》："天子八人，诸侯六八，大夫四八，士二八"为是）。季氏作为大夫只能用四佾，而他"八佾舞于庭"，是严重违制的行为。同时仲孙、叔孙、季孙三家，在祭祀祖先时僭用天子的礼，唱着只有天子祭祀时才能唱的《雍》这篇诗来撤除祭品。这是违反伦理精神和行为规范的非合理性的活动，孔子对此持严肃的批判态度，而试图重建伦理精神和道德价值的合理性。为此，孔子重视"正名"，他在回答子路治国以什么为先时说，要以纠正名分上的不合理为先，这是因为"名不正，则言不顺；言不顺，则事不成；事不成；则礼乐不兴；礼乐不兴，则刑罚不中；刑罚不中，则民无所措手足"[1]。名分上的不合理性就是指当时"礼崩乐坏"的季氏八佾舞于庭、觚不觚、君臣父子等违戾礼乐价值的不合理性的行为活动，这就造成了言语不顺理、事业不成功、礼乐不兴盛、刑罚不得当、人民的手足无所措的情境，社会就不会和谐安定。

---

[1]　《子路》，《论语集注》卷七，世界书局1936年版，第54页。

(二) 治心与治身

老子、孔子用正、负不同的方面批判"礼崩乐坏"的典章制度和伦理道德的价值不合理性,并从不同方面试图建构伦理精神和行为规范的价值合理性。尽管他们各自作出了努力和贡献,但无能为力作出超越时代情势的改变,因而当时收效甚微。然而随着时代的发展,孔子儒家的伦理精神和行为规范逐渐显现其价值的合理性。

就德礼教化与法律刑政而言,孔子做了一个诠释:"子曰:道之以政,齐之以刑,民免而无耻;道之以德,齐之以礼,有耻且格"①。"道"作"导",引导;政指法制禁令;礼指制度品节。《礼记·缁衣篇》载,子曰:"夫民,教之以德,齐之以礼,则民有格心;教之以政,齐之以刑,则民有遁心。"管理国家和人民,以政法来引导,用刑罚来齐一,人民只是避免罪恶,而没有廉耻;用道德来教导,以礼乐来齐一,人民不但有廉耻心,而且人心归服。"为政以德,譬如北辰,居其所而众星共之。"②以道德来管理国政,就好像北斗星一样,众星都围绕着它,归顺它。意谓用道德价值力量来感化人民,而不用繁刑重罚,人民自然归顺。

政刑是外在法制禁令和刑罚,属于他律,是对于人民违犯法制禁令行为的处理,刑罚加诸身,要受皮肉之苦,人们不再受牢狱之苦而逃避犯罪,可能起到治身的功效,但不能治心,没有道德的廉耻心,就没有道德礼教的自觉,还可能重新犯罪或作出违反典章制度、伦理道德的事。德礼的教化和引导,是培养人民道德操行品节的自觉性,使其自觉向善,自然不会作出触犯法制禁

---

① 《为政》,《论语集注》卷一,世界书局1936年版,第4—5页。
② 同上。

令和违戾礼乐制度的行为，自觉做到非礼勿视，非礼勿听，非礼勿言，非礼勿动，便能"克己复礼为仁"[①]。克制自己，使自己的视听言动都符合礼，就是仁。克制自己就属于自律，自律依靠道德自觉，而不靠他律法制禁令；克制自己是治心，树立善的道德伦理价值观，法制禁令只能治身，治身并不能辨别善恶是非，而不能不作出违反礼乐的行为；治心是治内，心是视听言动行为活动的支配者，有仁爱之心，有"己所不欲，勿施于人"的善心，这是根本、大本。治身是治外，外受制于内，所以治身相对治心而言是枝叶，根深叶茂，根固枝壮。这就是为什么需要培育伦理精神、行为规范的价值合理性的所在。

（三）民族与世界

在当前经济全球化，技术一体化、网络普及化的情境下，西方强势文化以各种形式、无孔不入地横扫全球，东方及其他地区在西方强势文化的冲击下，逐渐被边缘化，乃至丧失了本民族传统文字语言，一些国家、民族在实行言语文字改革的旗号下，走向西化，造成本民族传统文化的断裂，年青一代根本看不懂本国、本民族古代语言文字、经典文本、史事记载。一个民族、国家的思想灵魂的载体，民族精神的传承，自立的根本，是与这个国家、民族的固有传统文化分不开的。民族传统文化载体的丧失和断裂，随之而来的是这个民族的民族精神和民族之魂的沦丧，民族之根的枯萎。一个无根的民族，无民族精神的民族，无民族之魂的民族，只能成为强势民族的附庸，其民族精神、民族之魂也会被强势民族精神、民族之魂所代替。从世界多元文化而言，这种趋势的持续，是可悲的。

一个无文化之根的民族，其价值观念、伦理道德、思维方

[①] 《颜渊》，《论语集注》卷六，世界书局1936年版，第49页。

式、乃至风俗习惯（包括传统节日）都可能被强势文化的价值观念、伦理道德、思维方式、风俗习惯所代替。当下所说的与世界接轨，实乃与西方强势文化接轨，这种接轨的结果，若按西方二元对立的思维定势来观照，必然导致非此即彼、你死我活的格局，强势文化要吃掉、消灭弱势文化，名之曰生存竞争，适者生存，为其强食弱肉的合理性作论证。民族精神、民族之魂，是这个民族之所以成为这个民族的根本标志，是这个民族主体性的凸显。世界是多元的，民族文化是多彩的。在世界文化的百花园中，多元民族文化竞放异彩，构成了绚丽多姿、生气盎然境域。这就是说，各民族文化思想、价值观念、伦理道德、思维方式、风俗习惯都是世界百花园中的一员或一份子，尽管当前有大小、强弱、盛衰之别，但应该互相尊重、谅解、友好、帮助，做到和生和长、和立和达。假如世界文化百花园中只有一花独放，只有一种文化思想、价值观念、伦理道德、思维方式、风俗习惯，那么，这个世界就是"声一无听，色一无文，味一无果，物一不讲"① 的世界，不仅是可悲的，而且必走向毁灭。从这个意义上说，民族的即是合理的，多元的即是合法的。换言之，民族的即是世界的，世界的即是民族的，若无民族的也即无世界的。这就是民族精神和行为规范的价值合理性。

（四）传统与现代

自近代以降，西方列强疯狂地、卑鄙地侵略中华民族。中华民族出于人道主义的要求而抵制鸦片毒品贸易，西方列强竟然发动鸦片战争，中国被迫签订丧权辱国的不平等条约。此后各西方列强纷纷发动侵略战争，迫使清政府签订一个又一个丧权辱国的不平等条约，这就极大地刺痛中华民族，一批具有"国家兴亡，

---

① 《郑语》，《国语集解》卷十六，北京，中华书局2002年版，第472页。

匹夫有责"的使命感和担当感的有识之士，为救国救民，由君主立宪的变法而转为推翻君主专制的革命，他们的思想武器既有"中体西用"的，也有"西体中用"的。到了五四运动，他们在西方科学和民主的旗帜下，提出了"打倒孔家店"和"文学革命"、"道德革命"的口号，激烈地批判和打倒孔子和传统文化，这样便掀起了古今、中西、新旧之辩，实即传统与现代的论争。

陈独秀以非此即彼、二元对立的思维，提出："要拥护那德先生，便不得不反对孔教、礼法、贞节、旧伦理、旧政治；要拥护那赛先生，就不得不反对旧艺术、旧宗教；要拥护德先生又要拥护赛先生，便不得不反对国粹和旧文学。"① 在左拥护、右拥护西方科学和民主的同时，便已承诺了西方科学和民主伦理精神和行为规范的价值合理性和合法性，否定了中华民族传统文化思想、伦理道德、文学艺术、政治礼法的价值合理性。在西方科学和民主的热潮中，中华民族的传统文化，特别是儒学面临着情感化的无情的打倒和批判。鲁迅在《狂人日记》中说：我翻开历史一查，"每页上都写着'仁义道德'几个字。我横竖睡不着，仔细看了半夜，才从字缝里看出字来，满本都写着两个字是'吃人'！"为此，打"孔家店"的老英雄吴虞便说："孔二先生的礼教讲到极点，就非杀人吃人不成功，真是惨酷极了！一部历史里面，讲道德说仁义的人，时机一到，他就直接间接的都会吃起人肉来了。"② 中华民族传统的"仁义道德"，不仅不具有价值合理性，而且是杀人吃人的"软刀子"和凶手！

在这种情境下，人们不可避免地把中华民族传统的"仁义道德"与西方现代的科学民主对立起来，在此两者之间，只能

---

① 陈独秀：《陈独秀文章选编》，三联书店1984年版，第317页。
② 《对于礼孔问题之我见》、《吴虞集》，四川人民出版社1985年版，第241页。

采取拥护一方而反对另一方的立场，而不能有其他选择，这就使中华民族自身的主体文化受到无情的炮轰。然而破了所谓"旧伦理"、"旧文学"、"国粹"、"旧艺术"，由什么新伦理、新国粹、新艺术等来代替？其实文化、伦理、礼乐、文学、艺术就像黄河之水，大化流行，生生不息。传统文化的破坏，就像黄河的断流，不流的黄河就不成为黄河，中华民族丧失了传统文化，亦即不成为中华民族。民族文化是一个民族的标志和符号，是这个民族的民族精神的表现，是这个民族的民族之魂的载体。中华民族与其自身传统文化、伦理道德、价值观念、行为方式、风俗习惯等的关系，犹如人自身与其影子的关系，我们不能做"出卖影子的人"。德国一个年青人为了从魔术师那里换取"福神的钱袋"，他出卖了自身无价之宝的影子，他虽然得到了用之不竭的钱袋，在金榻上睡觉，人们称他为伯爵先生，挽着美人的手臂散步，但他见不得阳光、月光乃至灯光，当人们发现他没有影子时，就会离开他，孩子们非难他，把他看成是没有影子的怪物。他终日忧心忡忡，毫无快乐可言，也失去了一切幸福，最后他宁愿放弃一切，不惜任何代价也要把影子赎回来。① 我出生在浙江温州，少时候大人告诉我们小孩，千万不要丢掉自己的影子，若丢了影子，就是给魔鬼摄去了，人就死了。所以小孩们在有光地方走路，总要回头看看自己的影子在还不在。这个"故事"启示我们：人不能为了钱财而出卖影子，换言之，一个民族也不能为了某种利益的需要而丢掉传统文化、民族之魂。

其实，一个民族的传统文化、民族精神、民族之魂已潜移默化地渗透到这个民族大众的血液里、行为中。它像孔子所说的

---

① [德]阿德贝尔特·封·沙米索（1781—1838）是德国浪漫主义作家。《出卖影子的人》（原名《彼得·史勒密的奇怪故事》），人民文学出版社1987年版。

"不舍昼夜"地与时偕行，不断地吮吸中外古今的文化资源，融突而和合为新思想、新观念或新儒学等。从"逝者如斯夫"来观照，每个阶段、时期的文化，都既是传统的又是现代的，至今概莫能外。因此，传统与现代决非断裂的两橛，亦非无关联的两极。传统与现代的核心及其关节点是人，"人是会自我创造的和合存在"。当现代人在体认传统文化、解读传统文本、诠释话题故事时，就赋予了传统文化、传统文本、话题故事现代性，从这个意义上说，传统的即是现代的，传统的伦理精神和行为规范便蕴涵着现代的价值合理性。

在道废与伦理、治心与治身、民族与世界、传统与现代的相对相关、冲突融合中，显示了中华民族伦理精神和行为规范价值的现代性、合理性和适应性。这就是说，虽然为道屡迁，但能唯变所适。中华民族的伦理精神和行为规范在与时偕行的诠释中，不断地开出新意蕴、新内涵，而成为当今需弘扬的伦理精神和行为规范。

三

中华民族伦理精神和行为规范既在现代理性法庭上宣布了自己价值的合理性，那么，价值合理性必须在伦理精神和行为规范中寻找自己适当的或应有的位置，以表现自己的内涵、性质、价值和功能。山东曲阜孔子研究院发起编纂《中华伦理范畴》丛书，从中华民族伦理道德中撷取仁爱忠恕礼义、廉耻中信和合、善勇敬慈诚德、孝悌勤俭修志、圣公洁贞敏惠、乐毅庄正平温、友强容智道顺、良格省新恭直、博节健实恒明、忧质行美刚气等60个德目进行探讨研究，有致广大而尽精微之志，求弘道统而高素质之效，其志其效可敬可佩。

作为总序，不可能简述此60个德目，而只能从中华民族伦理范畴的"竖观"、"横观"、"合观"的"三观"中，呈现中华民族伦理精神和60个德目的特质：即伦理范畴的逻辑结构性，范畴的思维整体性，范畴的形态动静性，范畴历时同时的融合性，范畴的内涵生生性，构成了中华民族伦理精神和行为规范价值合理性的谱系和血脉。

(一) 伦理范畴的逻辑结构性

伦理范畴的逻辑结构，并非是观念、心意识或瞬间的杜撰，也非凭空的想象，而是中华民族长期对于人与自然（宇宙）、人与社会、人与人、人的心灵之间融突以及其互相交往活动的协调、和谐的体认，是对于国与国、民族与民族、文明与文明之间交往活动融突而后和合、平衡协调处置的体悟，而后提升为伦理概念范畴。

中华民族伦理范畴尽管多元多样，但有其一定的逻辑结构。所谓逻辑结构是指中华民族概念范畴的逻辑发展及诸范畴间内在的联系，是在一定社会经济、政治、文化、思维结构中，所构建的相对稳定的结构方式。[①] 伦理作为一种理论思维形态和行为交往规范，是凭借概念、范畴、模型等逻辑结构形式，有序地整合各信息的智能过程。伦理概念既显现了生存世界事物元素的类别形态，又体现了意义世界意义主体的价值追求，这才是合理的，才能在逻辑世界（可能世界）中现实地存在着，并释放其虚拟功能。范畴是概念的类，它间接地显现生存世界事物类别之间的关系，体现意义世界中的价值追求，呈现逻辑世界中的合用原则。伦理范畴只有满足两方面需求，才是合用的：一是在体认上显现了事物类别形态间的关系网络；二是在践行上体现了意义主体对价值的追求。否则范畴将被主体从智能活动中淘汰出去，成

---

① 参见拙著《中国哲学逻辑结构论》，中国社会科学出版社1989年版，2002年修订版，第1—57页。

为纯粹的、历史的文字形式。

中华民族伦理精神和行为规范价值合理性宗旨，是止于和合、和谐。和合、和谐是伦理精神的价值核心。由此核心而展开伦理范畴的逻辑次序，按照和合学的"三观"法，伦理范畴是遵循人心——家庭——人际——社会——世界——自然的顺序逻辑系统。《大学》"在明明德，在亲民，在止于至善"三纲领和格物、致知、诚意、正心、修身、齐家、治国、平天下八条目中，其修身以上属内圣修养功夫，正心以上又可作为所以修身的内容和根据，修身以下是外王功夫，是可践履的措施。修身是从内圣至外王的中介，它把内圣与外王"直通"起来，而没有"曲成"的意蕴。诚意、正心是修心的伦理范畴。

人心是中华民族伦理范畴逻辑结构顺序的起点、关键点。朱熹认为君主正心就能正朝廷，朝廷正就能正百官，百官正就能正万民，万民正就能正天下。淳熙十五年（1188），朱熹借"入对"之机，要讲"正心诚意"，朋友们劝戒说"'正心诚意'之论，上所厌闻，戒勿以为言，先生曰：'吾生平所学，惟此四字，岂可隐默以欺吾君乎！'"[①] 朱熹认为帝王的心术是天下万事的大根本，国家盛衰、政治好坏、社会邪正均取决于帝王的心术。他说："人主之心一正，则天下之事无有不正，人主之心一邪，则天下之事无有不邪。如表端而影直，源浊而流污，其理必然者。"[②] 又说："故人主之心正，则天下之事无一不出于正，人主之心不正，则天下之事无一得由于正。"[③] 朱熹出于忧患意识，而直指正君心，以此为大根本。对于每个人来说，心也是自己为人处事的大根本，心的邪正、善恶是支配自己行为活动的原动

---

① 黄宗羲：《晦翁学案》，《宋元学案》卷四十八，第1498页。
② 《己酉拟上封事》、《朱熹集》卷十二，四川教育出版社1996年版，第490—491页。
③ 《戊申封事》、《朱熹集》卷十一，第462页。

力，心善而行善，心正而行正，心邪而行邪，心恶而行恶。

孟子从性善出发，主张"人皆有不忍人之心，先王有不忍人之心，斯有不忍人之政"①。什么是不忍人之心？孟子举例说，有人突然看见一个小孩要跌到井里去，人人都会有同情心，这种怵惕恻隐的心，不是为了与小孩的父母结交，也不是为了在乡里朋友中博取名誉，亦不是厌恶小孩的哭声，而是出于每个人都普遍具有的怜恤别人的心情。这样看来，如果一个人没有同情心、羞耻心、辞让心、是非心，简直不是个人。此四心依次便是仁、义、礼、智的萌芽。这是从尽心知性、存心养性的视阈来讲心的。心应具有仁、义、礼、智、正、诚、爱、志、善的伦理道德范畴。这些范畴既是人的心性修养，也是处理人与自然、社会、人际、心灵、文明间交往的原则、规范。

仁与义，是指族类情感与合宜理性。中华民族生存方式是在族类群体性交往活动中实现族类亲情或泛爱众，"人皆有不忍人之心"，便是仁者爱人的世俗族类情感的内在心性根据。人从自我主体或类主体出发，施爱于他者或天地万物，构成他者和天地万物一体之仁的系统。在人类仁爱的情感中，蕴涵着人在天地万物中主体伦理价值的实现。义是指个体和类主体施爱于自我、他人、自然、社会、文明的"合当如此"和有序有度的合宜，是伦理价值的合理性。此其一。其二，仁与义是指为人的价值取向与为我的价值取向。仁为爱人，爱他人、他家、他国。义是端正自我，注重自我道德、人格、情操的修养。从伦理精神来观，仁是由内在心性外推，由己及人及物，义是由外在需求而内化端正自我。其三，仁与义是指理想人格与价值标准。作为仁人在任何情况下都不违仁，乃至"杀身成仁"。义是当个体利益与整体利益发生冲突时，为实现伦理价值理想，而"舍生取义"。

---

① 《公孙丑上》，《孟子集注》卷三，世界书局1936年版，第24页。

诚,《大学》讲诚意、意诚。朱熹注:"诚,实也。意者,心之所发也。"他在《中庸》注中说:"诚者,真实无忘之谓。"人之伦理道德意识应是诚实不欺之心,即真心,从真心出发而有真言、真行,而无谎言、欺诈。无论是程颐说诚应"实有是心",还是王守仁说的"此心真切",都是指真心实意。

真诚的伦理精神是止于善。朱熹说:"实于为善,实于不为恶,便是诚。"① 真实无妄的心,即是善心。孔子讲"己所不欲,勿施于人"的心,孟子讲的四端之心,皆为善心,而与邪恶之心相冲突。而需改恶从善,"化性起伪",以达人心和善。

人生于父母,与父母有着不可分的血缘基因的关系,便构成一个家庭。家庭内父母、兄弟、姐妹、夫妇、子女的交往是最频繁的、最亲密的,因为人一生下来,便首先面对家庭成员,并成为家庭中的一员,形成家庭成员间的伦理关系。一个人的意诚、心正、身修的道德节操品行,首先便体现在家庭伦理的行为规范之中。"商契能和合五教,以保于百姓者也。"② 契是商的始祖,帝喾的儿子,舜时佐禹治水有功,封为司徒。五教是指"父义、母慈、兄友、弟恭、子孝,内平外成","舜臣尧……举八元,使布五教于四方,父义、母慈、兄友、弟恭、子孝"③。于是孝、悌、恭、慈、友、贞等,意蕴着家庭伦理精神和行为规范的价值合理性。

伦理范畴的逻辑结构由人心和善到家庭和睦,推演到人际和顺。孟子讲:"人之有道也,饱食暖衣,逸居而无教,则近于禽兽。圣人忧之,使契为司徒,教以人伦:父子有亲,君臣有义,夫妇有别,长幼有序,朋友有信。"④ 此意蕴亦见于《尚书·舜

---

① 《朱子语类》卷六十九。
② 《郑语》,《国语集解》卷十六,中华书局2002年版,第466页。
③ 《左传》文公十八年,《春秋左传注》,中华书局2002年版,第638页。
④ 《滕文公上》,《孟子集注》卷五,世界书局1936年版,第39页。

典》："契，百姓不亲，五品不逊，汝作司徒，敬敷五教，在宽。"这样便从家庭的父子、兄弟、夫妇关系扩大为君臣、朋友、老幼的人际交往活动的伦理关系及其道德原则和行为规范，君臣关系是父子关系的扩展，所以父、君对子、臣是义，子、臣对父、君是孝、忠。在家为孝子，在国为忠臣，"孝子出忠臣"。在这里仁义礼智既是心的修养，也体现为人际关系的行为规范。"子张问仁于孔子。孔子曰：'能行五者于天下为仁矣。''请问之。'曰：'恭、宽、信、敏、惠。恭则不侮，宽则得众，信则人任焉，敏则有功，惠则足以使人。'"[1] 此五德目作为仁的伦理精神和道德规范的体现，仁由心的修养，行之家庭，进而人际之仁；孝由家庭的伦理行为规范，而推之敬的人际伦理；孝若作为能养父母来理解，就与犬马无别，其别在于孝敬。敬作为伦理道德规范，既是对父母的，也是对他人的、社会的。

人际的伦理道德关系，构成一个社会的基本关系，仁、义、礼、智、信伦理道德进入社会，也成为社会的伦理原则和行为规范。孔子和孟子都认为治理国家社会最佳选择是德治。"以德服人者，中心悦而诚服也。"[2] 德治的核心是"仁政"，孟子认为，如果"以不忍人之心，行不忍人之政，治天下可运之掌上"。[3]"仁政"根本措施是"制民之产"，使民有恒产而有恒心，即给人民五亩之宅，种桑树，养家畜，50和70岁就可以衣帛食肉了，物质生活就有了保障，此其一；其二，"王如施仁政于民，省刑罚，薄税敛，深耕易耨"[4]；其三，如行仁政，便会成为世人所归，"今王发政施仁，使天下仕者皆欲立于王之朝，耕者皆欲耕于王之野，商贾皆欲藏于王之市，行旅者皆欲出于王之涂，

---

[1] 《阳货》，《论语集注》卷九，世界书局1936，第74页。
[2] 《公孙丑上》，《孟子集注》卷三，第23页。
[3] 同上书，第25页。
[4] 《梁惠王上》，《孟子集注》卷一，第4页。

天下之欲疾其君者皆欲赴愬于王。其若是，孰能御之！"① 仕者、耕者、商贾、行旅等都到齐国发展，齐国便可迅速强大起来；其四，加强伦理道德教化。"谨庠序之教，申之以孝悌之义，颁白者不负于戴于道路矣"②，"壮者以暇日修其孝悌忠信，入以事其父兄，出以事其长上"③。这样，人民安居乐业，遵道守礼，社会安定和谐。

《管子》认为，国家社会的倾与正、危与安、灭与复同伦理道德有重要关系，被视为国之四维。"国有四维，一维绝则倾，二维绝则危，三维绝则覆，四维绝则灭……何谓四维，一曰礼，二曰义，三曰廉，四曰耻。"④ "四维张，则君令行"，"四维不张，国乃灭亡"⑤。四维乃国家命运所系，所以"守国之度，在饰四维"⑥。这是国家社会和谐稳定、长治久安的保证。

伦理的范畴逻辑结构由治国而进入平天下。"天下"观念，可理解为当今的"世界"。汉语世界是从佛教语汇中吸收来的，梵文为 loka，音译"路迦"。《楞严经》四，"何名为众生世界？世为迁流，界为方位。"世即为过去、未来、现在三世，界为东南西北、东南、西南、东北、西北、上下，是时间和空间的概念，相当于宇宙的概念；后汉语习用为空间的概念，相当于天下。世界（天下）是由各地区、各国、各民族、各种族组成的，它们之间尽管存在强弱贫富、社会制度、价值观念、宗教信仰、风俗习惯等的差分和冲突，而需要遵循国际道义规范。得道多助，失道寡助。国际道义即国际伦理要公平、正义、和平、合

---

① 《梁惠王上》，《孟子集注》卷一，第7页。
② 同上书，第8页。
③ 同上书，第4页。
④ 《牧民》，《管子校正》卷一，世界书局1936年版，第1页。
⑤ 同上。
⑥ 同上。

作。不杀人的仁恕伦理,不偷盗的公平伦理,不说谎的诚信伦理,不奸淫的平等伦理,以建构和谐世界。

人类世界和谐的和,即口吃粟,"民以食为天",人人有饭吃,天下就太平;谐,从言皆声,可理解为人人能发声讲话,天下就安定。前者是人的生存权,后者是言论自由权。两者具备,在古代就可谓和谐世界。然而近代以来,人类对宇宙自然征伐加剧,使自然天地不堪重负,生态失去了平衡,造成环境污染,资源匮乏,土地沙化,疾病肆虐,天灾频发,人与自然的冲突愈来愈尖锐。人与宇宙自然应该建构道德的、中庸的、仁爱的、和美的伦理规范,在天地万物与吾一体的视阈中,"仁民爱物","民吾同胞,物吾与也"[①]。天为父,地为母,天地宇宙自然是养育人类的父母,人类也应以对待自己的父母一样对待宇宙自然,在自然伦理、环境伦理、生态伦理中,规范人类行为,建构天人共和共乐的和美天地自然。

伦理范畴的各德目,可按其性质、内涵、特点、功能,依逻辑层次安置。在整个逻辑结构层次间可以交叉互通;在一个逻辑结构层次内既有中华伦理精神德目,也有伦理行为规范德目,以及道德节操、品格、修养等德目。

(二) 伦理范畴的思维整体性

中华伦理范畴的思维整体性是指以某个范畴为核心,以表现思维主体与思维对象内在整体或外在整体的概念范畴群或概念范畴之网,进而凸显思维主体与思维对象内在和外在的规定、关系以及其间的互相联系、渗透、会通、融突等形式。由于伦理范畴的性质、功能的差分,可以构成几个概念范畴群,诸概念范畴群的殊途同归,分殊而理一,构成中华伦理范畴的整体性。

[①] 《正蒙·乾称篇》,《张载集》,中华书局1978年版,第62页。

中华伦理范畴思维整体性的根据，是天地万物与吾一体的整体性思维模型，它纵贯、横摄、和合由人心到自然六个逻辑结构层次；它沉潜于中华民族心灵结构、价值观念、伦理道德、审美意识、行为规范、风俗习惯之内，表现在主体的对象化与对象的主体化之中。这种伦理范畴的整体性的思维模式，在伦理主体的客体化与客体的伦理主体化、人的对象化、物化与对象、物的人化，即在人化与物化中，把伦理主体与客体、对象、自然圆融起来，使客体、对象、自然具有了人的形式，于是天地自然便是人化了的天地自然，从而使中华伦理范畴具有天地万物与吾一体的整体性，因此，中华伦理范畴能贯通、圆融为整体。

范畴的思维整体性，并非排斥思维差分性，物以类聚，人以群分，群分才有类聚，群分是类聚的体现，类聚是群分的归宿。60德目可分为六个逻辑结构层次，此六个逻辑结构层次即构成六个群。如人心伦理范畴目群的爱、良（知）、耻、善、志、毅、格、省、正（心）、省、诚、乐、圣、忧等；家庭伦理范畴德目群的孝、悌、慈、敬、勤、俭、友、贞、温等；人际伦理范畴德目群的仁、义、礼、智、信、恭、宽、敏、惠、恕、直、中、宽等；社会伦理范畴德目群的忠、廉、德、公、洁、庄、勇、节、健、实、恒、明、质、行、刚、气等；世界伦理范畴德目群的和、合、强、美等；自然伦理范畴德目群的顺、道、和等。这种德目群的划分是相对的，而非绝对，其间许多伦理范畴德目是互渗、互补、互换、互转的，譬如善作为善心、善意、善良、善动机是心的伦理范畴，作为善行、善处、善举、善事便是家庭、人际、社会、世界的伦理范畴；又譬如和，作为人心伦理范畴为和善，作为家庭伦理范畴要和睦，作为人际伦理范畴为和顺，作为社会伦理范畴为和谐，作为世界伦理范畴为和平，作为自然宇宙伦理范畴为和美。和美即是各美其美，美人之美，美美与共，天人和美的境界，这是和的终极价值和终极境界。

由此群分伦理范畴，方聚为整体性的类的伦理范畴系统，这种系统的思维形式，彰显了中华伦理范畴的思维整体性。

(三) 伦理范畴的形态动静性

如果说中华伦理范畴的逻辑结构性，揭示了伦理范畴之间的关系、性质及其逻辑次序、结构方式，直面逻辑意蕴；伦理范畴的思维整体性，呈现伦理范畴内在与外在德目群以及其间的互相联系、渗透、会通、融突的形式，直面思维模式，那么，伦理范畴的形态动静性，是指伦理范畴一种存有的状态，它直面状态形式。

中华伦理范畴随着历史时代的发展，变动不居，为道屡迁，呈显为四种形态：动态形式，静态形式，内动外静形式，内静外动形式。

就"气"伦理范畴而言，殷商至春秋，气是云气、阴阳之气、冲气，具有自然性，伦理性缺失。因而许慎《说文解字》释为："气，云气也，象形。"云气之形较云轻微，其流动如野马流水，多层重叠。甲骨文气亦可训为乞求、迄至、终迄等意思。气后来作氣，《说文》释："氣，馈客刍米也，从米气声。"馈客刍米，是天子待诸侯之礼。《左传》认为气导致其他事物的变化，分为阴、阳、风、雨、晦、明六气，过了便生寒、热、末、腹、惑、心疾病，以六气解释自然、社会、人生各种现象产生的原因，从中寻求其间联系的秩序，避免失序。《国语》认为阴阳二气失序，就会发生地震等灾异，乃至亡国。战国时，气由自然性向伦理性转变，如果说儒家孔子以气为血气、气息的话，那么，孟子提出"浩然之气"，它与"义"、"道"相配合，它集义所生，具有伦理道德意蕴，主体通过"善养"的道德修养，来充实扩充，以塞于天地之间。它既是动态形成，亦是内动外动形式。

秦汉时期，《黄帝内经》、《淮南子》、扬雄、张衡、王充等继承先秦气的自然性，而发为元气、精气，探索阴阳调和的原理，基本属内静外动形式。《淮南子》认为阴阳、天地及人的形、气、神的合和协调是万物和人发展变化的原因。"执中含和"是社会稳定、人民和谐的原则。董仲舒认为气既具有自然性，亦具有情感性、道德性，"阴阳之气，在上天，亦在人。在人者为好恶喜怒，在天者为暖清寒暑。"① 从人体结构看，腰之上下分阳阴；从伦理精神言，阳气"博爱而容众"，阴气"立严而成功"。"君臣、父子、夫妇之义，皆取诸阴阳之道。"② 其间虽有阳贵阴贱、阳尊阴卑之别，但最终要达到阴阳"中和"的境界。"中和"是天地间终极的伦理精神。扬雄认为人性善恶混，修善为善人，修恶为恶人，"气也者，所以适善恶之马也与？"③ 去恶从善，要依阴阳之气的变化而修身养性。

魏晋南北朝时期，气继续沿着自然性和伦理性演化外，由于受玄学、佛教、道教的横向影响，气的涵义向生命本原、物的实质、行气养生、道德修养乃至入禅工夫开展。隋唐时，佛道日盛，儒教渐衰。然而从王通到韩愈、柳宗元、刘禹锡，他们把气纳入伦理道德领域，凸显"和气"、"灵气"、"正气"、刚健纯粹之气的伦理精神。

宋元明时，是中国学术思想的"造极期"。理既是天地万物的终极根据，又是人类社会的终极伦理。程（颐）朱（熹）虽以理先气后，但气是理的挂搭处、安顿处。二程（程颢、程颐）认为，气有清浊、善恶、纯繁之分，"唯人气最清"，但人的气

---

① 《如天之为》，《春秋繁露义证》卷十七，中华书局1992年版，第463页。
② 《基义》，《春秋繁露义证》卷十二，中华书局1992年版，第350页。
③ 《修身》，《法言义疏》五，中华书局1987年版，第85页。

质有柔刚。由于"气有善、不善"①。不善的就是恶气。人的道德品质的善恶便来源于气禀,禀得至清之气为圣人,禀得至浊之气为愚人。但人可以通过学习,改变气质,复性为善。朱熹绍承二程,认为阴阳之气,变化无穷,其动静、屈伸、往来、升降、浮沉之性未尝一日相无。气蕴含著清浊、昏明、纯驳的成分,禀清明之气而无物欲之累为圣人,禀清明之气而未纯全而微有物欲之累为贤人,禀昏浊之气而又为物欲所蔽为愚、为不肖。圣贤愚之分决定于禀气不同,人之伦理精神、道德行为规范亦来自先验的禀气。元代许衡学本程朱,他认为阴阳之气表现为五行之气,体现天地之德,五行之性。天地阴阳五行之气有仁义礼智信五德、五性,人相应地有五德和君臣、父子、夫妇、长幼、朋友五伦:仁是温和慈爱,义是决断合宜,礼是敬重为长,智是分辨是非,信是诚实无欺。人的伦理道德品格来自气禀。吴澄学本程朱,他认为人因阴阳五行之气而有形,形之中具有"阴阳五行之理,以为健顺五常之性"(《答田副使二书》,《吴文正公集》)。五常指仁义礼智信道德规范,以及君臣、父子、兄弟、夫妇、朋友五行之理。五常中仁、礼为健、为阳,义、智为顺、为阴,信兼两者之性。五行之理中君、父、兄、夫为尊、为阳,臣、子、弟、妇为卑、为阴,朋友兼两者之理。以阴阳五行之气探究五常五伦道德精神及其行为规范。

明清时,程朱道学来自心学和气学两方面的挑战。湛若水批评朱熹把道心与人心二分的观点,认为"人心道心,只是一心",那种把道心说成出乎天理之正,人心出乎形气之私是不对的。论心,是就心与气不离而言,道心是指形气之心得其正而已,不是别有一心。王守仁集两宋以来心学之大成,以"良知"为心之本体,以心的良知论气,认为"元

---

① 《河南程氏遗书》卷二十一下,中华书局1981年版,第274页。

气、元精、元神"三位一体,构成气为良知流行动静的思想,良知是一种伦理精神和道德意识,良知只是一种未发之中的状态,静而生阴,动而生阳,阴阳一气也,动静一理也,良知蕴含动静阴阳,元气作为良知的流行,或为善,或为恶,受志的制约,志立气和,养育灵明之气,去昏浊习气,便能神气清明,心与万物同体,良知湛然灵觉,而达仁人圣人道德终极价值境界。

　　王廷相继承张载"太虚即气"的思想,批评程朱理本论。他认为气为造化的宗枢,气有阴阳动静,它是万物的根源,有气有天地,有天地而有夫妇、父子、君臣,然后才有名教道德的建立。吴廷翰批评程朱陆王,认为人为气化所生,气凝为体质为人形,凝为条理为人性,"性之为气,则仁义礼知之灵觉精纯者是已"①。仁义礼智的灵觉既是阴阳之气,亦是道德精神,所以他说:"天为阴阳,则地为柔刚,人为仁义,本一气也。"② 天地人三才为气,阴阳、柔刚、仁义本于气。王夫之集气学之大成,"理即是气之理,气当得如此便是理,理不先而气不后,天之道惟其气之善,是以理之善"③。气是根源范畴,源枯河干,无气即无心性天理。阴阳浑合、交感,合为一气,气有动静,动静为气之几,方动而静,方静而动,静者静动,非不动。气处于变化日新之中,"气日新,故性亦日新"④。气规定着人性的善恶价值。人性即气质之性,气是人的生命之源,质是气在人身的凝结,气无不善,性无不善;质有清浊厚薄不同,所以有性善与不

---

① 《吉斋漫录》卷上,《吴廷翰集》,中华书局1984年版,第24页。
② 同上书,第17页。
③ 《读四书大全说》卷十,《船山全书》第六册,岳麓书社1991年版,第1052页。
④ 《读四书大全说》卷七,《船山全书》第六册,岳麓书社1991年版,第860页。

善之别。王夫之以气为核心，诠释人性的伦理道德之理。戴震接着王夫之讲："气化流行，生生不息，仁也。"① 气化生人物以后，而各有其性，并有偏全、厚薄、清浊、昏明之别，气是人性的来源和根据，有仁的伦理精神，便互涵为义、礼、智、诚伦理道德和行为规范。这便是戴震所说的以"理言"与以"德言"，前者指仁义礼之仁，后者指智仁勇之仁，其实为一。

中华伦理范畴是动中有静，静中有动，动为静动，静为动静，动静互涵、互渗、互补、互济，而使中华伦理范畴结构、内涵、形态通达完满境界。

(四) 伦理范畴历时同时的融合性

中华伦理范畴的形态动静性，侧重于范畴历时态的演化，其纵观与横观、历时态与同时态是互相融合、互相促进，而达相得益彰的状态。伦理各范畴之间上下左右、纵横异同，错综复杂，构成一网状形态，网上的每个纽结，都是上下左右的凝聚点、联络点、驿站，再由此凝聚点、联络点、驿站向四周辐射、扩散，构成一畅通无阻、四通八达的范畴逻辑之网。从这个意义上说，伦理范畴是人们对于宇宙、社会、人际、心灵之间关系长期生命体认的结晶，是对于个人、家庭、国家、民族之间关系深沉智慧洞见的提升。

每个伦理范畴的形态动静运动，都处于历时态和同时态之中。历时态和同时态可以养育、发展、丰富伦理范畴，也可以使其破坏、废弃、断裂。因而协调、融突好伦理与政治、经济、文化的关系，理性地调整、平衡好伦理范畴之网各方面关系，是使伦理范畴在历时和同时态中不遭破坏、废弃、断裂的措施。在这里，协调、融突、调整、平衡、蕴含价值观念、思维方法，由于

---

① 《仁义礼智》，《孟子字义疏证》卷下，中华书局1961年版，第48页。

价值观念和思维方法的偏激，亦会造成伦理道德范畴被批判、扔掉、打倒，导致中华伦理精神伦丧、行为规范迷失，乃至人们手足无所措，礼仪之邦而无礼仪的状况。

礼作为伦理范畴，是在历时性和同时性中得以体现的，礼的起源，历来众说纷纭：一是事神致福说。许慎《说文解字》："礼，履也，所以事神致福也。"《礼记·礼运》认为礼之初是致其敬于鬼神，王国维诠释为"奉神之酒醴谓之醴"，"奉神人之事通谓之礼"①。礼是奉神致福的祭祀行为，祭祀鬼神的仪式，有一定礼仪之规，后便约定俗成为礼。二是礼尚往来说。《礼记·曲礼》："礼尚往来，往而不来非礼也，来而不往亦非礼也。人有礼则安，无礼则危。"② 礼尚往来包含"礼物"和"礼仪"两个层面，礼物往来是物品交易活动，礼仪是交往规范。三是周公制礼作乐说。孔子说，殷因于夏礼，周因于殷礼，可见夏商已有其礼，周公在损益夏商之礼后而作周礼。四是礼皆出于性。栗谷（李珥）在《圣学辑要》中引周行已的话："礼经三百，威仪三千，皆出于性。"③ 礼出于本真的人性，而非出于伪装饰情或礼品交换行为。礼在历时性和同时性中都有不同的体认，但一般都把它作为礼仪行为规范。

孔子处"礼崩乐坏"的时代，礼仪行为规范遭严重破坏，不仅礼乐征伐自诸侯出，而且子弑父、弟弑兄等违礼的行为层出不穷，致使孔子是可忍，孰不可忍！在这个同时态中，本来作为"天之经也，地之义也，民之行也"，"上下之纪，天地之经纬

---

① 王国维：《释礼》，《观堂集林》卷六，《王国维遗书》（一），上海古籍书店1983年版，第15页。

② 《曲礼上》，《礼记正义》卷一，中华书局1980年版，第1231—1232页。

③ 《圣学辑要》（二），《栗谷全书》（一）卷二十，韩国成均馆大学校大东文化研究院1985年版，第442页。

也，民之所以生也"的礼，已与揖让、周旋之礼有别。前者已超越礼的形式，即仪的揖让、周旋的层次，而提升为天经地义、民之所以生的形而上的终极层次，赋予礼以终极价值。孔子是在这样的时态中，体认礼的价值，呼喊不可"违礼"。然而，礼作为"国之干"也好，"身之干"也好，"所以正民"也好，都是主体人外在的东西，是以外在的力量规定礼的性质、作用、功能，以及主体人应如何的行为规范，并非出于主体人自身的自觉。为了使外在的礼的行为规范成为主体人的自觉的行为活动，必须获得内在伦理精神、道德意识的支撑，于是孔子援讱仁的伦理道德范畴，并以仁为礼的本质的体现。"子曰：'人而不仁，如礼何？'"① 无仁，如何来对待礼仪制度，这是化解外在违礼行为与内在道德意识分裂、紧张的一种选择，只有把道德意识与行为规范、内与外、仁与礼融合起来，置于同时态的状态中，礼才能转化为一种主体自觉的道德行为。孔子说："克己复礼为仁，一日克己复礼，天下归仁焉。为仁由己，而由人乎哉？"② 一切违礼的行为都出于某种私利、权力、功利的欲望，克制自己的欲望，使自己的行为自觉地符合礼，凡非礼的都不去视听言动，就是仁，这样仁与礼圆融。既然实践仁的道德全凭自己的自觉，那么，实践礼的道德规范也出于自己的自觉。这样，外在礼的他律性同时也具有了内在的道德自律性。

仁与礼在同时态的互渗、互补中，又在历时态的演变中，获得了丰富和发展。孟子绍承孔子，他把仁义礼智都纳入伦理精神、道德意识中。他认为"人皆有不忍人之心"，所谓不忍人之心是指人人皆有怵惕恻隐的心。由此看来如果一个人没有恻隐心、羞恶心、辞让心、是非心，简直就不像个人，"恻隐

---

① 《八佾》，《论语集注》卷二，世界书局1936年版，第9页。
② 《颜渊》，《论语集注》卷六，第49页。

之心，仁之端也；羞恶之心，义之端也；辞让之心，礼之端也；是非之心，智之端也"①。礼作为辞让之心，是人作为一个人所不能欠缺的，否则就是"非人也"，这就是说，礼的伦理精神是"人皆有"的道德心，是人性所本有的。礼的辞让之心的自然流出，即是主体道德心自觉又自然的表现。这样孔子的"仁者爱人"和孟子的"人皆有不忍人之心"，在"礼崩乐坏"、天下无道的情境下，为"复礼"的合法性、合理性作了理论的诠释。

如果说孟子从人性善的价值观出发，导向内律与外律、仁与礼的圆融，那么，荀子从人性恶的价值观出发，导向外律的礼与法的圆融。这种圆融，孟子实以仁节礼，仁体礼用；荀子援法入儒，以儒为宗，以礼统法。荀子认为礼有五方面的性质和功能：（1）作为行为规范而言，礼是衡量人之好坏的标准，国家有道无道的尺度，治国的规矩。他说："礼者，人主之所以为群臣寸、尺、寻、丈检式也。"② "礼之所以正国也，譬之犹衡之于轻重也，犹绳墨之于曲直也，犹规矩之于方圆也，既错之而人莫之能诬也。"③ "隆礼贵义者其国治，简礼贱义者其国乱。"④ 这是国家强弱的根本；从这个意义上说，礼是政事的指导，是处理国政的指导原则："礼者，政之挽也。为政不以礼，政不行矣。"⑤（2）作为伦理道德而言，礼体现了伦理精神和道德行为。"礼也者，贵者敬焉，老者孝焉，长者弟焉，幼者慈焉，贱者惠焉。"⑥在人伦关系上，对贵、老、长、幼、贱者，要尊敬、孝顺、敬

---

① 《公孙丑上》，《孟子集注》卷三，世界书局1936年版，第25页。
② 《儒效》，《荀子新注》，第111页。
③ 《王霸》，《荀子新注》，第171页。
④ 《议兵》，《荀子新注》，第233页。
⑤ 《大略》，《荀子新注》，第445页。
⑥ 同上书，第442页。

爱、慈爱、恩惠,体现了忠孝仁义的道德原则,并使之定位,"礼以定伦"①,即指君臣、父子、兄弟、夫妇之伦,都能遵守符合其伦的道德规范;(3)作为礼的性质来看,"礼有三本,天地者,生之本也。先祖者,类之本也。君师者,治之本也。"② 三者是生存、人类、治国的根本。礼有三本而有分与别,"辨莫大于分,分莫大于礼,礼莫大于圣王"③。人与人之间的分别,最重要的是礼,即等级名分。"礼也者,理之不可易者也。乐合同,礼别异。"④ 礼体现着贵贱上下的等级差分,这是其不可改变的原则。这个不可易者,便是终极之道。"礼者,人道之极也。"⑤（4）作为可操作的礼仪制度,包括婚、葬、祭等各种礼仪,如"亲近之礼",男子亲自到女方迎娶的礼节。"丧礼者,以生者饰死者也。"⑥ 但"五十不成丧,七十唯衰存"⑦。(5)作为礼与法的关系来看,"礼义生而制法度"⑧。"明礼义以化之,起法正以治之。"⑨ 以礼义变化本性的恶,兴起人为的善,并以法度来治理。治国的根本原则,在礼与法,"明德慎罚,国家既治四海平"⑩。礼法兼施,"隆礼尊贤而王,重法爱民而霸"⑪。前者可以称王于天下,后者可以称霸于诸侯。这种礼法融合的礼治模式,开出汉代"霸王道杂之"的"汉家制度",凸显了中华

---

① 《致士》,《荀子新注》,第 226 页。
② 《礼论》,《荀子新注》,第 310 页。
③ 《非相》,《荀子新注》,第 56 页。
④ 《乐论》,《荀子新注》,第 338 页。
⑤ 《礼论》,《荀子新注》,第 314 页。
⑥ 同上书,第 322 页。
⑦ 《大略》,《荀子新注》,第 442 页。
⑧ 《性恶》,《荀子新注》,第 393 页。
⑨ 《性恶》,《荀子新注》,第 395 页。
⑩ 《成相》,《荀子新注》,第 416 页。
⑪ 《天论》,《荀子新注》,第 277 页。

伦理范畴历时态与同时态的融合性。

（五）伦理范畴的内涵生生性

中华伦理范畴大化流行，生生不息。"天地之大德曰生"，"生生之谓易"。天地间最根本、最伟大的德性，就是生生。生生是为变易，生生的变易是新事物、新生命不断的化生。换言之，即是中华伦理新范畴的化生和范畴新内涵的开出。

从孔子"仁"的伦理范畴新内涵的开出表层结构的具体意义，深层结构的义理意义及整体结构的真实意义来看仁内涵的生生性。就表层结构而言，仁是爱人，《论语》"爱人"三见，讲治国要爱护百姓，君子学道则爱人，其基本语义是人与人之间关系的一种行为规范或道德标准。进而如何实践"仁者爱人"，孔子要求从自己做起，"为仁由己"，从正面说自己"欲立"、"欲达"，也使别人"立"和"达"；从负面说，"己所不欲，勿施于人"。"己欲"与"己所不欲"，"立人达人"与"勿施于人"，从正负两个方面说明实践"仁者爱人"的要求。

"为仁由己"，要求每个人要"克己"，即约束自己，使自己的视听言动合乎礼，这便是仁，如何进行仁的道德修养？从正面说"刚毅木讷近仁"[1]，是正面的应然价值判断，从负面说"巧言令色，鲜矣仁"[2]，这是负面的不应然价值判断。由自己的道德修养"仁"，推致家庭的父子、兄弟、夫妇之间，便是"孝弟也者，其为仁之本与"[3]，再由家庭推致天下，"能行五者于天下为仁矣"[4]。此五者便是指恭、宽、信、敏、惠。构成了从约束自我—家庭—社会—天下的道德行为规范。仁便从内在的道德意

---

[1]《子路》，《论语集注》卷七，世界书局1936年版，第58页。
[2]《学而》，《论语集注》卷一，第1页。
[3] 同上。
[4]《阳货》，《论语集注》卷九，第74页。

识和伦理精神转化为伦理道德行为规范,这是一个从内到外的化生过程。

"仁"从表层结构的具体意义而开出深层结构的义理意义,是把孔子仁的伦理精神和行为规范从句法和语义层面超越出来,置于宏观的时代思潮之中,来透视微观伦理范畴义理。仁是孔子思想的核心范畴,它与各伦理范畴联结,由各纽结而构成网状形式,抓住网上的纲领,便可把孔子思想提摄起来,也可以进一步体认仁的伦理价值。譬如说仁与礼融合渗透,礼的尚别尊分、亲亲贵贵的意蕴作用于仁,使仁在处理人与人之间关系,便不能普遍地、无差等地贯彻"仁者爱人"的"泛爱众"的伦理精神,而受到墨子的批评。从范畴的联系中,反求伦理范畴的涵义,更能体贴伦理范畴真义。

从伦理范畴的网状结构贴近其真义,开展为从时代思潮的整体联系中体贴其意蕴,体现伦理范畴内涵的吐故纳新,新意蕴化生。譬如《国语》讲:"杀身以成志,仁也。"① 孔子说:"志士仁人,无求生以害仁,有杀身以成仁。"② 又《左传》僖公三十三年载:"德以治民,君请用之;臣闻之:'出门如宾,承事如祭,仁之则也'。"③ 孔子说:"出门如见大宾,使民如承大祭。"④ 再《国语》载:"重耳告舅犯。舅犯曰:'不可,亡人无亲,信仁以为亲……'"⑤ 孔子说:"君子笃于亲,则民兴于仁。"⑥ 由此可见,孔子"仁"的学说是与时代政治、经济、礼乐制度相联系,是当时一种社会思潮的呈现;是在"礼崩乐坏"

---

① 《晋语二》,《国语集解》卷八,中华书局2002年版,第280页。
② 《卫灵公》,《论语集注》卷八,世界书局1936年版,第66页。
③ 《春秋左传注》,中华书局1981年版,第1108页。
④ 《颜渊》,《论语集注》卷六,世界书局1936年版,第49页。
⑤ 《晋语二》,《国语集解》卷八,中华书局2002年版,第295页。
⑥ 《泰伯》,《论语集注》卷四,世界书局1936年版,第32页。

的冲突中，企图援仁复礼，重建伦理精神、礼乐制度的努力；孔子仁的义理智慧在时代的振荡中获得新生命。

"仁"再由深层结构的义理意义而开出整体结构的真实意义。"仁"作为伦理范畴，在与时偕行的大浪中，被冲刷、淘尽了一切外在的面具和装饰，而显露出真实的相貌。战国初，墨子从两个方面批评孔子"仁"的思想。《墨子·非儒下》载："儒者曰：'亲亲有术，尊贤有等，言亲疏尊卑之异也。'"①施仁有此异，则爱人有差等。结果是"各爱其家，不爱异家"，"各爱其国，不爱异国"。这种异，便是有别，别则"相恶"，故此，墨子主张"兼相爱"，"兼即仁矣，义矣"②。"别"与"兼"，为孔墨仁学之分。另墨子认为，儒者以古言古服合乎礼，然后仁。他主张"仁人之事者，必务求兴天下之利，除天下之害"③。礼之道义与兴利除害的功利之分。在这里，墨子所批评的是孔子仁的深层结构的义理意义，但从表层结构的具体意义来看，孔子的"泛爱从"与墨子的"兼相爱"并无语义上的差别。

孟子对墨子的批评提出反批评："杨氏为我，是无君也；墨氏兼爱，是无父也。无父无君，是禽兽也。"④说明为什么爱有差等亲疏之别。荀子亦认为，"贵贱有等，则令行而不流；亲疏有分，则施行而不悖……故仁者仁此者也"⑤。批评墨子"有见于齐，无见于畸"⑥之失。秦的速亡，仁的伦理精神获得了价值合理性的论证。两宋时，伦理精神和道德规范提升为道德形而上

---

① 《晋语二》，《国语集解》卷八，中华书局2002年版，第295页。
② 《兼爱下》，《墨子校注》卷四，中华书局1993年版，第178页。
③ 《非乐上》，《墨子校注》卷八，第379页。
④ 《滕文公下》，《孟子集注》卷六，世界书局1936年版，第48页。
⑤ 《君子》，《荀子新注》，中华书局1979年版，第408页。
⑥ 《天论》，《荀子新注》，第280页。

学，仁在生生不息中获得新义。理学的开山周敦颐说："天以阳生万物，以阴成万物。生，仁也；成，义也。"① 仁育万物，而有生意。程颢说："万物之生意最可观，此元者善之长也，斯所谓仁也。"② 仁所体现的万物生命的生意，是天地生生之理的所以然，于是他把仁放大，以体验仁者以天地万物为一体的境界。朱熹集周敦颐、张载、二程道学之大成，发为"仁也者，天地所以生物之心，而人物之所得以为心者也"③。如桃仁、杏仁，此仁即为桃、杏生命之源，亦是桃、杏之所以为桃、杏的根据。这种伦理范畴生生不息的新意，是伦理精神和道德价值合理性生命力的体现，是伦理范畴的内涵生生性呈现。

中华伦理范畴在和合学"竖观"、"横观"、"合观"的视野下，其逻辑的结构性、思维的整体性、形态的动静性、历时同时态的融合性、内涵的生生性都得到了充分的展示，中华民族伦理精神和道德行为规范的价值合理性也得到了完善的说明。《中华伦理范畴》丛书的出版，将为弘扬中华民族传统文化，实现中华民族伟大复兴作出贡献，这也是一项利在当代，功在后世的重大文化工程。

是为序。

2006 年 8 月 30 日
于中国人民大学孔子研究院

---

① 《顺化》，《周敦颐集》卷二，中华书局1984年版，第22页。
② 《河南程氏遗书》卷十一，《二程集》，中华书局1981年版，第120页。
③ 《克斋记》，《朱文公文集》卷七十七。

《中华伦理范畴》第二函前言

傅永聚 齐金江

中华文化是伦理型文化。以儒家伦理道德为显著特色的中华伦理是中华民族文化和精神的内核与载体，是中华民族五千年生生不息、绵延峥嵘的源头活水；在建设有中国特色的社会主义事业进程中，继承和弘扬中华民族优秀的伦理道德，是建设中华民族共有精神家园的重要切入点，是全面实现社会和谐的重要保障；从当代中华民族生存的国际环境看，中华伦理是东方文化和智慧的杰出代表，是在多元文化相互激荡、多元思想猛烈交锋的新的历史条件下，保持中华民族强大竞争力和凝聚力，促进中华民族和平发展，实现中华民族伟大复兴的强大思想武器和坚实基础。

一，以儒家伦理道德为显著特色的中华伦理是中华民族文化与精神的内核与载体，是中华民族五千年生生不息、绵延峥嵘的源头活水。

中国是世界文明古国之一，且是文明唯一不曾中断者。中华民族从诞生之日起就十分注重伦理道德建设，使民族文化具有伦理型的典型特征。先秦时期伟大的思想家老子、孔子、孟子、荀子等都曾为中华伦理的价值体系构建作出了重大贡献。尤其是孔子，其思想积极入世，以仁为核心，以和为贵，以礼为约束，以道德高尚的君子人格为楷模，其影响跨越时空，成为中华礼乐文化的重要根据、价值观念的是非标准和伦理道德的规范所在。孔子是当之无愧的中华文化符号，他的一系列思想构成中华文化的基本精神。汉代以来，孔子为代表的儒家思想成为中华主流文化，儒家的伦理道德遂成为中华民族传统文化的主干。中国统一稳定、疆域辽阔、经济发达、文明先进，曾领先世界文明两千年。中华影响远播海外。受中华伦理道德熏陶培育成长起来的政治家、文学家、军事家、思想家、教育家如群星璀璨，民族英雄凛然千古，成为炎黄子孙千秋万代的丰碑。只是在近代，由于资本主义和帝国主义列强的侵略，民族灾难深重，我们才暂时落伍了。19—20世纪中叶中华民族所受的苦难和耻辱，在世界民族史上是罕见的。但中华民族一直在反抗、在斗争。历经磨难而不亡，说明我们的民族有一种坚韧不拔、自强不息的精神。

人类历史的发展是不平衡的，跳跃性的，先进变落后，落后变先进也是一种历史规律。"雄鸡一唱天下白"。中国共产党领导新中国成立，中国人民站起来了！尤其是改革开放以来，在邓小平理论指引下中国发展迅速，综合国力增强，政治、经济地位发生了翻天覆地的变化，中国人民正在信心百倍地建设现代化社会主义。强大的政治、经济呼吁强大的文化，呼吁人的高尚道德的养成。通过弘扬中华民族优秀的伦理道德，提升国人素质，优化国人形象，确立优秀伦理道德在华人文化中的特色地位，可以得到不同文化背景、不同宗教信仰的群体的共同认可。这对于发扬光大中华文化、实现祖国统一大业、实现中华民族的伟大复兴都具有重要的现实意义和深远的历史意义。

二，在建设有中国特色的社会主义事业进程中，继承和弘扬中华民族优秀的伦理道德，是建设中华民族共有精神家园的重要切入点，是全面实现社会和谐的重要保障。

近代以来，中国饱受西方列强侵凌，经济落后，积贫积弱，传统文化一时成为替罪之羊。在全盘西化、民族虚无主义妖雾迷漫之时，嘲笑、批判、搞倒搞臭传统文化一度成为最革命、最时髦的心态。从盲目不加分析地打倒孔家店，到"文化大革命"破四旧、批林批孔，人们在干着挖掘自己民族文化之根的傻事。"文化大革命"过后，一代人的道德品质沦丧，几代人的道德品质受损，礼仪之邦一时间竟要从礼仪 ABC 起补课。尤其近几十年来，由于西方强势文化携其具有鲜明征服特色的价值观念不断有意识地涌入，中华民族传统的道德伦理受到猛烈的冲击，社会上下思想领域中普遍存在着信仰失范、价值观念扭曲、道德滑坡、精神迷惘和庸俗主义、世俗化盛行、拜金主义泛滥等一系列问题。对此，党和国家领导人一直给予高度重视，屡屡发出警语。

早在改革开放之初，邓小平同志就严厉地指出："一些青年男女盲目地羡慕资本主义国家，有些人在同外国人交往中甚至不顾自己的国格和人格，这种情况必须引起我们的认真注意。我们一定要教育好我们的后一代，一定要从各方面采取有效的措施，搞好我们的社会风气，打击那些严重败坏社会风气的恶劣行为"[1]；"如果中国不尊重自己，中国就站不住，国格没有了，关系太大了"[2]；"中国人要有自信心，自卑没有出路"[3]；他反复强调物质文明与精神文明一起抓，两手都要硬，否则，"风气如果坏下去，经济搞成功又有什么意义？"

江泽民同志十分重视用中华优秀传统道德伦理教育下一代，他说："在抓紧社会主义物质文明建设的同时，必须抓紧社会主义精神文明建设，坚决纠正一手硬、一手软的状况"[4]；"必须继承和发扬民族优秀文化传统而又充分体现社会主义时代精神，立

---

[1] 《邓小平文选》第 2 卷，第 177 页。
[2] 《邓小平文选》第 3 卷，第 332 页。
[3] 同上书，第 326 页。
[4] 《在党的十三届四中全会上的讲话》，载《江泽民文选》第 1 卷，第 61 页。

足本国而又充分吸收世界文化优秀成果，不允许搞民族虚无主义和全盘西化"[①]；"任何情况下，都不能以牺牲精神文明为代价去换取经济的一时发展"[②]；"保持和发扬自己民族的文化特色，才能真正立足于世界民族之林。我们能不能继承和发扬中华民族的优秀文化传统，吸收世界各国的优秀文化成果，建设有中国特色的社会主义文化，这是事关中华民族振兴的大问题，事关建设有中国特色社会主义事业取得全面胜利的大问题"[③]。

胡锦涛总书记更是从中华民族优秀传统文化中汲取营养，提出了科学发展观、以人为本、社会主义和谐社会建设的一系列重要理念，尤其是社会主义荣辱观的提出，在全社会和全体公民中引起强烈反响。以热爱祖国为荣，以危害祖国为耻；以服务人民为荣，以背离人民为耻；以崇尚科学为荣，以愚昧无知为耻；以辛勤劳动为荣，以好逸恶劳为耻；以团结互助为荣，以损人利己为耻；以诚实守信为荣，以见利忘义为耻；以遵纪守法为荣，以违法乱纪为耻；以艰苦奋斗为荣，以骄奢淫逸为耻。"八荣八耻"是中国传统文化价值的进一步发展，现实性和可操作性很强。对于全社会，特别是青少年思想道德教育意义重大。十七大正式提出了建设中华民族共有精神家园的宏伟历史任务，而中华优秀传统伦理道德就是我们的民族之根。

我在8年前写过一篇文章，名字叫"日积一善，渐成圣贤"，这句话今天仍不过时。人的潜意识中亦即本性中总有为恶的一面。换句话说，人是既可以为恶也可以为善的。一个人一生当中，一点坏事也没有做过的，可以说没有；但所做的坏事好事

[①] 《当代中国共产党人的庄严使命》，载《江泽民文选》第1卷，第158页。

[②] 《正确处理社会主义现代化建设中若干重大关系》，载《江泽民文选》第1卷，第74页。

[③] 《宣传思想战线的主要任务》，载《江泽民文选》第1卷，第507页。

总有一个比例。就社会上的芸芸众生来说，完完全全的君子可能一个也找不到，但基本上属于君子的或基本上属于小人的有一个明显的界限。人生一世，所做的好事多，就基本上是个好人；而所做的恶事多，就基本上是个坏人。我们每人每天都在做事，为自己，为他人，为社会，为人类。在做每一件事情之前，你是怎么想的？是想做善事还是做恶事？是一种什么心态支配着你去做成善事或者是恶事，这就牵涉一个人的道德修养水平，牵涉人生观、价值观这个根本问题。法律是刚性的他律，舆论监督是柔性的他律，而道德修养属于自律。具体到每一个人，自律永远是道德修养的基础，也是他律的基础。自律受法律的威慑，但更重要的是内里自觉修养的功夫。因此，儒家伦理所揭示的仁义礼智、忠孝廉耻、和合勇毅等一整套人之为人的大道理就成为流传千古的向善弃恶的道德规范。日积一善，慢慢接近于道德高尚的境界；日为一恶，就会不断向小人的队伍靠拢。诚然，让每个人都成为君子是不现实的；但是，通过优秀伦理文化的教育和普及，不断提高绝大多数人的"君子化"水平则是可能的，也是现实的。季羡林先生说过一句非常中肯的话："能为国家、为人民、为他人着想而遏制自己本性的，就是有道德的人。能够百分之六十为他人着想百分之四十为自己着想，就是一个及格的好人。"[①]语重心长，应该引起人们的深思。

三，从当代中华民族生存的国际环境看，中华伦理是东方文化和智慧的杰出代表，是在多元文化相互激荡、多元思想猛烈交锋的新的历史条件下，保持中华民族强大竞争力和凝聚力、促进中华民族和平发展、实现中华民族伟大复兴的强大思想武器和坚实基础。

当今世界，既有多元化、多极化的客观需求，又有强权独

[①] 季羡林：《季羡林谈人生》，当代中国出版社2006年版，第6页。

霸、政治高压、经济封锁和文化扩张的客观现实。这就是中华民族走向现代化所面临的国际生存环境。你必须强大，可人家不愿看到你强大，而压制你强大的武器不仅有政治的、经济的，更有文化的、思想的。在这种环境下，民族精神、民族文化越来越成为一个民族赖以生存和发展的精神支柱。精神颓废、委靡不振的民族必然失去其自主、独立、生存的资格，必然走向衰亡。儒家思想在其2500年的发展中，孕育了中华民族精神，担当了建构民族主题精神的重任，它以和合发展、生生不息的生命与生存智慧维系着中华民族的绵延和发展，影响着东方文化体系的形成壮大，成为东方文化智慧的杰出代表。这是其他三大文明古国的精神传统所不能比拟的。孔子与穆罕默德、耶稣和释迦牟尼一起被称为缔造世界文化的"四圣哲"和世界名人之首。孔子既属于中国，也属于世界，他的思想既是历史的又是跨时代的。在多元文化并行，多种思想激烈交锋的时代背景下，儒家文化就是中华民族的声音，就是文化对话的资格。在文化传播的态度上，既要主张"拿来主义"，又要力行"送去主义"，现在我们国家设立在世界上的250多所孔子学院，就是主动送出去的例证。当然，孔子学院主要发挥的是语言传播的功能，今后应加强孔子思想传播的内容。因为思想传播比语言传播更为深邃。

中华传统伦理思想内涵丰富，包罗万象。我们对前人的研究进行了系统的反思和归纳，将其总结为64个德目，即仁、爱、忠、恕、礼、义、廉、耻、中、信、和、合、诚、德、孝、悌、勤、俭、修、志、圣、公、洁、贞、庄、正、平、温、友、强、容、智、道、顺、良、格、博、节、健、实、恒、明、忧、廉、行、美、刚、气、善、勇、敬、慈、敏、惠、乐、毅、省、新、恭、直、慎、雅、理、利（见《联合日报》2006年8月10日第3版）。首批选取了仁、和、信、孝、廉、耻、义、善、慈、俭等10个德目进行研究，已由中国社会科学出版社于2006年12

月出版发行。

《中华伦理范畴》第一函甫出,学术界给予了鼎力支持和高度评价。著名国学大师季羡林先生在301医院抱病亲笔为之题词:中华伦理,源远流长;东方智慧,泽被万方;并委托秘书打电话给总编,说"感谢你们为中华民族文化复兴事业做了一件大好事"。中国人民大学著名学者张立文先生冒着酷暑、挥汗如雨,一气呵成洋洋两万多字的长文,称"《中华伦理范畴》丛书从中华民族传统伦理道德中撷取六十多个重要德目,并对每个德目自甲骨文以至现代,进行全面系统研究,以凸显集文本之梳理,明演变之理路,辨现代之意义,立撰者之诠释的价值,撰写者探赜索隐,钩沉致远,编纂者孜孜矻矻,兀兀穷年";"这是一项利在当代、功在后世的文化工程,将对进一步证实中华伦理精神的价值合理性产生深远的影响,并对弘扬中华民族传统文化,实现中华民族伟大复兴作出应有的贡献"。原中共中央政治局委员、国务院副总理谷牧、姜春云和原国务委员王丙乾纷纷致函祝贺,认为"《中华伦理范畴》丛书的出版发行,对于弘扬中华民族精神,提高民族人文素质,全面翔实地展现中华民族的优秀传统伦理道德,积极推进社会主义道德建设具有重要的现实意义"。国际儒联主席叶选平先生慨然为丛书题写了书名。台湾著名学者刘又铭、张丽珠、郭梨华等在《光明日报》上撰写文章,认为:"中华传统伦理文化源远流长,《中华伦理范畴》丛书对六十多个范畴进行系统的梳理和研究,气势磅礴,意义深远实乃填补学界空白之作";"《中华伦理范畴》丛书的第一函出版发行,令人鼓舞";"《中华伦理范畴》付梓印行,实乃学界盛事,作者打通中西之隔,超越唯物论与唯心论之争,高屋建瓴,条分缕析,用力之勤,令人感佩"。主流媒体分别以《海峡两岸学者笔谈中华伦理范畴》、《人能弘道、非道弘人》、《弘儒学之道、为生民立命》和《人文学者为生民立命的人间情怀》等为题发表了评论。《中华伦理范畴》丛书已经先后获得济宁市2007年社会科学优秀成果一等奖；山东省高校2007年社会科学优秀成果一等奖和山东省2008年哲学社会科学优秀成果一等奖。所有这些荣誉都给我们这个学术团队的辛勤劳动以充分肯定，也坚定了我们迅速编撰第二函的决心。我们接着精选了节、智、明、谦、美、正、中、乐、公等9个基本范畴，按照第一函的体例，对这9个伦理范畴的含义、实质及在历史上的发生、演变进行了系统的介绍、阐述和论证，力求完整地呈现出它们本来的面目、意义和社会价值。

——关于"节"。节可称为节操，包含气节和操守两个方面的内容。在《易·序卦》中，"其于木也，为坚多节"。可见节对于良木的重要作用，它可以连接并加固植物的各个部分，使植物变得更加坚韧，而不易弯曲、折断。由于节的特殊地位，"节"通常用来形容人坚韧不拔、高风亮节、不屈不挠的高贵品格。左思《咏史》中"功成耻受赏，高节卓不群"就反映了人心不为名利、爵位所动的精神品质和道德修养。高尚的节操被历朝历代所肯定和赞赏，载入史册，流芳百世。节操与仁义、信义、忠义、廉耻等伦理概念紧密联系在一起，它们之间的内涵相互渗透、相互补充，为"节"的内容注入了丰富而新鲜的血液和生机。节操作为一种思想观念，在秦统一以后才逐步显现，先秦时期那些为国君、宗族效命的思想如殉君、死节、侠义等意识逐渐扩大为民族主义、爱国主义以及遵纪守法等思想，气节、节操与坚持正义、英勇不屈、洁身自好、品行端正等优秀品格联系在一起。在儒学成为中国主流文化后，在其日益影响下，节操观念不断发展和修缮，成为中华传统伦理范畴之一。节操的思想自古有之，考诸历史典籍，孔子、孟子等先期儒学大师未明确提出"节"的概念，直到北宋时期，程颐开始提出"节"，并对"节"从贞节的角度进行阐述，指出"饿死事小，失节事大"，其中的"节"就包含了人诸多的道德层面。历经宋元理学家的提倡和赞颂，明清时期的贞节观念逐步浓厚，贞节观成为束缚古代妇女自由的枷锁和镣铐，影响深远。各类古籍直接论述气节、操守的相对较少，只散见于典籍中的一些名人笔记，例如苏武："屈节辱命，虽生，何面目以归汉"[1]；颜真卿："吾守吾节，死而后已"[2]；韩愈："士穷乃见节义"[3]；刘禹锡："烈士之所以异于恒人，以其仗节以死谊也"[4]；苏轼："豪杰之士，必有过人之节"[5]；欧阳修："廉耻，士君子之大节"[6]；文天祥："时穷节乃见，一一垂丹青"[7]。节操包含仁、义、忠、信、廉、耻等诸多内容，它是一个综合性很强的范畴，不成一个完备的系统。概括来讲，节操观念是具有仁、义、忠、信、廉、耻等内容的儒家伦理范畴，它形成于先秦秦汉时期，贯穿于整个中国传统社会，无论治世还是乱世，它拥有强大的张力和表现力，凝聚着中华民族思想文化的精华，涵盖了传统文化最有价值的核心范畴。节操在中国古代法律伦理化的过程中，被吸收融入许多法律规定中，如有人叛国投敌，亲属要受到惩处；贪赃枉法，最高可处以死刑。在传统中国，利用伦理道德约束的氛围和有关法律规定，使人们自觉或不自觉地受到节操观念的影响，保持高尚的气节操守受世人仰慕、失节则受万世万代唾弃的思想深入人们的心灵之中，士大夫对自己的气节与名节尤为爱惜，看得宝贵，认为此"节"关乎当下和身后名，把它看得比性命还要重要。节操观念在现代

---

[1] 《汉书·苏建传附苏武传》。
[2] 《旧唐书·颜真卿传》。
[3] 《柳子厚墓志铭》。
[4] 《上杜司徒书》。
[5] 《留侯论》。
[6] 《廉耻说》。
[7] 《正气歌》。

社会可以发挥它道德约束的巨大作用。在社会舆论方面，坚持爱国主义、民族气节、廉洁奉公可敬，让人人都认同缺乏职业道德、丧失气节可耻，并由此形成浓厚的社会氛围，不仅中国要建设法治化社会，也要以德治为补充和依托，弘扬高尚的道德操守、民族气节与高度的社会责任感。

——关于"智"。其基本的含义是智慧、聪明。《说文》云："智，识词也。从白，从亏，从知。"《释名》曰："智，知也，无所不知也。"仁、义、礼、智、信是儒家伦理学说的重要内容，孔子说："仁者安仁，知者利仁。"子贡说："学不厌，智也；教不悔，仁也。"《孙子兵法》云："将言，智、信、仁、勇、严也。"孟子说："是非之心，智也。"智是社会生产力不断发展的产物，智包含人对是非对错的分辨能力，战争中所表现出的机智和谋略，也是智的一种，智也是"知"，知识之意。《论语·子罕》曰："智者不惑，仁者不忧，勇者不惧。"孟子认为"仁义礼智根于心"。智与仁义、诚信、勇、勤等概念和范畴紧密联系，儒、道、法、兵、名、墨家都在不同程度上分别论述了"智"的内涵和外延。《中庸》云："好学近乎知（智），力行近乎仁，知耻近乎勇。"认为智、仁、勇是"天下之达德"。在中国古代的兵法中，"智"占据了重要的内容，智对战争的胜负起了决定性作用，"兵不厌诈"与指挥者的智慧是分不开的，兵道即诡道，更充分说明了智的变化性对指导战争的积极作用。战时要把握战争的规律，创造有利于己方的作战阵容，即时掌控敌方的兵事变更，争取战斗的主动权。春秋战国是百家争鸣、众家之智角逐历史舞台的重要时期，从那时起，中国的智谋文化开始萌动，并逐渐成长和发展，智观念的形成与发展，推动了我国思想文化的发展与繁荣，奠定了古代科技的良好基础，对当时社会改革的深入与进步起到了有效且有力的作用。战国时期，养士风气日浓，出现了许多著名的有识之士和纵横家，如惠施、苏秦等。

汉代崇尚智的学者如司马迁、刘向等，他们在书中褒扬了许多智慧之士，三国时期的诸葛亮与周瑜是智慧的使者与化身，明清是充满智慧的时代，当时的文人学者、贤哲仁人、能工巧匠不绝于世，出现了《益智编》、《智品》、《经世奇谋》、《智囊》四大智书，《智囊自叙》认为："人有智犹地有水，地无水则为焦土，人无智则为行只。智用于人，犹水行于地，地势坳则水满之，人事坳则智满之。"到了近代，有识之士为开发民智进行了艰苦卓绝的努力和改革，严复认为鼓民力、开民智、新民德三者为自强之道。维新派与洋务派不断认识到开民智的重要意义，加强学校的教育。新文化运动的倡导者与共产党人更是在开发民智，提高国民文化素质上作出了努力和改革。智对于现代社会的意义不言而喻，人类的智慧在社会生产力的发展中起到了重要作用，智在现代人际交往、现代商战、现代法制建设等诸多方面有其独特的地位和意义。智不是孤立的世界，现代的智要与普遍的社会道德、仁义联系起来，才能发挥它积极的作用，创造出更多的社会价值。

——关于"明"。"明"，由日月二字组成。《易·系辞下》云："日往则月来，月往则日来，日月相推而明生焉。""明"，就是在日月的照耀下，世界一片光明的意思。古人把清楚明白的事物称为"明"，把显著的、一目了然的事物称为"明"，把站高看远之人称为"明"。《尚书·太甲》云："视远惟明。"人们把看透事物的本质称为"明察秋毫"，把能够认识事物本质的人称为"贤明"，或尊称为"明公"，把能够勤于国务、明辨是非的帝王称为"明君"。"明"在社会生活中的引申义就是说，所有的人和事物，都在日月的照耀下，明明白白，一目了然。它是儒家伦理学说的重要内容，是几千年来中国人民的渴望和追求。儒家学说对"明"有深刻的理解和认识，自儒家学说的先驱周公至明清儒家学者，都对"明"做了阐释。儒家的经典《尚书》

中记载了"明德慎罚"、"明四目、达四聪"、"视远惟明"、"圣人不以独见为明"等观念,孔子则提出"举直错诸枉,则民服;举枉错诸直,则民不服",汉代董仲舒,宋代的二程、朱熹,明代的王阳明皆在先秦儒家"明"观念的基础上,对"明"进一步阐述,但总的说来,是希望国家政务都处在光明正大之中。"明"既包括"明德"、"明君",也包括吏治清明、军纪严明等。"明德"就是要修己、正己,"明君"就是要明察狱讼。"明"体现在国家官员的任用方面,就是必须要任人唯贤,以保证吏治的清明。吏治清明、择贤而任,是儒学的重要内容。军纪严明也是古代"明"观念的重要内容,中国最早的兵书《司马法》提出,军中号令要严明,长官要有仁爱之心的兵学原则。《孙子兵法》更是强调了军纪严明的主张。到了近代,当西方资本主义列强用洋枪大炮轰开古老中国的大门时,一部分先知先觉的中国人开始清醒,他们意识到:中国要想富强,必须走西方之路。林则徐、龚自珍、魏源等提出"明耻"观念,康、梁变法提出"君主立宪"的主张,这都体现出近代中国知识分子的"明"的思想,但并未提出以民主制代替专制的主张。中国资产阶级革命运动兴起后,主张以暴力推翻专制,孙中山先生更是提出了"天下为公"、"主权在民"的思想。革命党人的"公理之未明,以革命明之"的理论对几千年封建专制统治下的中国是空前的,想通过"主权在民"实现政府的廉明、官吏的清明、财政的透明,这与封建社会的"明君"、"明臣"是完全不同的概念,他们代表了近代先进中国人的"明"的思想。现代中国在改革开放的大背景下,更需要"明"的观念。特别是对于权钱交易、暗箱操作、"官本位"等社会不良风气的抵制,更是需要树立"明"的观念和"明"的行为,呼唤"明"的思想和作风,这才是建立现代文明社会的途径。

——关于"谦"。其基本的含义是谦让。谦让之德是一种道德自律,是处世原则的重要部分。它要求人们在道德标准上严于律己,宽以待人;在人际交往中要尊重他人,要有卑己尊人的态度和行为。谦让之德不仅是儒家伦理范畴的组成部分,也是中华民族璀璨的传统文化特征之一。《周易·谦卦》以卑释谦:"谦谦君子,卑以自牧也。"朱熹释之:"大抵人多见得在己则高,在人则卑。谦则抑己之高而卑以下人,便是平也。"[1] 由此可见,谦让可以理解为较低并谦虚地评价自己,同时对别人的心理和行为要较高地看待。《尚书·大禹谟》中说:"满招损,谦受益,时乃天道。"其中的"谦"含有谦逊戒盈的内容。"谦"也通"慊",有满足、满意的意思。《大学》云"所谓诚其意者,毋自欺也,如恶恶臭,如好好色,此之谓自谦"。"谦"不仅是一种伦理范畴,它也是一个哲学概念,中国人历来追求的"谦谦君子"之崇高人格,实际上是积极进取与谦虚自抑的完美结合。《周易》中说:"谦:亨,君子有终","初六:谦谦君子,用涉大川,吉。"《老子》说:"持而盈之,不如其已;揣而锐之,不可长保。金玉满堂,莫之能守;富贵而骄,自遗其咎。功遂身退,天之道也。"[2] 其意是,碗里装满了水,不如停止下来;尖利的金属,难保长久;金玉满堂,没有守得住的;富贵而骄傲,等于自己招灾;功成名就,退位收敛,这是符合自然规律的。他告诫人们要虚己游世,谦虚恭让,方能长久。孔子说:"君子有九思;视思明,听思聪,色思温,貌思恭……"[3] 大意是说,君子在修身达己的过程中,常要考虑容貌态度是不是谦虚恭敬,并论证了谦虚恭敬与礼的密切关系,"恭而无礼则劳,慎而无礼则葸,勇而无礼则乱,直而无礼则绞"[4]。《国语》中晋文公说:

---

[1] 《朱子语类》卷七十。
[2] 《老子》第九章。
[3] 《论语·季氏》。
[4] 《论语·泰伯》。

"夫赵衰三让不失义。让，推贤也。义，广德也。德广贤至，又何患矣。请令衰也从子。"赵衰数次谦让不失仁义，且有助于国家选贤任能，是个人美德与魅力的一种彰显形式。孟子说："无恻隐之心，非人也；无羞恶之心，非人也；无辞让之心，非人也；无是非之心，非人也。"[1] 王符认为谦让的品质是人之安身立命的重要依据，"内不敢傲于室家，外不敢慢于士大夫，见贱如贵，视少如长"[2]。谦让与个人修身、政治素养方方面面的紧密联系，更说明了其在中华传统文化中的特殊地位和社会价值。谦让的态度有利于冲淡人际交往中的各方面冲突，促进团队精神的形成，进一步增强群体和各阶层间的凝聚力。儒学认为谦让是一切道德观念的基础，"让，德之主也。让之谓懿德"[3]。谦让之德对推进我国道德环境建设，形成和谐而文明的社会氛围有积极的作用。《菜根谭》认为："处世让一步为高，退步即进步的张本；待人宽一分是福，利人实利己是根基。"可见谦让的美德能构筑起和睦温馨的人际往来之桥，通过对"谦"的体悟，人类必能通向和谐而幸福的家园。

——关于"美"。其基本的含义是"以美立善"的伦理美。作为伦理美的"美"是一种"宜人之美"，即从审美角度出发而阐发出对人的"终极关怀"，它指向人的现实生活，与人的生命、生活休戚相关。"美"成为追求人类合规律的自觉与自由的和谐统一，人的社会活动应是"合乎人性"的，能够充分引起精神愉悦、审美情趣的美好享受与舒适体验。中华民族的"美"、"善"观念是从图腾崇拜以及巫术礼仪与原始歌舞中萌发诞生的。"美"、"善"观念在"以人和神"中萌动，在"神人

---

[1] 《孟子·公孙丑上》。
[2] （汉）王符：《潜夫论·交际》。
[3] 《左传·昭公十年》。

以和"中孕育,在"以众为观"中萌芽。《论语》中写道:"知者乐水,仁者乐山。知者动,仁者静。知者乐,仁者寿。"在其中孔子充分阐述了一种自然的审美情感,在《论语·八佾》中"子谓韶,'尽美矣,又尽善也。'谓武,'尽美矣,未尽善也。'"子曰:"里仁为美。择不处仁,焉得知?"孟子将性善之美、浩然正气、充实之美和与民同乐等方面归纳阐释,引发了人们对美、善至高境界的追求与向往。道法自然、上善若水、大音希声、虚壹而静的道德修养无一不探到美与善的丰富实质,美的内涵与外延包罗万象,"天地有大美而不言","乐行而志清,礼修而行成,耳目聪明,血气和平,移风易俗,天下皆宁,美善相乐"。董仲舒在《俞序》中引世子的话说:"圣人之德,莫美于恕。"同时他也论及了道德之美:"五帝三皇之治天下……民修德而美好","士者,天之股肱也。其德茂美不可名以一时之事","德不匡运周遍,则美不能黄。美不能黄,则四方不能往","此言德滋美而性滋微也"。董仲舒把德与美联系起来,德之美,即德之善。《淮南子》曰:"当今之世,丑必托善以自解,邪必蒙正以自辟。"因此,书中认为假、丑、恶,应予以揭露,同时在社会上提倡真、善、美,期待建立起真、善、美基础上的伦理美。伦理美的核心是"真"而不是"伪",是"质"而不是"文"。中国传统伦理美思想是以儒、道、墨、法等各家伦理道德传统为主要内容的伦理美思想与行为规范的总和。它不仅影响了中国历代人们的价值观念与行为方式,同时也成为衡量人们行为的准则与分辨德行修养的客观依据。修身内省、完善人格、重视情操的伦理美思想,有利于构建和谐社会和人们自我价值的提升,追求人际关系的和谐和强调人伦关系中的"美",有助于社会良好道德氛围的塑造,"天人合一"的伦理美能够保持人与自然的和谐共存,"贵中尚和"、"协和万邦"的伦理美思想是指导和谐社会、恰当处理各类关系的道德准则,"志存高远"、"自强不息"、"修己以敬"等伦理美观念丰富了人们的思想视野与道德境界。

——关于"正"。"正"与"中"、"直"意义相近,常与"邪"对举。其原初含义为走直路,其基本含义为正中、平正、不偏斜,合规范、合标准,纯正不杂,使端正、治理、修正等。其中正中、平正、不偏斜具有本体意义,治理、修正则具有方法意义。在中华传统伦理道德中,"正"既是个人身心修养的内容与方法,也是处理人与人、人与社会关系的原则和规范,在修身、齐家、治国三个层面有着不同的伦理意蕴。我国先民很早就有"正"的观念,而尧、舜、禹、汤、周文王、周武王自律、躬行、示范、用贤、惩恶的言行可视为"正"范畴的萌芽。"正"的范畴是在殷周之际的社会变革中伴随着西周伦理思想的建立而产生的,西周伦理思想中敬德、克己、用贤等思想可视为"正"范畴的源头。春秋战国时期,百家争鸣,儒、墨、道、法各学派在修身、齐家、治国方面有着不同的见解,从而丰富了正的思想。《大学》从理论上揭示了修身、齐家、治国的内在逻辑联系,使正的思想得以系统化。秦汉以降,"罢黜百家,独尊儒术",赋予先秦儒家正心、正己、正人、正名思想以正统地位,其在修心、修身、齐家、治国方面的作用,被历代思想家所阐发,从而使正的思想得以发展和完善。与此同时,司马迁、诸葛亮、魏征、王安石、岳飞、文天祥、郑成功、谭嗣同、孙中山等志士仁人用自己的正言正行,甚至生命诠释了正的含义。历经变迁,"正"范畴在今天对民众、对国家依然具有重要的现实意义,具体表现在儒家"正己正人"的德治传统与以德治国方略,"正己率民"的官德思想与党员领导干部的思想道德建设,"尚贤"传统与党的干部队伍建设,孔子"正名"思想与社会的可持续发展,传统正气观与新时代的党风建设等方面。

——关于"中"。对于"中"字的含义,学术界有不同的诠释。《说文》曰:"内也。从口、丨,上下通。"王筠《文字蒙求》曰:"中,以口象四方,以丨界其中央。"唐兰《殷墟文字记》说最早的"中"是社会中的徽帜,古代有大事则建"中"以聚众。王国维《观塘集林》释"中"为古代投壶盛筹码的器皿。郭沫若在《金文诂林》中认为"一竖象矢,一圈示的",像射箭命中之说。还有人认为是古战场中王公将帅用以指挥作战的旗鼓合体物之象形。可以看出的是,早在原始氏族社会时期就有了"中"的观念,在这种观念中,蕴涵了一种因力而中的价值取向,是部众必须依附听从的权威和统治,具有政治、军事、文化思想上的统率作用,进而意味着一切行为必须依附的标准所在。当然,这种观念仅仅表现为一种传统习惯而已,人们还没有把"中"上升到伦理道德的范畴。后来随着社会的发展,"中"就逐渐用来规范人们的思想行为。到了三代时期,执中的王道思想开始形成。三代相传的要点,就在于"执中"的王道思想。到了商代,"中"已然被作为一种美德要求于民,同时,也预示着后世"忠"字出现的契机。周朝进一步发展了"中"的思想,明确提出了"德中"的概念。周公把"中"纳入"德"作为施政方针,周公的"中德"思想,主要包括明德和慎罚两个方面。在孔子以前,中的观念在中国古代文化中早已形成了传统。虽然他们还没有将"中"和"庸"连缀使用,但我们已可以看出两个字字义的高度契合性。孔子则正式提出了"中庸"的伦理范畴,他视"中庸"为"至德"。这种"至德"首先体现为公允地坚守中正的原则,以无过无不及为特征。纵观中庸问题的发展历史,我们可以对中庸之道作如下概括:中庸之道是儒家的最高哲学范畴,是儒家的道德准则和思想方法。首先,中庸是一种"至德"。中庸的核心是"诚",作为德行规范,广泛作用于社会、思想道德以及自然各领域。其功用则表现为"正己"、"正人"和"成己"、"成物"。"诚"在中庸中有两大特质:一是由下而上，为天人合一之道；一是由内而外，为内圣外王之道。作为德行理论，中庸之道教育人们进行自我修养，把自己培养成至仁、至诚、至善、至德、至道、至圣、合内外之道的理想人格和理想人物，以达到"致中和，天地位焉，万物育焉"天人合一的境界。其次，中庸之道作为一种思想方法，它含有"尚中"、"尚和"两个方面。"尚中"，即崇尚中正不偏之意。它既是一种方法原则，又包含对行为结果的要求。"尚和"，强调矛盾事物的统一、和谐。"尚和"还含有"中和"的意义。其中，"和"是"中"的目标和结果，"中"是"和"的前提和保证；无"中"便无"和"，"中"与"和"互相联系、相互依存。但是，"和"仅体现了事物的表层状态，而"中"则作为事物的本质和精神内藏于事物之中。《中庸》认为："中也者，天下之大本也；和也者，天下之达道也。"又认为："致中和，天地位焉，万物育焉。"由此可知，中庸之道亦是中和之道，然而亦为天地之道，亦为人行事之道。它合一天人，使自然界和人类社会和谐无间，从亲亲之仁出发，以人的道德自律为途径，以"致中和"为其宗旨，最终达到内圣外王的理想境界。中庸之道作为一种政治与道德形态，对于中国社会的和谐和发展以及维系几千年的统一，起到了极其重要的作用。因而，行中庸，执中道，致中和，便成为中国传统文化的核心内容之一，中庸思想、中和情结，时时刻刻地影响着我们个人和社会。今天，我们全面而客观地评价中庸之道，深刻地理解和把握其合理内容及实质，汲取其思想精华，对于推动当今中国现代化的进程和社会主义道德建设有重要的意义。同时，当今世界，在全球一体化的发展趋势之下，中庸思想和价值观对全球化的价值思维也有着指导意义。

——关于"乐"。乐是一种心理状态，包括人的内心、人与人、人与自然和社会的幸福情感交流。如何看待幸福快乐即幸福快乐观是人生观系统中关于幸福快乐的根本观点和看法，也是产生并形成幸福快乐感的关键。迄今虽然中国伦理思想家对幸福快乐的理解见仁见智，但他们对如何达到和实现幸福快乐这种完满状态，却作过大量的思考。他们探讨了义利、理欲、苦乐、荣辱等幸福维度，并由此构成了不同历史时期各具特色的幸福快乐论。先秦时期，既有儒家以道德理性满足为乐的道义幸福快乐论，又有墨家以利他为乐和法家以建功立业为乐的幸福快乐论，还有道家以无为自由为乐的自然幸福快乐论。汉代儒家董仲舒强化了道德理性对于幸福的决定性，强调了以纲常秩序为美的道义幸福快乐论。魏晋玄学家主张以性情自然、精神自由、行为放达为乐的自然幸福快乐论。宋明理学家片面深化了道德理想主义，其幸福内涵的价值取向完全抛弃了感性幸福，走向了纯粹的道德理性单维。晚明时期出现了彰显自我的幸福快乐论。清代思想家在批判宋明理学家极端道义幸福论的基础上，重构了理欲、义利、公私关系，形成了多维度均衡的幸福快乐论。近代，面对救亡图存的历史重任，新学家提倡道德革命，借鉴西方的幸福快乐论和功利主义等思想形成了求乐免苦的幸福快乐论，但并没有从根本上背离传统幸福快乐论的大方向。

儒家所倡导的道义幸福快乐论在中国传统伦理文化中占有统治地位，对中国人追求幸福快乐生活的影响最为深远，并与以苦为人生起点的西方伦理观相判别。从先秦时期的孔子、孟子，到宋明时期的程颐、程颢、朱熹、陆九渊、王阳明，都思考了获得幸福快乐的方式和途径，都认为幸福快乐必须内求于己。除了追问幸福的含义以及实现幸福的方法外，儒家对于德与福之关系的思考也是不绝如缕的。首先，儒家坚持以高尚为乐，认为乐于行道，乐于助人，才能有君子道德的造诣，达到心灵和谐的境界；其次，儒家在强调道德幸福和精神幸福的同时，也特别强调社会的共同幸福，认为自我独乐不如"天下皆悦"，力倡"先天下之忧而忧，后天下之乐而乐"，所谓修身、齐家、治国、平天下之理论，其旨亦在求得普天下人的共同幸福快乐。因而儒家就建立了道德、精神的快乐与普天下人的共同快乐两个方面的幸福快乐标准。儒家强调人如果没有理性和美德就不会有幸福快乐，认为幸福快乐就在于善行，就在于为社会整体利益而行动之同时，又强调为完善德行而"一箪食，一瓢饮"的乐道精神，注重个人德行的完善和人生的不朽以及强调平治天下的大志与追求社会的共同幸福快乐，把个人的幸福快乐包容于普天下民众的幸福快乐之中。儒家传统幸福快乐观在诠释幸福的内涵上不仅仅重视人的主观内在感受，更重视个人幸福同自然、他人、社会的相互关联，这与现代和谐社会思想的理路是基本一致的，对今天的人生和社会依然颇具启迪意义。

——关于"公"。重视"公"是中华伦理的一个重要特征，"先公后私"、"崇公抑私"已经成为中华伦理的基本道德要求。"公"作为一种道德理念，不仅贯穿于中华传统伦理的过去、现在和将来，而且在某种程度上已经内化到中华民族的集体记忆中，成为中华伦理道德的一大特色。正如刘畅先生所说的那样："崇公抑私，是传统文化中最活跃的思想因子，公私观念，是古代思想史中至关重要的论证母题，相对于其他范畴来说，具有提纲挈领的意义，牵一发而动全身。"[①] 因而，探究"公"范畴的内涵及其发展历程对于研究中国伦理思想有重要意义。"公"观念不仅对中国古代社会产生了重要影响，即便在当今社会，"公"观念也没有褪色，反而显示出强大的生命力，获得了新的生长点。"公天下"的理念是中国社会的崇高理想，早在先秦时期"公天下"的观念就已经萌芽，比如《慎子·威德》写道："故立天子以为天下，非立天下以为天子也；立国君以为国，非

[①] 刘畅：《中国公私观念研究综述》，《南开学报》（哲社版）2003年第4期。

立国以为君也。"慎子的意思很明白，那就是立君为公，应该以天下为公。这一思想和明末清初思想家王夫之的"不以天下私一人"具有异曲同工之妙。"公天下"的理想被后世思想家不断提及，《礼记·礼运》描绘的那个"天下为公"的大同世界是对"公天下"的最好诠释。唐太宗所说："故知君人者，以天下为公，无私于物。"① 柳宗元认为秦设郡县乃是公天下的行为："然而公天下之端，自秦始。"② 顾炎武强调"合天下之私以成天下之公"；王夫之反对"家天下"，主张"公天下"，认为"天下非一姓之私"，应"不以天下私一人"。近代以来，"天下为公"的思想仍然备受推崇，众所周知，"天下为公"是孙中山先生毕生奋斗的最高理想。尽管这些关于"公天下"或"天下为公"的思想论述的角度和具体内涵有差异，但是毫无疑问都表达了对"公天下"的向往。既然公私问题如此重要，历代思想家自然非常重视，几乎历史上重要的思想家都对公私问题发表过自己的看法。也正因为公私问题在漫长的历史中不断被探讨辨析，所以"公"观念的内涵也随着时代发展不断被赋予新的内容，呈现出历史演变的阶段性。可以说，我国社会思想的发展史，就是公私关系的历史，是公、私观念产生、发展、嬗变及辨别的过程。"公"观念的发展大致经历了形成、发展、激荡、转型等几个时期。邓小平继承并发展了马克思主义公私观。为了适应中国国情和时代要求，邓小平突破传统，对公私问题进行了深入思考，开创性地提出了共同富裕的思想。他指出："社会主义的本质就是解放生产力，发展生产力，消灭剥削，消除两极分化，最终达到共同富裕。"③ 但是在此过程中又不可能平均发展，所以要一部

---

① （唐）吴兢：《贞观政要·公平第十六》，裴汝诚等译注《贞观政要译注》，上海古籍出版社2007年版，第154页。
② 《封建论》，载《柳河东全集》，中国书店1991年版，第34页。
③ 《邓小平文选》第3卷，人民出版社1993年版，第373页。

分人先富起来，以先富带动后富，他还强调在这一过程中要兼顾公平与效率。江泽民、胡锦涛等对"公"观念也有很多论述。江泽民在继承邓小平的经济共同富裕的基础上，开创性地提出了精神层面的共同富裕。进入21世纪以来，公观念又有进一步的发展，特别是和谐社会思想的提出是对传统公观念的一大突破。党的十六届六中全会提出要"按照民主法治、公平正义、诚信友爱、充满活力、安定有序、人与自然和谐相处"①的原则来建设社会主义和谐社会，民主原则的提出体现了以民为本的思想，"公平正义"则体现了对公平的追求，这标志着从原来注重效率逐渐向注重公平的重大转向，是对"公"思想的又一个重大突破。

到此，《中华伦理范畴》已经相继出版了19个德目，它们之间既是相对独立的，又是紧密联系的，构成一个完整的体系。为了共同的目标，每一卷的作者都勤勤恳恳、呕心沥血，付出了艰辛的劳动，在此谨向他们致以深深的谢意！

正当《中华伦理范畴》第二函杀青之际，世界陷入了次贷危机的泥沼之中。次贷危机，其实是一场信誉危机，本质上仍是伦理道德的危机。惊恐之中，重温1988年1月诺贝尔物理奖获得者、瑞典科学家汉内斯·阿尔文的"人类要生存下去，就应该回到25个世纪前，去汲取孔子的智慧"的演讲和镌刻在联合国大厅里的孔老夫子的"己所不欲，勿施于人"、"己欲立而立人，己欲达而达人"的教诲，应该给人们一些启迪吧！

《中华伦理范畴》总结的是中华民族千百年来所继承和弘扬的做人的大道理。它是每一个想做君子而不想做小人的人的道德约束和修养圭臬。伦理道德虽然并称，但道德主要是每个人内心

---

① 《中共中央关于构建社会主义和谐社会若干重大问题的决定》，人民出版社2006年版，第5页。

的活动，而伦理有为全社会的人规范行为的作用。因此，普及中华民族优秀伦理，对于全社会成员的道德自律既具有普遍的指导作用，又具有某种意义上的他律作用。有自律和他律两个方面的保障，国人的素质才会提高。

　　让我们每个人都明白做人的道理，用中华民族优秀的传统伦理去规范一言一行，努力去做一个道德高尚的人。每个人都从身边的小事做起，从自身做起；多做善事，少做乃至不做恶事。

　　愿我们共勉。

戊子隆冬于曲园寒舍

目 录

第一章 绪言 (1)
  一 《中庸》的基本内容 (2)
  二 《中庸》的天道思想 (6)
  三 《中庸》的内圣外王之道 (8)
  四 《中庸》的中正论 (10)
  五 《中庸》的中和论 (13)
  六 《中庸》的修养论——极高明而道中庸 (16)
  七 《中庸》之"诚" (20)
  八 中庸之道的特征与现代意义 (23)

第二章 中庸范畴的产生 (30)
  一 中庸之道产生的历史依据 (30)
    (一)农业文明的智慧 (30)
    (二)宗法血缘社会的必然产物 (33)
  二 中庸范畴的产生 (36)
    (一)"中"的发展 (36)
    (二)"庸"字释义以及中庸范畴的形成 (47)

第三章 先秦中庸之道的创建与完善 (49)
  一 孔子的中庸观 (49)
    (一)中庸之至德 (50)
    (二)过犹不及的中行思想 (60)

（三）和而不同的人生态度 …………………………（66）
　　（四）以和为贵的理想境界 …………………………（69）
二　《中庸》 ……………………………………………………（72）
　　（一）《中庸》释义 ……………………………………（72）
　　（二）性命与中道 ………………………………………（75）
　　（三）致中和 ……………………………………………（76）
　　（四）"诚"与中庸 ……………………………………（79）
三　孟子的中庸观 ……………………………………………（87）
　　（一）中道 ………………………………………………（87）
　　（二）执中有权 …………………………………………（95）
　　（三）天时、地利、人和 ………………………………（100）
四　荀子的中庸观 ……………………………………………（109）
　　（一）礼义谓中 …………………………………………（109）
　　（二）与时屈伸与兼权之法 ……………………………（115）
　　（三）明于天人之分 ……………………………………（118）
五　《周易》的中庸思想 ……………………………………（122）
　　（一）"当位"和"得中" ……………………………（123）
　　（二）因时变化 …………………………………………（127）
　　（三）保合太和 …………………………………………（132）

第四章　汉唐时期中庸观的演变 ………………………（139）
　一　董仲舒的中和思想 ……………………………………（140）
　二　扬雄的中和思想 ………………………………………（150）
　三　王充的中和思想 ………………………………………（154）
　四　王弼、郭象的中和论 …………………………………（156）
　五　王通的中道论 …………………………………………（161）
　六　柳宗元、刘禹锡的大中思想 …………………………（169）
　七　韩愈、李翱的中庸思想 ………………………………（177）

第五章　两宋时期中庸的理学化 ………………………（184）

一　胡瑗的中庸思想 …………………………………… (186)
二　石介的中庸思想 …………………………………… (189)
三　李觏的中庸观 ……………………………………… (193)
四　王安石的中和观 …………………………………… (200)
五　苏轼的中庸观 ……………………………………… (207)
六　周敦颐心性中庸观 ………………………………… (208)
七　张载气本论的中庸观 ……………………………… (217)
　　（一）从容中道 …………………………………… (218)
　　（二）民胞物与 …………………………………… (230)
八　程颢、程颐对中庸之道的传承与弘扬 …………… (232)
　　（一）天理即中 …………………………………… (233)
　　（二）体用为中 …………………………………… (238)
　　（三）中无定体，用其时中 ……………………… (241)
　　（四）求中于未发之前 …………………………… (245)
九　朱熹对中庸理学化的贡献 ………………………… (259)
　　（一）中和之悟 …………………………………… (261)
　　（二）朱熹对"中庸"思想的继承与发展 ……… (289)
十　陆九渊的中庸思想 ………………………………… (312)
　　（一）以"极"训"中"，"心"本体地位的确立 … (314)
　　（二）"致力于中"，道德修养的"简易功夫" … (324)
十一　叶适的中庸观 …………………………………… (330)

第六章　明清时期的心性中庸论 ……………………… (345)
一　陈献章、湛若水的中庸观 ………………………… (345)
　　（一）陈献章"天下之理，至于中而止矣"的中庸观 … (345)
　　（二）湛若水的中庸观 …………………………… (353)
二　王阳明的中庸学说 ………………………………… (361)
　　（一）未发之中，即良知也 ……………………… (363)
　　（二）致良知是择乎中庸的工夫 ………………… (372)

三　刘宗周的中庸论 …………………………………（375）
　（一）存发总是一机，中和浑是一性 ………………（376）
　（二）"慎独"即是"致中和" ………………………（385）
四　王夫之的中庸观 …………………………………（387）
　（一）中者体也，庸者用也 …………………………（390）
　（二）在中则谓之中，见之于外则谓之和 …………（393）
　（三）存养省察尽吾性之中 …………………………（397）

第七章　近代中庸思想 …………………………………（400）
一　康有为的中庸思想 ………………………………（402）
　（一）变易的思想 ……………………………………（405）
　（二）大同理想 ………………………………………（407）
二　孙中山的中庸思想 ………………………………（414）

第八章　中庸之道及其现代价值 ………………………（420）

参考文献 …………………………………………………（429）

第一章 绪 言
——关于《中庸》的几个问题

孔子说："中庸之为德也，其至矣乎，民鲜久矣。"[1] 在孔子这里，"中庸"成了儒家的最高道德准则。由此可知，"中庸"本质上乃是一个关于"德"的概念，是关乎人的心性修养和人格完善的概念。以"至德"来理解中庸，才真正能切中中庸的根本意义。以往讲中庸，往往仅从方法论的角度作解，而对孔子"中庸之为德"这一命题未予重视，显然只是抓住了"中庸"一偏而已。

《中庸》乃儒家学说的精髓。这部书，本来是小戴《礼记》上的一篇，在南北朝时便把这篇从《礼记》中抽出，并且开始加以注释，发扬。后经宋儒的推崇，同《大学》、《论语》、《孟子》合为四书，于是《中庸》一书风行开来。

《中庸》虽经两千年的历史陶冶，但今天读来仍是新的，其内容博大精深，而又无微不至。其大处，"天下莫能载焉"，其微处，"天下莫能破焉"[2]。这样的书人人可读，但又不是人人可以读得懂。中庸之道，是人人可知之理，但又不是人人尽知之道。因而这部书有着巨大的吸引力，使历代学者都孜孜以求，对中庸进行探微或作出新解。

---

[1] 《论语·雍也》。
[2] 《中庸》第十二章。

一 《中庸》的基本内容

《中庸》的思想同《易经》不一样,《易经》主要讲天道,讲宇宙间的变易。"天地之大德曰生"(《易大传》第一章),天道是生生不已的动能。《中庸》主要讲人道,而人道又来自天地之道,故《中庸》开篇乃说:"天命之谓性,率性之谓道,修道之谓教"。宇宙间的变易,自然而行,化生万物。而中庸之道,其本原出于天而不可易。《中庸》说:"诚者,天之道;诚之者,人之道也。"人若诚于自己的人性,则可以尽物性而赞天地之化育,则可以与天地参矣。中庸之"诚",贯通天人,使天人合一。故《中庸》说:"至诚无息,不息则久","地之道,可一言而尽也,其为物不贰,则其生物不测。"《中庸》的作者把本属于心意的、道德的诚字,推广到天道上去。并指出唯有至诚才能不息,而这不息的精神才能持久,这正是天道的生生不已。然后诚又一线贯通"慎独"、"致中和"、"致曲"、"明善"、"三达德"、"五达道"与"九经"。中庸之道可一言以蔽之,曰:"大哉,圣人之道!"

朱熹《中庸章句》,把《中庸》按照内容的性质,划分为三十三章。他在《中庸章句》之首引程子的话说:"此篇乃孔门传授心法,子思恐其久而差也,故笔之于书以授孟子。其书始言一理,中散为万事,末复合为一理。放之则弥六合,卷之则退藏于密,其味无穷,皆实学也。"这里所说的"始"、"中"、"末",实际上是程子将《中庸》分为三个部分。他虽未对章节作明确划分,但根据《中庸》的内容来看,第一部分,其"始言一理",乃指的是第一章,这一章乃"一篇之体要"。第二部分,"中散为万事",是指第二章至第二十章前半部分。第三部分,"末复合为一理",则是指第二十章后半部分至篇末。

中庸之道的主题主要体现在第一章中，也即《中庸》的第一部分。这一部分形同绪论，对于天、性、道、教、中、和等概念都有定义。"天命之谓性，率性之谓道，修道之谓教"，这三句话一气相承，乃《中庸》一书的纲领所在。言简意赅，指出人的天性是善良的，依循着上天赋予人的善良的天性发展下去，就合于中庸之正道了。修好了中庸之道，便可以教化天下。

"道也者，不可须臾离也，可离非道也。是故君子戒慎乎其所不睹，恐惧乎其所不闻。莫见乎隐，莫显乎微，故君子慎其独也。"中庸之道的修治贯穿于人的一生之中，是"不可须臾离"的。如此，就需要有一种强力进行自我约束，这种精神就是"慎独"。郑玄注："慎独者，慎其闲居之所为。"谓在独处无人注意时，自己的行为也要谨慎，要诚其意。

"喜怒哀乐之未发，谓之中；发而皆中节，谓之和。中也者，天下之大本也；和也者，天下之达道也。"无论任何人，无不具有喜怒哀乐之天性。并且也不能不依天性抒发其情。喜怒哀乐之未发，为"中"，为"大本"。由于这个性得之于天道，而不杂于人欲，所以是喜怒哀乐未发之"中"。这个"中"就是性的本色。"发而皆中节"之情谓"和"，谓"达道"。这就揭示了修道的内在目标。"致中和，天地位焉，万物育焉。"这就指出了"致中和"或修道的外在目的。即把自己修成具有理想人格，达到至善、至仁、至诚、至道、至德、至圣、合内外之道的理想人物，达到"致中和"和"万物育焉"的天人合一的境界。

第二部分的内容丰富，主要引用孔子关于中庸的论述。由君子与小人的中庸观不同说起，慨叹中庸之美，行之者却甚少。其中讲到中庸的实践，先由"修身"而"齐家"，续由"修身"而"治国"、"平天下"。由"修身"而提出"知人"、"知天"。由"知人"又提出"五达道"、"三达德"。《中庸》第二十章说："天下之达道五，所以行之者三。曰君臣也，父子也，夫妇也，昆弟也，朋友之交也。五者，天下之达道也。知、仁、勇三者，天下之达德也，所以行之者一也。""五达道"就是运用中庸之道调节五种基本人际关系。这五种人际关系是君臣、父子、夫妇、兄弟以及朋友的交往。通过处理这五种关系以达到天下和谐的目的。调节这些关系，靠人的内心美德和智慧，这就是三达德，三达德就是智、仁、勇。然后，由"知天"而提出"生知"、"学知"、"困知"以及"安行"、"利行"、"勉行"的问题。"生知安行者，知也；学知利行者，仁也；困知勉行者，勇也。"人性虽无不善，而气禀有不同，故闻道有早晚，行道有难易，然而能自强而不息，则所达到的目的是相同的。知所以修身，则知所以治天下国家。"凡为天下国家有九经"，即修身、尊贤、亲亲、敬大臣、礼群臣、子庶民、来百工、柔远人、怀诸侯。这是中庸之道用来治理天下国家以达到天下和谐的九项工作。要做好这些工作，就必须用至诚、至仁、至善之心，充分体现中庸的理想人格。

第三部分，主要论述"诚"字。中庸是儒家学说的精髓，而"诚"乃"中庸的精髓"。

《中庸》第二十章上说："诚者，不勉而中，不思而得，从容中道，圣人也；诚之者，择善而固执之者也。"这段话朱熹的解释是："圣人之德，浑然天理，真实无妄，不待思勉，而从容中道，则亦天之道也。未至于圣，则不能无人欲之私，而其为德不能皆实，故未能不思而得，则必择善，然后可以明善，未能不勉而中，则必固执，然后可以诚身，此则所谓人之道也。不思而得，生知也。不勉而中，安行也；择善，学知以下之事；固执，得行以下之事也。"这里所谓的"诚者"，是指圣人的境界。其实，圣人只是一种理想，圣人之言，就是道，因而圣人是道的人格化。在现实的人生中，我们不是圣人，就做不到"不勉而中，不思而得"，就必然要"择善而固执"，才能使喜怒哀乐"发而皆中节"达到和。

《中庸》进一步申明君子的修道之目是："博学之、审问之、慎思之、明辨之、笃行之。"程子说："五者废其一，非学也。"《中庸》第二十一章还指出："自诚明，谓之性，自明诚，谓之教，诚则明矣，明则诚矣。"朱熹认为："圣人之德，所性而有者也，天道也。"然而无论是圣人，或一般人，无论是有"不勉而中"或"择善而固执"的不同，但都离不开一个"诚"字。"诚则无不明"，"明则可以至诚"。

《中庸》第二十二章、二十三章分别言圣人之德和君子的一曲之诚。圣人之至诚，乃是将上天赋予的人性，发挥到极致。诚于中而形于外。唯有尽其性者，才能尽人之性，所以至诚的圣人，自然会成为人的表率。能尽人之性，则能尽物之性，如此，才能赞助天地造化之功，能够赞助天地化育之功的人，"则可以与天地参矣"，即与天地并立为三才。但这乃是自诚而明者的事，即圣人之诚。然而，至诚的境界太高，非圣人无法做到，其次可以求一曲之诚。"诚则形，形则著，著则明，明则动，动则变，变则化；唯天下至诚能化。"曲能有诚的人，积于中而发于外，可以感动变化人心，至诚如神。

《中庸》第二十五章说："诚者，自成也，而道，自道也。诚者，物之终始，不诚无物；是故君子诚之为贵。诚者，非自成己而已也，所以成物也。成己，仁也。成物，知也。性之德也。合外内之道也，故时措之宜也。"天地间的一切运行，都由诚来推动而完成，所以说，不诚无物。诚能成己成物，然而要想成人成物，必须先要成己，使本身才德俱全，从自己的修养上下工夫。成物则是向外，由内而外，内外配合，达到内圣外王的境界。

《中庸》第二十六章说："故至诚无息，不息则久。久则征，征则悠远，悠远则博厚，博厚则高明。博厚所以载物也，高明所以覆物也，悠久所以成物也。"这段话的关键乃"诚能无息"，至诚可以完成宇宙、完成人生。《易经》上说："天行健，君子以自强不息。"《大学》上说："汤之盘铭曰：苟日新，日日新，又日新。"因而，无论是天道、人道，都按照一定的轨迹运转，永远不会停息，所以说，"至诚无息"。不息则久，就会达到一是博厚，一是高明。从天道言，博厚可以载物；从人道言，博厚可以致远。从天道言，高明可以覆物；从人道言，高明可以涵容一切。而天下万事万物的变化和成长，都需要时间，所以说，"修久所以成物也"。

综上所述，可知，《中庸》一书乃以"诚"为其重心。

二 《中庸》的天道思想

《中庸》的理论基础是天人合一。《中庸》一书，共出现六十二个"天"字。这些"天"字或多或少、或直接或间接地同"天道"、"天地之道"、"天德"、"天时"、"天命"、"天地之化育"等相连，通过这些"天"字，我们可以探究《中庸》对天的认识，以及《中庸》的天人合一思想。

《中庸》所认识的天是高而且明，大而能容，公而无私，诚而能化，生生不已，运行不息的。《中庸》承认天的存在，但不认为天命是外在的，而是宇宙内在的生机，这种生机与人相通。在天者就是天道，在人者就是人道。人可以凭借天道与人道运行的法则以究天意，与天合一。《中庸》对天道的认识系继承孔子以及《诗》、《书》、《易传》的思想而来。然而《中庸》的天道又与孔子以及《诗》、《书》、《易传》不同，那就是《中庸》将一个诚字推到天道上去。《中庸》第二十章中就说："诚者，天之道；诚之者，人之道。"

我国古代，人们对天的看法大体上有两种。一种认为，天的背后有一个主宰的神灵；一种认为，天的背后必有一种不以人的意志为转移的法则或规律。前者如《诗经》、《尚书》中所提到的天，都有着赏善罚恶的力量，可以左右政治的兴衰。而后一种天命观则不强调天有意志、能赏罚，而是天道有其自己运行的客观规律性，有其理则和法象。人们可以探知这些理则和法象，以窥测天行，而达到与天合一。《中庸》就是这样一种天道观。

钱穆说："《中庸》阐述天人合一，主要有两义。一曰诚与明，二曰中与和。"①《中庸》云："诚者，天之道也。""诚"即是天道，它具有两种不同的特性：一是"至诚如神"。《中庸》第二十四章说："至诚之道，可以前知：国家将兴，必有祯祥；国家将亡，必有妖孽；见乎蓍龟，动乎四体；祸福将至，善必先知之，不善必先知之，故至诚如神。"

《系辞》传上说："神以知来，知以藏往。"这个知来，即是所谓"前知"。何以能知未来？就在于"藏往"，就是把以往累积的经验加以归纳，以推知未来的发展方向。所谓"至诚如神"，就是这样一个道理。显然这里的"神"，并非是具有超越自然力量的鬼神，而是至诚。

二是"至诚无息"。《中庸》第二十六章上说："故至诚无息，不息则久。久则征，征则悠远，悠远则博厚，博厚则高明，博厚所以载物也；高明所以覆物也；悠久所以成物也。"

朱熹认为这一段话是"言天道也"。至诚无息，也是讲天道的生生不已。

《中庸》之"诚"是大道，但我们却往往忽视了中庸之道天人合一的真实含义。其真实含义是合一于至诚，在达到"致中和，天地位焉，万物育焉"、"唯天下至诚……则可以赞天地之

---

① 钱穆：《中庸新义》，《中国学术思想史论丛》卷2，安徽教育出版社2004年版，第39页。

化育；可以赞天地之化育，则可以与天地参矣"的境界。能与天地并立，就是天人合一。

三 《中庸》的内圣外王之道

《中庸》之"诚"是天道，不仅可以使天人合一，而且也可以使人由内而外，达到内圣外王的境界。

那么，什么为"圣"呢？孔子以"博施济众"为圣。《论语》载："子贡曰：'如有博施于民而能济众，何如？'子曰：'何事于仁！必也圣乎！尧舜其犹病诸。'"[①] 由孔子对圣的界说来看，"圣"作为一个伦理范畴，其含义不仅指主体内在的道德修养境界，而且包含了在这一境界下，应事接物等外在的行为。所以，就"济众"而言，孔子所谓的"圣"，既包括了以仁为内涵，以博施为形式的"内圣"，又包括了以礼为内涵，以"济众"为形式的"外王"。但是，只有在《大学》、《中庸》中才真正对"内圣外王"作出完满的解释。《大学》的八条目，明确把格物、致知、诚意、正心作为修身的内圣功夫，而把齐家、治国、平天下作为修身的外王的表现。《中庸》以"尊德性而道问学"给予概括。儒家"内圣"的观念是以修己为核心。梁启超说："做修己的工夫，做到极处，就是内圣；做安人的工夫，做到极处，便是外王。"[②] 内圣既为修己功夫的极处，也即是儒家的最高精神境界。而中庸的至德才是功夫的极处。因而，内圣与中庸的至德是一而二，二而一的问题。

《中庸》第二十章说："故君子不可以不修身。思修身，不可以不事亲；思事亲，不可以不知人；思知人，不可以不知

[①] 《论语·雍也》，杨伯峻译注本，中华书局1980年版。
[②] 梁启超：《儒家哲学》，《清华周刊》1926年（10），第26卷第2号。

天。"修身是内圣的根据,知人是外王的基本。要修身、知人,必须要知天,唯有天人合一,才能内圣外王。朱熹认为:"为政在人,取人以身,故不可以不修身。修身以道,修道以仁,故思修身不可以不事亲。欲尽亲亲之仁,必由尊贤之意,故又当知人。亲亲之杀,尊贤之等,皆天理也,故又当知天。"欲知人,必须研究人道,为什么又要先知天?从根本上说,就是因为儒家的人道脱胎于天道。一种学说,必须高明,才能悠远。《中庸》的诚就是如此。"诚"不仅贯通了天道与人道,并且还贯通了内在的修养与外在的行为,而成为"内圣外王"之道。"诚"字在这一思想体系之中也有两种特性:一是成己;一是成物。《中庸》第二十五章中说:"诚者,自成也;而道,自道也。诚者,物之终始,不诚无物。是故君子诚之为贵。诚者,非自成己而已也,所以成物也。成己,仁也;成物,知也,性之德也,合内外之道也,故时措之宜也。"由此可知,成己乃内于我的仁;成物,乃外于我的知。成己,是自我人格的完善,使本身才德俱全,而有可以为用,就是内圣。成物,就是促成万物之生的意思,也就是造福于社会,就是外王。《中庸》内圣外王的基本特征,就是对仁的追求。孔子对仁的解释是爱人。《中庸》中的仁爱有三种。一是"亲亲"。《中庸》第二十章说:"仁者,人也,亲亲为大。"爱父母是仁的第一要事。仁以孝悌为本,故事父母以孝。二是济众,亦即"仁民"。"博施于民而能济众。"三是爱物。《中庸》所谓"成物",乃是发仁爱之心而益物之性,化育万物。其至诚全爱之心,推广到自然界。《中庸》第二十章中指出,凡为天下国家有"九经",在"九经"之中,"修身"是成己,属于内圣。"尊贤"、"亲亲"、"敬大臣"、"体群臣"、"子庶民"、"来百工"、"柔远人"、"怀诸侯"等,都是"成物",属于外王的范畴。修身是本,事功为用,内圣外王是儒家人生理想不可分割的主题。冯友兰先生认为"内圣外王"是圣人的人格,"内圣外王"之道是中国哲学历史的主流和中国哲学的精神。①

四 《中庸》的中正论

朱熹说:"中庸,只是一个道理,以其不偏不倚,故谓之'中',以其不差异可常行,故谓之'庸'。此'中'却是'时中'、'执中'之'中'。"

执中即掌握得恰到好处,体现儒家对矛盾的认识,持守中道是儒家的大智。《中庸》记载,孔子称赞舜有大智慧,善用中道,"舜其大知也与!……执其两端,用其中于民,其斯以为舜乎?"② 郑玄对"两端"的解释是"过与不及"。对于这段话,朱熹的注解很准确,他说:"盖凡物皆有两端,如小大厚薄之类,于善之中,又执其两端,而量度以取其中,然后用之,则其择之审而行之矣。……此知之所以无过不及,而道之所以行也。"③ 过和不及,都是极端,不得其中。何为而"中"?即"不得过不及谓之中"。又如何理解"执其两端,用其中"的准确含义?所谓"执两用中",也就是把对立的两端直接结合起来,以此之过,济彼不及,以此之长,补彼之短,以追求最佳的"中"的状态。离开了两端,中也就不存在了。这个中是矛盾对立面的统一、联结、和谐、平衡,等等。《论语·子罕篇》载,孔子阐明自己的智慧,在解答别人问题时,从问题的首尾两端分析综合而得出正确结论。"吾有知乎哉?……我叩其两端而竭

---

① 冯友兰:《中国哲学简史》,北京大学出版社1985年版,第9页、第12页。
② 《中庸章句》第六章,上海古籍出版社1987年版,第3页。
③ 同上。

焉。"① 孔子强调"过犹不及","中立而不倚,强则矫"② 君子信守中道,独立而不偏倚,才是真正的强大。

追求最佳"中"的状态,《尚书·皋陶谟》所列举的"九德"最为典型:

> 皋陶曰:"宽而栗,柔而立,愿而恭,乱而敬,扰而毅,直而温,简而廉,刚而塞,强而义。彰厥有常,吉哉!"

单纯宽弘的品格,庄严不足;必得栗以相济,使宽弘与严栗对立而统一,始成一德。宽而栗,就是防止偏伤于宽,而以其对立面栗而予以牵制,这就是求得了中。《中庸》第十章记载子路问强的一段话:

> 子路问强。子曰:'南方之强与?北方之强与?抑而强与?宽柔以教,不报无道,南方之强也,君子居之。衽金革,死而不厌,北方之强也,而强者居之。故君子和而不流,强哉矫!中立而不倚,强哉矫!国有道,不变塞焉,强哉矫!国大道,至死不变,强哉矫!

南方之人以含忍为强,北方之人以果敢为强,但这两种都执之一偏,乃偏伤之强。《中庸》提倡之强,合乎二者之中,成于二者之和,是一种包含着含容、刚劲的矫矫之强。它不会因为国之有道与无道而发生改变。只有这种强,才是常强。这种将内在的坚定、刚劲与外在的含容、柔和完美糅合于一体的强,就是

---

① 《论语·子罕》。
② 《中庸章句》第十章,第4页。

11

《中庸》所追求的理想人格。

《中庸》第二章载孔子的话:"君子之中庸也,君子而时中。"时中是说持守中道要因时因地制宜,随着时间条件的变化而变化。朱熹对"时中"的注释是"随时以处中","中无定体,随时而在"①。由此可知,"时中"不是一个静止的概念。孟子说:"孔子圣之时者也"②,就是强调,孔子是能够因时变化、随时处中的圣人。"时中"就含有把"中"的原则性和"时"的灵活性结合起来,处理事物更具合理性。

"权变"和"损益"是《中庸》时中思想的具体贯彻。孔子说:"可与共学,未可与适道;可与适道,未可与立;可与立,未可与权。"③权即权变,通权达变之意。孔子在坚持礼的原则的同时,也注意到权衡轻重,灵活处置的问题。孟子更明确地把执中与权变联系起来,他说:"执中无权,犹执一也。"④"执一",即固执一个极端而废弃其余,这是一种偏弊。"执中无权"也不可取。"执中"还须善权,如果不把原则性和灵活性结合起来,社会形成一种片面性,这种认识是很深刻的。《中庸》中就蕴涵着经权相济即原则性与灵活性相统一的思想。

孔子还特别强调中庸之道与乡愿的区别。所谓乡愿,乃貌似中庸,实际上毫不讲原则。孔子尤其厌恶乡愿,他说:"乡愿,德之贼也。"⑤《孟子·尽心下》对乡愿的特征有具体的解释:"何以是嘐嘐也?言不顾行,行不顾言,则曰:'古之人,古之人,行何为踽踽凉凉?生斯世也,为斯世也,善斯可矣。'阉然媚于世也者,是乡愿也。"又说:"非之无举也,刺之无刺也。

---

① 《中庸章句》第二章注,第2页。
② 《孟子·万章下》。
③ 《论语·子罕》。
④ 《孟子·尽心上》。
⑤ 《论语·阳货》。

同乎流俗，合乎污世。居之似忠信，行之似廉浩。众皆悦之，自以为是，而不可与入尧舜之道。故曰'德之贼'也。""乡愿"虽然貌似中庸，但实质上却与中庸之道相反。这种人言行不一，没有一贯的原则。从品格上说，乡愿是媚于世，与世同流合污的伪君子。

五 《中庸》的中和论

和是中国传统文化的一个经典概念。起源甚早，甲骨文、金文中都有"和"字。《国语·郑语》载，春秋初期的周太史伯就以"和"与"同"对举，而提出了"和实生物，同则不继"的命题：不同的事物相互结合，从而能产生出新的事物，这就叫做"和实生物"，如果只是相同事物重复相加，就不会产生新的事物，这就叫"同则不继"。

比史伯稍后的齐相晏婴也讨论过和与同的区别，他以烹调设喻而提出了"因中致和"的理论：

> 和，如羹焉，水火醯醢盐梅，以烹鱼肉，燀之以薪，宰夫和之，齐之以味，济其不及，以泄其过。君子食之以平其心。君臣亦然。君所谓可而有否焉，臣献其否以成其事；君所谓否而有可焉，臣献其可以去其否，是以政平而不干，民无争心。……先王之济五味、和五声也，以平其心，成其政也。声亦如味：一气，二体，三类，四物，五声，六律，七音，八风，九歌，以相成也。……君子听之，以平其心。心平，德和。……若以水济水，谁能食之？若琴瑟之专壹，谁能听之？同之不可也如是。

这是以烹调设喻，将各种不同的原料放在一起，烧制出达到

"和"的口味的羹来。其中"济其不及，以泄其过"是达到"和"的关键。即把各种原料都调节到最适中的比例上。

在儒家学说中，和被看做是一种良好的人际关系状况和极高的道德境界，并成为指导人们思维和行为的准则。

孔子就继承前代的思想资料，把和看做是最高的政治伦理原则。他说："君子和而不同，小人同而不和。"① 这里，孔子区别了和与同，认为一个有道德的君子应力求与周围的人和睦相处，但却不能盲目地附和别人，也不朋比成党。孔子还说过区别和与流的话："故君子和而不流，强哉矫！中立而不倚，强哉矫！"② 孔子把流看做是和的对立面。所谓"和而不流"，指君子应和别人协调一致，但却不能无原则地迁就他人。《论语·学而》记载孔子弟子有若的话说："礼之用，和为贵。先王之道，斯为美。"就是说，按照礼仪来处理人际关系，使人们之间和谐一致，以达到人际关系的理想境界。

然而，将"中"与"和"放在一起，提出"中和"这一命题并加以系统论证的则是《中庸》。《中庸》第一章中说：

> 喜怒哀乐之未发，谓之中；发而皆中节，谓之和。中也者，天下之大本也；和也者，天下之达道也。致中和，天地位焉，万物育焉。

"喜怒哀乐之未发，谓之中"，这个"中"是一种心理状态，即尚未产生喜怒哀乐任何感情时的浑然状态。"发而皆中节，谓之和"，当发为喜怒哀乐的情感时，只要能做到无过无不及，该喜时就喜，该怒时就怒，就哀时便哀，应乐时就乐，感情适当，

---

① 《论语·子路》。
② 《中庸章句》第10章，上海古籍出版社1987年版，第4页。

达到"中节",谓之"和"。"中"是天下之大本,也即天地万物的根本。"和"则是天下之达道,即天地万物应共同遵守的大道。倘能将"中和"推及天下,则天地万物各正其位,一切生物则得到生生不息,孕育繁衍。

程颐对《中庸》所述作了发挥:"情之未发,乃其本心。本心无过与不及,所谓'物皆然,心为甚',所取准则以为中者,本心而已。由是而出,无有不合,故谓之和。非中不立,非和不行。所出所由,未尝离此大本根也。达道,众所出入之道。极吾中以尽天地之中,极吾和以尽天地之和,天地以此立,化育以此行。"[1]

朱熹则以"性"与"情"来理解中和之道:"情之未发者性也,是乃所谓中也,天下之大本也;性之已发者情也,其皆中节则所谓和也,天下之达道也。皆天理之自然也,妙性情之德者,心也。"[2]"所谓致中,如孟子之求放心与存心养性是也;所谓致和,如孟子论平旦之气与充广其仁义之心是也。"[3]

钱穆先生在其《〈中庸〉新义》中,对"中和"作了全面阐述。他说:"何以谓天地位于中和?""此所谓不远不近之中度。""故知中见于和,和定于双方各自内性。换言之,中由和见,和由性成。故中和者,即万物各尽其性之所到达之一种恰好的境界或状态也。惟有此状态者,宇宙一切物,始得常驻久安。大言之,如日月运行。小言之,如房屋建筑。……故曰致中和,天地位。"简而言之,"中节"就是"中度",合乎度,就是达到了和。而将中和推广至整个宇宙,就可以使天地万物各得其所。各得其所,乃万物孕育而发生。他又说:"然则天地虽大,万物

---

[1] 《程氏经说·中庸解》。
[2] 《朱子全书·道统一》。
[3] 《朱子全书·语要》。

虽繁，其得安住与滋生，必其相互关系处在一中和状态中。换言之，即是处在一恰好的情况中。如是而始可有存在，有表现。故宇宙一切存在，皆以得中和而存在。宇宙一切表现，皆以向中和而表现。宇宙一切变动，则永远为从某一中和状态趋向另一中和状态而变动。换言之，此乃宇宙自身永远要求处在一恰好的情况下之一种不断的努力也。"①

总之，"中和"重在一个"和"字，运用中道，强调重在求和，运用于社会生活，"礼之用，和为贵"。"和"是因时而发的合宜状态，是"中"的具体运用，"和"体现"中"，蕴涵"中"。任何美好的事物均处于"和"的状态。"中和"就是美好事物最佳状态的表现。任何的过与不及均会破坏这种和谐。"质胜文则野，文胜质则史。文质彬彬，然后君子。"② 就是最佳的"中和"状态。冯友兰先生说，整个宇宙是一个"和"，整个社会也是一个"和"，这些和是由其中的各个对立面的节构成的③。中和是事物内部对立因素的统一，万物因中和而生存、发展，"致中和，天地位焉，万物育焉"。中和是真善美的统一，儒家就把"致中和"作为追求人生、社会乃至宇宙万物达到真、善、美的理想境界。

六 《中庸》的修养论——极高明而道中庸

"极高明而道中庸"之句出于《中庸》。"高明"和"中庸"属于中国古代哲学和伦理学的概念范畴。在《中庸》篇，"高明"已经成为可以"配天"、能够"覆物"的伦理概念。它是指

---

① 钱穆：《中国学术思想史论丛》卷2，安徽教育出版社2004年版，第50—51页。
② 《论语·雍也》。
③ 冯友兰：《中国哲学史新编》上卷，人民出版社1998年版，第164页。

最高尚的人、最深远的道德本源和最根本的道德理念。而"中庸"则是指"中庸之道",是一种很高的道德境界,"中庸之为德也,其至矣乎"①它已经包含了"高明"的意蕴。"高明"的实现,必须走中庸的修养之道。《中庸》第二十七章有比较明确的阐释:

大哉圣人之道!洋洋乎发育万物,峻极于天。优优大哉!礼仪三百,威仪三千。待其人而后行。故曰:"苟不至德,至道不凝焉。"故君子尊德性而道问学,致广大而尽精微,极高明而道中庸。

这段话具有儒家关于人生修养的纲领性和原则性的意义。"洋洋乎发育万物,峻极于天,优优大哉!"是对圣人之道的礼赞,圣人之道极于至大而无外也。圣人之道必待至德、至道之人去实现。如何实现圣人之道?也即经过怎样的修身养性,以达到至德、至道,成为圣人?"故君子尊德行而道问学,致广大而尽精微,极高明而道中庸。"这就是儒家所提出的以达至德的道德修养原则。

"尊德性"与"道问学"是两种修身养性的方法。通过这两种方法才能达到最高的"中庸"境界。"尊德性"是指,根据人性之中存在善性的原理,把本性中善的方面发挥出来,这就是德性修养。关于"性",《中庸》开章明义曰:"天命之谓性",乃是性由天所命的,讲出了天道与性的关系。徐复观先生在其《中国人性论史》中指出:"这一句话,是在子思以前,根本不曾出现过的惊天动地的一句话。"《中庸》的作者明确地把"性"与天命、天道融为一体。也就是说,修养德行,就要顺性以知

---

① 《论语·雍也》。

天。"德性"乃是指道德理性,是圣人具备的崇高的品格。而"尊德性",朱熹的解释是"所以存心而极乎道体之大也"。《中庸》第二十二章说:

> 唯天下至诚,为能尽其性;能尽其性,则能尽人之性;能尽人之性,则能尽物之性;能尽物之性,则可以赞天地之化育;可以赞天地之化育,则可以与天地参矣。

"至诚"即至德、至道。因而,要达到圣人的境界,必须至诚,只有至诚,才能尽己之性,尽人之性,尽物之性。至诚的外衍意味着人的理想品格的完成,进而达到推己及人、及物,并可以赞天地之化育,与天地并立于宇宙之间而为三,达到圣人之境。

道问学,是对待伦理道德规范的方法。《中庸》把"道问学"的途径具体化为五个方面,即"博学之、审问之、慎思之、明辨之、笃行之"。[①] 这是一种循序渐进的修养过程,简言之,即为学、问、思、辨、行。《中庸》第二十章作了进一步阐述:

> 有弗学,学之弗能弗措也;有弗问,问之弗知弗措也;有弗思,思之弗得弗措也;有弗辨,辨之弗明弗措也;有弗行,行之弗笃弗措也。人一能之,己百之,人十能之,己千之。果能此道矣,虽愚必明,虽柔必强。

《中庸》的这一套渐进的修养理论是强调要人们在"学"上下工夫。"君子所以学者,为能变化气质而已。"《论语·阳货》有一段话,阐明了学思与中庸之道的关系:

[①] 《中庸》第 20 章。

好仁不好学，其蔽也愚；好知不好学，其蔽也荡；好信不好学，其蔽也贼；好直不好学，其蔽也绞；好勇不好学，其蔽也乱；好刚不好学，其蔽也狂。

不好学必然会导致愚、荡、贼、绞、乱、狂等，都偏一隅，或过或不及，有违中庸之德。要解蔽复明，就必须学习。"德胜气质，则愚者可进于明，柔者可进于强。""夫以不美之质，求变而美，非自信其功，不足以致之。"宋代诗人黄山谷曾说："三日不读，便觉语言无味，面目可憎。"用以指学思对修养的关系是十分恰当的。

朱熹认为，"尊德性"和"道问学"这两种修养方法，对人品德的修养是极其重要的。他说："二者，修德凝道之大端也。"① "尊德性"与"道问学"二者之间是既对立又统一的关系，"尊德性"为"道问学"的修养宗旨，而"道问学"则为"尊德性"的修养途径。道德理想与道德实践是有机的统一体。

修身之要，在于人的道德自觉。孔子认为，"为仁由己，而由人乎哉？"②《中庸》第二十章更明确地说："修身以道，修道以仁。仁者，人也。亲亲为大；义者，宜也，尊贤为大。亲亲之杀，尊贤之等，礼所生也。""故君子不可以不修身；思修身，不可以不事亲；思事亲，不可以不知人；思知人，不可以不知天。"要遵循中庸之道进行人格的修养，而仁与礼对儒家的人身修养有着重要的作用，思修身，必尽亲亲之"仁"，必由尊贤之"义"。仁以亲亲为大，事亲不孝，何以为仁？所以重在孝亲。义以尊贤为大，对人不明，何以为义？故而重在知人。人的本

---

① 《四书集注》。
② 《论语·颜渊》。

性，受自天命，天命不知，何以知人？所以必须知天。由身而亲而人而天，修身则是其根本。孔子说："好学近乎知，力行近乎仁，知耻近乎勇，知斯三者，则知所以修身；知所以修身，则知所以治人；知所以治人，则知所以治天下国家矣。"孔子则以好学、力行、知耻、勉人努力修身，以达到治理天下国家的目的。

七　《中庸》之"诚"

《中庸》是儒家学说的精髓。《中庸》所讲的天道、人道、致中和、三达德、五达道、九经以及成己、成人、成物，等等，都离不开一个"诚"字，这个"诚"字，重要到了"不诚无物"的地步。"诚"乃《中庸》的精髓。

但是，我们追溯到春秋以前，在现存的春秋以前的典籍中，如《诗》、《书》、《易》、《礼》、《春秋》五经中，用这个"诚"字，甚至连当做助记的"诚"字也很少见。即使偶然把"诚"当做品德上的形容词来用，也没有出现像《中庸》一样，把"诚"字同"性"的本体联结而含有丰富而深刻的意义。

《论语》、《孟子》、《大学》、《中庸》的"诚"字多起来了，其蕴涵的意义也丰富起来。《论语》中仅有两个"诚"字，分别在《颜渊篇》和《子路篇》，都是当做助词用。

《孟子》一书共有二十二个"诚"字，其中十四个都是当做助词使用。只有八个"诚"字有着特殊的意义。《孟子·尽心上》：

万物皆备于我矣，反身而诚，乐莫大焉。

《孟子·离娄上》：

居下位而不获于上，民不可得而治也。获于上有道，不信于友，弗获于上矣。信于友有道，事亲弗悦，弗信于友矣；悦亲有道，反身不诚，不悦于亲矣。诚身有道，不明乎善，不诚其身矣。是故诚者，天之道也；思诚者，人之道也。至诚而不动者，未之有也；不诚，未有能动者也。

《孟子·离娄上》中的这段文字与《中庸》第二十章的一段大同而小异。由于这两段文字基本一样，使许多研究《孟子》和《中庸》的学者都发出过《中庸》一书的出现是在《孟子》之前或之后的疑问，这个疑问至今尚未有完满的结论。《孟子》中的八个"诚"字与《中庸》中的"诚"字有相同的意义。

《大学》中有八个"诚"字。

《大学》经一章上说：

欲正其心者，先诚其意；欲诚其意者，先致其知；致知在格物。物格而后知至；知至而后意诚；意诚而后心正。

《大学》传六章上说：

所谓诚其意者，毋自欺也。如恶恶臭，如好好色，此之谓自谦，故君子必慎其独也。……此谓诚于中形于外，故君子必慎其独也。曾子曰："十目所视，十手所指，其严乎！"富润屋，德润身，心广体胖，故君子必诚其意。

《大学》传九章上说：

《康诰》曰："如保赤子。"心诚求之，虽不中不远矣。

这八个诚字，其义相同，就是指"诚意"。

《中庸》中的"诚"字很多，从第二十章后半段开始至文末，所论都以一个"诚"字为主。《中庸》一书，不仅"诚"字多，而且其内涵丰富、完备，也最有深度。《中庸》作者所赋予"诚"的那种活泼、圆融、具有生命力的特性，是建立在无人不有，无物不有的性本体上的。

《中庸》对"诚"的阐释有下列几种：

第一，"诚者，天之道也。"

第二，"诚者，人之道也。"

第三，"诚者，不勉而中，不思而得，从容中道，圣人也。"

第四，"诚之者，择善而固执之者也。"

第五，"诚者，自成也。"

第六，"诚者，物之终始，不成无物。"

第七，"诚者，非自成己而已也，所以成物也。"

以上七种阐释，归纳起来，诚既含有天道，也含有人道。实际上"诚"是天道与人道共同的一种精神，是为真实。真实是事物存在的最根本的属性，假若某种事物脱离了真实，也就失去了其存在的意义。宇宙万物都天然地具有真实这一本质属性，并且有着自身的客观运行规律，这便是"诚者，天之道"；人能遵循宇宙万物所具有的真实，掌握其客观规律并加以运用，就是"诚之者，人之道"。宇宙万物生生不已，就是因为它"诚"，不诚无物。一切事物都因"诚"而有、而生、而长，诚是万物的根源。从人道而言，"诚者，自成"。同时，诚者还要"成物"。因而可以说，天道、人道、成己、成物，都是一个"诚"字作动力。

《中庸》中，"诚"的作用非常重大，除以上所阐释的内容外，尚有"至诚之道，可以前知"，"至诚无息"，诚能"致曲，曲能有诚"，"唯天下至诚能化"，"诚之者，择善而固执之者也"；诚能行"九经"、"三达德"和"五达道"，"唯天下至诚，为能经纶天下之大经，立天下之大本，知天下之化育。"《中庸》的内容博大精深而又无微不至。诚者，从天而论是自然之理，从人而论是内心的修养功夫，从物而论是物之始终。天理循环，终而复始。天地间的一切都靠诚的推动。只有至诚的人，才能规划治理天下的大经，立仁孝为天下之大本，就能够化育万物，斯乃人道之极致。

八　中庸之道的特征与现代意义

中庸之道具有"弥纶天地之道而与天地准"的气魄，它又是一种以济世安民为己任的儒家学说，立足于现实，并且具备包容一切和适应各种变化的功能。因此，中庸之道的第一个特点就是，它本身具有现实性、包容性、普遍性和适应性。

《中庸》有最高的理想境界："大哉！圣人之道！洋洋乎，发育万物，峻极于天。"其德之高，可与天齐。并且在《中庸》中，不止一处表述了这种"配天"的思想，如"博厚配地，高明配天"[①]，等等，圣人与天同体。然而，《中庸》的主要落脚点仍是社会现实问题。如《中庸》第二十章，主要是谈治政的问题。它提出了"其人存，则其政举；其人亡，则其政息"，"故为政在人"以及"知所以修身，则知所以治人；知所以治人，则知所以治天下国家"的道理。因而，《中庸》体现了理想与现实的统一。仍是在《中庸》的这一章中，又提出了"凡为天下国家有九经"。治理天下国家的九经，就是着眼于现实，所提出的九项施政大纲。《中庸》第一章中说："道也者，不可须臾离

[①] 《中庸章句》第26章。

也，可离非道也。"故中庸之道以"道不远人"为原则，"人之为道而远人，不可以为道"① 这一点正体现了中庸之道切合现实的精神。钱穆先生说过：《中庸》是从人事而涉及宇宙万物之大真理，大运行。也是立足于现实。

中庸之道还具有包容性的特点。孔子提出了"和而不同"的观点，认为不同的思想可以同时并存，并且还可以异质互补。《中庸》继承了孔子"和而不同"的思想。《中庸》第三十章说："仲尼祖述尧舜，宪章文武，上律天时，下袭水土。辟如天地之无不持载，无不覆帱；辟如四时之错行，如日月之代明。万物并育而不相害，道并行而不相悖。小德川流，大德敦化，此天地之所以为大也。"孔子继承了自尧舜以至周文王、武王时期的优秀文化传统，创建了儒家学说。像天地那样广大，可以"持载"万物，包容万物；又像四时交迭而行，日月更代而明；天地间万物同时生长，相容而不相害，小德川流，浸润萌芽，大德敦厚，厚生万物。宇宙是如此和谐，显示了天地的宽宏博大的气象。这无疑是对孔子创建的儒家学说的赞誉，它可以包容万物，包容天地。

中庸之道还具有普遍性的特点。其普遍性有两个方面的含义。其一是说中庸之道表现在一切事物上。"君子之道，费而隐"，道的用处广大，无物不具，无物不有，充满整个宇宙空间。但若追究道的本体，却又视之不见，听之不闻，微妙得无法捉摸。其二是说，中庸之道的普遍性可以表现为"夫妇之愚，可以与知焉；及其至也，虽圣人亦有所不知焉。夫妇之不肖，可以能行焉；及其至也，虽圣人亦有所不能焉。""君子之道，造端乎夫妇，及其至也，察乎天地。"② 由此可知，中庸之道，上

---

① 《中庸章句》第13章。
② 《中庸章句》第12章。

天下地，无不周道。然而它又是从夫妇一伦的生生不息开始，因而它又是无时无处不在的。在《中庸》中，表述中庸之道普遍性的内容俯拾皆是。如《中庸》二十七章说："大哉！圣人之道！洋洋乎，发育万物，峻极于天。优优大哉！礼仪三百，威仪三千，待其人而后行。"二十六章说："故至诚无息，不息则久。……博厚陈配地，高明配天……。""天地之道，博也、厚也、高也、明也、悠也、久也。"中庸之道充满时空，无时不在，无处不有。正是因为中庸之道的普遍存在，对于包括人在内的世间万物而言，"道也者，不可须臾离也。"既然道是不可须臾离的，自然是"道不远人"①。中庸之道的内涵，既是万物变化的所以然，又是万物变化的普遍规律，它存在于万物之中，演变于宇宙时空之间。中庸之道可以说是宇宙万物的总体之道。

中庸之道包含有"执中达权"和"时中"的内容。这就决定了它有很强的适应性，这也是中庸之道的特质之一。《论语·子罕》载孔子的一段话："可以共学，未可与适道；可与适道，未可与立；可与立，未可与权。"即是说，可以同他一起求学，未必可以同他一起依道而行；可以同他依道而行，未必可以同他一起通权达变。可见，孔子所追求的理想境界是既要事事依道而行，但又不可拘于常规，随时通权达变而合于道。《中庸》第二章载孔子的话："君子之中庸也，君子而时中。""时中"就是随着时间条件的变化而变化，朱熹说，时中乃"随时处中"。这样就把"中"的原则性和"时"的灵活性结合起来。中庸之道的这一特质，可用以指导人们不论时代、地域和各种条件都可以在遵循中道的情况下而加以变通。

特征之二。《中庸》在理论形态上表现为政治思想与伦理思想融为一体，突出体现在《中庸》所主张的"内圣外王"的思

---

① 《中庸章句》第13章。

想之中。《中庸》第二十章指出:"为政在人,取人以身,修身以道,修道以仁。仁者,人也,亲亲为大。"从《中庸》所重视和推崇的道德修养和道德践履来看,它是以道德的修养为其根本,"为政"是建立在修身的基础之上。而修身则以"仁"为出发点,《中庸》对"仁"的解释就是爱人。"亲亲"是指亲其所亲,即孝敬父母,乃是儒家伦理的基础。在《中庸》的这一章中,还提出了"五达德"、"三达道"以及"九经"等内容。把治理天下的九条途径与道德修养直接融为一体,甚至把"修身"、"亲亲"直接作为政治的条目之一。显然,很难将《中庸》所主张的社会伦理思想与政治原则区别开来。

中庸之道的现代意义,主要体现在中和观上。中和是儒家的最高哲学范畴和具有特殊意义的伦理、政治范畴。并且,中和思想贯穿于儒家的其他伦理思想、政治原则之中。

《中庸》第一章指出:"中也者,天下之大本也;和也者,天下之达道也。致中和,天地位焉,万物育焉。"由此可知,中和乃儒家的最高理想境界。人能循此中和原则,推而及之,可以与天地化育同功。中和也是儒家天人合一的思想,它使儒家的宇宙观和人生观打成一片。

中和,即运用中道,强调求和,运用于社会生活,"礼之用,和为贵"。冯友兰先生说,整个宇宙是一个"和",整个社会也是一个"和"。中和是事物内部对立因素的统一,是持善的美好状态,万物因中和而生存发展。中和是一种和谐。儒家就追求普遍和谐,包括人与自然和谐、人与社会和谐、人的身心和谐。《中庸》的中和观即普遍和谐的思想,对我们今天的精神文明建设有极其重要的意义,对缓解和解决当代人与人、人与社会、人与自然以及物质文明与精神文明之间的矛盾提供了智慧和源泉。

中庸之道追求人与人之间关系的和谐发展,是以家庭和谐为基础,以"亲亲为大"。由家庭和谐,导向人际友爱和国家的稳定。为了实现社会整体和谐，儒家用"仁"和"礼"调整人与人、人与社会之间的关系。在现代社会中，我们处理人与人、人与社会之间的关系，仍是社会主义道德最基本的内涵。处理当今时代的人际关系以及社会关系，虽然不能简单地运用儒家的思想作为行为准则，但是作为人在社会中的地位，以及人与人、人与社会之间的关系中都存在着与古代相同的东西，如家庭中的血亲关系、夫妻关系，人际之间的上下级关系、同事关系、朋友关系、邻里关系，以及个人与社会、与国家、与民族的关系，等等，因此，如何处理这些关系，虽古今异势，但仍存在着某些相通的准则。儒家伦理思想中的优秀传统，如仁者爱人、好善而恶恶、礼之用和为贵、真实无妄、孝敬父母、兄友弟恭等关爱家庭、公忠体国、关心社会和民族的优秀伦理思想，今天我们仍可以借鉴或加以改造，以适应现代社会道德的需要。这就有助于促进社会主义道德的形成和发展，有利于和谐社会的形成。

"天人合一"是《中庸》思想中的一个重要内容。《中庸》以"中和"作为天地万物之大本，强调人与天地万物为一体，人们要行中和之道，使天地万物繁衍生息。这就是"天地位，万物育"。这种主张"天人合一"，追求人与自然和谐的思想，是把人看做是自然中的一部分，而非与自然对立。中庸之道强调人与自然关系和谐的同时，又不否认人在自然面前的主体能动性，但又把这种能动性与对自然规律的尊重结合起来。《中庸》第二十二章就提出了"能尽人之性，则能尽物之性；能尽物之性，则可以赞天地之化育；可以赞天地之化育，则可以与天地参"。人可以辅助自然的变化，利用万物改造自然，达到天人和谐即保持天人平衡的理想境界。这种"天人合一"体现出一种崇高的道德修养，达到了"天人参"。

人与自然的关系，是人类赖以生存和发展的最基本的关系之一。处理人与自然的关系，也需要有道德的参与。孔子主张以

"仁"待人,同时也主张以"仁"待物,《中庸》所谓的"成己"、"成物","成己,仁也"。成己是仁,而成物是仁心的爱物。由于有了一体之仁,方能尽物之性。所以《中庸》第三十章说:"万物并育而不相害,道并行而不相悖。小德川流,大德敦化。此天地之所以为大也。"但从当今世界的现实来看,由于人的原因,过度对自然的开采与掠夺,造成了人与自然界的矛盾,生态失衡等问题日益严重,成为危及人类生存的日益显见的威胁,从一定意义上说,这是人们对待自然的道德观念发生偏差的结果。中庸之道的天人和谐的生态伦理思想,对构建现代生态伦理观提供了智慧资源。

中庸之道还重视人自身的身心和谐。要达到这一点,主张妥善处理义与利、精神与物质的关系。孔子说:"君子义以为上。"[①] 义利关系就是道德与人的利益与需要之间的关系。儒家并不一般地否定利,但是,他们认为,和利相比较,道德有更高的价值。为利抑或为义,反映着道德品质、道德境界的高低。儒家以弘扬道德为己任,因而在对正当的利益加以肯定的同时,更强调以道德来规范和约束人们的欲望。反对非义之利,反对对利欲的放纵和对物质的片面追求。儒家认为精神生活比物质生活更有价值。《中庸》在对待人自身的身心和谐问题上,提出了一个"诚"字,建立起"修身以道,修道以仁"的人身的修养理论,以使自己达到"从容中道"的圣人。这是儒家所追求的理想人格。

目前,我们正经历一场大的社会改革,这场改革所带来的是经济的持续发展和社会的进步。但是,在走向现代化的过程中,也出现了社会的异化现象。人们过度地追求物质利益,一切向钱看,而忽视了精神的价值。现代化不仅需要物质文明的建设,也

---

① 《论语·阳货》。

需要精神文明的建设。我们应该从儒家的思想中汲取营养,重视人的身心和谐发展。做到求真、行善、崇美,摆脱物欲的困扰,促进现代物质文明与精神文明的协调发展。

中国传统文化是以儒家文化为主体的伦理型文化,以和谐、用中为基调的"中庸",是整个儒家伦理思想体系的核心和精髓。"中庸"是儒家在发展过程中形成的并不断丰富的伦理学和哲学范畴,并且已经渗入到中国传统文化和中国人生活的各个方面。

第二章　中庸范畴的产生

"中庸"一词，是中国儒家所特有的伦理概念。该词始见于《论语》一书，但其思想渊源却甚为久远，历史悠久。

一　中庸之道产生的历史依据

每一种思想、文化的产生，都不是凭空而来的，而是有其产生的历史依据，这种历史依据既包括从传统文化中吸取的文化资源，也包括社会生活的实践活动。

（一）农业文明的智慧

中庸之道产生的最重要历史依据就是中国古代发达的农业文明，也就是说，中庸之道首先是中国古代农业文明的产物，是农业文明智慧的结晶。

我国是一个以水为生、以农立国的文明古国。古老的中国，疆土辽阔，土质肥沃，资源丰富，而且江河湖泽纵横交错，给农业的发展提供了便利的条件。我们的祖先总是"观其流泉"以便"彻田为粮"[1]。这是我国农业文明早熟的地理条件。

我国的农业起源要追溯到没有文字记载的荒远的太古时代。在我国古史传说系统中，继制作网罟、从事渔猎的包栖氏而兴的

---

[1]《诗经·大雅·公刘》。

是"砍木为耜，揉木为耒"①的神农氏，他遍尝百草，备历艰辛，终于找到了适合人们种植和食用的谷物，这才有了农业；此后的轩辕氏改良农具，后稷教人耕作，尧舜禹为发展农业、治理水患而奔走等都说明了我国农业发展的相对早熟。

考古发现的大量事实也证明了这一点。大约公元前4000年，在黄河流经的松软肥沃的黄土区域就出现了原始农业。在中国首批新时期文化——距今6000年的仰韶文化遗址，发掘出可见谷壳压痕的土器，而且仰韶文化的农业生产已经进入锄耕阶段。不过当时的农业生产尚未固定，居住地也尚未固定。第二批新石器文化之一的距今4000余年的龙山文化，表明了黄河流域已经有了较大的村落，石锄、石镰、蚌镰等石器和各种谷物多有出土，农业生产已由锄耕发展到犁耕阶段。在长江流域，中国新石器时代的另一个重要代表就是距今7000年的河姆渡文化遗址，出土了大量的稻谷遗物。农业的发展为人民生活稳定提供了保障，因此也成为中国古代社会立国的前提。

古代中国，把国家政权称为"社稷"。《说文解字》中说："社，地主也"，"稷，五谷之长"。"社"是土地神，"稷"是小米，又叫谷子，在古代很长一段时间内是最重要的粮食，所以古人就以稷代表谷神。用"社稷"代表国家政权，说明农业在国家中的重要地位。

农业的重要性，使古代中国形成了重农传统，从而直接影响着中国古人的心理结构和思维习惯。在《中国哲学简史》中，冯友兰先生曾指出："农的眼界不仅限制着中国哲学的内容，……而且更为重要的是，还限制着中国哲学的方法论。"在长期的农耕生活中，古代中国人逐渐形成了天人合一的和谐自然观。在古代社会中，生产力比较低下，农业生产的好坏，很大程

---

① 《周易·系辞下》。

度上依赖着天气的好坏。天气好时，风调雨顺，农业自然有好的收成；天气不好时，就会发生洪涝灾害，农业就会减产甚至颗粒无收。天的变化万端和神秘莫测引起古代先民的无限敬畏，在古人看来，天威力无比，它决定着万物的生死祸福，他们无不信天、敬天。祭天就成为古代社会的第一大礼。按《春秋》大义："国有丧者止宗庙之祭而不止郊祭，不止郊祀者不敢以父母之丧废事天之礼也。父母之丧，至哀痛悲苦也，尚不敢废郊也。"可见，尊天大于一切。但是，中国古人并不是完全听命于天。从传说中的后羿射日、女娲补天到大禹治水，无不表现出中国古人与天灾相争的智慧与勇气。在一边敬天一边与之相争的过程中，他们逐渐发现，处在大自然中，人类的一切行为应该顺应自然，天人可以相感而通，和谐相处。这样一种质朴的天人合一的和谐自然观，经过哲学家的抽象和概括，便成为中国所特有的天人合德的伦理型文化形态。

在长期的农业生产过程中，中国古人还形成了"时中"的观念。农业生产的特殊性，就是要求农作物必须按时播种，按时收割，不能太早，也不能太晚。从事农业生产的人们具有强烈而浓厚的天时观念。中国古代历法之早慧，与中国古代农业之早熟有着密切的关系。《尚书·尧典》曾记载，尧命羲和"历象日月星辰，敬授民时"。远在原始社会，人们便有了"年"的概念。中国古人还根据季节的更替、气候变化和动物出没、植物萌枯的规律，把一年分为24节气。这不仅是我国历法的一大创造，也是对农业发展的巨大贡献。24节气的确立客观地反映了一年四季节令气候的变化，对农业生产起着重要的指导作用。比如农谚中所云："过了惊蛰节，春耕不停歇"，惊蛰时，天气转暖，春雷震动，我国大部分地区进入春耕季节。又如"春分麦起身，一刻值千金"，旧俗春分日是民间传统节日，自周至清皆行祭日仪式，为国之大典。又如"立夏三朝遍地锄"、"过了芒种，不可强种"、"立秋处暑地起忙，收了早稻种杂粮"、"霜降见霜，米谷满仓"等农谚都有时令不饶人之意。自然状态的农业生产必须严格按照时令行事，按自然规律行事。这种对农业生产规律根深蒂固的感受，影响了民族文化心理结构，给中国传统文化烙上了深深的持守中道、无过无不及的印痕。因为违背了中道，过或不及，带来的可能是衣食无着的利益损害，进而危害到国家的安危。冯天瑜先生指出："华夏—汉人崇尚中庸，少走极端，是安居一处，企求稳定平和的农业经济造成的人群心态趋势。"①所以，强调"使民以时"，"不夺民时，不蔑民功"②，"度天地而顺于时，和于民神而仪于物则"③便成为政治之道的大根本。

另外，传统的农业生产是自给自足的，与外界基本上处于半隔绝状态，古人过着"鸡犬相闻，民至老死不相往来"④的生活。这种生活方式是建立在稳定的社会环境基础上的，因而他们难以承受社会的变故，所以导致了他们和平至上的品格。

（二）宗法血缘社会的必然产物

宗法血缘是中国古代社会的又一特征。由于我国是古代农业发达的文明古国，从事农业的人们，不需要像游牧民族一样漂泊不定，而是长期生活在一地，形成比较稳定的血缘聚居群。

我国进入文明社会的途径，与欧洲古希腊、罗马的发展途径不同，具有东方的比较早熟的特点。古希腊、罗马是在使用铁器之后，用家庭的个体生产代替原始的集体协作生产，瓦解原始公社，发展家庭私有制而进入文明社会的。而我国，则是保持和加强公社组织形式的条件下，以血缘关系为纽带，发挥集体力量为

---

① 冯天瑜：《中华文化史》，上海人民出版社1990年版，第174页。
② 《国语·周语下》。
③ 《国语·周语中》。
④ 《周易·系辞上》。

途径进入文明社会的。

正是我们进入文明社会时保留了氏族社会的结构,所以统治者得以利用氏族制并将其发展成为宗法制度。我国的宗法制度的核心是确立按宗族血缘关系来"受民受疆土"的继统法。宗统和君统是有区别的。在宗统范围内,所行使的是族权,它决定于血缘身份;在君统范围内,所行使的是政权,它决定于政治身份。但二者又是密切联系的,血缘身份和政治身份往往连为一体,周代确立的嫡长子继承制就是有力的证明。

所谓嫡长子继承制就是应土地和权力分配的需要,按父系氏族血缘嫡庶之分而建立的天子、诸侯的世袭继承法。历代周天子的王位由周王的嫡长子继承,所谓"立嫡以长不以贤,立子以贵不以长"①,周天子世代保持大宗的地位。而周王的兄弟和其余诸子被称为别子,受封为诸侯,建立邦国,他们的封地和爵位也由其嫡长子继承。对于周王来说,他们是小宗,但在自己的封地内又是大宗。以此类推,卿、大夫、士亦然,只是士不再分大小宗,一律为小宗。周王对所有的诸侯、卿、大夫、士来说,是绝对的大宗,所以在宗法关系上是天下的"宗主"。诸侯、卿、大夫、士各为本宗的大宗,而对上一级宗主而言又是小宗。这样就构成了大宗统小宗的层层宗法关系。

西周宗法制规定,各级贵族都要尊奉他们共同的祖先,这就是"尊祖"。而周王作为天下地位最高的大宗被视为继承了祖宗的事业,代表了全宗族的利益,所有小宗必须结合在他的周围,对他表示无限的崇敬,这就是"敬宗"。各级宗族成员,都要以各级宗子为核心,尊祖敬宗。敬宗是尊祖的表现,这是宗法制一项必不可少的原则。在这项原则的指导下,周天子利用宗族血缘纽带,按父权家长制的班辈来分田制禄,设官封职。天子、诸

---

① 《公羊传》隐公元年。

侯、卿、大夫、士，既是政治上的君臣隶属关系，又是血缘上大宗和小宗的关系。他们享有不同的等级名分，取得不同的政治地位和经济特权。而被统治的"隶子弟"、"庶人工商"，也"各有分亲"，"皆有等衰"①，都牢牢地控制在血缘纽带上。

同时，根据同姓不婚原则，也就是"男女辨姓，礼之大司也"②，周王室又与异姓封国结为婚姻，利用姻亲来加强与各异姓宗族之间的团结。所以，周王称同姓诸侯为伯父、叔父，称异姓诸侯为伯舅、叔舅。这种宗法关系和姻亲关系加强了王朝和封国之间的联系。

这样，西周就以氏族血缘关系为纽带，建立了一个严密的从天子到诸侯、卿、大夫、士、庶民的金字塔式的统治秩序，政权与族权相统一，君统与族统相统一，国和家相统一，形成了"大邦维屏，大宗维翰，怀德维宁，宗子维城"③的政治局面。

在宗法制度内，宗法制度与等级制度是互为表里的。《左传》昭公七年："天有十日，人有十等，下所以事上，上所以共神也。故王臣公，公臣大夫，大夫臣士，士臣皂，皂臣舆，舆臣隶，隶臣僚，僚臣仆，仆臣台；马有圉，牛有牧，以待百事。"这种等级制，主要是表示政治身份的不同，同时也表示亲属间行辈的不同。

立宗子、固大宗、别嫡庶、定继统、正尊卑、分贵贱、序世系、敬祖宗，周代以血缘宗族为纽带，以世袭分封为政治结构，以宗庙社稷为权力象征的奴隶制血缘宗法制度的确立，奠定了中国古代延续几千年的宗法传统和家长制统治的基础。在这种家国同构的制度中，强调以整体为本位，任何人都只能在社会中即与

---

① 《左传》桓公二年。
② 《左传》昭公元年。
③ 《诗经·大雅·板》。

他人的关系中才能确立自己的存在、责任和义务。个体毫无独立性可言,个体对整体是绝对的依附关系。"正是在宗法等级制的基础上,产生了西周的一套宗法道德规范和伦理思想,并决定了周人道德意识的特点。"① 因而,以血缘宗法制为基础的社会政治,十分强调统治中的秩序问题,比如道德秩序和人际关系,等等,特别注重社会的协调与和谐。所以,西周所提倡的道德规范,最基本的是:父慈、子孝、兄友、弟恭,它们是对宗法关系纵横两个层次的伦理概括,体现了既亲亲又尊尊的原则,是用来调节宗族内部人伦关系的基本行为准则。这些道德规范,本质上是对父子、兄弟之间的权利与义务关系的反映。在对权利与义务的制衡过程中,保持着社会群体的和谐。

二 中庸范畴的产生

"中庸"是"中"与"庸"两种观念的有机结合的产物。在孔子将它们统一以前,两种观念分别经历了各自的思想发展历程,而这两种观念的发展历程又总是同中国早期社会的经济和政治发展相统一的。

(一)"中"的发展

1. 中的观念的形成

对于"中"字含义,学术界有不同的诠释。《说文》曰:"内也。从口、丨,上下通。"王筠《文字蒙求》曰:"中,以口象四方,以丨界其中央。"唐兰《殷虚文字记》说最早的"中"是社会中的徽帜,古代有大事则建"中"以聚众。王国维《观

---

① 朱贻庭主编:《中国传统伦理思想史》(增订本),华东师范大学出版社2004年版,第6页。

堂集林》释中为古代投壶成筹码的器皿。郭沫若在《金文诂林》中认为"一竖象矢，一圈示的"，像射箭命中之说。还有人认为是古战场中王公将帅用以指挥作战的旗鼓合体物之象形。我们在这里无意参与这场诠释的争论。无论孰是孰非，我们都可以看出早在原始氏族社会时期就有了"中"的观念，在这种观念中，蕴涵了一种因力而中的价值取向，是部众必须依附听从的权威和统治，具有政治、军事、文化思想上的统帅作用，进而意味着一切行为必须依附的标准所在。当然，这种观念仅仅表现为一种传统习惯而已，人们还没有把"中"上升到伦理道德的范畴。

后来随着社会的发展，"中"就逐渐用来规范人们的思想行为。到了三代时期，执中的王道思想开始形成。《论语·尧曰》中记载："尧曰：'咨！尔舜！天之历数在尔躬，允执其中，四海困穷，天禄永终'。舜亦以命禹。"《古文尚书·大禹谟》中也记载了舜命禹的言辞："人心惟危，道心惟微，惟精惟一，允执厥中。"据此，我们可以知道，三代相传的要点，就在于"执中"的王道思想。

商朝的时候，商人常常迁徙，直到盘庚迁殷之后，商民族才算定居下来。盘庚迁殷时，众人不愿意迁，盘庚对他们进行训诫："汝分猷念以相从，各设中于乃心"①，也就是要求全体臣民把心摆在正中的位置，理性地面对迁都的问题。要民存"中"于心，以"中"来对待统治者。在这里，"中"已然被作为一种美德要求于民，同时，也预示着后世"忠"字出现的契机。

但是，"商俗尚鬼"②，商代是天神至上的时代。从已经发掘整理出来的殷墟卜辞来看，对鬼神的绝对崇拜主宰着商人的政治

---

① 《尚书·盘庚中》。
② 任继愈主编：《中国哲学发展史（先秦卷）》，人民出版社1998年版，第96页。

生活和精神世界,他们把自己置于鬼神意志的支配之下。他们认为人死了以后,其灵魂依然存在,并且继续关心、影响人世间的事情。因此,他们遇有生产、征伐等大事,都要占卜,求得祖先、上帝和鬼神的指示后,再去行动。他们这种置鬼神于首位而贬抑人事的宗教思想,对理性的认识活动的发展起了严重的阻碍作用,因而,他们虽然对"中"的思想有某种粗浅的认识,但却创造不出有理论、成体系的伦理思想。

周灭殷之后,周人根据他们所总结的殷周兴亡的历史经验,提出了一种天命转移的历史观。周人认为,历史的发展是由天命,即神的意志所决定的,"天惟时求民主"[1],就是说天时刻都在寻求适合于做人民君主的人。周人虽然认为,君主的权力来源于天的赐予,但是天并不盲目任意地把统治疆土臣民的权力赐予君主的。由于夏人"大不克明保享于民,乃胥惟虐于民",所以天命抛弃了它,命令成汤"简代夏作民主"。到了殷纣时代,"天惟五年须暇之子孙,诞作民主",用了五年的时间等待成汤子孙的悔悟,使他们继续做民之主。但是殷纣"罔可念听",不顺从天意,所以天就使周人取代殷王做民之主。君主政治优良就能从天那里取得统治的权力,当然也会因为政绩恶劣而被天取消统治的权力。在这种观念的支配下,周人认为君主的权力是有限的,而不是无限的,它要受到一定条件的制约,那就是"皇天无亲,为德是辅"[2],也就是说,天命不是预定的,而是靠统治者"修德"取得的。因而,周人特别重视"德"的思想,提出了"敬德配天"的思想,"无念尔祖,聿修厥德,永言配命,自求多福"[3]。《尚书·召告》中也多次提到:"惟不敬厥德,乃早

---

[1] 《尚书·多方》。
[2] 《左传·禧公五年》。
[3] 《诗经·大雅·文王》。

坠厥命。"

　　随着宗法道德规范日趋系统化和理论化，周朝进一步发展了"中"的思想，明确提出了"德中"的概念。周公把"中"纳入"德"作为施政方针，他说："尔克永观省，作稽中德；尔尚克羞馈祀，尔乃自介用逸。"[1] 这是周公告诫康叔的一段话。意思是说，你如能够经常反省，力行中正之德，那么你将能够保住位，得到饮食醉饱。周公的"中德"思想，主要包括明德和慎罚两个方面。

　　明德，包括了对天、对己、对民三个方面。

　　对天，就是对上天要持有恭敬之心。周人对于天人关系，不再像商人那样完全听命于天，而是在天命思想的指导下，尽人事以待天命。由于天命代表着善和德，因此统治者们的一切思想行为都以此为准，努力考求天意，"面稽天若"[2]，"奉答天命"[3]。

　　对自己，就是统治者要加强自身的品德修养，自觉地履行应尽的职责，做一个合格的好君主。《尚书·无逸》说："周公曰：呜呼！继自今嗣王，则其无淫于观、于逸、于游、于田，以万民惟正之供。无皇曰：今日耽乐。乃非民攸训，非天攸若，时人丕则有愆。"这就是说，继承先王的君主不能沉迷于台榭、安逸、游玩、田猎之乐，要认真从事治理人民的政务。大大享乐一番，不是人民所能顺从的，也不是天神所能答应的，这样的君主就有了过错。周公在告诫康叔的时候说："呜呼！封，敬哉！无作怨，勿用非谋非彝，蔽时忱。丕则敏德，用康乃心，顾乃德，远乃猷裕。乃以民宁，不汝瑕殄。"[4]这就是说，治国要谨慎，不要有怨恨，不要采用错误的政策和不合国家大法的措施，而隐蔽了

---

[1]　《尚书·酒诰》。
[2]　《尚书·召诰》。
[3]　《尚书·洛诰》。
[4]　《尚书·康诰》。

自己的诚心。要修明品德，安定心思，检查德行，深谋远虑，从而使民安宁，就不会因为过错而被推翻了。正因为如此，周人特别重视君主的内心修养，"王敬所做，不可不敬德"①，就是说，王要谨慎自己的行为，不能不谨慎自己的德行。

对民，就是对被统治者实行德政，其主要内容就是"惠民"。在"天视自我民视，天听自我民听"思想的指导下，统治者在加强自我道德修养的基础上，也采取了一些"惠民"的措施。其中所谓的"民"，既包括周人中的普通自由民，也包括被征服的殷民。对于周人中的下层人民和孤苦无告的人，应该爱护施恩，"怀保小民，惠鲜鳏寡"②。对于被征服的殷民，周人虽然是恩威并用，但是却偏重于怀柔政策，主张"无胥戕，无胥虐，至于敬寡，至于属妇，何由以容"③，其目的在于缓和阶级矛盾，勿使"民怨"，"咸和万民"。在此基础上，君主还用"德"来教化人民。《周礼·地官·大司徒》："以五礼防万民之伪，而叫之中。"贾公彦疏："使得中正也。"《尚书·康诰》说："爽惟民，迪吉康。矧今民罔迪不适，不迪则罔政在厥邦。"要考虑引导人民向善，使他们安乐。况且现在人民如果不引导就不能向善，国家就不可能有良好的政治。

周人还一再强调"慎罚"。所谓"慎罚"，就是要"明于刑之中"④，也就是量刑要适当。《尚书·立政》记载周公曰："滋式有慎，以列于中罚。"《尚书·吕刑》在谈到执法时，也反复强调一个中字："惟良折狱，罔非在中"等，都是说用刑要恰如其罪，执法如果不中，刑罚必将不刑。这种思想，在金器铭文中也一再出现，《叔夷钟》有："慎中其罚"，《牧殷》中有"不中

---

① 《尚书·召诰》。
② 《尚书·无逸》。
③ 《尚书·梓材》。
④ 《尚书·吕刑》。

不罚"之类，都说明用刑要恰如其罪，执法如果不中，刑罚必将不刑。如何才能在执法时做到"中"？《吕刑》说："民之乱也，罔不中听狱之两辞，无或私家于狱之两辞。"人民能够安定，是因为法官能够以中的态度来听取诉讼双方的陈述，公正的判明两辞，便能做到"中"。可见，有周一代，"中"的思想获得长足的发展。

2. 执中尚和

"和"范畴的提出是中庸思想发展过程中非常重要的一个环节。

"和"与"中"一样，有着悠久的历史。《说文解字》中，"和"有两个意义：一，"和，调也"，"盉，调味也"；二，和，也可作为乐器和音乐。杨遇夫在其《论语注疏》中就《说文解字》对"和"的两种意义阐释说："乐调谓之和，味调谓之盉，事之调适者谓之和，其义一也。"调和的音乐是悦耳的，调和的味道是鲜美的，调和的状态是最佳的。由此可见，无论是饮食意义上的调和还是音乐上的调和，它所调和的对象不是单一的，而是多方面的。"和"既是"调和"的行为，同时也是"调和"的结果。

三代时期，人们对于"和"的认识还没有上升到抽象的、统一的高度，但是已经呈现出多样性的变化。《尚书·尧典》中记载帝尧："克明俊德，以亲九族；九族既睦，平章百姓；百姓昭明，协和万邦。"尧能够发挥自己杰出的才德，来亲睦自己所有的亲戚。亲戚和睦以后，又区分辨明所有的氏族姓氏；氏族姓氏明确以后，又去协和所有的城邑小国。《尚书·舜典》中有舜帝命夔主管音乐，以音乐来教育未成年的后代，他说："夔！命女典乐，教胄子。直而温，宽而栗，刚而无虐，简而无傲。诗言志，歌永言，声依永，律和声，八音克谐，无相夺伦，神人以和。夔曰：於！予击石拊石，百兽率舞。"文中所说的诗、乐、舞整体上都是和谐的。他们教子女的乐诗都是既威直又温和，既宽容又严厉，既刚强又不肆虐，既简易又不傲慢的，从诗，到歌，到言，到声，到律，到八种乐器的演奏，到百兽率舞，都协调有序，用诗、乐、舞的和谐，沟通人与神，天与人的思想、情感与关系，以达到人神以和，天人以和的目的。还记载禹劝勉舜的话说："德惟善政，政在养民。水火金木土谷惟修，正德、利用、厚生惟和。"和，已经被作为君主的美德之一了。

西周时期，随着宗法制度的确立和完善，处理好家庭和社会的种种矛盾和冲突，"燮和天下"，成为一条重要的治国原则。《尚书·无逸》篇中记载周文王"自朝至于日中昃，不遑暇食，用咸和万民"。《尚书·多方》篇中记载，周成王告诫殷民一定要服从周王朝的统治。他说："自作不和，尔惟和哉！尔室不睦，尔惟和哉！"就是说，你们自己制造不和，就应该和中央保持和谐相处，不要造反。你们家室不和，也应该互相和睦。倘若你们"不克敬于和"，那我将要惩罚你们，"则无我怨"矣。周成王临终时，对康王说："临君周邦，率循大卞，燮和天下，用答扬文、武之光训。"① 就是说，你现在已经是周朝的君王，就应该遵循国法，使天下臣民都与中央和谐相处，以发扬文武王的光荣传统和遗训。可见，在西周时期，"和"的含义主要是"燮和"、"调和"、"和协"，但是它始终没有成为一个纯粹的伦理哲学范畴。"和"观念的伦理哲学化以及它成为中庸范畴的一部分，是从春秋时期开始的。

春秋时期，是我国新旧交替的大变革时代。在这个过程中，以周天子为"天下大宗"的宗法等级统治体系四分五裂，出现了所谓"礼废乐坏"的动乱局面，这无疑会给社会思想意识以巨大的冲击，自然也会给社会道德生活和伦理观念的变化以深刻

---

① 《尚书·顾命》。

的影响。但是，这种"转变是一个缓慢的、自发的、渐进的过程，一直延续了三百多年之久，到春秋战国之交才算完成"①。因此，这个时期的历史，各方面都表现出"过渡"的特点。具体到伦理思想方面，就是新旧思想错综交织，新的观念和思想开始形成，同时反映西周宗法等级关系的旧的伦理思想还没有退出历史舞台。而且由于新旧两种观念都以农业自然经济为基础，因为它们之间也有直接相同之处，所以，一些旧的伦理思想也被注入新的内容。

春秋时期，随着生产力的发展、社会各阶层力量的变化，王室衰微，诸侯争霸，君臣易位，"政在家门"，社会关系的各个方面都发生了深刻的变化，原有的礼乐制度已经越来越难以适应社会发展变化的需要。在社会的重新整合中，西周末年至春秋时期的思想家在对"和"的问题思考上出现了一个重大转折，那就是"开始关注'和'内在的各种要素的特征及如何经它们组合为和谐的系统"②。

由于人们对"和"的认识，最初来源于饮食之和与音乐之和，所以，从音乐和饮食方面来描述和的状态，成了西周末年至春秋时期思想家重要的谈论和阐释"和"的方式，并且从哲学观、历史观、政治观和战争观以及方法论与处世原则等不同层面，赋予"和"以自然、社会、人生的多重内涵。

《国语·周语下》记载周景王想造一套名叫"无射"的大型编钟，遭到单穆公的反对，但是，"王弗听，问之伶州鸠"，伶州鸠没有正面回答他的问题，而是从音乐谈起。他说："声应相保曰和"，也就是说，音乐之和源于音乐的各元素之间的一种谐

---

① 任继愈主编：《中国哲学发展史》（先秦卷），人民出版社1998年版，第116页。

② 陈科华著：《儒家中庸之道研究》，广西师范大学出版社2000年版，第110页。

和。而音乐元素是由宫、商、角、徵、羽五种由低至高的音符组成的，按照传统的乐理，一般把宫音看做主音，把羽音看做细音或辅音。主细音的区别的意义就在于强调乐章的和谐构成必须通过"主音有序"来完成。由此，他从音乐谈到政治，他认为：

夫政象乐，乐从和，和从平。声以和乐，律以平声。金石以动之，丝、竹以行之，诗以道之，歌以咏之，匏以宣之，瓦以赞之，草木以节之。物得其常曰乐极，极之所集曰声，声应相保曰和，细大不逾曰平。

就是政治应当效法音乐，音乐必须谐和，谐和的音乐来源于五声六律的和谐配合，而谐和的音乐出于和平中正之心。由此，古代音乐的中和理论从"神人相和"的祖先崇拜、和睦宗族的宗法观念发展到"和于德"的道德学说。春秋时期，各国诸侯也把"以德和民"看成一条重要的治国之道。《左传·隐公四年》众仲曰："臣闻以德和民，不闻以乱。"

当时的思想家也认识到社会和自然现象一样也是在运动变化的，他们认为贵族可以变成平民，这是"天之道"，是自然变化的必然规律。同时，人们也已经开始意识到，客观世界存在着多样性的对立与统一，就像人的身体有左右手一样，在社会政治领域内，"王有公，诸侯有卿，皆有贰也"。他们认为王的大臣或诸侯的大臣构成了王或者诸侯的对立统一，然而君和臣地位不是永恒不变的，如果君"世从其失"，而臣"世修其勤"，那么也就会发生君臣易位的情况。所以他们认为："社稷无常奉，君臣无常位，自古已然。"[①] 他们看到只有在多样性中取得和谐，使对立又统一的事物之间实现互动互补，在对立中取得一致，才是

---

① 《左传》昭公三十二年。

认识世界的正确方法。所以,人们开始探讨"和"与"同"范畴的区别。

《国语·郑语》记载,当史伯回答郑桓公"周其弊乎"时说:

> 殆于必弊者也。《泰誓》曰:"民之所欲,天必从之。"今王弃高明昭显,而好谗慝暗昧;恶角犀丰盈,而近顽童穷固。去和而取同。夫和实生物,同则不继。以他平他谓之和,故能丰长而物归之;若以同裨同,尽乃弃矣。故先王以土与金木水火杂,以成百物。是以和五味以调口,刚四支以卫体,和六律以聪耳,正七体以役心,平八索以成人,建九纪以立纯德,合十数以训百体。出千品,具万方,计亿事,材兆物,收经人,行姟极。故王者居九畡之田,收经人以食兆民,周训而能用之,和乐如一。夫如是,和之至也。于是乎先王聘后于异姓,求财于有方,择臣取谏工而讲以多物,务和同也。声一无听,物一无文,味一无果,物一不讲。王将弃是类也而与剸同。天夺之明,欲无弊,得乎?

在这段引文中,史伯为了使周幽王能够听取臣下不同的意见,他对"和"与"通"的区别作了系统的阐述,开启了春秋时期"和同之辩"的先河。史伯首先对"和"与"同"的功能与内涵作了界定。"以他平他谓之和","和"即是不同事物或对立事物之间的和谐统一。"以同裨同",即是同类事物相济,或单一事物相加,否认矛盾与差别,是绝对等同。在此基础上,史伯提出了"和实生物,同则不继"的命题,他认为,任何同一事物的相加都不能产生出新的事物,而"和实生物","故能丰长而物归之"。因此,史伯主张"取和去同",反对"去和取同"。因为在他看来,"去和取同",国家必亡;"取和去同",国家必兴。

春秋末年，晏婴深化和发展了史伯的这种观点，明确提出了"和"与"同"异的观点，据《左传》昭公二十年记载：

> 齐侯至自田，晏子侍于遄台，子犹驰而造焉。公曰："唯据与我和夫！"晏子对曰："据亦同也，焉得为和？"公曰："和与同异乎？"对曰："异。和如羹焉，水火醯醢盐梅，以烹鱼肉，燀之以薪。宰夫和之，齐之以味，济其不及，以泄其过。君子食之，以平其心。君臣亦然。君所谓可而有否焉，臣献其否以成其可。君所谓否而有可焉，臣献其可以去其否。是以政平而不干，民无争心。故《诗》曰：'亦有和羹，既戒既平。鬷嘏无言，时靡有争。'先王之济五味，和五声也，以平其心，成其政也。声亦如味，一气，二体，三类，四物，五声，六律，七音，八风，九歌，以相成也。清浊，小大，短长，疾徐，哀乐，刚柔，迟速，高下，出入，周疏，以相济也。君子听之，以平其心。心平，德和。故《诗》曰：'德音不瑕。'今据不然。君所谓可，据亦曰可；君所谓否，据亦曰否。若以水济水，谁能食之？若琴瑟之专一，谁能听之？同之不可也如是。"

晏婴的"和"比史伯的"和"已经有了比较大的发展，他以"济五味"与"和五声"为例，着重阐发了对立物的相济、相成关系。如果说史伯的"以他平他"的"他"中隐含着"可"与"否"，那么晏婴已经明确地将"可"与"否"作为了"和"的内涵，极力主张"君所谓可而有否焉，臣献其否以成其可。君所谓否而有可焉，臣献其可以去其否"。只有这样，才能做到"政平而不干，民无争心"。晏婴已经从事物的对立中，认识到对立之中的"可"与"否"，从而"济其不足，以泻其过"，为以后"过犹不及"的中庸思想打下了基础。

(二)"庸"字释义以及中庸范畴的形成

"庸",古与用通。许慎在《说文解字》中指出:"庸,用也,从用从庚。庚,更事也。"唐兰在《金文诂林》中解释"用":"用象盛器,甬之本义为断竹及钟,始以竹为之,及以金为之则为钟。"① 宋人戴侗、元人周伯琦和近人郭沫若等人,也都认为甬、用、庸相通,为打击乐器钟。庸为钟,在文献当中也有许多的佐证。如《尔雅·释乐》:"大钟谓之镛。"《诗经·商颂·那》:"庸鼓有斁,万舞有奕。""大钟曰庸"的"大钟",并不是指钟的形状大小而言,而是特指陈列于宗庙、帝王墓室之中的编钟。如战国曾侯乙墓出土的编钟,每个钟体都刻有"甬"的字样,体现出古代的乐制和宗庙祭奠的庄严肃穆。因此"庸"的出现,标志着古代乐制的日益完善和规范化,同时也取代了"用"的原始含义。

何晏注《论语》,释"庸"为常,他说:"庸,常也,中和可常行之德也。"实际上是本于《尔雅·释诂》:"典、彝、法、则、刑、范、矩、庸、恒、律、戛、职、秩,常也。"由此可见,常是国家各种典制、法规的总名。庸是陈列于宗庙或帝王墓室的常器,象征着帝王的权威,也是国家宗庙祭祀之礼的一个方面,并且铭铸帝王的功德,铭刻法律条文,因此,作为国家典制法规的一部分,"庸"也可以包含在"礼"的范畴之内。

通过以上分析可以看出,在孔子以前,中的观念在中国古代文化中早已形成了传统。虽然他们还没有将"中"和"庸"连缀使用,但我们已可以看出两个字意的高度契合性。孔子作为儒家学派的创始人,他对中国古代文化发展脉络有深刻的领悟。孔

---

① 《金文诂林》,第 2070 页。

子从丰富的历史文化元典中看出，在唐虞、夏、商、周各代的历史演进中，文化的发展有着历史的连续性，因此，孔子遵循着"因袭损益"的精神，凭借三代以来丰富的有关中庸思想的资源建构起中庸之道的理论雏形，从而正式提出"中庸"的伦理范畴。标志着中国传统的宗天神学转向了儒家的伦理哲学，具有划时代的意义。

第三章　先秦中庸之道的创建与完善

先秦时期，从春秋末期至战国末期，正是我国历史上政治、经济、社会变动最剧烈的时期。适应这种社会大变革，当时诸子蜂起，百家争鸣，出现了一个文化学术空前繁荣的局面。在这个时期，中庸思想获得了系统而全面的发展。

一　孔子的中庸观

孔子（前551—前479年）名丘，字仲尼，春秋后期鲁国（今山东曲阜）人。孔子是我国伟大的思想家、教育家、政治家，儒家学派的创始人。孔子有弟子三千，七十二贤人。孔子曾带弟子周游列国14年。孔子对中国的古文献进行了整理，曾修订《诗》、《书》，定《礼》、《乐》，序《周易》，作《春秋》，对保存我国古代文献作出了极大的贡献。

孔子生活的春秋末期，是一个"礼崩乐坏"的社会动荡时期，旧的社会秩序遇到极大的危机。在礼乐征伐自天子出，下落到自诸侯出，甚至陪臣执国命的局面下，孔子力图挽狂澜于既倒，扶大厦于将倾，顺应时代发展的历史潮流，用时代精神对周礼进行了新的诠释，从而建立起一个既有深厚传统根基，又具有新的精神价值的思想体系。并对后世产生了极其深远的影响。

中庸是孔子伦理思想的重要组成部分之一。作为儒家学派的创始人，孔子被后儒誉为"圣之始者"。而中庸之道，在孔子那里既是一种最高的德行,也代表了一种最高的智慧。

(一) 中庸之至德

在儒家典籍中,"中庸"一词始见于《论语》,孔子第一个将"中"与"庸"连用,并把它提到了"至德"的高度,即所谓"中庸之为德也,其至矣乎!民鲜久矣"[1]。在这里,中庸被孔子赋予了伦理道德价值,指人们的一切行为都中规中矩——处处符合儒家的道德规范。在孔子看来,中庸之德,就是要求人们自觉地进行自我修养、自我监督、自我教育、自我完善,把自己培养成具有理想人格,达到至善、至仁、至诚、至道、至德、至圣的境界。

在孔子看来,中庸是最高道德原则,一切美德都是中庸在道德上的不同表现。中庸不是一种或几种道德范畴而已,而是各种相互对立的德行或品质的有机整合。"兼德而至,谓之中庸"[2],在孔子那里,中庸是"智慧力量、道德力量和意志力量的完美统一"[3],孔子说:"君子道者三:智者不惑,仁者不忧,勇者不惧"[4],"中庸乃是统智、仁、勇而一之者"[5],是三因素的有机统一。"仁者德之基也"[6],在这三因素当中,仁是孔子中庸之德的核心,在诸德之中居于基础地位。

孔子说:"君子笃于亲,则民兴于仁"[7],君子是民的榜样,

---

[1] 《论语·雍也》。
[2] 《人物志·九征》。
[3] 廖建平:《中庸:儒家君子人格的最高境界》,《衡阳师专学报》(社会科学版),1995年第3期,第77页。
[4] 《论语·宪问》。
[5] 廖建平:《中庸:儒家君子人格的最高境界》,《衡阳师专学报》(社会科学版),1995年第3期,第78页。
[6] 《人物志·八观》。
[7] 《论语·泰伯》。

先有"君子笃于亲",然后才有"民兴于仁"。从"笃于亲"到"兴于仁",具有一种逻辑的必然性。应该说,自然的血缘之亲是仁的前提和基础。孔子的"仁"是从家庭血缘亲情中引申出来的,人一生下来就遇到家庭中的父母兄弟等关系,处在家人的关爱之中。同时,在心底逐渐滋生出了对家人的仁爱亲情。这种血缘关系范围内的相亲相爱完全是人类天性的自然流露。家庭关系的稳定对于社会稳定关系更大,因而处理好家庭内部的伦理关系,对于社会秩序的稳定具有重要而深远的意义。因此,孔子把"仁"建立在血缘关系基础之上,以人类的自然天性为根据,就具有了放之四海皆准的普适性。在这一点上,孔子的学生有若曾经准确地指出"君子务本,本立而道生。孝悌者也,其为仁之本与?"①

孔子还把"仁"的思想推广到社会。"樊迟问仁。子曰:'爱人。'"②"爱人"也就是他说的"泛爱众"。近代一些哲学家认为孔子的"仁"发现了"人"或在一定程度上发现了"人",体现出时代精神。春秋末期,解放了的奴隶变成农民,由会说话的工具取得做"人"的资格,因此当时"人"的发现,乃是当时的历史趋势和社会一大进步。《国语·周语下》记载晋悼公"言仁必及人",因而当时的人由此推许他"爱人能仁"。可见,当时人们已经把"爱人"视为"仁"的一个必不可少的内容。所以,孔子所说的"爱人","固然含有远古氏族统治体制中的民主性人民性的继承和发扬,同时也顺应了春秋末期的历史趋势"③。

孔子认为,人作为族类在宇宙中地位最高,具有高于万物的

---

① 《论语·学而》。
② 《论语·颜渊》。
③ 任继愈主编:《中国哲学发展史(先秦卷)》,人民出版社1998年版,第184页。

价值。《孝经》引孔子的话说:"天地之性人为贵。"孔子肯定人的地位和价值,对人给予真诚的关怀与同情。《论语》中记载:

>厩焚。子退朝,曰:伤人乎?不问马。

孔子从重视人的价值出发,对当时社会上杀殉的陪葬制度给予尖锐的批评,他说:"始作俑者,其无后乎!"因此,他要求君子必须肯定和维护自己的人格价值:"君子可逝也,不可陷也;可欺也,不可罔也。"并且认为人格价值要高于生命价值,所以,他要求"志士仁人,无求生以害人,有杀身以成仁"①。"杀身成仁",成了中国知识分子乃至百姓最神圣的道德节操,不少仁人志士为了国家和民族的利益而名垂青史。

在孔子看来,"爱人"有一条重要原则,那就是著名的"忠恕"之道。孔子说:"夫仁者,己欲立而立人,己欲达而达人,能近取譬,可谓仁之方也已。"② 这就是"忠",也就是要求承认自己欲立欲达的事情,也要尊重别人也有立、达的权利和愿望。这是从积极意义而言的。消极的方面,则是"己所不欲,勿施于人"③ 的"恕",也就是凡是自己不想做的事情,也不要强加于别人,只有如此,才能"在家无怨,在邦无怨"。忠恕之道的结合,才是为仁之方,也就是仁本身。所以曾参说:"夫子之道,忠恕而已矣。"④

孔子进一步把"仁"的道德观念纳入政治层面。他在继承西周"中德"思想的基础上,提出了"为政以德"的治国之道。

---

① 《论语·卫灵公》。
② 《论语·雍也》。
③ 《论语·颜渊》。
④ 《论语·里仁》。

孔子说："为政以德，譬如北辰，居其所而众星共之。"①这里，孔子赞美德政像北极星那样，众星都围绕它转。孔子把德政作为他最理想的政治。在道德与刑政的关系上，孔子认为道德为主，刑政为辅。"道之以政，齐之以刑，民免而无耻；道之以德，齐之以礼，有耻且格"②，就是说，用行政和刑罚可以使人民畏惧而不犯罪，但是并不能消除人民的犯罪观念。如果用德和礼加以感化，提高人民的道德水平，就可使其自觉地消除犯罪观念。很清楚地表明孔子认为德礼高于刑政。孔子的"德治"思想主要有三个方面的内容。

在政治上，孔子十分注重执政者的道德情操和在执政中的道德行为。《论语·颜渊》记载：季康子曾向孔子请教政治问题，孔子回答说："政者，正也。子帅以正，孰敢不正？""政"的意思就是端正，这虽然是就字面的意思加以引申发挥的，却揭示出深刻的道理，正如孔子自己所说："苟正其身矣，于从政乎何有？不能正其身，如正人何？""其身正，不令而行；其身不正，虽令不从"③，如果执政者在执政活动中自己的思想行为端正了，那么即使不发布政令，事情也行得通。所以孔子要求执政者应当具有高尚的道德情操，努力加强自我修养，做到"修己以敬"，"修己以安人"，"修己以安百姓"④。

在经济上，他主张减轻徭役和赋税，大力提倡"富民"、"利民"、"养民"、"惠民"。孔子特别重视"富民"。"子曰：'足食足兵，民之信矣，'⑤ 是把"足食"置于首位；根据《论语·子路》篇记载：孔子看到卫国人口众多时，慨叹道："庶矣

---

① 《论语·为政》。
② 同上。
③ 《论语·子路》。
④ 《论语·宪问》。
⑤ 《论语·颜渊》。

哉"！冉由问："既庶矣，又何加焉？"曰："富之"。如何实现"富民"目标呢？《论语·学而》记载："子曰：道千乘之国，敬事而信，节用而爱人，使民以时。"所谓"节用"，就是要求政府要大力节省财政开支，"节用"的实质就是为了减轻人民的负担。这里的"时"是指季节、农时。只有无违农时，才能保证农业生产的顺利发展。

孔子在主张"节用"的同时，还明确地提出"施取其厚，事举其中，敛从其薄"的主张，即政府要减轻人民的负担，并且坚决反对统治者剥削人民。《论语·颜渊》记载：

> 哀公问于有若曰："年饥，用不足，如之何？"有若对曰："盍彻乎？"曰："贰，吾犹不足，如之何其彻也？"对曰："百姓足，君孰与不足？百姓不足，君孰与足？"

有若是孔子的学生，有若认为，百姓富足了国家也就富足了，如果百姓不富足，那么国家也就不可能富足。有若的这一主张正是对孔子思想的发挥。

孔子坚决反对统治者个人聚敛财富。《论语·先进》记载：

> 季氏富于周公，而求也为之聚敛而附益之。子曰："非吾徒也，小子鸣鼓而攻之可也。"

孔子之所以对冉求的行为表示出极大的愤慨，这是因为季氏富于周公，可是冉求却又替他搜括，增加更多的财富。在孔子看来，财富集中在少数人甚至是个别人手里，势必造成广大人民的贫穷而影响到国家的富强和安定。因此，他主张"均贫富"。他说："有国有家者，不患寡而患不均，不患贫而患不安"，"盖均无贫，和无寡，安无倾"，在这里，孔子所说的虽然是关于财富分配的原则问题，但也可以说是关于如何富民和强国的问题，因为只要广大人民都富裕起来了，国家也就会安定团结，欣欣向荣。所以，孔子主张通过减轻赋税以保证"富民"政策落到实处："薄赋敛则民富"[1]。即先有老百姓的富足，然后才能有统治者的富足。"百姓足，君熟与不足"，这种藏富于民的思想是值得肯定的。

孔子并不满足于"富民"，他认为在此基础上，还应当对人民进行教化。冉有问："既富矣，又何加焉？"孔子毫不犹豫地、肯定地回答道："教之。"[2] "既富乃教之也，此治国之本也"[3]，强调在富民的基础上进行教育，既看到了物质条件在稳定社会中的基础性作用，又肯定了教育在社会发展中的功能，见解真可谓精辟而又深刻。孔子在回答子张之问时提到"四恶"，其中三恶是"不教而杀谓之虐，不戒视成谓之暴，慢令致期谓之贼"[4]，平时对百姓不进行教化，不疏导劝诫，一旦出了乱子，就向下推卸责任，利用手中的政治工具，滥施暴戾。因此孔子反对"不教而杀"、"不戒视成"，也就是希望统治者把所禁止和所要求的，广泛进行宣传教育，从而使人民了解并免触刑律。《论语·颜渊》记载：鲁国的执政大臣季康子问政于孔子说："如杀无道，以就有道，何如？"孔子回答说："子为政，焉用杀？子欲善而民善矣。君子之德风，小人之德草，草上之风，必偃。"在孔子看来，国家治理的好坏，不取决于杀人而取决于执政者是否真正想用善道去教育引导人民。因为道德的力量是巨大的，执政者如果真正地用善道去教育引导人民，广大人民也就会像风吹草低一样被感化而自觉地走上善道。

---

[1] 《说苑·政理》。
[2] 《论语·子路》。
[3] 《说苑·政本》。
[4] 《论语·尧曰》。

在道德教化的具体形式上，孔子提出了"兴于诗，立于礼，成于乐"。"兴于诗"是指文学艺术的情感化启蒙。孔子说："不学诗，无以言。"诗是成就人格教育的形象化、情感化的教材，是文明人"化成"自我的基础途径。"立于礼"强调了礼仪规范的重要性，孔子重视礼教，他认为"不学礼，无以立"，礼是文明的表现，无礼则是野蛮的标志。"成于乐"是指要发挥音乐的熏陶和感化作用，乐能改变人的性情，感发人的心灵，使人自觉地接受和实行仁道。乐教既以和谐的形式给人以和悦的享受，又使人能从中体悟出伦常次序与内外协调关系。所以，孔子认为，诗可以起情，礼可以立身，乐可以成性，学诗、学礼、学乐是提高百姓道德水平和文明程度的有效之道。

除此之外，孔子还认为在战争不可避免的时候，应该以军旅之事教育人民。孔子说："善人教民七年，亦可以即戎矣"，"以不教民战，是谓弃之"①，孔子认为，对人民进行军事教育以后，再让他们参加战争，使他们不至于在战争中白白牺牲。

在吏治上主张"举贤才"。孔子认为，实行德政，必须尚贤，即"举贤才"。《论语·子路》记载：

  仲弓为季氏宰，问政。子曰："先有司，赦小过，举贤才。"曰："焉知贤才而举之？"子曰："举尔所知；尔所不知，人其舍诸？"

"举贤才"是施政的重要内容和条件。《论语·颜渊》记载樊迟"问知"的时候孔子回答："知人"，樊迟没有明白，孔子进一步解释说：

---

① 《论语·尧曰》。

举直错诸枉，能使枉者直。樊迟退，见子夏曰："乡也，吾见于夫子而问知，子曰：'举直错诸枉，能使枉者直'，何谓也？"子夏曰："富哉言乎！舜有天下，选于众，举皋陶，不仁者远矣。汤有天下，选于众，举伊尹，不仁者远矣。"

贤才可以起到移风化俗的作用。像舜举皋陶，汤举伊尹，使得政治清明，奸佞不得逞。说明理想的政治要靠贤才去实现。因此，能否获得民众的拥护，与任用人才有密切的关系。《论语·为政》记载：

哀公问曰："何为则民服？"孔子对曰："举直错诸枉则民服，举枉错诸直则民不服。"

孔子"德治"所包含的内容，实际上是"仁"的思想在不同侧面的具体表现。

与"仁"的思想相连，孔子在治国方略上主张"礼让为国"①。在《论语·颜渊》篇第一章，孔子在回答颜渊问仁时就说："克己复礼为仁，一日克己复礼，天下归仁焉。"这里的"克己"是自觉地约束自己；"复礼"是一切言行要合于礼。这段话，孔子强调的是人的道德自觉。人们通过克制自己，自觉守礼，做到"非礼勿视，非礼勿听，非礼勿言，非礼勿动"。以礼释仁，认为仁的最终实现要通过"克己复礼"，即改造人性，使之合于礼的规范，这就是归于仁了。在这里，"克己复礼"的目的不是"复礼"，而是为了"归仁"。

孔子的时代，礼乐文化是衰落的文化，当时"礼崩乐坏"，

---

① 《论语·为政》。

礼乐已经名存实亡，出现大量"僭越"的现象，因而被孔子视为"天下无道"，他说：

> 天下有道，则礼乐征伐自天子出；天下无道，则礼乐征伐自诸侯出。自诸侯出，盖十世希不失矣；自大夫出，五世希不失矣；陪臣执国命，三世希不失矣。天下有道，则政不在大夫。天下有道，则庶人不议。①

当时政治动乱，国祚不永，诸侯、大夫、陪臣都不能享国长久。孔子认为要改变这种状况，就必须要"正名"。《论语·颜渊》记载：

> 齐景公问政于孔子，孔子对曰："君君，臣臣，父父，子子。"景公曰："善哉！信如君不君，臣不臣，父不父，子不子，虽有粟，吾得而食诸？"

孔子之所以强调"正名"，因为他认为：

> 名不正则言不顺，言不顺则事不成，事不成则礼乐不兴，礼乐不兴则刑罚不中，刑罚不中则民无所措手足。故君子名之必可言也，言之必可行也。君子于其言也，无所苟而已矣。②

在这种情况下，孔子主张恢复周礼，也就是周以来的典章、制度、规矩、仪节。这是因为周礼具有上下等级、尊卑长幼等明

---

① 《论语·季氏》。
② 《论语·子路》。

确而严格的秩序规定，通过这套礼仪活动，把人民组织、团结起来，按着一定的社会秩序和规范来进行生产和生活。孔子认为，只要居下位者"约之以礼"，就可以"弗畔"，不会出现犯上作乱之事；而居上位者若能"好礼"，就可以以身作则，率先垂范于天下，就会收到"民易使"或"民莫敢不敬"的效果。

孔子强调"礼"，更看重"礼"的精神实质，他说：

礼云礼云，玉帛云乎哉？乐云乐云，钟鼓云乎哉？①

意思是说，只有玉帛，哪能算得上礼？只有钟鼓，哪能算做乐？他又说：

人而不仁，如礼何？人而不仁，如乐何？②

这就是说，如果离开"仁"的原则，礼乐不过是一个空洞的形式。

"仁"是孔子终生追求的政治理想和道德目标，但孔子并不认为"仁"的境界是高不可攀的，他说："仁远乎哉？我欲仁，斯仁至矣。"③ 所以他要求人们一刻也不能离开"仁"："君子无终食之间违仁，造次必于是，颠沛必于是。"④ 如何才能达到"仁"的境界呢？孔子说："为仁由己，而由仁乎哉！"⑤ 他又说："君子求诸己，小人求诸人。"⑥ 由此可见，孔子的"成仁"之

---

① 《论语·阳货》。
② 《论语·季氏》。
③ 《论语·述而》。
④ 《论语·里仁》。
⑤ 《论语·颜渊》。
⑥ 《论语·卫灵公》。

道是"成仁由己",也就是"求诸己",而非"求诸人"。孔子非常重视人们的主观修养,他提倡"躬自厚而薄责于人"①,主张"见贤思齐,见不贤而内自省也"②。这种"为仁由己"的"成仁"之道,是一种强调道德修养上的主动进取精神,因而十分注重内省体察,为后世儒家的道德修养论奠定了理论基础,后来宋儒所推崇的"慎独"就来源于孔子的上述主张。

(二)过犹不及的中行思想

孔子视"中庸"为"至德"。这种"至德"首先体现为公允地坚守中正的原则,以无过无不及为特征。所谓"过"与"不及",都是相对于适中而言的偏颇。《论语·先进》篇中记载:

> 子贡问:"师与商也孰贤?"子曰:"师也过,商也不及。"曰:"然则师愈与?"子曰:"过犹不及。"

孔子认为,子张做事过头,子夏做事又赶不上,"过"与"不及"这两个极端,其后果与失误都是一样的。这里,孔子首先承认了"过"与"不及"这两个事物发展的极端的存在,清代宋翔凤说:"无过不及而能用中,重则一,两则异,异端即两端。"③"过犹不及",通俗讲就是把握一个度的问题,也就是我们常说的恰如其分、恰到好处的问题,孔子称之为"中行"。孔子说:"不得中行而与之,必也狂狷乎!狷者进取,狂者有所不为也。"④ 中行,既依"中庸"而行,狂即狂妄,狷即拘谨。狂者流于冒进,敢作敢为;狷者流于退缩,不敢作为。这两种对立

---

① 《论语·卫灵公》。
② 《论语·里仁》。
③ 《论语说义》卷一。
④ 《论语·子路》。

的品质都有所偏，也就是"过"与"不及"，只有中行之道才是最高道德原则。所以，孔子大力提倡"允执其中"、"扣其两端"的思想方法，要求人们在思想上、言行上不能偏于极端，而要执其两端而用中，做到恰到好处。孔子整个思想体系中处处蕴涵着中行的色彩。

在天道观上，一方面孔子继承了西周以来传统的天命鬼神观念，把天看做是冥冥之中的最高主宰，他说："唯天为大"①，所以他认为"获罪于天，无所祷也"②，"君子有三畏：畏天命、畏大人、畏圣人之言"③。孔子弟子子夏也说："生死有命，富贵在天"④，就是说人的生死富贵贫贱都是由天命决定的，天命主宰一切。

孔子把推行自己主张的愿望寄托于天命，可是又到处碰壁，这就促使他更加认为天命不可违。比如当子路受到公伯寮的诽谤而不能出仕时，孔子并不表示愤怒和怨恨，而是说："道之将行也与，命也；道之将废也与，命也。公伯寮其如命何！"⑤ 孔子还说："不知命，无以为君子也"⑥。这里，孔子强调安命俟时，而不要轻举妄动。

孔子虽然认为天命是主宰，但是春秋时期的社会变动使孔子深深感到高远广大的天是万物和人类的母亲，人们应当对天表示敬畏和效法。孔子赞美天："天何言哉？四时行焉，百物生焉，天何言哉？"⑦ 天是崇高的，它不言而能顺行四季、生养万物，

---

① 《论语·泰伯》。
② 《论语·八佾》。
③ 《论语·季氏》。
④ 《论语·颜渊》。
⑤ 《论语·宪问》。
⑥ 《论语·尧曰》。
⑦ 《论语·阳货》。

这里的天指的是宇宙自身的生生不息的创造力，同时它又是人间真善美的源泉，所以应该为人间所效仿。这样的"天"已经摆脱了传统天命的拟人化性格，但还没有降落为自然物。具有宗教性的天，开始转化为哲理性的天。

所以，另一方面，孔子进一步认为天命要靠人为努力，强调在人事活动中去体任天命，所以孔子强调事在人为，在人事的范围内不要消极无为。《论语·宪问》中记载：

> 子贡曰："何为其莫知子也？"子曰："不怨天，不尤人，下学而上达；知我者，其天乎！"

下学而上达，和天沟通，强调主观努力。孔子还说："人能弘道，非道弘人。"① 他这种强调人们在人事上积极有为的主张，激发人们去奋发进取。孔子的这种思想，被后儒发展为天人感应的思想。

关于鬼神的问题，孔子承认鬼神的存在，他推崇禹"菲饮食而致孝乎鬼神"②，但是他并不提倡迷信鬼神。"未能事人，焉能事鬼"，"未知生，焉知死"③，孔子回避了"彼岸"的问题，而"彼岸"是一切宗教的问题。《论语·雍也》记载：

> 樊迟问知。子曰："务民之义，敬鬼神而远之，可谓知矣。"

孔子相信鬼神而又不提倡迷信，这成为儒家乃至中国理性主义、

---

① 《论语·卫灵公》。
② 《论语·泰伯》。
③ 《论语·先进》。

现实主义的传统。后来儒家虽然也提倡神道设教，但并不把谈论鬼神视为正道学问。

虽然孔子回避了"鬼神"的问题，但孔子非常重视鬼神祭祀的问题。他说："祭如在，祭神如神在"，"吾不与祭，如不祭"①，"生事之以礼，死葬之以礼，祭之以礼"②，在祭祀当中，孔子始终贯穿着一个"敬"字。"孔子在祭礼问题上所关注的并不是祭祀对象是否真的能显灵并给予祭祀者以帮助，而是祭祀者如何做才能真正使自己的情感得到安慰。"③当宰我要把为父母守孝三年改为一年的时候，孔子斥之为"不仁"，正是基于这样做不能使孝子安心，因为"子生三年，然后免于父母之怀"④，所以才要守孝三年回报父母之爱。

在伦理道德上，孔子认为也不能走极端，无过而无不及。孔子本人就是"温而厉，威而不猛，恭而安"⑤的中庸之道的典范。孔子在阐述他的理想人格时，也总是把"中庸"看做一种美德。他说："质胜文则野，文胜质则史。文质彬彬，然后君子。"⑥这就是说君子既不粗野也不轻浮，而是合文质于一体；他还说："君子矜而不争，群而不党"⑦，就是要君子既要合群，又不要结党营私；"君子惠而不费，劳而不怨，欲而不贪，泰而不骄，威而不猛"⑧，就是要求君子既要给人们一点小恩小惠，又不过于浪费；既要让百姓服役，又不让他们怨恨；

---

① 《论语·八佾》。
② 《论语·乡党》。
③ 牟钟鉴：《从孔孟之道看儒家传统的中庸性格》，《中华文化论坛》1997年第3期，第76页。
④ 《论语·阳货》。
⑤ 《论语·述而》。
⑥ 《论语·雍也》。
⑦ 《论语·卫灵公》。
⑧ 《论语·尧曰》。

既要有一点欲望，又不要贪得无厌；既要泰然安适，又不要骄傲；既要有威严，但又不凶猛。这就要就君子在文与质、矜与争、群与党、惠与费、劳与怨、欲与贪、泰与骄、威与温等诸对矛盾中，能够执其两端而用其中，保持适中的最佳状态。所以，孔子强调防止主观固执。《论语》记载："子四绝：毋意、毋必、毋固、毋我。"①

在政治经济上，孔子虽然主张对百姓实行"仁政"，但是他也不反对对百姓实行刑法，他主张采取"宽猛相济"的政策。他说：

> 政宽则民慢，慢则纠于猛，猛则民残，民残则施之以宽，宽以济猛，猛以济宽，宽猛相济，政是以和。②

治国安邦需要把握分寸，统治者的行为要适中，这样才能长治久安。

在学习上，他提倡学习知识一定要做到学与思、学与用并重。他说："学而不思则罔，思而不学则殆。"③ 学习上不能脱离思考，不思考就不能将学来的东西消化吸收，学了也无用处。如果只思考而不学习，就会流于空想，也是有害的。因此，学习与思考应该并重。他还说："诵诗三百，授之以政，不达；使于四方，不能专对，虽多，亦奚以为？"④ 能把《诗》三百篇背诵下来，但是在政治和外交活动上却不能运用，学了也是没有用处。因此学习与实践应该并重。

此外，在处世上，他要求"邦有道，则仕；邦无道，则可

---

① 《论语·子罕》。
② 《孔子家语》卷九《正论解》第四十一。
③ 《论语·为政》。
④ 《论语·子路》。

卷而怀之"①。在音乐审美上，孔子主张中和之音，反对"放郑声"，因为"郑声淫"②，所以"恶郑声之乱雅乐也"③。他赞扬"乐而不淫，哀而不伤"④的中和审美原则。

孔子非常重视"中"，但同时他也看到由于客观事物是不停地变化和发展的，倘若不能知情而变，则中也就不中了。因此孔子提出权变思想，他说：

> 可与共学，未可与适道，可与适道，未可与立，可与立，未可与权⑤

在这里，孔子把"权"看做需要很高修养才能达到的境界，也就是持守中道要因时因地而制宜，随时间条件变化而变化，使中行在通权达变中得以贯彻。《论语·微子》篇记载：

> 逸民：伯夷、叔齐、虞仲、夷逸、朱张、柳下惠、少连。子曰："不降其志，不辱其身，伯夷、叔齐与！"谓"柳下惠、少连，降志辱身矣，言中伦，行中虑，其斯而已矣。"谓"虞仲、夷逸，隐居放言，身中清，废中权。我则异于是，无可无不可。"

孔子认为这些人各有所偏执而不知道通权达变，只有"无可无不可"，也就是根据不同的情况采取不同的"中庸"标准，才能适其可。孔子的权变思想表现在他的言语行动、社会生活等各方

---

① 《论语·卫灵公》。
② 同上。
③ 《论语·阳货》。
④ 《论语·八佾》。
⑤ 《论语·宪问》。

面。孔子说:"天下有道则现,无道则隐"①,即根据政治气候的变化来决定自己是"出世"还是"入世"。他还把权变思想应用于教育,就是孔子因材施教的思想。

> 子路问:"闻斯行诸?"子曰:"有父兄在,如之何其闻斯行之?"冉有问:"闻斯行诸?"子曰:"闻斯行之。"公西华曰:"由也问,闻斯行诸?子曰有父兄在;求也问,闻斯行诸?子曰闻斯行之。赤也惑,敢问。"子曰:"求也退,故进之;由也兼人,故退之。"②

冉有胆小退缩,孔子针对他的情况鼓励他勇于前进;子路好勇过人,孔子则告诫他不要冒进。在《论语》中,对同样的问题,针对学生各种不同情况和性格,孔子作出不同的回答,这种事例很多。比如,同样是问孝,孔子答孟懿子以"无违",答孟武伯以"父母为其疾之忧",而答子游时则说"今之学者,是谓能养,至于犬马,皆能有养。不敬何以别乎"?回答子夏时说:"色难"③。这是根据不同的对象进行不同指导的灵活多变的教学方法。

由此可知,只有权变才能真正达到中道。因而孟子认为孔子集圣者之大成,其特征就在于权变的中庸思想,孟子把它称为"时","孔子,圣之时者也"④。

(三)和而不同的人生态度

孔子继承了春秋时期"和同之辩"的思想,但是他是从理

---

① 《论语·泰伯》。
② 《论语·先进》。
③ 《论语·为政》。
④ 《孟子·万章下》。

想人格角度，把"和"与"同"看成是"君子"与"小人"相区别的标准。他说：

> 君子和而不同，小人同而不和。①

意思就是说，道德修养好的君子能以自己的思想协调各种矛盾，使一切事情做到恰到好处，处于谐和状态，而不盲从附和。而道德修养差的小人却一味盲目苟同，亦步亦趋，人云亦云，而不善于协调。孔子把"和"与"同"作为区别"君子"与"小人"的重要标准，这就不仅仅是一般哲理的阐述，而是上升到处世为人的最高准则，较之史伯、晏婴等人，在人生哲理上作出了更为精辟的理论创建。

孔子的"和"，首先是中庸之和。孔子曰："君子中庸，小人反中庸。"孔子进而对君子和小人就举止、行为、风范、心理、品性等诸方面展开比较论述。"君子周而不比，小人比而不周"，"君子喻于义，小人喻于利"，"君子坦荡荡，小人常戚戚"，"君子泰而不骄，小人骄而不泰"。君子"和"以礼义，重义轻利；小人"同"以财利，追名逐利，二者是截然不同的。这集中反映了儒家不媚于世的君子风范。

孔子反对盲从他人的意见，主张要独立思考。他说：

> 多闻阙疑，慎言其余，则寡尤；多见阙殆，慎行其余，则寡悔。②

就是要广泛地听取别人的意见，多看别人做的事情，但不能轻

----
① 《论语·子路》。
② 《论语·为政》。

信，经过自己独立思考以后，谨慎的说出自己的见解，这样就可以减少失误。因此，他说：

> 麻冕，礼也；今也纯，俭；吾从众。拜下，礼也；今拜乎上，泰也。虽违众，吾从下。①

拜下，虽然与众不同，但是它更符合礼的精神，因此即使"违众"，也坚持自己的见解，坚持做到"拜下"。孔子反对人云亦云。即使是自己最喜欢的弟子颜渊，但当颜渊对孔子"不违如愚"时，孔子也对他提出了批评："回也非助我者也，于吾言无所不说"②。孔子对于那些不辨是非的、无原则的乡原更是深恶痛绝："乡原，德之贼也。"③ 什么是乡原呢？朱子注曰："乡者，鄙俗之意。原与愿同。……乡原，乡人之愿者也。盖其同流合污以媚于世，故在乡人之中独以愿称。"朱子把乡原说成是媚俗者。实际上，乡原就是行事毫无原则，不问是非，只求取悦世俗的"好好先生"。从表面上看，这些人很注意处世的灵活性，貌似执守中道，其实这种人就是毫无原则的折中调和。这种人既不是真君子，也不是真小人，而是典型的"伪君子"，所以被孔子斥为"德之贼也"。

孔子认为自己虽然无力改变世俗的混浊，但是却有力量在混浊的世俗中卓然而立。《论语·微子》记载，当孔子命子路向长沮、桀溺两位隐者问路的时候，这两位隐者希望子路加入他们避世的行列。他们说："滔滔者天下皆是也，而谁以易之？且而与其从辟人之士也，岂若从辟世之士哉？"就是说像洪水一样的世

---

① 《论语·子罕》。
② 《论语·先进》。
③ 《论语·阳货》。

道，你们同谁一起去改革他呢？与其跟着逃避坏人的人，为什么不跟着我们逃避整个社会的人呢？孔子得知后说："天下有道，丘不与易也。"就是说，如果天下太平，我就不会和弟子们一道来改革它了。孔子在这里表明了自己的态度，那就是不能因为无力改变世俗的混浊而消极遁世。孔子的"知其不可为而为之"的精神，集中体现了他的这种"和而不同"的人生态度。

（四）以和为贵的理想境界

孔子中庸思想的最高境界就是"和"。孔子希望人与人之间、人与社会之间、人与自然之间都能够达到一种和谐的状态。《论语·学而》中，孔子的学生有若对孔子"和"的思想做了精辟的概括：

> 有子曰："礼之用，和为贵。先王之道，斯为美；小大由之。有所不行，知和而和，不以礼节之，亦不可行也。"

礼的功用就是使人的人际关系和社会关系和谐有序。孔子意识到，每个具体的个人，总是和社会群体相联系的，他说："鸟兽与同群，吾非斯人之徒而谁与？"[①] 也就是具体的个体不能和鸟兽同群，只能存在于群体之中。因此，在群体中，人与人之间的和谐关系就显得尤为重要。在人与人之间的关系中，孔子首先肯定了个体的价值和独立的人格。孔子说："三军可夺帅也，匹夫不可夺志也。"[②] 强调自我的意志是任何人都不能改变的。独立意志是独立人格的基本特征。由此可以反映出孔子对个体价值的确认。

---

① 《论语·微子》。
② 《论语·子罕》。

孔子虽然肯定个体的价值和独立的人格，但是他不主张这一独立的意志需要在同他人的抗衡中得到体现。孔子认为人与人之间的关系应该是和睦的，因而应该无所争。孔子说：

> 君子无所争。必也射乎！揖让而升，下而饮。其争也君子。①

孔子所讲的君子是无所争的，与人无争，与事也无争，一切是讲礼让而得。这里孔子以当时射箭比赛的情形来说明君子立身处世的风度。比赛开始的时候，对立行礼；比赛结束后，不论输赢，彼此对饮一杯。即使是在争，也始终保持着人文的礼貌。但是事实上，人与人之间的"争"总是存在的，不可避免的，孔子对此的态度是以自我的谦让来维护和他人的和谐关系，他说："躬自厚而薄责于人，则远怨矣"②，就是责备别人要以宽厚存心，要求自己要严格检点。循着这个思路，儒家在人与人的关系上形成了"自卑而尊人"③的传统，对于协调人与人之间的关系具有积极的作用，但同时也有消极的影响：具体的个体不能在竞争中体现出自身的价值。孔子还强调在人与人的关系尽到自己的责任，并且还要为此经常反省。孔子的学生曾参就曾说过："吾日三省吾身：为人谋而不忠乎？与朋友交而不信乎？传不习乎？"④在孔子看来，具体个体的价值就体现在履行对他人的责任之中，这虽然具有遏制损人利己的极端个人主义的积极意义，但是同时也具有忽视个人合理权利的倾向。

孔子以"和为贵"作为伦理道德思想的普遍原则，想以此

---

① 《论语·八佾》。
② 《论语·卫灵公》。
③ 《礼记·曲礼上》。
④ 《论语·学而》。

实现自己心目中和谐社会的理想。孔子曾多次对春秋时期管仲的奢侈与越礼进行了批评，但是他仍然认为管仲是一个"仁者"。《论语·宪问》记载：

> 子路曰："桓公杀公子纠，召忽死之，管仲不死。"曰："未仁乎？"子曰："桓公九合诸侯，不以兵车，管仲之力也。如其仁！如其仁！"

这里子路提出来说管仲这个人的做法，恐怕不仁吧？孔子说，春秋时代开始的时候，齐桓公虽然是霸主，但是九次召集了诸侯开联合会议，从来没有用武力威胁人，固然霸业是权术，可是他权术的最高原则还是道德，使国家社会保持安定和谐的局面，这些都是管仲的力量。在那个动乱的时代，不动用一兵一卒，而使社会保持安定和谐的局面，在孔子看来这就已经是仁义之道了。孔子肯定了管仲对社会的贡献，否定了对其不自杀尽忠的指责，对"臣事君以忠"的道德原则作了灵活性的处理。

孔子认为人与自然是和谐相处的，他认为人是自然中的人，自然是与人的生命道德息息相通的自然，因此他十分注重从自然中寻找自然的乐趣与人格的和谐对应。孔子说："智者乐水，仁者乐山。知者动，仁者静。知者乐，仁者寿。"① 这句话，不但是说人们在山水之间获得的精神愉悦，而且也表示山的沉静和坚毅正是一个仁厚君子品德的象征，水的川流不息正是智者活泼多变的明证。孔子还认为松树象征着坚毅不屈的精神而对它大加赞扬："岁寒，然后知松柏之后凋也。"② 孔子之后，将山水人格化成为儒家表示自己人格理想的重要方式。据此，中国人为特定的

---

① 《论语·雍也》。
② 《论语·子罕》。

山水花鸟赋予了独特的道德属性。比如松、梅、竹，不畏严寒霜雪而被称为"岁寒三友"，而梅、兰、竹、菊因为其高雅的形态而被称为花草中的"四君子"。

《论语·先进》篇详细记载了孔子的学生侍坐在孔子旁边谈论自己的理想，这里面蕴涵了孔子"和为贵"的理想境界。孔子听了其他三位弟子的理想后，未置可否，而是转过头来问正在鼓瑟的曾点说：

"点，尔何如？"鼓瑟希，铿尔，舍瑟而作。对曰："异乎三子者之撰。"子曰："何伤乎？亦各言其志也。"曰："莫春者，春服既成，冠者五六人，童子六七人，浴乎沂，风乎舞雩，咏而归。"夫子喟然叹曰："吾与点也！"

曾点说，我只是想，当春天来了，换上春装，和成人五六人，十几岁的少年六七人，到沂水里去游泳，然后唱唱歌，跳跳舞，大家优哉游哉高兴地玩，尽兴之后，快快活活唱着歌回家去。这里曾点为我们描述了一幅和谐的理想画面：生活在安定和谐社会中、和睦地生活在一起的人们，气定神闲地享受着自然赐予的乐趣。这是一种完美的人生憧憬，也正是孔子心目中最高的理想，因此，孔子"喟然叹曰：吾与点也！"

孔子的中庸伦理思想是一套全面而系统的思想体系，孔子以后的历代儒者们继承并发展了中庸伦理思想，使之成为中华民族所特有的主要伦理思想。

二 《中庸》

（一）《中庸》释义

《中庸》是《礼记》中的一篇，被宋明理学家所推崇，并把它和《大学》从《礼记》中抽出,与《论语》、《孟子》并列,成为儒家"四书"之一,地位超过了"五经"。《中庸》作为儒家心性学派的代表作,在儒家思想史上具有重要地位。但是,《中庸》一书的作者究竟是谁?这是学术界长期以来所争论的焦点。关于成书问题的观点,大致可以归为三种。

第一种是传统的观点,认为《中庸》是子思所作。自司马迁说"子思作《中庸》"①以后,郑玄以及理学家程朱都认定是子思所作。这种观点在唐代之前,并没有异议。

第二种观点认为《中庸》晚出,不是子思所作。首先提出疑问的是宋人欧阳修:"子思,圣人之后也,所传宜得其真,而其说异乎圣人,……故予疑其传之谬也。"②以后,清人袁枚等人也因为《中庸》有"载华岳而不重"、"车同轨、书同文"等语而疑其为秦统一后乃至西汉时期的作品。清崔述更对《中庸》晚出说详加论证。他说:"《中庸》必非子思所作。盖子思以后,宗子思者之所为书,故托之于子思;或传之久而误以为子思也。"③其理由最重要的一条就是《中庸》一文中"在下位"以下十六句见于《孟子》,其文辞小异。如这十六句是子思传于孟子,那孟子必在文中点明"子思曰"的字样,一如引孔子言,必点明"孔子曰"一样。但孟子没有这么做,这说明《中庸》必非子思所作。冯友兰先生晚年也认为《中庸》非子思所作:"《中庸》所反映的社会情况,有些明显地是秦朝统一以后的景象。《中庸》所论命、性、诚、明等诸点,也都比孟轲所讲的更为详细,似乎是孟轲思想的发挥。《汉书·艺文志》于《诸子略》儒家著录《子思》23篇;又于《六艺略》礼类著录《中庸

---

① 《史记·孔子世家》。
② 《欧阳修文集·问进士策》。
③ 崔述:《洙泗考信录余录》。

说》2篇。可能《子思》中有《中庸》1篇,但《礼记》中的《中庸》显然是礼类的《中庸》说。"①

第三种观点认为《中庸》部分出于子思,部分出于后人。冯友兰(早年的主张)、徐复观二人虽然具体的结论不同,但都认为《中庸》部分出于子思,部分出于后人之手。②

郭店竹简和上博简问世以后,很多学者利用新出土文献,尤其是把郭店竹简中的《性自命出》篇和上博简的《从政》篇,与传世文献《孟子》、《中庸》相互对照,再次探讨《中庸》的成书问题。他们认为,《中庸》可以分为不同的篇章。郭沂认为《中庸》"除汉人杂入的文献外,有两部分组成。第一部分为原始《论语》的佚文,第二部分才是子思所作《中庸》。"③杨朝明认为"今本《中庸》实际应有四个部分。通过与上博竹书《从政》篇的对比,看出朱熹分章的第二章到第九章应为原始本的《中庸》;通过与《孔子家语·哀公问政》等的比较,看出"子路问强"和"哀公问政"原来分别为一个部分;今本第一章和"博学之"以下是一个部分,可能属于原来《子思子》的佚篇。"④尽管他们的看法有一些差异,但都认为《中庸》出自子思。许抗生通过对《性自命出》、《中庸》、《孟子》三者性命问题进行了探讨,认为"孔子之后,儒家在人性论上有两条发展路向,一条主张自然人性论,从《性自命出》、告子到荀子;一条主张社会伦理人性说,从《五行篇》到孟子。《中庸》则处于这两条人性论路向之间,它接受了《性自命出》以情释性说,

---

① 《中国哲学史新编》第三册,人民出版社2007年版,第113—114页。
② 以上部分内容参考了郭沂《〈中庸〉成书辨证》,《孔子研究》1995年第4期,第50—53页。
③ 《〈中庸〉成书辨证》,第59页。
④ 杨朝明:《〈中庸〉成书问题新探》,《河南科技大学学报》(社会科学版)2006年第5期,第5页。

同时,又把'中庸'和'诚'当做人性中的道德性来看待,因此又倾向于主张社会伦理人性说。子思思想并对孟子发生了很大的影响,最后受到了荀子的批评"①。

由此可见,新出土文献表明《中庸》代表了子思的思想,在中国思想史上,尤其是在儒家中庸思想发展史上,具有重要的承前启后,继往开来的性质,它上承孔子的中庸思想,下开本体心性中和论。

孔子虽然提出了中庸之道,但是对于中庸何以为德以及它的意义、实现的方法途径等问题并没有进行充分的论述。后来,深入阐发并丰富"中庸"思想,使之达到更高理论水平的,就是《中庸》。《中庸》一书的主旨,在于以儒家的伦理道德思想为核心,阐述中庸不仅为最高道德准则,而且是天地万物遵循的法则。

(二)性命与中道

《中庸》对孔子中庸思想继承、延伸和丰富,表现在论述"中庸"的性质、特点、功用以及"中庸"是"至德"的成因等方面,做了分析说明。

《中庸》在论述"中庸"之为"至德"的时候,把它的伦理思想前提集中表现在开宗明义的三个命题上:

> 天命之谓性,率性之谓道,修道之谓教。道也者,不可须臾离也,可离非道也。

这三个命题的意思是说,人性本源于天,率性而行就是道,不能

---

① 许抗生:《〈性自命出〉、〈中庸〉、〈孟子〉思想的比较研究》,《孔子研究》2002年第1期,第13页。

率性而行,则通过教化来使其修道。后来,孟子和荀子都继承了《中庸》的思想,但各有侧重。孟子主张人性本善,扩充善端自然合乎礼义;荀子主张人性本恶,必须"化性起伪"才能合乎礼义。其实扩充善端就是"率性","化性起伪"就是"修道"。在《中庸》这里,率性而行而与天道相合,但是有时仅仅率性还不够,还需要作一番"修道"的努力才能合乎天道。

其实,在郭店楚简中,已经涉及了"性"与"天"的关系,提出了"性自命出,命自天降"①的命题,意思是天地之间的万事万物都源于天,人及其性情也是天生的。《中庸》则在此基础上,将之发展成为"天命之为性"的命题,精辟地揭示了人性存在的内在根据。"天"以"命"的形式,与人的"性"相贯通,从而把人性提升到形而上的本体高度。天、性、道、教四范畴可以说是构成了整个儒家的思想体系的框架,其核心就是性,精练地概括了儒家的人生观,阐明了其道德理想、修养途径和哲学基础,并对儒学的发展有较大的影响,更加明确地以性的范畴作为天命与道德的中间环节,完成了二者之间的自然过渡。"这种心性本体化的内容便超越了孔子自行设定的罕言性命天道的学术边界和思想范围,为儒家中和哲学打开了一片心性天地。"②

(三) 致中和

在性命天道的基础上,《中庸》认为"中庸"的基本特征就是"中和",指出:

> 喜怒哀乐之未发,谓之中;发而皆中节,谓之和;中也者,天下之大本也;和也者,天下之达道也。致中和,天地

---

① 《郭店楚墓竹简》,文物出版社1998年版,第179页。
② 董根洪:《儒家中和哲学通论》,齐鲁书社2001年版,第177页。

位焉,万物育焉。

这段话,把"中"定义为"喜怒哀乐之未发"。"喜怒哀乐"是人感情上的四种表现,这四种表现都不是"中",都偏于某一方面,但是,当它们还没有表现出来的时候,无所偏倚,就叫做"中"。另一方面又认为"中"是天下之大本。郑玄解释说:"中之为大本者,以其含喜怒哀乐,礼之所由生,政教由此出也。"[1]这里,作者以人的感情状况与控制,来阐发对中庸的认识。"未发"之情是自然状态的"性",所以不偏不倚,无过而无不及,所以称之为中;而已发之情必须合乎法度,要符合"中和"之道。一旦达到"中和"的境界,就会产生"天地位焉,万物育焉"的效果。可见,以礼节性达于中和,就是"中庸"之德。

钟肇鹏先生认为,《中庸》中子路问强一章,可以作为"中庸之德"的注脚[2]。《中庸》以记述孔子言论的方式,来表明"中庸之德"的含义。

> 子路问强。子曰:"南方之强与?北方之强与?抑而强与?宽柔以教,不报无道,南方之强也,君子居之。衽金革,死而不厌,北方之强也,而强者居之。故君子和而不流,强哉矫!中立而不倚,强哉矫!国有道,不变塞焉,强哉矫!国无道,至死不变,强哉矫!"

南方人以宽容温和的态度待人,他人即使横暴无理,也不加以报复,这种性格过于软弱,是所谓的"不及",不合"中庸之德";北方人经常枕着刀枪,穿着铠甲睡觉,在战场上拼杀,死而无

---

[1] 《礼记正义》。
[2] 《孔子研究》1990年增订本。

悔，这样的性格过于刚暴，是所谓的"过"，也不合"中庸之德"。在南方人与北方人这两种性格之间，取其中，既不过于软弱，又不过于刚暴；注重人际关系的和谐，而又不无原则的迁就，做到"和而不流，中立而不倚"，这就是"中庸之德"。

《中庸》认为，只有圣人和君子才能"从容中道"，普通百姓往往偏离"中道"，不是失之太过，就是失之不及。《中庸》记孔子的话说：

> 子曰："道之不行也，我知之矣：知者过之，愚者不及也。道之不明也，我知之矣：贤者过之，不肖者不及也。"

愚与不肖往往不及于正道，而贤、知者虽然能追求德行，但往往由于不知度而失之太过。《中庸》认为，要有舜一样的大智慧，才能真正把握"中道"。

> 子曰："舜其大知也与！舜好问而好察迩言，隐恶而扬善，执其两端，用其中于民，其斯以为舜乎！"

这里所说的"执其两端，用其中"，就是所谓中庸之道的思维方法。中道就是中庸之道。

《中庸》主张时中，强调"权变"。《中庸》记载：

> 仲尼曰："君子中庸，小人反中庸，君子之中庸也，君子而时中；小人之中庸也，小人而无忌惮也。"

君子和小人的不同就在于君子动而时中，小人则肆无忌惮地放纵自己的情欲，动而不时中。君子小人的区别就在于行为能否符合客观外在的准则。时中体现的正是中庸的灵活具体的世间用中要求。

中庸讲求灵活变通性,但这种时中的灵活变通性是有内在原则的,"随时变易以从道"。如果不是"从道"出发"随时变易",无原则地任意运用灵活性,那就会肆无忌惮,胡作非为。

《中庸》认为"中庸之德"是不容易形成,甚至是不容易做到的,"天下国家可均也,爵禄可辞也,白刃可蹈也,中庸不可能也","虽圣人亦有所不知焉","有所不能焉"。这说明"中庸"的境界是一种最高的境界,是孔子关于"中庸"之为"至德"、"鲜久"的进一步论证。但是,另一方面,《中庸》又认为"中庸之道"虽然难以形成和做到,却并不是高不可攀,无法施行的。《中庸》说:"道不远人。人之为道而远人,不可以为道。"因此,《中庸》认为要成为一个具有"中庸之德"的君子,并不是要离开日常生活,而是要求人们从现实的人伦关系出发,从夫妇、家族开始,从眼前当下做起,然后逐步扩展开去。"君子之道,譬如行远,必自迩;譬如登高,必自卑。"在一般人的庸常生活中,同样可以构筑其精神世界。

(四)"诚"与中庸

《中庸》认为中和是性,中和是道,但是为了达到"中庸"的境界,首先要做到"诚"。"诚"是连接天人之际的道德范畴。《中庸》指出:

> 诚者,天之道也;诚之者,人之道也。诚者不勉而中,不思而得,从容中道,圣人也。诚之者,择善而固执之者也。

"诚"是天道之本然,也就是天道本来的状态;而"诚之"则是人道之当然,也就是人道应当效法天道的本来状态。由此可见,

《中庸》的诚分为天道之诚和人道之诚。

首先,"诚"是天道,是"天之体"和"天之用"的统一。《中庸》明确提出:"天地之道,可一言而尽也。其为物不贰,则其生物不测。"所谓"不贰",即始终如一,也就是"诚";"天之道"即诚者,并不像朱熹所说的"天理之本然",是一种本体,而是天之"用",是天地之道运动变化的属性,或者说是一种与天地同存的属性。所以《中庸》说:

> 故至诚无息,不息则久,久则征,征则悠远,悠远则博厚,博厚则高明。博厚,所以载物也;高明,所以覆物也;悠久,所以成物也。

《中庸》还说:

> 不见而章,不动而变,无为而成。

尽管自然界一切事物是不断变化的,但变化之道是有常的,这个"常"就是诚,诚就成为天道运动变化的属性,从这个意义上说,诚是天之"用"。

同时,《中庸》认为,诚又是天之"体"。中庸说:

> 诚者自成也,而道自道也。诚者物之终始,不诚无物。是故君子诚之为贵。诚者非自成己而已也,所以成物也。

这里,诚又成为宇宙万物的本质,万物是诚的流行发现。诚在成己的过程中,自然及于物,诚是万物的本原,宇宙之体,在这个意义上说,诚又是天之"体"。朱熹以理言诚,把诚视为宇宙本体,就是源于此。因此,《中庸》言诚,既把它当做天之"体",

又把它视为天之"用",是两者的统一。

其次,《中庸》认为诚是人的道德品质和道德境界,是沟通天人,连接物我的桥梁。《中庸》探讨天道之诚,其目的就是为了为人伦物理找到本体论上的依据,使人道合于天道。所谓"诚之者人之道也",诚之者,就是诚于自己,诚于自己的人性,也就是努力求诚,以合于天道。这就是"人之道"。《中庸》认为,这是一个"择善而固之"的过程。《中庸》认为,"诚"与"明"相对而言,可互为因果,所以有"自诚明"和"自明诚"的说法:

> 自诚明,谓之性。自明诚,谓之教。诚则明矣,明则诚矣。

"自诚明"这种类型指的是圣人。圣人先天具有诚这种道德品质,率性而行自然就能明德。"自明诚"这种类型是对常人而言的,需要通过修道的功夫才能具有诚这种品德。这二者同时又是可以统一的,即"诚则明矣,明则诚矣"。在这样的前提下,《中庸》又强调,无论是圣人还是常人,都可以体认和把握中庸之道:

> 诚者不勉而中,不思而得,从容中道,圣人也。诚之者,择善而固执之者也。

诚就是对善的执著,因而,人的道德修养的实现不应该到人身以外去寻求,而只能通过人自身的修养来达到。《中庸》认为,通过坚持不懈的努力,就是生来愚笨柔弱之人也能够做到"虽愚必明","虽柔必强":

> 博学之,审问之,慎思之,明辨之,笃行之。有弗学,学之弗能弗措也;有弗问,问之弗知弗措也;有弗思,思之弗得弗措也;有弗辨,辨之弗明弗措也;有弗行,行之弗笃弗措也。人一能之己百之,人十能之己千之。果能此道矣。虽愚必明,虽柔必强。

即要广博地学习,详尽地询问,细心地思考,清楚地辨别,踏实地实行。除此之外,还要有坚强的意志,锲而不舍的精神。这里将知识学问与道德修养统一在一个完整的过程中,具体地突出了人为修养的主动性。显然,《中庸》的学问思辨行的修养功夫在本质上还是非心性化的,体现了《中庸》承上启下的学术性质。

《中庸》以诚为枢纽,把天道和人道贯通起来。《中庸》说:"性之德也,合外内之道也",这才是诚的本质所在。所谓"性之德也",就是说诚是人类所固有的道德品性。《中庸》说:

> 天下之达道五,所以行之者三。曰:君臣也,父子也,夫妇也,昆弟也,朋友之交也,五者天下之达道也。知,仁,勇,三者天下之达德也,所以行之者一也。

根据朱熹《中庸章句集注》注"行者一也"的"一"字,就是"诚",诚的内容就是天下之达德,是人的内在道德规范。不仅如此,诚又可以"合内外之道",进入天人合一的境界。《中庸》说:

> 唯天下至诚,为能尽其性;能尽其性,则能尽人之性;能尽人之性,则能尽物之性;能尽物之性,则可以赞天地之化育;可以赞天地之化育,则可以与天地参矣。

按照《中庸》的逻辑，人物之性都是"天"所命，同出一源，所以能尽自己性的人，也能"尽人之性"，"尽物之性"。至诚的人，既无内外之分，人己之分，就达到"万物一体"的境界，所以他能"赞天地之化育"而"与天地参"。

再次，《中庸》把诚看做是修养的途径和功夫。《中庸》认为，无论是天道之诚，人道之诚还是"人与天地参"的天人合一境界的诚，都必须通过具体的修养途径才能实现，都要经历一番修养的功夫才能达到。

《中庸》论修道，以"慎独"为先。《中庸》说：

> 道也者，不可须臾离也，可离非道也。是故君子戒慎乎其所不睹，恐惧乎其所不闻。莫见乎隐，莫显乎微，故君子慎其独也。

这段话的意思就是，一个人的道德情感和道德信念，应当随时随地，深藏于心，不能片刻离开，特别是在闲居独处而无他人觉察时，更应该警惕谨慎，使自己的一言一行符合道德的规范。因为，再隐蔽的东西没有不被发现的，再细微的事物没有不显露出来的，所以君子要"慎其独"。

不过，"慎其独"作为一种修养方法，又要借助于理性进行自我反省，所以《中庸》又说：

> 君子内省不疚，无恶于志。君子所不可及者，其唯人之所不见乎！《诗》云："相在尔室，尚不愧于屋漏。"故君子不动而敬，不言而信。

所谓"内省"或"自反"，意思为内心的自我省察。这段话的意思是，君子独居的时候，反躬自省，不会内疚，也无愧于心，这是因为，君子在人看不到听不到的时候，常存敬信之心，谨守道德之规。可见，《中庸》的"内省"是以一种外在的道德原则和规范作为自我省察的标准。而"慎独"则要依靠在实践中所形成的内心信念来支配自己的行动，这既是一种修养方法，又是一种道德境界。总之，"慎独"和"内省"的功夫，都是注重严格自律，强调道德行为的自觉性。

《中庸》"慎独"和"内省"的道德是什么？《中庸》说：

> 君臣也，父子也，夫妇也，昆弟也，朋友之交也，五者天下之达道也。

所谓达道，具体来说，就是君臣、父子、夫妇、昆弟、朋友五种伦理关系。《中庸》指出：

> 在下位不获乎上，民不可得而治矣。获乎上有道，不信乎朋友，不获乎上矣；信乎朋友有道，不顺乎亲，不信乎朋友矣；顺乎亲有道，反诸身不诚，不顺乎亲矣。

必诚身而后亲可顺，必顺亲而后友可信，必信乎友而后获乎上，必获乎上而后民可治。这里，"诚"是关键和基础。如果不能诚身，外有事亲之表，内无爱亲之实，在"慎独"和"内省"的时候怎么能做到不内疚而无愧于心呢？

在五达道之后，《中庸》还提出了三达德：

> 知，仁，勇，三者天下之达德也，所以行之者一也。

所谓达德，就是通行于天下古今的美德。而如前所述，达德的实行也落实在"诚"上。《中庸》又说："或安而行之，或利而行之，或勉强而行之，及其成功，一也。"仁者出于仁心，能心安理得地行道而无所企求；智者虽然不及仁者自然行道的气象，但也能为求利避害而行道；勇者能勉励自强而行道。三者的境界虽然不同，但坚持下去，最后都会取得成功。《中庸》进而指出：

> 好学近乎知，力行近乎仁，知耻近乎勇。知斯三者，则知所以修身；知所以修身，则知所以治人；知所以治人，则知所以治天下国家矣。

好学虽不是知，但是可以"明理"、"破愚"，所以"近乎知"；力行虽不是仁，但可以"进道"、"忘私"，所以"近乎仁"；知耻虽不是勇，但是可以"立志"、"起懦"，所以"近乎勇"。

这里，修身又有了外在的力行，道德修养由人的内心转到外在的行为。

由三达德、五达道以及由此推演出来的具有文化形式的礼，把儒家伦理道德中的仁、义、知、勇、孝、悌、忠、信、恭、敬、礼、让等一系列范畴都基本包括在内了。而儒家的伦理道德观又是同政治观密切相关的，政治原则也就是伦理道德准则在政治上的运用。如《中庸》所说："为政在人，取人以身，修身以道，修道以仁"，"知所以修身则知所以治人，知所以治人则知所以治天下国家矣"，这与大学所说的"身修而后家齐，家齐而后国治，国治而后天下平"可以说是如出一辙。《中庸》认为，治国之道在于实行"九经"：

> 凡为天下国家有九经，曰：修身也，尊贤也，亲亲也，敬大臣也，体群臣也，子庶民也，来百工也，柔远人也，怀诸侯也。……凡为天下国家有九经，所以行之者一也。

可见，"九经"就是治国的九条纲领。修身是"九经"之始，所以修身是九经的基础。《中庸》认为："修身则道立，尊贤则不惑，亲亲则诸父昆弟不怨。"由此可见，在《中庸》中，政治与道德密切联系，伦理道德与政治制度相互叠合。

除了"慎独"和"内省"以外，《中庸》还提出"尊德性而道问学"，就是君之既要尊崇天赋的道德本性，又要通过学习，发扬先天的道德意识。这就是"诚"的天之道和"诚之"的人之道在道德修养上面的表现。《中庸》说：

> 或生而知之，或学而知之，或困而知之，及其知之，一也。或安而行之，或利而行之，或勉强而行之，及其成功，一也。

《中庸》从知行两方面，把人分为上中下三等，生知安行属于圣人；学知利行属于贤人；困知勉行属于一般人。这三种人，就其人性的本质来说都源于天命，因而是共同的，但是由于气禀不同，在修养方法上都各有差异，只要自强不息，都可以成为道德高尚的人。

到此为止，儒家全套伦理道德和政治的基本原则就被《中庸》周密地纳入到它以"诚"为起点和终点的思想体系中去了。《中庸》关于诚的思想为道德修养提供了一个强有力的武器，使诚成了先秦儒学道德修养思想中的关键范畴，它承前启后，在中国思想史上产生了深远的影响。

《中庸》虽然指出天道与人道的区别与联系，以"诚"为本为体，以物为末为用，希望通过对天道"诚"的追求，达到"赞天地之化育"，"与天地参"天人合一的最高境界，但是就人道如何来实现天道，如何达到"至诚"，亦即所谓"天功人其代之"，并没有明确说明，这方面的努力，主要是由孟子来完成的。

三 孟子的中庸观

孟子（前385—前304年），名轲，字子舆、子车、子居，鲁国邹（今山东邹城）人。孟子是中国古代著名的思想家，战国时期儒家的代表人物。孟子继承并发扬了孔子的思想，成为仅次于孔子的一代儒家宗师，有"亚圣"之称，与孔子并称为"孔孟"。

孟子所处的战国中期，在全国范围内出现了建立统一的中央集权制的历史趋势，一些诸侯大国雄心勃勃，都想一统中国而王天下。在这种形势下，"天下方务于合纵连横，以攻伐为贤"[1]，但是，孟子却以弘扬中道为己任。孟子虽然没有明确提出中庸的概念，但是，中庸思想贯穿于孟子的全部学说之中。孟子对孔子提出的中庸思想，做了进一步的发挥，并加以灵活运用。

（一）中道

孟子首先提出中道的思想。他提出"中道而立，能者从之"[2]。孟子的"中道"思想自然是秉承孔子"中庸之为至德"的思想而来，他把"中道"看做一个纯粹的道德范畴。孟子说：

> 孔子"不得中道而与之，必也狂狷乎？狂者进取，狷者有所不为也"。孔子岂不欲中道哉？不可必得，故思其次也。[3]

---

[1] 《史记·孟轲荀卿列传》。
[2] 《孟子·尽心上》。
[3] 《孟子·尽心下》。

孟子认为，孔子说不得中道之人，而取狂狷，是退而取其次。由此可知，孟子把"中道"看做道德的最高层次。孟子的中道思想是以仁义为核心，以性善论为基础的。

孟子发展了孔子"仁"的思想。孔子贵"仁"，强调"仁"、"礼"的统一。孟子继承了孔子"仁"的思想，但是他不强调"礼"，而是突出了"义"，"仁"、"义"并举。

孟子首先用"亲亲"、"敬长"来解释"仁"和"义"：

> 亲亲，仁也；敬长，义也。①

"亲亲"就是爱亲、尊亲、事亲。显然，孟子关于"仁"的这一规定，具有明显的宗法特征，成为处理亲属关系的一个普遍的道德规范。"义"就是"敬长"，是处理长幼关系的道德原则。

孟子像孔子一样，把"仁"由"爱亲"而推衍为"爱人"的普遍伦理原则，他也说"仁者爱人"。而把"义"推衍为区分行为当与不当、善与恶。他说："人皆有所不为，达于其所为，义也。"也就是说，知道自己不应当做的事情，去做自己应当做的事情，就是"义"。

在孟子那里，"仁"与"义"是相统一的。孟子说：

> 仁，人之安宅也；义，人之正路也。旷安宅而弗居，舍正路而不由，哀哉！②

孟子又说：

---

① 《孟子·尽心上》。
② 《孟子·离娄上》。

>仁，人心也；义，人路也。舍其路而弗由，放其心而不知求，哀哉！①

"仁义"并举，是对孔子"仁"的重要发展。孔子说"唯仁者能爱人，能恶人"，孟子更进一步指出，仁者爱人的原则就是"义"，由"义"来规范"仁"的界限，也就是所谓的"居仁由义"，达到了"仁"与"义"的统一。

在此基础上，孟子提出了自己的道德基础——性善论。"性善是孟子伦理思想体系中不言自明的'第一公设'，亦即孟子伦理思想的逻辑起点"②。孟子第一个提出了系统的"性善论"，"孟子道性善，言必称尧舜"③。孟子是中国历史上第一个比较系统地研究人性问题的人，并在中国哲学—伦理学上产生了巨大影响。

《孟子·告子上》记载告子主张"生之谓性"，又说："食色，性也。"认为人性就是人的自然本性。孟子反驳说："然则犬之性犹牛之性，牛之性犹人之性与？"指出告子的说法抹杀了人与动物的本质区别。孟子认为人性与动物性的区别就在于人的道德性，"无恻隐之心，非人也；无羞恶之心，非人也；无辞让之心，非人也；无是非之心，非人也"④，这"四心"是人心所固有的，是人与"非人"的区别所在。

孟子的"心"是接着《中庸》的"诚"而来的。这可从"诚者天之道，思诚者人之道也。至诚而不动者，未之有也"⑤中得到一些线索，这些表述表明在连接天道人道方面，两者在以

---

① 《孟子·告子上》。
② 王钧林：《门外说儒》，齐鲁书社2002年版，第106—107页。
③ 《孟子·滕文公上》。
④ 《孟子·公孙丑上》。
⑤ 《孟子·离娄上》。

"诚"作为天道、思诚作为人道这一认识上是一致的。不过这样的表述在《孟子》一书中非常罕见,这可能代表了孟子的早期思想认识。《中庸》还只是"思诚",《孟子》一书中更多的是就"心"上而言,如"万物皆备于我,反身而诚"①。"尽其心者,知其性也;知其性,则知天矣。存其心,养其性,所以事天也。"② 等等。显然,孟子的这些表述,深化了对于作为天道的"诚"、作为人道的"思诚"的合理认识。孟子明确把《中庸》里面代表天道的"诚"进一步内化于主体的"心",从"心"上言,"诚"非外在,"心"本有之。"诚"与"心",两者实际上是一而二、二而一的。由此,《中庸》"诚"所具有天道意义被孟子赋予了内在于主体的"心","心"同时也具有作为天道本体的意味。

孟子首先将天道本体的"心",体现为"仁义礼智"四端。孟子说:

> 恻隐之心,仁之端也;羞恶之心,义之端也;辞让之心,礼之端也;是非之心,智之端也。人之有是四端也,犹其有四体也。……凡有四端于我者,知皆扩而充之矣,若火之始然,泉之始达。苟能充之,足以保四海;苟不充之,不足以事父母。③

"端"就是发端,开始的意思。这就是说人性"四心"扩而充之,就可以成为仁义礼智四德。"四心"与"四德"是与生俱来的,"仁义礼智"根于心。他说:

---

① 《孟子·尽心上》。
② 同上。
③ 《孟子·公孙丑上》。

> 君子所性，虽大行不加焉，虽穷居不损焉，分定故也。君子所性，仁、义、礼、智根于心，其生色也睟然，见于面，盎于背，施于四体，四体不言而喻。①

仁、义、礼、智这些伦理道德是与生俱来的，是本性，纵使君子得意时也不会有所增加，穷困时也不会因此而减少。由于仁、义、礼、智是君子的本性，根植在他心中，所以他表现出来的神色是纯和温润，不必言语，也会使人一目了然。这些天赋的、人们心中所固有的道德，孟子又把它们称为"良知"、"良能"，他说：

> 人之所不学而能者，其良能也；所不虑而知者，其良知也。孩提之童无不知爱其亲者，及其长也，无不知敬其兄也；亲亲，仁也；敬长，义也。无它，达之天下也。②

在孟子看来，人人都具有不虑而知、不学而能的良知良能，这是人的天赋本能，而非后天强加于人的，是人类道德的本源。

孟子认为人性本善，但是他并不否认在现实中人也有不善的一面。然而孟子认为人之不善，不是因为人性，而是因为环境的侵染和主观不努力，从而丧失其本心所造成。孟子曰：

> 牛山之木尝美矣。以其郊於大国也，斧斤伐之，可以为美乎？是其日夜之所息，雨露之所润，非无萌蘖之生焉，牛羊又从而牧之，是以若彼濯濯也。人见其濯濯也，以为未尝有材焉，此岂山之性也哉。虽存乎人者，岂无仁义之心哉？其所以放其良心者，亦犹斧斤之于木也，旦旦而伐之，可以

---

① 《孟子·尽心上》。
② 同上。

为美乎?①

牛山上的树木,本来是茂盛而美丽的,只是由于不断地遭到砍伐和放牧牛羊,才变成了光秃秃的荒山,这不能说山的本性是不能生长树木的。所以,同样的道理,人也会由于外力的作用,有时也会有不善的行为。孟子说:

富岁,子弟多赖;凶岁,子弟多暴。非天之降才尔殊也,其所以陷溺其心者然也。②

收成好的时候,少年子弟多半懒惰;灾年,少年子弟多半强暴,这并不是天生的本性不同,而是由于环境的影响。这里,孟子强调环境对于人道德意识的后天影响,在他看来,人之本善与人不为善二者之间并不矛盾。

在孟子看来人可以失其本心,但另一方面,失掉的本心是可以通过人的主观努力而得到的。孟子说:"求则得之,舍则失之,是求有益于得也,求在我者也。"③ 这里,"求在我者","使孟子在道德选择问题上并没有因为道德(善)先验论而走向宿命论,恰恰相反,而是肯定了道德实践上的主观能动性,从而为他的道德修养论提供了前提条件"④。

在孔子"修己"思想的基础上,孟子在道德修养的过程中,更强调"心性"的修养。孟子说:

---

① 《孟子·告子上》。
② 同上。
③ 《孟子·尽心上》。
④ 朱贻庭主编:《中国传统伦理思想史》,华东师范大学出版社2004年版,第104页。

> 尽其心者，知其性也。知其性，则知天矣。存其心，养其性，所以事天也。夭寿不贰，修身以俟之，所以立命也。①

孟子认为，尽心、知性也就知天了，从而在道德意识中达到了"天人合一"的境界。能够达到这种"天人合一"境界的人，就是孟子心目中大中至正"大丈夫"的人格典范。

何谓"大丈夫"？战国时期，各国养士之风大盛，统治者礼贤下士，才能笼络和任用作为知识分子的士；而作为知识分子的士，与王公贵族没有人身依附关系，因而不畏权势，而可以自命清高。孟子正是在这种背景下，提出"大丈夫"精神的，"与孔子的温和的保守主义形成对照"②。孟子说：

> 居天下之广居，立天下之正位，行天下之大道，得志与民由之，不得志独行其道。富贵不能淫，贫贱不能移，威武不能屈，此之谓大丈夫。③

孟子认为，大丈夫应当居仁由义，富贵、贫贱、威武这些外部条件，都不能使其改变其气节。

孟子认为，要达到大中至正大丈夫精神，就必须"养气"，即"浩然之气"。孟子说："我善养吾浩然之气。"④ 如何养"浩然之气"呢？孟子进一步解释说：

---

① 《孟子·尽心上》。
② [韩]黄秉泰《儒学与现代化——中韩日儒学比较研究》，社会科学文献出版社1995年版，第48页。
③ 《孟子·滕文公下》。
④ 《孟子·公孙丑上》。

>其为气也，至大至刚，以直养而无害，则塞于天地之间。其为气也，配义与道。无是馁也。是集义所生者，非义袭而取之也。行有不慊于心，则馁矣。①

孟子"养浩然之气"是对"道"与"义"的正确把握，没有道义，则没有"浩然之气"。因此，孟子强调刚强的气节：

>一箪食，一豆羹，得之则生，弗得则死，呼尔而与之，行道之人弗受；蹴尔而与之，乞人不屑。

表现了大丈夫决不能委曲求全的精神。当孟子的弟子陈代劝说他迎合诸侯，以便实现自己的抱负："不见诸侯，宜若小然；今一见之，大则以王，小则以霸。且《志》曰'枉尺而直寻'，宜若可为也。"孟子回答说：

>志士不忘在沟壑，勇士不忘丧其元。孔子奚取焉？取非其招不往也。如不待其招而往，何哉？且夫枉尺而直寻者，以利言也。如以利，则枉寻直尺而利，亦可为与？②

孟子认为"枉尺而直寻"对大丈夫来说是一种耻辱，而且孟子认为"枉己者，未有能直人者也"③，所以，大丈夫在任何情况下都必须坚持自己的气节，不能做任何违背仁义的事情，必要的时候，甚至可以"舍生取义"，他说：

---

① 《孟子·公孙丑上》。
② 《孟子·滕文公下》。
③ 同上。

> 生亦我所欲也，义亦我所欲也；二者不可得兼，舍生而取义者也。①

在孔子"杀身成仁"的基础上，孟子提倡"舍生取义"，把道德修养提到一个至高的境界。

孟子的大丈夫精神，凸显了自我意识和人格平等。在孟子看来，"大丈夫"不崇拜权威，他一方面强调"圣人，人伦之至也"，另一方面又认为"圣人""与我同类"，"舜，人也；我，亦人也"，并得出"人皆可以为尧舜"的结论。"我"就是"大丈夫"，和尧舜同位。所以，孟子具有"如欲平治天下，当今之世，舍我其谁。""万物皆备于我"的自信心和"以斯道觉斯民"的社会责任感，体现了"大丈夫"的人格力量。孟子在对待君主的态度上，与孔子有很大的不同。"大丈夫"的精神，能使他超越权势，超越富贵，达到精神上的自由境界。孟子说："说大人，则藐之，勿视其巍巍然。"并且认为君臣之间在人格和精神上应该是平等的："君之视臣如手足，则臣视君如腹心；君之视臣如犬马，则臣视君如国人；君之视臣如土芥，则臣视君如寇仇"，"民为贵，社稷次之，君为轻"，从而使自己的人格精神在权势富贵面前坚不可摧。孟子的大中至正大丈夫精神奠定了中国知识分子的理想原型。

（二）执中有权

孟子在孔子"权变"思想的基础上，提出"执中有权"说。他在《孟子·尽心上》中说：

> 杨子取为我，拔一毛而利天下，不为也。墨子兼爱，摩

---

① 《孟子·告子上》。

顶放踵利天下，为之。子莫执中，执中为近之。执中无权，犹执一也。所恶执一者，为其贼道也，举一而废百也。

在孟子看来，无论是杨朱的为我还是墨子的兼爱，都走上了极端。子莫执中，不同于杨墨，不走极端。但"执中"仅仅是近于"道"。孟子在这里有一个十分精彩的论述："执中无权，犹执一也。"中道不是既定的，要根据具体的情况和环境做调整，这就是"权"，死守中道，而不知应时，就是"执一"。"执一"即缺乏从权达变的灵活性，就会"贼道"，对道的推行构成严重的损害，终不能将道进行到底，进而还会危害道德本质。由此我们看到，孟子对于"执中无权"的抨击，是深刻而尖锐的。孟子认为孔子是权变的典范，"可以仕则仕，可以止则止，可以久则久，可以速则速"，是"圣之时者也"[①]。

孟子非常重视"时"的思想。孟子认为时机是决定事情成功与否的关键，有利的时机就能使事情事半功倍。孟子在分析齐国能够推行"仁政"的原因时说：

齐人有言曰："虽有智慧，不如乘势；虽有镃基，不如待时。"今时则易然也：夏后、殷、周之盛，地未有过千里者也，而齐有其地矣，鸡鸣狗吠相闻，而达乎四境，而齐有其民矣。地不改辟矣，民不改聚矣，行仁政而王，莫之能御也。且王者之不作，未有疏于此时者也；民之憔悴于虐政，未有甚于此时者也。饥者易为食，渴者易为饮。孔子曰："德之流行，速于置邮而传命。"当今之时，万乘之国行仁政，民之悦之，犹解倒悬也。故事半古之人，功必倍之，惟

[①] 《孟子·公孙丑上》。

此时为然。①

孟子认为齐国之所以能够顺利推行仁政，除了国土的优势之外，还出现了极为有利的形势，那就是人民厌恶兼并战争，希望过安定的生活，这时实行仁政，兴仁义之师解民于倒悬，就会比古人收到事半功倍的效果。这里，孟子关于"乘势"和"待时"的思想具有时势造英雄的意义。

孟子还强调要相时而动，也就是要注重对时机的把握。孟子认为，环境、时机、情况的不同，采取的政策、方法和手段也应该有所不同。孟子虽然没有提出"具体情况具体分析"这样具有高度概括性的理论，但是他提出了与此类似的观点："此一时也，彼一时也。"②

孟子"执中有权"的思想，贯穿于孟子的整个思想体系。

孟子在人性善的基础上，认为每个人都具有良知良能，所以从自己的本心出发就不会有错。《孟子》记载：

>淳于髡曰："男女授受不亲，礼与？"孟子曰："礼也。"曰："嫂溺，则援之以手乎？"曰："嫂溺不援，是豺狼也。男女授受不亲，礼也。嫂溺援之以手者，权也。"③

男女授受不亲是礼的规定，但当嫂子不小心掉到井里的时候，就不能固守这个规定而见死不救，否则，就是豺狼行径了。这种权变表面上不合礼的规定，实则是由人的恻隐之心所必然生发出来的，当他人的生命受到威胁时，当下就会显现出恻隐之心，这种

---

① 《孟子·公孙丑上》。
② 同上。
③ 《孟子·离娄上》。

至纯的情感使得人们不惜违反一些规范作出权变,这也正是仁心之所在。它是特殊情况下的特殊处理,从根本上体现了"仁"——儒学最高的道德原则,因而这种"不符合"并没有背离道德的最高原则,损害道德的本质。因此,在特定情况下,越礼行权才会使仁心呈现出来。

孟子认为婚姻大事应当有父母之命、媒妁之言,否则就是不符合礼的规定,是不道德的。孟子曰:

> 丈夫生而愿为之有室,女子生而愿为之有家;父母之心,人皆有之。不待父母之命、媒妁之言,钻穴隙相窥,踰墙相从,则父母国人皆贱之。①

但是,当万章问舜"不告而娶"的时候,孟子又认为舜的行为是没有错误的。他说:

> 告则不得娶。男女居室,人之大伦也。如告,则废人之大伦以怼父母,是以不告也。②

孟子认为舜之所以"不告而娶"是为了至孝,他说:"不孝有三,无后为大。舜不告而娶,为无后也,君子以为犹告也。"③

孟子极力主张君子必须讲诚信,他说:"君子不亮,恶执乎?"④ 亮,指一般的诚信。这句话的意思是说,君子不讲诚信,如何能有操守?但是,他又认为在"义"的前提下,一般的诚信可以不必遵守。他说:"大人者,言不必信,行不必果,惟义

---

① 《孟子·滕文公下》。
② 《孟子·万章上》。
③ 《孟子·离娄上》。
④ 《孟子·告子下》。

所在。"①

前面我们提到,孟子主张"舍生取义",但是他又说在可以死,可以不死的情况下,应当选择不死。孟子曰:

可以取,可以无取,取伤廉。可以与,可以无与,与伤惠。可以死,可以无死,死伤勇。②

可见,孟子对死亡采取了截然相反的态度,一方面是"舍生取义",一方面是"死伤勇"。二者表面上看似矛盾,其实孟子把二者统一于"义",体现了孟子"执中用权"的思想。在孟子看来,当面临的事情,使得"所欲"之义比生命还要重要,那么就要从容就义,决不苟且偷生。但是,当面临的事情,没有必要"舍生取义"的时候,那么就要保全性命,如果再"舍生",就是"伤勇",与义无益。孟子举了一个例子,可以明确地说明这一点。

曾子居武城,有越寇。或曰:"寇至,盍去诸?"曰:"无寓人于我室,毁伤其薪木。"寇退,则曰:"修我墙屋,我将反。"寇退,曾子反。左右曰:"待先生如此其忠且敬也。寇至则先去以为民望;寇退则反,殆于不可。"沈犹行曰:"是非汝所知也。昔沈犹有负刍之祸,从先生者七十人,未有与焉。"

子思居于卫,有齐寇。或曰:"寇至,盍去诸?"子思曰:"如伋去,君谁与守?"

孟子曰:"曾子、子思同道。曾子,师也,父兄也;子

---

① 《孟子·离娄下》。
② 同上。

思，臣也，微也。曾子、子思易地则皆然。"①

这里，孟子认为曾子的"避寇去城"与子思的"与君共守"都是正当的做法，因为曾子与子思所处的地位不同，所担当的责任也不同。曾子在武城是老师，是父兄，所以不必担当守城的责任；而子思在卫国是臣子，所以"与君共守"是他"义所当为"之事，在这种情况下，子思明知可能要死也要留下来。由此可见，相同的事情，不同的情景，有着不同的行为，在孟子看来都是合理的，都不妨碍做这些事情的人成为圣贤。这就是孟子的"执中有权"的思想。

（三）天时、地利、人和

儒家中庸思想的最终目的就是"和"，它的立足点就是人际关系的和谐，目标是社会的稳定与和谐。孟子在孔子"和为贵"思想的基础上，更加突出了"人和"在人际关系和社会秩序和谐中的重要作用，他说："天时不如地利，地利不如人和。"②

1. 仁政思想

为了实现"人和"，孟子进一步发展了孔子"仁"的思想，提出"仁政"学说。

在孔子的时候，就提出了"先王之道"这一范畴，但这时的先王，也还只是一些空泛的赞美，而没有实质性的内容。而到了孟子，先王之道有了进一步的发展，孟子"言必称尧舜"。孟子认为，他那个时代的政治必须效法先王，才能真正地平治天下。他说：

---

① 《孟子·离娄下》。
② 《孟子·公孙丑下》。

先王有不忍人之心，斯有不忍人之政矣。以不忍人之心，行不忍人之政，治天下可运之掌上。①

"不忍人之心"也就是"仁心"，"不忍人之政"也就是"仁政"，不忍人之心与不忍人之政搭配，才是仁政的完美诉求。因此，孟子主张"法先王"，实行"仁政"。

孟子把仁义等道德原则作为制定政策的根据，他说："亲亲，人也；敬长，义也；无他，达之天下也。"② 亲亲，是仁的首要内容，但仁又不以亲亲为限。"仁政"，就是把仁所包含的亲亲原则推广并运用到政治之中。孟子说：

老吾老，以及人之老；幼吾幼，以及人之幼。天下可运于掌。《诗》云，"刑于寡妻，至于兄弟，以御于家邦。"言举斯心加诸彼而已。故推恩足以保四海，不推恩无以保妻子。古之人所以大过人者，无他焉，善推其所为而已矣。③

实行仁政就是把扶老爱幼的道德原则，由近及远地推广到全体社会成员的身上，这也是推恩百姓的过程。

孟子的仁政学说，就是在经济上保证人们生活、生产的相对稳定。孟子认为首先应该满足人们生存所必需的衣食住行等最基本的问题，提出"制民之产"的思想。孟子说：

无恒产而有恒心者，惟士为能。若民，则无恒产，因无恒心。苟无恒心，放辟邪侈，无不为已。及陷於罪，然后从

---

① 《孟子·公孙丑上》。
② 《孟子·尽心上》。
③ 《孟子·梁惠王上》。

而刑之,是罔民也。焉有仁人在位罔民而可为也?是故明君制民之产,必使仰足以事父母,俯足以畜妻子,乐岁终身饱,凶年免于死亡;然后驱而之善,故民之从之也轻。①

孟子认为,无恒产就无恒心,所以统治者所需要解决的一个重要问题,就是人民的生计问题,如果这个问题不能解决,就会迫使人民铤而走险,那就是"罔民",就是陷人民于不义,就是不仁。如果这个问题解决好了,就可以引导人民"从善"和"为仁"。可见,孟子把物质条件与道德教化有机结合起来,是对孔子"富而后教"思想的重要发展。孟子还为小农经济绘制了一幅美好动人的蓝图:使百姓有五亩之宅,百亩之田,不违农时地进行耕种。

五亩之宅,树之以桑,五十者可以衣帛矣。鸡豚狗彘之畜,无失其时,七十者可以食肉矣。百亩之田,勿夺其时,八口之家可以无饥矣②。

这样,就可以使黎民不饥不寒,养生丧死无憾,此为王道之始。一个开明的君主能做到这一点,他的天下怎么会不稳定呢?

孟子还提出要"取民有制"的思想。在孟子看来,征收赋税和征用徭役对于维系国家统治机构的存在和运转是不可缺少的,"无政事,则财用不足"。但赋税与徭役的轻重又直接影响到人民的生活与生产。如果过于繁重,超过人民的承受能力,就会造成"父母冻饿,兄弟妻子离散"③的严重后果,生产受到破

---

① 《孟子·梁惠王上》。
② 同上。
③ 同上。

坏，人民遭殃。所以孟子既不简单地讲徭役越轻越好，赋税越薄越好，也不是主张加重赋税徭役，而是讲"取于民有制"。

"取民有制"就是强调要有一定的征收征用制度，限制过分剥削。孟子说：

> 是故贤君必恭俭礼下，取民有制。阳虎曰："为富不仁矣，为仁不富矣。"①

"取民有制"就是对人民征收赋税一定要有限制，不能用竭泽而渔的办法对付人民。孟子时期，生产水平低下，经不起天灾人祸的袭击，而在当时战国混战的情况下，诸侯横征暴敛，造成人民流离失所。孟子曾当面指责梁惠王说：

> 疱有肥肉，厩有肥马，民有饥色，野有饿莩，此率兽而食人也。②

针对这种情况，孟子主张不滥用民力。孟子说："王如施仁政于民，省刑法，薄税敛，深耕易耨。"③ 孟子还经常提到"不违农时"、"勿夺其时"，与孔子讲的"使民以时"的思想是一脉相承的。

孟子还强调"仁政"就在于"与民同乐"，也就是要关心人民的疾苦。比如当齐宣王说他自己"好色"、"好货"的时候，孟子说，统治者好色好货无妨，问题在于"与百姓同之"，使百姓内无怨女外无旷夫，生活富足，这样好色好货反而转变为美德

---

① 《孟子·滕文公上》。
② 《孟子·梁惠王上》。
③ 同上。

了。他说：

> 乐民之乐者，民亦乐其乐；忧民之忧者，民亦忧其忧。乐以天下，忧以天下，然而不王者，未之有也。①

"与民同乐"就可以争取民心。孟子已经看到民心向背的重要性。他说：

> 天时不如地利，地利不如人和。三里之城，七里之郭，环而攻之而不胜。夫环而攻之，必有得天时者矣，然而不胜者，是天时不如地利也。城非不高也，池非不深也，兵革非不坚利也，米粟非不多也，委而去之，是地利不如人和也。②

孟子认为在"天时"、"地利"、"人和"三要素中，"人和"是最关键的。这是因为：

> 得道者多助，失道者寡助。寡助之至，亲戚畔之。多助之至，天下顺之。以天下之所顺，攻亲戚之所畔，故君子有不战，战必胜矣。③

在孟子看来，民心的向背决定了统治者的政治基础，只有得到人民的支持才能得到天下。

孟子继承和发展了中国古代的"民本"思想，并且在对民

---

① 《孟子·梁惠王下》。
② 《孟子·公孙丑下》。
③ 同上。

心向背分析的基础上,提出了"民贵君轻"的光辉命题,把中国古代的"民本"思想发展到了一个新的高度。他说:

> 民为贵,社稷次之,君为轻。是故得乎丘民而为天子,得乎天子为诸侯,得乎诸侯为大夫。①

正因为"民贵君轻",因而孟子提出"保民而王"的"王道"思想,反对"霸道"。所谓"王道",就是指以仁义治天下的政治哲学,也就是仁政。"霸道"就是指凭借威势,利用权力、刑法而实行的统治政策。

孟子生活的时代,正是诸侯割据、霸道横行的时期。连年的战争,使人们陷入深深的灾难之中。孟子反对通过兼并战争来实现统一。他认为战争如果背离了民心,离开了仁义,而只是为了兼并土地和争夺劳动力,就不是正义的战争,这样的战争只能造成"争地以战,杀人盈野;争城以战,杀人盈城"②,所以孟子评价说:"春秋无义战。"③

在孟子看来,霸者崇尚"力",可以成为大国,王者崇尚"德",可以一统天下。他说:

> 以力假仁者霸,霸必有大国;以德行仁者王,王不待大——汤以七十里,文王以百里。以力服人者,非心服也,力不赡也;以德服人者,中心悦而诚服也,如七十子之服孔子也。《诗》云:"自西自东,自南自北,无思不服。"此之谓也。④

---

① 《孟子·尽心下》。
② 《孟子·离娄上》。
③ 《孟子·尽心下》。
④ 《孟子·公孙丑上》。

孟子认为只要以仁德服人，就会像孔子获得七十子信服那样，获得全国民心，即使是小国，也会征服大国，获得全国的和平和统一。

2. 仁民爱物

孟子不仅强调人与人，人与社会之间的和谐关系，而且还十分重视人与自然之间的和谐关系。他把"仁"的思想从"仁政"推广开来，提出了"仁民爱物"的思想。他说："亲亲而仁民，仁民而爱物。"① 孟子由亲亲推至于仁民，老吾老以及人之老，幼吾幼以及人之幼；然后，由仁民而进于爱物。"仁民爱物"就是以自己的道德为基础，将自己的德性层层向外扩展，由父母、他人以及于万物。孟子说：

> 尽其心者，知其性也。知其性，则知天矣。存其心，养其性，所以事天也。夭寿不贰，身以俟之，所以立命也。②

孟子认为，人可以通过尽己之性而尽人之性，尽物之性，进而尽天之性。天地之大德曰生，所以应该禀天地生生之德而利万物之生。

孟子根据"人皆有不忍人之心"的性善论，通过"仁者以其所爱及其所不爱"③ 的方法，由"亲亲"而"仁民"，由"仁民"而"爱物"，"上下与天地同流"④，最终实现人与人、人与自然的和谐发展。

那么如何将"爱物"的理念贯彻到人类实际生活当中去呢？

---

① 《孟子·尽心上》。
② 同上。
③ 《孟子·尽心下》。
④ 《孟子·尽心上》。

孟子的基本主张就是"时养"。"时养"思想是中国先民在长期的农业生产和生活实践中逐渐形成的一种朴素的生产观,中国历史上很早就有"网开三面"和"里革断罟"等人们耳熟能详的典故,许多古代文献中都有关于保护生物资源,促其再生以资利用的论述与记载。孟子对此也有着深刻的见解,他说:

> 不违农时,谷不可胜食也;数罟不入洿池,鱼鳖不可胜食也;斧斤以时入山林,材木不可胜用也。①

这里的"时"既指一切生物成长发育的客观规律,又指人们必须依循客观规律从事相关的农业生产和生活实践。他反复劝诫说:

> 鸡豚狗彘之畜,无失其时,七十者可以食肉矣。百亩之田,勿夺其时,数口之家可以无饥矣。②

孟子要求人类节制自己的物欲,将利用自然与保护自然结合起来。

孟子在主张"时"的同时,又强调了"养"。他说:"苟得其养,无物不长;苟失其养,无物不消。"③ 这是孟子目睹牛山事件后提出的实践性思想,他认为山无草木之美,不是山的本性,而是"失养"的结果。自然万物如果得到滋养,没有不生长的,如果得不到滋养,没有不消亡的。因此,孟子既呼吁保护好原有的自然资源,又号召在原有基础上的人为改善,要求人们

---

① 《孟子·梁惠王上》。
② 同上。
③ 《孟子·告子上》。

广植多畜，兼利物我。他还说："今有场师，舍其梧槚，养其樲棘，则为贱场师焉。"①可见，孟子不仅注意到了植树造林的重要性，还注意到了植树造林的科学性。

孟子认为，人固有一种爱护生命的恻隐之心，这种恻隐之心"恩足以及禽兽"②。动物临死前的颤抖和哀鸣，足以震撼人的心灵，引起人对于动物生命的同情，所谓"君子之于禽兽也，见其生，不忍见其死；闻其声，不忍食其肉，是以君子远庖厨也"③，事实上，就情感的衍化而言，儒家仁爱说极易导向对其他生物的怜悯、关爱的不忍情境。宋儒王柏说得好：

> 天道流行，发育万物，得天地生物之心以为心，是之谓仁。故仁为心之德而爱之理也。……其并生于天地之间者，虽草木虫鱼之微，亦不当无故而杀伤也。故曰天子无故不杀牛……是以孟春之月，牺牲不用牝，禁止伐木，毋覆巢，毋杀孩虫，胎夭，飞鸟，毋洒陂池，毋焚山林。④

这正是由仁而滋生的真挚的爱物之意。自然资源得到保护，是仁的基本要求。

孟子"仁民爱物"的思想，实际上就是要求人类应该节制欲望，"爱物"、"重物"、"节物"，让万物各按其规律正常地生生息息，要懂得合理地开发利用自然资源，使自然资源的生产和消费进入良性循环状态。只有这样，人类才有取之不尽、用之不竭的生活资源，社会才能安定、和谐、进步。

---

① 《孟子·告子上》。
② 《孟子·梁惠王上》。
③ 同上。
④ 《鲁斋集》卷四。

四　荀子的中庸观

荀子名况，字卿，又称荀卿、孙卿。战国末期赵国（今山西南部）人。生卒年不详。近年，刘蔚华先生博采众家之说，理出了荀子生平活动大事纪年，认为荀子的生卒年代应在前328—前235年之间。[①] 荀子是战国末期儒家学派的代表人物，我国古代杰出的思想家和教育家。

荀子一生主要在齐国游学，曾三任稷下学宫的祭酒，因此他才能高瞻远瞩，"立足于儒家，吸收道、法、名、墨等各家的思想，对儒家思想进行了改造和充实，使他由邹鲁搢绅先生的思想蜕变出来，别开一代显得学风"[②]，从而使他成为先秦思想的集大成者。现存《荀子》三十二篇，涉及哲学、逻辑、政治、道德许多方面的内容。

如果说，孟子从"仁"的方面继承和发展了孔子的中庸思想，那么荀子则继承并发展了孔子的"礼治"思想。这适应了当时全国统一的中央集权即将形成的形势，有利于新的等级秩序的建立。荀子的中庸思想就是围绕着"礼"而展开的。

（一）礼义谓中

荀子认为中庸是美德，但是必须用礼义来节制人性，才能达到中的境界。因此荀子说："曷谓中？礼义是也。"[③] 荀子以礼义来定义"中"。

荀子不仅把"礼"看做是一切行为的最高原则，而且把

[①]　刘蔚华：《荀况生平新考》，《孔子研究》1989年第4期。
[②]　任继愈等：《中国哲学发展史（先秦卷）》，人民出版社1983年版，第670页。
[③]　《荀子·儒效》。

"礼"看做是人道的极致,是道德的最高原则。他说:

> 礼者,法之大分,类之纲纪也,故学至乎礼而止矣,夫是之谓道德之极。①

他还说:

> 绳者,直之至;衡者,平之至;规矩者,方圆之至;礼者,人道之极也。②

这样,礼就成为荀子道德规范体系中的核心。

关于"礼"的起源,荀子认为礼起源于人类社会生活的需要。他说:

> 礼起於何也?曰:人生而有欲,欲而不得,则不能无求;求而无度量分界,则不能不争;争则乱,乱则穷。先王恶其乱也,故制礼义以分之,以养人之欲,给人之求,使欲必不穷乎物,物必不屈于欲,两者相持而长,是礼之所起也。③

在荀子看来,人的欲望是引起社会混乱的原因,礼的出现防止了人们的争夺,使人有所节制。

在此基础上,荀子提出了自己的理论基础——性恶论。荀子的性恶论与孟子的性善论大异旨趣。孟子讲性善,认为人的道德

---

① 《荀子·劝学》。
② 《荀子·礼论》。
③ 同上。

是先验地存在于人性当中。而荀子讲性恶，否认有先验的道德，认为人的道德属性是后天环境陶冶成的。因此，荀子的性恶论强调礼义法制的重要性。荀子说："人之性恶，其善者伪也。"① 在荀子看来，人性的善不是出自人的本性，而是出自人为之"伪"。荀子所说的"伪"，指的是经过学习和人为加工，人为而成的："可学而能、可事而成之在人者，谓之伪"②，"心虑而能为之动，谓之伪；虑积焉，能习焉，而后成，谓之伪"③。荀子强调"性伪之分"。他说：

凡性者，天之就也，不可学，不可事。礼义者，圣人之所生也，人之所学而能，所事而成者也。不可学、不可事之在天者谓之性；可学而能、可事而成之在人者，谓之伪，是性、伪之分也。④

荀子认为一切道德仁义，与人性是相对立的。他说：

今人之性，生而有好利焉，顺是，故争夺生而辞让亡焉；生而有疾恶焉，顺是，故残贼生而忠信亡焉；生而有耳目之欲，有好声色焉，顺是，故淫乱生而礼义文理亡焉。⑤

人的本性和辞让、忠信、礼义文理等道德原则相矛盾。如果顺从人性的自然发展，就要发生争夺，造成混乱，"然则从人之性，顺人之情，必出于争夺，合于犯分乱理而归于暴"。因此，荀子

---

① 《荀子·性恶》。
② 同上。
③ 《荀子·正名》。
④ 《荀子·性恶》。
⑤ 同上。

强调后天教育的决定意义。

荀子认为,人性恶,虽不可去,"然而可化也"[1]。"可化"就是可改造的意思。荀子认为礼义道德虽"非吾所有也,然而可化也"[2]。这就是"化性起伪"之说。在荀子看来,尧、舜、禹等圣人的本性与小人本无区别,但圣人之所以为圣人,就在于他们能够"化性起伪"。

> 故圣人化性而起伪,伪起而生礼义,礼义生而制法度。然则礼义法度者,是圣人之所生也。故圣人之所以同于众,其不异于众者,性也;所以异而过众者,伪也。[3]

"礼义"是圣人"化性起伪"的结果,不是圣人天性中就具备的。荀子进一步指出,人人都可以做到"化性起伪",据此他提出"涂之人可以为禹"[4]的结论,与孟子所说的"人皆可以为尧舜"可谓是殊途同归。成圣的大门向人人打开,关键在于人向不向礼义。由此可见,荀子强调"化性起伪"的意义就在于以礼义道德来改造人性。

荀子非常看重"礼"对个人修身的意义,"夫礼者,所以正身也"[5]。礼是人所必须践履的,"礼者,人之所履也"[6],"礼及身而行修"[7]。在荀子看来,师是规范礼是否正确的,是礼的三本之一。他说:

---

[1] 《荀子·儒效》。
[2] 同上。
[3] 《荀子·性恶》。
[4] 同上。
[5] 《荀子·修身》。
[6] 《荀子·大略》。
[7] 《荀子·致士》。

> 礼有三本：天地者，生之本也；先祖者，类之本也；君师者，治之本也。①

因此，荀子要求"学者以圣王为师"②。礼有三本的提法，使得维护封建专制统治的天、地、君、亲、师的说法找到了源头。

个人修身，使人成为君子，这仅仅是礼学的开始，荀子还把礼学的内容扩充到社会的各个领域。

荀子生在战国名辩思潮高涨的时候，荀子形容当时的情况："圣王没，名守慢，奇辞起，名实乱。"③ 名已经不被遵守，名实非常混乱。荀子认为，人类社会之所以能够组成并按一定秩序运作，关键在于人类社会有礼制的规定，或者说，有各种社会名分的规定。"群无分则乱"④。人类如果没有名分，就一定会陷入混乱。因而荀子特别注重"正名"。"正名"是孔子以来儒家的传统思想，是"礼治"的一个重要组成部分。荀子在新的历史条件下发展了孔子的"正名"思想，"他的'正名'思想适应封建中央集权即将建立的形势，带有要求统一人民思想的显著特色"⑤。荀子说：

> 故王者之制名，名定而实辨，道行而志通，则慎率民而一焉。故析辞擅作名以乱正名，使民疑惑，人多辨讼，则谓之大奸，其罪犹为符节、度量之罪也。故其民莫敢托为奇辞以乱正名。故其民悫，悫则易使，易使则公。其民莫敢托为

---

① 《荀子·礼论》。
② 《荀子·解蔽》。
③ 《荀子·证明》。
④ 《荀子·王制》。
⑤ 任继愈等：《中国哲学发展史（先秦卷）》，人民出版社1983年版，第696页。

奇辞以乱正名，故壹于道法而谨于循令矣。如是，则其迹长矣。迹长功成，治之极也，是谨于守名约之功也。

从这里可以看出，随着统一趋势的加强，为了维护统治者的秩序和法令，更需要"正名"来统一人民的思想。因此，礼制就要明确社会中的贵贱、上下之等、长幼之序，明确每一个人在社会关系中的地位和名分，所以荀子说："君君、臣臣、父父、子子、兄兄、弟弟，一也"[1]，"少事长，贱事贵，不肖事贤，是天下之通义也"[2]。贵贱等级、人伦秩序是天经地义的永恒制度。贫富贵贱的人伦制度，使每一个人的行为规范化，通过断长续短，使行为达到适中合礼的境界。荀子说："礼者，断长续短，损有余，益不足，达爱敬之文，而滋成行义之美者也。"[3] 荀子认为礼的作用就是使社会中的差别得到平衡，即"维齐非齐"[4]。

荀子非常重视礼的政治、社会作用。但是，荀子也看到纯以礼治教化的不足，"尧、舜者，天下之善教化者也，不能使嵬琐化"[5]，因此为政还必须有法有刑。所以荀子在坚持儒家礼制传统的基础上，同时也吸收了法家的法制思想，以法制充实礼制。他说："治之经，礼与刑，君子以修百姓宁。明德慎罚，国家既治四海平"[6]，"君人者，隆礼尊贤而王，重法爱民而霸，好利多诈而危"[7]。不过，荀子将法制引入礼制，并没有喧宾夺主。对荀子来说法治只是礼治的一种补充，礼是第一位的，法是第二位

---

[1] 《荀子·王制》。
[2] 《荀子·仲尼》。
[3] 《荀子·礼论》。
[4] 《荀子·王制》。
[5] 《荀子·正论》。
[6] 《荀子·成相》。
[7] 《荀子·大略》。

的,"礼者,法之大分,类之纲纪也"①。

荀子继承和发展了儒家的"王道"思想。荀子吸收法家"辟田野,实仓廪,上下一心,三军同力"② 发展强力的主张,但是他反对单纯诉诸强力,因为"以德兼人者王,以力兼人者弱"③。荀子非常重视民心的向背,他把君民的关系看做船和水的关系,认识是非常深刻的。他说:"君者,舟也;庶人者,水也。水则载舟,水则覆舟",因此要求统治者"平政爱民"④,从而实现社会秩序的和谐与稳定。

(二) 与时屈伸与兼权之法

荀子继承和发展了儒家"时中"的思想,提出"与时屈伸"的理论。他说:

> 与时屈伸,柔从若蒲苇,非慑怯也;刚强猛毅,靡所不信,非骄暴也。以义变应,知当曲直故也。诗曰:"左之左之,君子宜之;右之右之,君子有之。"此言君子能以义屈信变应故也。⑤

在这里,不管是此一时的"柔从若蒲苇",还是彼一时的"刚强猛毅",虽然都流于一偏,但是从整个过程来看,是符合"时中"原则的。荀子认为:"夫道者,体常而尽变,一隅不足以举之。"⑥ 荀子认为"道"就是在事物流变中体现出来的

---

① 《荀子·劝学》。
② 《荀子·富国》。
③ 《荀子·议兵》。
④ 《荀子·王制》。
⑤ 《荀子·不苟》。
⑥ 《荀子·解蔽》。

"常",因此人们不能拘泥不变,而应该随着时间、环境的变化而变化。

荀子非常重视个体生命价值的存在,"人莫贵乎生,莫乐乎安。"① 荀子从注重个体生命价值出发,要求人们身处乱世或与暴君相处时,应该善于权变。他说:

> 事圣君者,有听从,无谏争;事中君者,有谏争,无谄谀;事暴君者,有补削,无挢拂。迫胁於乱时,穷居于暴国,而无所避之,则崇其美,扬其善,违其恶,隐其败,言其所长,不称其所短,以为成俗。《诗》曰:"国有大命,不可以告人,妨其躬身。"此之谓也。②

荀子认为身处乱世,与暴君相处时,如果不能避开他,那么就不要违逆他,只说他的好,不提他的缺点,否则就会"灾及身矣"③。因此,荀子认为侍奉暴君也需要一定修身处世之术:

> 调而不流,柔而不屈,宽容而不乱,晓然以至道而无不调和也,而能化易,时关内之,是事暴君之义也。④

荀子认为,君子独自修身养性,不要得罪那些市井小人。他说:"然夫士欲独修其身,不以得罪于比俗之人也。"⑤

荀子的"与时屈伸"虽然与他自己的"从道不从君"的精神有所不同,但并不能称之为见风使舵的"乡愿"。荀子提倡的

---

① 《荀子·强国》。
② 《荀子·臣道》。
③ 同上。
④ 同上。
⑤ 《荀子·修身》。

是"君子能以义屈信变应",也就是在"屈信变应"的过程中,是以"义"作为原则的,与那种无原则的好好先生还有着本质的区别。但是,当李斯"从荀卿学帝王之术,学已成",入西秦之后,荀学就被后人强烈地批评为"乡愿"了。

荀子还继承了孔子"允执其中"的思想,提出考虑两端的"兼权之法",极力反对只知执一端,不知执两端的"偏伤之患"。他说:

> 凡人之患,偏伤之也。见其可欲也,则不虑其可恶也者;见其可利也,则不顾其可害也者。是以动则必陷,为则必辱,是偏伤之患也。①

如果只见其虑不见其恶,只见其利,不见其害,那么就会陷入"动则必陷,为则必辱"的"偏伤之患"。怎样才能做到不陷于"偏伤之患"呢?

> 见其可欲也,则必前后虑其可恶也者;见其可利也,则必前后虑其可害也者;而兼权之,孰计之,然后定其欲恶取舍。如是,则常不失陷矣。②

荀子认为,只有既见其可欲,又虑其可恶,既见其利,又虑其可害的"兼权之法",才能从思想上保证不犯片面性的错误。

荀子认为人们认识事物最大的弊病就是片面性,"蔽于一曲,而暗于大理"③。一曲,指局部,一隅;大理指全局或规律。意

---

① 《荀子·不苟》。
② 同上。
③ 《荀子·解蔽》。

思是只看到局部，就会妨碍对事物全面规律的认识。他指出：

> 欲为蔽，恶为蔽，始为蔽，终为蔽，远为蔽，近为蔽，博为蔽，浅为蔽，古为蔽，今为蔽。凡万物异则莫不相为蔽，此心术之公患也。①

事物都处在矛盾之中，如欲恶、始终、远近、博浅、古今都属于对立统一范畴，如果只看到其中的一个方面，都会产生"蔽"，把认识引入歧途。荀子认为，只有全面地认识道，才能不为"一隅"所局限。他说：

> 圣人知心术之患，见蔽塞之祸，故无欲无恶，无始无终，无近无远，无博无浅，无古无今，兼陈万物而中县衡焉。是故众异不得相蔽以乱其伦也。②

这里所谓"无欲"、"无恶"，等等，是指去掉个人的好恶和偏见。"兼陈万物而中县衡焉"是指把有关的事物全部列举出来，全面占有材料，有根据地做出全面的符合客观实际的分析，这样才能把握事物的规律。③

（三）明于天人之分

在人与自然的关系方面，自从孟子提倡"天时不如地利，地利不如人和"，把"人和"放在首位，极为重视人的因素，培植了儒家在人事方面积极进取的精神。荀子发扬了这种精神，提

---

① 《荀子·解蔽》。
② 同上。
③ 本章节参考了王钧林著《中国儒学史（先秦卷）》第251页的部分内容。

出"明于天人之分"的思想,并把"上得天时,下得地利,中得人和",作为区分"天"、"人"的必要条件。"'明于天人之分'在荀子思想中只是开始,绝不是其天人思想的目的或终结,荀子最终也是要求通过明'天人之分'而'理天地'、'参天地',实现天人合一的。"①

首先,荀子看到天与人之间的不同。他说:

> 列星随旋,日月递照,四时代御,阴阳大化,风雨博施,万物各得其和以生,各得其养以成,不见其事而见其功,夫是之谓神。皆知其所以成,莫知其无形,夫是之谓天。②

这里所谓的"神",是气之神妙的意思,而"天"则是自然的意思。列星、日月、阴阳、风雨、万物所有自然现象都是按照其自身固有规律在运动变化着,并不存在什么超自然的神秘主宰,天地万物的生成变化,都是"不为而成,不求而得"的自然现象。

在荀子看来,人虽也是天地所生,但人却因为有义而"最为天下贵"。他说:

> 水火有气而无生,草木有生而无知,禽兽有知而无义,人有气、有生、有知,亦且有义,故最为天下贵也。③

"气"、"生"、"知"是人分别与水火、草木、禽兽共同具有的自然属性,但是"义"却超越了诸自然物,表现为人之人的社会观念或道德意识,由此,人与自然物就有了本质的区别。

---

① 王钧林:《中国儒学史》(先秦卷),广东教育出版社1998年版,第261页。
② 《荀子·天论》。
③ 《荀子·王制》。

荀子看到了人与自然的不同，提出"明于天人之分"的观念。所谓"分，犹职也。"① 所谓"明于天人之分"，就是要明白天有天的职分，人有人的职分，二者不可混淆。荀子认为，天和人都要"知其所为，知其所不为"。天地人的职分是"天有其时，地有其财，人有其治"②。从这一观点出发，荀子从根本上否定了天和人之间存在着主宰和被主宰的关系，认为社会的治乱与天无关，只是人事作用的结果。他说：

治乱天邪？曰：日月、星辰、瑞历，是禹、桀之所同也，禹以治，桀以乱，治乱非天也。时邪？曰：繁启蕃长于春夏，畜积收臧于秋冬，是又禹、桀之所同也，禹以治，桀以乱，治乱非时也。地邪？曰：得地则生，失地则死，是又禹桀之所同也，禹以治，桀以乱，治乱非地也。《诗》曰："天作高山，大王荒之，彼作矣，文王康之。"此之谓也。③

这说明治乱与自然现象无关，自然现象不决定社会政治的好坏。荀子认为，天虽然没有意志，但却有不随人的意志而转移的客观规律，"天有常道矣，地有常数矣"，"天行有常，不为尧存，不为桀亡"。天的这种客观规律虽然不能有意识地主宰人事，但是人如何对待它，却对吉凶祸福有着直接的决定意义："应之以治则吉，应之以乱则凶。"④

荀子还提出了"制天命而用之"的思想。他说：

大天而思之，孰与物畜而制之？从天而颂之，孰与制天命

---

① 《礼记·礼运》。
② 《荀子·天论》。
③ 同上。
④ 同上。

而用之？望时而待之，孰与应时而使之？因物而多之，孰与骋能而化之？思物而物之，孰与理物而勿失之也？愿于物之所以生，孰与有物之所以成？故错人而思天，则失万物之情。①

荀子的"制天命而用之"的思想，被很多学者理解为"人定胜天"的光辉典范，但是王钧林认为："这段话，认真分析起来，其意义并不在于认识、征服、改造自然，而是要人蓄养万物，利用天命，顺应四时，顺从自然，依然局限在人对物的实际利用上"②，是很有道理的。

荀子把天自然化的同时，也把天排除在人的认识对象之外，"唯圣人不求知天"③，并且反复申明君子"其于天地万物也，不务说其所以然，而致善用其材"④。所以荀子对自然的认识仅仅停留在遵循客观规律上，而对天"所以然"的原因却没有兴趣。这也是儒家重人事，轻自然这一传统的一贯表现。但是，荀子却对如何利用自然资源表现出了充分的自信，在他看来，人的特长就在于"善假于物"。他说：

登高而招，臂非加长也，而见者远；顺风而呼，声非加疾也，而闻者彰。假舆马者，非利足也，而致千里；假舟楫者，非能水也，而绝江河。君子生非异也，善假于物也。⑤

"善假于物"就是指人能制造和利用工具，凭借和支配自然资源

---

① 《荀子·天论》。
② 王钧林：《中国儒学史》（先秦卷），广东教育出版社1998年版，第266页。
③ 《荀子·天论》。
④ 《荀子·君道》。
⑤ 《荀子·劝学》。

为自己服务。人能"善假于物",但是并不意味着人对物就可以任意支配或改造,而要遵循自然规律。他说:"山林泽梁,以时禁发而不税。"① 所谓"以时禁发",就是根据季节的演替来管理资源的开发和利用:

> 圣王之制也,草木荣华滋硕之时则斧斤不入山林,不夭其生,不绝其长也;鼋鼍、鱼鳖、鳅鳝孕别之时,罔罟毒药不入泽,不夭其生,不绝其长也;春耕、夏耘、秋收、冬藏,四者不失时,故五谷不绝而百姓有馀食也。污池、渊沼、川泽谨其时禁,故鱼鳖优多而百姓有馀用也;斩伐养长不失其时,故山林不童而百姓有馀材也。②

只有做到这些,才能达到"万物皆得其宜,六畜皆得其长,群生皆得其命。故养长时则六畜育,杀生时则草木殖"的天人和谐的理想境界。

五 《周易》的中庸思想

《周易》包括《易经》和《易传》两部分。《易经》是一部占卜书,《易传》是一部哲学书。《易传》是理解《易经》的一把钥匙,没有《易传》,我们今天根本就读不懂《易经》。但是"《易传》的哲学思想是利用了《易经》占筮的特殊结构和筮法建立起来的,因而这两部分在内容上有差别而在形式上却存在着联系,形成了一种哲学思想和宗教巫术的奇妙结合"③,因而不

---

① 《荀子·王制》。
② 同上。
③ 任继愈:《中国哲学发展史(先秦卷)》,人民出版社1983年版,第582页。

能把它们割裂开来研究。所以，我们把它们放在一起来探讨，就可以理清从《易经》到《易传》中庸思想发展的脉络，从而能够从整体上把握《周易》中的中庸思想。

（一）"当位"和"得中"

《周易》尚中。惠栋在《易例上》说："《易》尚中和"，钱基博在《四书解题及其读法》中说："《易》六十四卦，三百八十爻，一言以蔽之，曰'中'而已矣！"在《周易》象数体例系统中，最明显的特点就是"当位"和"得中"，将儒家一贯恪守的中庸之道的思想渗透到爻位等易象的外在形式之中。

首先，就象数体例而言，位就是爻位。一卦有六爻，由下向上由初、二、三、四、五、上等六位。位分阴阳，初、三、五为阳位，二、四、上为阴位，阳爻居阳位，阴爻居阴位，叫当位，又称之为正位、得位；反之叫不当位，又称之为失位、失正。当位好，不当位不好。如《既济》卦，初九、九三、九五均为阳爻得阳位；六二、六四、上六均为阴爻得阴位，六爻皆"当位"；而《未济》卦则正相反，其初六、六三、六五均以阴爻居阳位，而九二、九四、上九又为阳爻居阴位，六爻皆"失位"。

当位与否，是《周易》一书重要观念之一，它不仅成为断定人事吉凶祸福的主要依据之一，而且亦涵具着深刻的学理意蕴。在《周易》看来，世界上的万事万物都应该有自己适当的位置，如果位置关系发生错乱，就会出现问题。《系辞上传》曰：

天尊地卑，乾坤定矣。卑高以陈，贵贱位矣。

天地有其尊卑之序，落实到社会人生领域，则生命个体就有了贵贱之别。如《乾凿度》曾以推天道以明人事的视野来审视爻位，对每个爻位所代表的事物作了规定，曰："初为元士，二为大夫，三为三公，四为诸侯，五为天子，上为宗庙。"① 这里，"位"已不再仅仅是阴阳二爻所居之位，亦符示着社会各阶层的等级之分位。阴阳二爻含义的这几个方面与其所居之位的性质结合起来，我们就不难理解当位与否的意义在于人的言行是否与其社会地位相符。无疑，在此所蕴涵的理念正是儒家的"正名"思想。

"当位"即是"名正"。如《既济》卦，六爻皆得位，《象》曰："利贞，刚柔正而位当也。"又如《家人》卦，二四与初三五得位，《象》曰："女正位乎内，男正位乎外。男女正，天地之大义也。"二、五爻分别为内、外卦体之中，六二以阴爻居阴位，阴爻表征女又处中正之位，因此其处于所应居之位且能行中正之道，故曰："女正位乎内。"同理，九五爻以阳爻居阳位，阳爻表征男亦处中正之位，因此其处于所应居之位且能行中正之道，故曰："男正位乎外。"男女各守其正道，乃合天地之大义。与之相对，《归妹》卦二、三、四、五爻均不当位，其《象》曰："征凶，位不当也。"《睽》卦六三爻以阴爻居阳位，失位，其《象》曰："'见舆曳'，位不当也。"可见，在《周易》那里，对于处在凶危之境的人而言，没有居其所应居之位，言行没有同其所居之位相符，是导致如此困境的主要原因之一。《周易》特别强调"居位以正"，"正位凝命"，"受兹介福，以中正也"，主张"君子以思不出其位"，只有身居正确的位置，美德蕴于全身，用于事业才能达到至高的境界，即《坤》卦六五爻辞所说的"正位居体，美在其中，发于事业，美之至也"；每个人只有"顺德"，才能"积小以高大"实现创建伟大事业的人生目标。

《周易》解释履卦的卦象说：

---

① 《周易·乾凿度》。

上天下泽，履。君子以辨上下，定民志。①

履卦上乾下兑，乾为天，兑为泽。《周易》认为，天在上，泽居下，履卦的这种卦象就象征着社会上尊卑贵贱的等级制度。君子看到这种卦象，应该辨别上下之分，使人民安分守己，满足于自己的社会地位而不存非分之想。履的意思就是践履，践履应该遵循礼的规范。《序卦》说：

物畜然后有礼，故受之以履。履者，礼也。

可见，履就是礼。这与孔子"克己复礼"的思想是一脉相承的。《周易》说：

有天地然后有万物，有万物然后有男女，有男女然后有夫妇，有夫妇然后有父子，有父子然后有君臣，有君臣然后有上下，有上下然后礼义有所错。

另外从爻象上来看，阳爻表征刚性，阴爻表征柔性。刚者强硬坚毅、刚健有力；柔者恭敬谦和、柔贴顺承。因其特质的不同，二者又分别代表着不同的伦理道德范畴。《周易·说卦》说：

立天之道，曰阴与阳；立地之道，曰柔与刚；立人之道，曰仁与义。

天有阴阳，地有柔刚，人才有仁义。这里世俗的伦理准则，是从

---

① 《周易·履·象》。

天地自然那里找到根据并推衍出来的。看来,《周易》的确给予儒家伦理一种形上的理论根据,或者说是为儒家伦理理论的形成,提供了重要的思维方式上的支持。

其次,在《周易》中,中爻,就是处在中位之爻。《周易》有八卦,两两相重而得六十四卦,每卦六爻,而第二爻和第五爻的地位比较重要,因为第二爻居于下卦的中位,而第五爻居于上卦的中位,所以每卦都有双中。而在双中之中,第五爻则更为重要,因为"它居君位,一般是被认为代表天子诸侯的"①,所以又被称为大中。《系辞传》有时也把居于二、三、四、五之位的爻象称为中爻。《系辞传》认为,中则无不正,所以中又被称为中正,正中,中道,它的意思为无过,无不及,无偏,无邪。在一般情况下,中爻往往与吉联系在一起,而凶则多与那些非中的卦爻联系在一起,所以《系辞传》中有"初难知、上易知、二多誉、四多惧、三多凶、五多功"之说。其中作为大中的五爻更多与大吉相关联,如乾卦之九五:"飞龙在天,利见大人",坤卦之六五:"黄裳,元吉"都是明显的例子。所以《系辞传下》对此归纳说:"若夫杂物撰德,辨是与非,则非其中爻不备。"就是说,错杂阴阳,具列其性,分辨是非,没有中爻是不能完成的。《周易》以爻位居中为重的形式来宣扬中道思想。

《周易》将中道思想放在天人之际进行了论证。认为中正是天的属性之一,也是人的美好道德。"大哉乾乎,刚健中正,纯粹精也。"② 乾就是天,是万物化育之源,"中正"为天的属性。乾象为龙,指大人君子,"龙德尔正中者也"。乾、天、龙、大人君子共同具有中正之德,于是"夫大人者,与天地合其德,

---

① 金景芳讲述,吕绍刚整理:《周易讲座》,广西师范大学出版社 2005 年版,第 21 页。

② 《周易·乾·文言》。

与日月合其明，与四时合其序，与鬼神合其吉凶。先天而天弗为，后天而奉天时。天且弗违，而况于人乎，况于鬼神乎？"大人在天时之前行动，不违背天的法则，在天时之后作为，而是依照天的规律，"进退存亡而不失其正"，实现了天人合一的境界。中正是天人相通的纽带和灵魂。①

(二) 因时变化

《周易》在强调"中"的同时，并没有否定事物的变动性。《周易》认为"中"不是绝对的，而是相对的，是事物保持相对平衡和谐的度。"变"是《周易》思想体系中一个重要的方面。《周易》的"易"字就包含着"变异"的意思，"生生之谓易"，可见"变异"就是《周易》的核心内容。

《周易》认为，世界上的万事万物都处在不停的变化之中，变化是一切事物固有的属性。《周易》说："天地革而四时成"②，还说：

> 阖户谓之坤，辟户谓之乾，一阖一辟谓之变，往来不穷谓之通。③

宇宙间的事物时时革新，时时变化。而且这种变化是循环的。《周易》说：

> 无往不复，天地际也。④

---

① 本自然段参考了喻博文《论〈周易〉的中道思想》，《孔子研究》1989年第4期，第13—19页。
② 《周易·革·彖》。
③ 《周易·系辞上》。
④ 《周易·泰·象》。

终则有始，天行也。①

日往则月来，月往则日来，日月相推而明生焉。寒往则暑来，暑往则寒来，寒暑相推而岁成焉。往者屈也，来者信也，屈信相感而利生焉。②

宇宙间的循环往复，日月寒暑等的循环往来，是事物变化的规律。所以说："复，其见天地之心乎！"③

《系辞上》说：

在天成象，在地成形，变化见矣。是故刚柔相摩，八卦相荡，鼓之以雷霆，润之以风雨，日月运行，一寒一暑。

易卦的变化与生成反映自然界中天地万物的变化与生成。成象成形，相摩相荡，雷霆风雨，日月寒暑，等等，自然界如此，易卦也如此。在《周易》看来，乾坤两卦相摩相荡而生成的六十四卦，犹如天地交感而生成万物一样，都是变化发展的结果。

《周易》认为，万事万物发展到一定的程度，就会向它的反面转化。

《丰·辞》曰：

日中则昃，月盈则食，天地盈虚，与时消息，而况于人乎？况于鬼神乎？

这是说，事物发展到一定的程度，就开始向反面转化，就像太

---

① 《周易·蛊·彖》。
② 《周易·系辞下》。
③ 《周易·复·彖》。

阳，中午升到最高后，就开始向西落山；到了十五，月亮满盈，那也就快亏缺了。整个天地，整个自然界，都有盈虚的变化。而盈虚都是"与时消息"的，因为时间的不同，事物的变化也就不一样。"变化"的根本条件就是"时"。《系辞下》说："变通者，趣时者也。"由此也决定了人的行为方式也要因时而动，因时而变。《周易》中这方面的言论很多。如：

> 坤其顺乎，承天而时行。①
> 应乎天而时行，使以元亨。②
> 时止则止，时行则行，动静不失其时，其道光明。③
> 君子藏器于身，待时而动，何不利之有？④

既然任何事物都不会永远停留在一种状态上，因此，能否因时而变，应时而动，往往关系到个人的安危成败。所以《周易》强调："随时之义大矣哉！"⑤ "易，穷则变，变则通，通则久。"《周易》的这种随时而变的思想，无疑赋予儒家更灵活、善变的初始态度，为儒家学者的修身、处世开辟了更宽广的道路。

正是基于对"因时而变"的认识，《周易》中具有较为深沉的忧患意识。《周易》本身的目的就是引导人们防患于未然，化险为夷，趋吉避凶。《周易》说：

> 《易》之为书也不可远，为道也屡迁，变动不居，周流六虚，上下无常，刚柔相易，不可为典要，唯变所适。其出

---

① 《周易·坤卦》。
② 《周易·大有卦》。
③ 《周易·艮卦》。
④ 《周易·随卦》。
⑤ 同上。

> 入以度外内，使知惧。又明于忧患之故。①

"明于忧患之故"就是明于忧患和忧患之因，这就是忧患意识。忧患意识也就是居安思危。《周易》说：

> 危者，安其位者也；亡者，保其存者也；乱者，有其治者也。是故君子安而不忘危，存而不忘亡，治而不忘乱，是以身安而国家可保也。《易》曰："其亡其亡，系于苞桑。"②

大意是现在处于危险境地的，都是以前曾经以为安居其位的；现在灭亡的，都是以前曾经以为可以永葆其存的；现在败乱的，都是以前曾经以为治理得宜的。因此，君子居安而不忘倾危，生存而不忘灭亡，勉治而不忘败乱。只有对自己的处境和现状时刻报有惕警之心，才能使自身安全和国家常新。但是，真正做到"居安思危"并不容易，而是要从细微处着眼，防微杜渐。

> 善不积不足以成名，恶不积不足以灭身。小人以小善为无益而弗为也，以小恶为无伤而弗去也，故恶积而不可掩，罪大而不可解。③

事情虽小，但当量的积累达到一定程度时，也会引起事物的突变。因此，为了及时的因势利导，《周易》提出了"见几而作"的观点：

---

① 《周易·系辞下》。
② 同上。
③ 同上。

> 几者，动之微，吉之先见者也。君子见几而作，不俟终日。①

"几者，动之微"表明"几"只是一种萌芽，一种征兆。"见几而作"，就是在出现变化的萌芽状态的时候，就采取措施。只有这样才不会失败。可见"几"是非常重要的，所以《周易》特别强调"知几"，强调对"几"的洞察和重视。它说：

> 夫《易》，圣人之所以极深而研几也。唯深也，故能通天下之志；唯几也，故能成天下之务。②

"极深研几"就是指对事物的认识要直达其底蕴，研究其细微的先兆，注意引导事物朝着有利于人的方向发展。

在《周易》中，能否做到防患于未然，不仅仅是一个认识的问题，它还是一个与道德修养相贯通的问题。《乾》卦九三爻辞说：

> 君子终日乾乾，夕惕若厉，无咎。

君子整日进德修业，到晚上还惕惧反省，就不会有什么灾害降落到自己身上了。可见，防患于未然的关键就是谨慎自守，提高道德修养。

人的道德修养，是《周易》的主要内容之一。纵观六十四卦有一个统一的基点，那就是重视道德。《乾》卦教人积极向上，刚健奋进，平易无私；《坤》卦教人包容一切，化育万物；

---

① 《周易·系辞下》。
② 《周易·系辞上》。

《履》卦教人遵行礼义；《谦》卦教人谦虚谨慎；《复》卦教人反省过失，回复到仁善的正路；《恒》卦教人守德持久如一；《损》卦教人克制欲念，克服缺点；《益》卦教人兴利除弊，施行仁善，帮助别人；《困》卦教人富贵志不屈，威武节不移；《井》卦教人恪守仁善，中正平和；《巽》卦教人行事要因势利导，顺理成章。《周易》从各个方面对人的道德修养提出许多方法和途径。

（三）保合太和

"合和"作为一种文化精神，其本体义最早出现在《周易》乾卦卦辞中。乾卦的卦辞是：元、亨、利、贞。《周易·乾·文言》称这四个字为"君子四德"。《乾·文言》对"君子四德"的解释为：

"元"者，善之长也。"亨"者，嘉之会也。"利"者，义之和也。"贞"者，事之干也。君子体仁足以长人，嘉会足以合礼，利物足以和义，贞固足以干事。君子行此四德者，故曰："乾，元、亨、利、贞。"

元是众善的尊长；亨是美好的会合；利是均衡的合和；贞是办事的根本。"君子四德"中就出现了"合和"与"和义"。合和作为一种文化精神，在《周易》乾卦中基本确立。

"合和"其完整的价值义最初出现在《乾·象》中：

乾道变化，各正性命，保合大和乃利贞。首出庶物，万国咸宁。

意思是乾道象征天道，天道做有规律的变化，万物在变化中形成性命，均衡会和，利于正确的循环发展。天道周流不息。春天万物复苏，天下万方康宁。

"保合大和乃利贞"这是《周易》最重要的伦理思想。"保谓常存，合谓常和"① 唯常存常和，万物始得利而贞正。《周易》揭示了宇宙万物的生成及变化规律，在论述"天道"的同时又赋予了"人道"的意义，体现了"天道"与"人道"的和谐统一。《周易》认为，和谐是事物运动的最佳状态和终极目标，因此《周易》里有着丰富的关于和谐的思想。

《周易》从整体上来认识和把握世界，把人和自然界看做是一个相互融合的有机整体。在《周易》看来，一年四季的时间与空间运动都是和谐有序的，万物在时空中生长、茂盛、成熟、收敛，年复一年也是和谐有序的。自然界的发展是和谐有序的，由它产生的人类社会的发展当然也是和谐有序的。

《咸·象》中有这样的说法：

> 天地感，而万物化生；圣人感人心，而天下和平。

天地间阴阳之气合和交感，万物才能生长变化；圣人与人民之间心灵合和交感，天下才有和平昌盛。因此，从总的来说是"一阴一阳之谓道"，而分开来说，则是：

> 立天之道，曰阴与阳；立地之道，曰柔与刚；立人之道，曰仁与义；兼三才而两之，故《易》六画而成卦。②

这里把仁义和阴阳、刚柔相配，主要是说明天、地、人是统一的，

---

① 《周易程氏传》卷1。
② 《周易·说卦传》。

"三才"之道就是天、地、人之道。这是典型的"天人合一"之论。这样，阴阳范畴就成为贯穿天道、地道、人道的总规律。

《周易》认为天之体是阳，是刚健；地之体是阴，是柔顺。在生成万物过程中，天起着创始、施与、主动和领导的作用；而地则起着完成、接受、被动和服从的作用。联系到社会现象，阴就是"地道也，妻道也，臣道也"①；阳应该是天道、夫道、君道。那么在刚柔之间，刚居于支配的地位。《坤·彖》说：

  牝马地类，行地无疆，柔顺利贞。君子。君子攸行，先迷失道，后顺得常。

这是说，坤卦的卦象为牝马，只有柔顺才能利贞。如果坤不安于柔而在前面领导，就会迷失道路，只有从后面顺从跟随，才能回到正道上来。所以，《周易》认为，柔如果凌驾于刚之上而居于支配的地位，就会导致不吉利的后果。它说：

  无攸利，柔乘刚也。②
  六二之难，乘刚也。③

如果柔安于自己被支配的地位，就合乎正中之道，后果就会很吉利。它说：

  柔皆顺乎刚，是以小亨，利有攸往，利见大人。④

---

① 《周易·坤卦·文言》。
② 《周易·归妹卦》。
③ 《周易·屯卦》。
④ 《周易·巽卦》。

但是,《周易》并不否认柔的作用,刚要与柔相应,合乎正中之道,保持谦逊的美德,在必要时,可以居于柔下,损刚益柔,以贵下贱。它说:

> 天道下济而光明,地道卑而上行。天道亏盈而益谦,地道变盈而流谦,鬼神害盈而福谦,人道恶盈而好谦。谦,尊而光,卑而不可逾,君子之终也。①
>
> 以贵下贱,大得民也。②

《周易》把这种刚柔相济、协同配合的状态叫做"太和"。"太和"就是最高的和谐。程颐说:"天地之道,长久而不已者,保合大和也。"③意思是,保持这种最高的和谐,是事物终始循环、恒久不已的必要条件。

《周易》认为,人经常会碰到各式各样穷通否泰、吉凶悔吝等不和谐的复杂情况,但是,不管是顺境还是逆境,人们都要谦虚谨慎,自强不息,积极行动以促进事物向着和谐的方向发展。它说:"天行健,君子以自强不息。"《周易》中的人道,不仅仅是一种与天道同一的道或生命,更重要的是建构在主体的能动精神上的道与生命。在一定意义上,《周易》看来,天人之间没有间隔,而是统一的,但这个统一是在刚健雄强的基础上的统一。

"天行健"的"健"的特点,是天道所固有的自然本性。"自强不息"的特点,则并非君子的本然之性,而是君子从天道所得到的启迪,并且只有经过长期的艰难修养之后,才能得到的人道。这也就是说,"自强不息"对于君子来说,并不是天赋

---

① 《周易·谦卦》。
② 《周易·屯卦》。
③ 《伊川易传》卷1。

的，与生俱来的，是后天经过不懈的艰苦的努力培养出来的人道。

自强不息，首先就要努力进取，持之以恒。《家人·大象》云："君子以言有物而行有恒。"因此，做事情有恒心是君子或自强者的品质特征。《周易》还专门以《恒》卦从正反两方面论述了君子有恒的重要性：君子若能持之以恒，就会亨通顺利，没有坏处，即"恒，亨，无咎，利贞，利有攸往"。如果不能保持恒久性或损害恒常之道或在坚持的过程中有所动摇，就会有凶险或蒙受耻辱，即使做得正确，也不会有什么好处，即"不恒其德，或承之羞，贞吝"、"浚恒，贞凶，无攸利"、"振恒，凶"。因此，要求"君子以立不易方"，即君子要坚定不移，树立不可改变的原则。

其次，应该坚强勇敢。《困》卦的彖辞曰："困……险以说，困而不失其所亨，其惟君子乎？"意思是说君子面对困难时不是垂头丧气、愁眉苦脸，而是能保持一种和悦的心态坚定其目标，勇敢地面对困难，甚至为了目标的实现、志愿的达成而不惜牺牲生命。如果君子能保持这样的心态和坚定性，在任何困境下最终都会"吉"。《蹇》卦进一步论述了君子面对困难时采取的态度和措施。其象辞云："山上有水，蹇，君子以反身修德。"告诫我们在遇到艰难险阻时，要回头来检查自己，找出自身存在的问题，加强修养，以求得克服困难的办法。《明夷·彖》中举了文王和箕子这两个君子人物在面临逆境时所表现出的坚强性。其彖辞曰："明入地中，明夷。内文明而外柔顺，以蒙大难，文王以之。利艰贞，晦其明也，内难而能正其志，箕子以之。"周文王在蒙受大难和箕子在面临困境时表现出了一种外柔内刚、坚贞不渝而守其志的品格。因此，《周易》认为"君子以独立不惧"，君子是独立勇敢、无所畏惧的人。

《周易》在强调人要效法天道，自强不息、刚健有为的同时，还强调人应该效法地道诚心宽厚的博大胸怀。坤《象传》说：

> 地势坤，君子以厚德载物。

地总是尽其所有地顺从万物的不同需要。既然"地势坤"，那么观看了这一卦象的君子，在他的一生之中，始终都应该自觉做到"厚德载物"，即待人宽，待物宽；容人，容物；成人，成物。可见，《坤》卦在这里从"地道"讲到了"人道"，并且还讲明了"人道"又是源于"地道"的。

"地上有水，师；君子以容民恤众。"这是取自师卦"水行于地"的卦象，强调君子要有天地的胸襟和情怀，怀徕四方，体恤民众。在咸卦中，《周易》取山上有泽的卦象，要求"君子以虚受人"，即以虚怀若谷的态度对待他人。在解卦中，《周易》取雷雨作而百果草木更新的自然之象，要求"君子赦过宥罪"，即待人以宽容大度，给人以新生的机会。这都是在强调人应该效法地道，虚怀若谷，会通万物的"厚德载物"的宽容精神。

综上所述，《周易》把自然与社会、天与人、主体与客体放在一起加以考察，反映出人们求统一的整体性思维方法。

> 与天地相似，故不违。知周乎万物而道济天下，故不过。旁行而不流，乐天知命，故不忧。安土敦乎仁，故能爱。[1]

这种"不违"、"不过"、"不流"、"不忧"而"能爱"的天人和谐一致的境界，正是《周易》所追求的目标。通过人的主

---

[1] 《周易·系辞上》。

观活动，不断进行调控，使万事万物"各正性命"，从而造就天下太平，万物繁庶的良好局面。天地无心而成化，鼓万物而不与圣人同忧，无计划、无目的，只有通过人的有计划、有目的的经营谋利，使阴阳刚柔协调并济，才能使宇宙和谐、社会太平，才能达到"与天地合其德，与日月合其明，与四时合其序，与鬼神合其吉凶。先天而天弗违，后天而奉天时"的"大人"或"圣人"境界。《泰·象传》说："天地交泰，后以裁成天地之道，辅相天地之宜，以左右民。""天地交泰"是指自然界的和谐规律，"裁成"、"辅相"是指人类的行为，人类所以适应自然界的和谐规律来参赞天地之化育，并且谋划一种和谐的、自由的、活泼的、舒畅的社会发展前景，是因为"保和太和"，于是万物嘉祉，天下太平。

第四章　汉唐时期中庸观的演变

儒家的中庸观自汉至清经历了三次重大的转变。一次在东汉，一次在宋代，一次在清代。

儒学在汉代由先秦时期的百家之一，演变成为一家独尊，而中庸观也发生了第一次转型。两汉儒学家们在吸收阴阳、道、法诸家思想的基础上，创建阴阳中和观。他们以阴阳中和之道作为宇宙万物产生、发展的根本之道，并以此为中庸的根据，提出了"以中和理天下"的思想。中和思想就成为汉儒治国乃至养身的根本指导性原则。

汉至唐，中庸之道有所开拓，增加了一些新意，但尚未臻于完善，只是为宋代的中庸观念的产生，有了基础的作用。至宋代，儒学家们对中庸理论更为重视，《中庸》、《大学》、《论语》、《孟子》并列为"四书"，成为封建王朝官方钦定的最高经典。而理学家们对中庸作了新的解释与发挥，中庸观念又成了理学的一个重要范畴，而创制了心性中庸之学，这就是中庸之学的宋代转型。清代的儒学家，亲历了社会巨大变化，在尖锐的民族矛盾斗争中，朝代改换。在军事和政权的重压下，一些儒学之士只能埋首儒经，专务著述。于是，开始从空疏的心性之学中摆脱出来，舍去空谈而趋于实际，探求经世致用的学问。以弘扬务实为宗旨的中庸观，在清儒的探究中乃迭见新意。这是中庸观的第三次转型。

一　董仲舒的中和思想

董仲舒（前179—前104年），西汉著名的政治家和思想家。他提出了"德莫大于和，而道莫正于中"的观点，他把中与和看做是天地的品性，也是人类应当效法的准则。

但是从先秦到汉代，大儒学家董仲舒的出现，期间经历了一个较为漫长的过程，也是自秦以来儒学复兴的过程；同时，自董仲舒出，也使儒学走上了独尊的道路。

西汉政治家贾谊曾经总结过秦王朝灭亡的教训。他说："仁义不施，而攻守之势异也"①，这是当时人的共识。秦国自秦孝公变法以来，国势逐渐强盛，秦始皇奋六世之余烈，扫平六国，建立起历史上从未有过的中央集权的大帝国，也是前无古人的伟业！但是，秦统治者始终将法家思想作为指导其统治的理论基础，以此为出发点，推行各种暴力。秦始皇"自以为关中之固，金城千里，子孙帝王，万世之业也"②。然而，秦始皇推行文化专制政策，儒学遭到沉重打击，"有敢偶语《诗》、《书》者弃市"③，儒典被焚，儒生被杀。刘歆在《移让太常博士书》中就说过，儒家学说"陵夷至于暴秦，燔经书，杀儒士，设挟书之律，行是古之罪，道术由是遂灭"。虽然，刘歆可能夸大了秦王朝焚书坑儒的实际影响力，但这一事件，确实是中国文化上的一场浩劫。秦朝的暴力，使其站到了百姓的极端对立面。"一夫作难而七庙隳，身死人手，为天下笑"④，这是秦朝的必然命运。

刘邦亲历了秦王朝的暴政及其灭亡。建立汉朝之后，他们便

---

① 贾谊：《过秦论》，见《史记·秦始皇本纪》。
② 同上。
③ 《史记·秦始皇本纪》。
④ 贾谊：《过秦论》，见《史记·秦始皇本纪》。

寻求有别于秦朝的政治理论,但最初刘邦并未看好儒家,他鄙视儒生。陆贾时时在高祖面前讲说《诗》、《书》,高祖骂之曰:"乃公居马上而得之,安事《诗》、《书》!"陆贾反驳说:"居马上得之,宁可以马上治之乎?……向使秦已并天下,行仁义,法先圣,陛下安得而有之?"[①] 汉初统治者对儒者都不甚重用,孝文帝本好刑名之言,至景帝,不任儒者,而窦太后更喜欢黄老之学。在秦末社会凋敝残破之后,黄老的无为而治之术,对社会经济的复苏起到了纾困的作用。经过70余年的休养生息,国力逐渐增强。统治者如果一味谨守黄老无为而治的原则,在思想、施政方针方面不能适时进入有为状态,社会势必会出现不协调,社会的发展也必将受到严重的滞碍。很显然,统治者要想有所作为,完成西汉社会的重要历史转变,黄老之术已经很难适应西汉帝国的需要了。因而,黄老之学让位于新的统治学说,已成为历史发展的必然趋势。至汉武帝时,统治者的目光最终转向了儒学。

公元前141年,汉武帝即位,即位后便试图改变统治思想,其措施就是"罢黜百家,独尊儒术",但却遭到其祖母、崇尚黄老之学的窦太后的阻挠。建元六年(前135年),窦太后死,这就为"罢黜百家"扫除了障碍。翌年五月,汉武帝诏举贤良对策。但是,举荐上来的人流品很杂,当时丞相卫绾说:"所举贤良或治申、商、韩非、苏秦、张仪之言,乱国政,请皆罢",武帝同意了这一建议。这就表明,武帝对儒家以外的学派采取了一种排斥的态度。当然,这同武帝好儒有关,"汉崇儒之主,莫过于武帝"。但也不能单从武帝个人的好恶来解释。其实,这其中蕴涵了某种历史的必然性,反映了汉朝统治者,为了维护其长远的统治利益,对新的统治理论、学说的需求,而儒学恰恰能够担此重任。西汉

---

① 《史记·郦生陆贾列传》。

时期的儒学已非原始儒学,在其发展的过程中,儒学已杂糅了道、法、阴阳等成分。到汉武帝时期,儒学基本完成了新的构造,形成了新的形态。它的最大特征是,思想体系相对开放,能够吸纳其他学派的思想要素,使儒学对社会更具有适应性。

在这一次诏举贤良对策中,大儒董仲舒上对策三篇——后世所谓的"天人三策",对"罢黜百家"进行了理论上的阐述,提出"《春秋》大一统者,天地之常经,古今之通谊也。今师异道,人异论,百家殊,指意不同,是以上亡以持一统,法制数变,下不知所守。臣愚以为诸不在六艺之科、孔子之术者,皆绝其道,勿使并进。邪辟之说灭息,然后统纪可一而法度可明,民知所从矣。"①

董仲舒还提出了"兴太学"的建议,认为"养士之大者,莫大于太学。太学者贤士之所关也,教化之本原也……臣愿陛下兴太学,置明师,以养天下之士,数考问以尽其材,则英俊宜可得矣"②。董仲舒的建议得到武帝的赏识,"天子善其对",并为武帝所采纳,并逐步得到实施。董仲舒的"天人三策",使儒学走上了独尊的历史舞台。董仲舒也被任命为江都王的"相"。但他的仕途并非顺利。先是因上书讲"阴阳灾变"而激怒了汉武帝,险遭杀身之祸;后又遭到善玩弄权术的公孙弘的排挤,被任命为胶西王刘端的"相"。刘端纵恣不法,屡杀大臣,虽对董仲舒还算礼敬,但董仲舒恐日久生变而获罪,于是称病辞职,从此,以讲学著书为事。但仍然受到汉武帝的尊重,朝廷每有大议,便遣使者"就其家而问之"③。董仲舒被当时人誉为"群儒首"、"儒者宗"。

---

① 《汉书·董仲舒传》。
② 同上。
③ 同上。

董仲舒的思想学说，在西汉可以说是开一代风气的。董仲舒以《春秋》"公羊学"为骨干，广泛汲取先秦诸子的"天命"、"刑名"、"无为"以及"阴阳五行"等学说，并利用当时自然科学的新成果，构造成为以"天人感应"为核心的思想体系。用"天不变，道亦不变"的观点，论证了"天纲人伦、道理、政治、教化、习俗、文义"等的永恒合理性。这是与原始儒学不同的新儒学。徐复观先生认为"汉代思想的特性，是由董仲舒所塑造的"[1]。

前文已经提到，董仲舒十分重视中庸，但此前汉初不少儒家学者已经认识到儒家的中庸之道及其价值。

汉初陆贾率先提出"中和"的观念。他在《新语·无为》中指出："君子尚宽舒以苞身，行中和以统远，民畏其威而从其化，怀其德而归其境，美其治而不敢违其政。民不罚而畏罪，不赏而欢悦，渐渍于道德，被服于中和之所致也。"陆贾所谓的"中和"乃是指融合了法家思想或法治内容的德治思想。陆贾总结秦代遭致覆灭的历史教训，向刘邦提出"马上"、"马下"，攻守异术的建议。提出汉朝建立后，应根据新的形势，以儒家的仁义、德教作为治国的指导思想。而秦朝的灭亡，就是由于废弃仁义，而片面崇尚法治所造成的。他说："事逾烦天下愈乱法愈滋而天下愈炽，兵马愈设而敌，人逾多。秦非不欲为治，然失之者，乃举措太众刑罚太极故也。"[2] 陆贾认为，法令只能诛恶，不能劝善。只有仁义才是政治的根本，要使"民畏其威而从其化，怀其德而归其境，美其治而不敢违其政"[3]，"万世不乱，仁

---

[1] 徐复观：《先秦儒家思想的转折及天的哲学的完成——董仲舒〈春秋繁露〉的研究》，《两汉思想史》第二卷，华东师范大学出版社2001年版，第182页。

[2] 《新语·无为》。

[3] 同上。

义之所治也"①。陆贾并不完全否定法治的作用,但认为法治只能作为仁义的补充。因而,陆贾所论述的"仁义",已经融合法家思想于其中,这种思想陆贾称之为"中和"。用这种思想治民,"民不罚而畏罪,不赏而欢悦,渐渍于道德,被服于中和之所致也"。

  无独有偶,西汉政论家贾谊和陆贾一样,其思想的基本点是攻守异术,认为在兼并进取时法术诈力是必要的,但政权建立之后,就应该改弦更张,施仁心,行仁政,以仁义为本。他认为秦朝之所以速亡,就因统一天下后,仍然以法治诈力为其统治的指导思想而不知更改。"秦以区区之地致万乘之势","以六合为家,崤函为宫。一夫作难而七庙堕,身死人手,为天下笑者,何也?仁义不施,而攻守之势异也。"②贾谊向汉朝统治者提出,要"建国立君以礼天下,虚囹圄而免刑戮","轻赋少事,以佐百姓之急,约法省刑,以持其后,使天下之人皆得自新","塞万民之望,而以盛德与天下"③。同陆贾一样,贾谊也认为刑和法不是不能用,但它是末而不是本,本是仁义。如果两者位置"序得其道",对巩固统治,是极有功效的。贾谊虽然没有像陆贾一样提出"中和"的观念,而其思想实质是一致的。其实,贾谊在原始儒家和法家之间,取其中。申、商、韩非片面强调法治;孔孟则强调道德,与功利对立起来,认为道德仁义不能包含功利的目的。贾谊则把二者统一起来,提出"亲爱利子谓之慈,反慈为嚚。……爱利出中谓之忠,反忠为信"④。他认为爱和利是对立统一、不可偏废的。所以贾谊所表现的是融合儒法为一的新儒家的思想特点。

---

  ① 《新语·道基》。
  ② 贾谊:《过秦论》,见《史记·秦始皇本纪》。
  ③ 同上。
  ④ 《道术》。

董仲舒对中庸之道则给予了新形势之下的开拓。他认为"道之大原出于天，天不变，道亦不变"。从儒家中和思想的角度来分析和认识董仲舒的思想体系构成，一是董仲舒的阴阳中和宇宙生成论，二是阴阳中和的治道论。

董仲舒在汲取了阴阳五行等诸家学派的思想内容后，创制了一个以阴阳五行为框架的宇宙生成模式。董仲舒在《春秋繁露·五行相生》中指出："天地之气，合而为一，分为阴阳，判为四时，列为五行。"董仲舒认为，宇宙源于元气，元气分为阴阳二气，阴阳二气和五行是有规律的运动。在阴阳运行方面，他说：

> 天之道，有序而时，有度而节，变而有常，反而有相奉，微而至远，踔而至精，一而少积蓄，广而实，虚而盈。①

> 天之常道，相反之物也，不得两起，故谓之一。一而不二者，天之行也。阴阳，相反之物也，故或出或入，或左或右。春俱南，秋俱北，夏交于前，冬交于后，并行而不同路，交会而各代理，此其文与天之道有一出一入一休一伏，其度一也。②

> 天之道，终而复始。故北方者，天之所终始也，阴阳之所合别也。冬至之后，阴俛而西入，阳仰而东出，出入之处常相反也。多少调和之适，常相顺也。有多而无溢，有少而无绝。春夏阳多而阴少，秋冬阳少而阴多，多少无常，未尝不分而相散也。以出入相损益，以多少相溉济也。③

---

① 《春秋繁露·天容》。
② 《春秋繁露·天道无二》。
③ 《春秋繁露·阴阳终始》。

天道大数，相反之物也，不得俱出，阴阳是也。春出阳而入阴，秋出阴而入阳，夏右阳而左阴，冬右阴而左阳；阴出则阳入，阳入则阴出；阴右则阳左，阴左则阳右，是故春俱南，秋俱北，而不同道；夏交于前，冬交于后，而不同理，并行而不相乱，浇滑而各持分，此之谓天之意。①

董仲舒所论述的是自然之天的观点。天道的实际内容是指阴阳有规律的、周而复始的运行所产生的春夏秋冬四时的变化，其特点是"一而不二"。有序、有度、有节、有时、"变而有常"。关于"五行"，董仲舒说："辨五行之本末顺逆大小广狭，所以观天道也"②，同时他又认为五行也是同以气即阴阳为基础的五种自然势力的运行规律相联系的。万物正是在这阴阳的运行，四时的代谢，五行的有规律的运动中，生生灭灭。这就是董仲舒所揭示的宇宙的生成模式，是他对世界统一性的理性思考。这种元气和五行的深化、生成宇宙的模式，实质上是属于朴素唯物论和辩证法的。

董仲舒强调阴阳的统一与和谐是宇宙的常态。他认为宇宙的根本精神是"中和"。他在《循天之道》中说："天有两和，以成二中……北方之中用合阴，而物始动于下；南方之中，用合阳，而养始美于上。其动于下者，不得东方之和不能生，中春是也。其养于上者，不得西方之和不能成，中秋是也。"他是以北方（冬）南方（夏）为天之"二中"，东方（春）西方（秋）为天之"二和"；阳气合阴气于北方之中，向东移动而与东方阴阳之和相合，物由动于下而生。东方之和以中春为准。阴气合阳气于南方之中，向西移动，而与西方阴阳之和相合，物由养于上

---

① 《春秋繁露·阴阳出入》。
② 《春秋繁露·天地阴阳》。

而成熟。西方之和,以中秋为准。因而他说:"天之序,必先和然后发德,必先平然后发威。……德生于和,威生于平也。不和无德,不平无威,天之道也。"① "人气调和而天地之化美。"② 无疑,"中和"论构成了董仲舒宇宙生成论的根本精神,中和之道是天地之道,是宇宙生成之道。周桂钿在其《董学探微》一书中就概括说:"极阴极阳为中,阴阳相半为和。"董仲舒曾指出:"天地之气,阴阳相半,和气周回,朝夕不息……以此推移,无有差慝,运动抑扬,更相动薄,则熏蒿敲蒸,而风雨云雾雷电雪雹生焉。"③ 董仲舒把中和与阴阳联系起来,认为和是阴阳的相半、谐调,是天地的最佳状态。阴阳之气彼此的推移,周回不息,运动抑扬,才是宇宙万物生生不息的动因。"中和"亦更能完整地体现作为"天地之道"的运动规律的性质和内容。董仲舒总括说:"中者,天下之终始也;而和者,天地之所生成也。夫德莫大于和,而道莫正于中。中者,天地之美达理也。"④

董仲舒认为,阴阳中和之道,不仅是"天地之所终始"、"天地之所生成",并且还可以把中和之道引入社会实践领域。"以中和理天下",这是一个最高的原则。董仲舒是以巩固中央集权、维护刘汉王朝的政治统治为出发点和归宿的。但他又认为"以中和理天下"的原则,必须借助于"天人感应"的形式来实现。

在天与君主的关系上,董仲舒首先强调"君权神授"说。"受命之君,天命之所予也,故号为天子者,宜视天如父,事天以孝道也"⑤。而君主在政治上则有至高无上的地位,"立于

---

① 《春秋繁露·威德所生》。
② 《春秋繁露·天地阴阳》。
③ 《雨雹对》,《金汉文·正文》卷二十四。
④ 《春秋繁露·循天之道》。
⑤ 《春秋繁露·深察名号》。

生杀之位，与天共持变化之势"①。同时，董仲舒还吸收了道家与法家的思想，要求人主知天法地，把人主的行为纳入他所主张的与天道相配合的君道之中。他说："夫王者不可以不知天……天意难见也，其道难理；故明阳阴入出实虚之处，所以观天之志。辨五行之本末顺逆小大广狭，所以观天道也。天志仁，其道也义。为人主者，予夺生杀，名当其义，若四时。列官置吏，必以其能，若五行。好仁恶戾，任德远刑，若阴阳，此之谓配天。"②

他要求人主法天以成君道。他说："天地之数，不能独以寒暑成岁，必有春夏秋冬。圣人之道，不能独以威势成政，必有教化。故曰：先之以博爱，教以仁也。难得者，君子不贵，教以义也。虽天子必有尊也，教以孝也。必有先也，教以弟也。此威势不足独恃，而教化之功，不亦大乎？"③

"明王正喜以当春，正怒以当秋，正乐以当夏，正哀以当冬。上下法此以取天之道。……是故春喜夏乐，秋忧冬悲。悲死而乐生；以夏养春，以冬藏秋，大人之志也。是故先爱而后严，乐生而哀终，天之当（常）也；而人资诸天，……大德而小刑也。是故人主近天之所近，远天之所远；大天之所大，小天之所小。是故天数右阳而不右阴，务德而不务刑。刑之不可任以成世也，犹阴不可任以成岁也。为政而任刑，谓之逆天，非王道也。"④

在董仲舒的"以中和理天下"的政治思想中，占核心地位的是仁德思想。他说："治其道而以出法，治其志而归之于仁。仁之美者在于天，天仁也……人之受命于天也，取仁于天而仁

---

① 《春秋繁露·王道通三》。
② 《春秋繁露·如天之为》。
③ 《春秋繁露·为人者天》。
④ 《春秋繁露·阳尊阴卑》。

也。……天常以爱利为意，以养长为事，春秋冬夏，皆其用也。"① 政归之于仁，董仲舒认为这乃是王道的根本，离开仁，就违反了天意，也就离开了中和之道。董仲舒把中和之道运用到治理国家的政策中，提出了调均的主张。他说："孔子曰：'不患贫而患不均'，故有所积重则有所空虚矣。大富则骄，大贫则忧。忧则为盗，骄则为暴，此众人之情也。圣人则于众人之情，见乱之所从生，故其制人道而差上下也。使富者足以示贵而不至于骄，贫者足以养生而不至于忧。以此为度而调均之。是以财不匮而上下相安，故易治也。"② 董仲舒从汉王朝的长治久安着眼，以中和为出发点，试图用调均来缩小社会贫富之间的差别，以减缓社会的矛盾。

董仲舒的仁德思想的理论基础之一是"民本"思想。在《春秋繁露》中他一再指出："天之生民非为王也，而天立王以为民也。故其德足以安乐民者，天予之；其恶足以贼害民者，天夺之。"③

董仲舒受时代风气和战国末期道家的影响，亦重视养生。《春秋繁露·循天之道》中说："循天之道，以养其身，谓之道也。""夫德莫大于和，而道莫正于中……能以中和养其身者，其寿极命。"这应是他的养生总论。他又说："故养生之大者乃在爱气。气从神而成，神从意而出。心之所之谓意。""意劳者神忧，神忧者气少，气少者难久矣。故君子闲欲止恶以平意，平意以静神，静神以养气。气多而治，则养身之大者得矣。"他认为"泰实则气不通，泰虚则气不足；热胜则气□，寒胜则气□；泰劳则气不入，泰佚则气宛至；怒则气高，喜则气散，忧则气

---

① 《春秋繁露·王道通三》。
② 《春秋繁露·度制》。
③ 《春秋繁露·尧舜不擅移汤武不专杀》。

狂，惧则气慑。凡此十者，气之害也，而皆生于不中和。故君子怒则反中而自悦以和，喜则反中而收之以正，忧则反中而舒之以意，惧则反中而实之以精，夫中和之不可不反如此。"使精神持中和状态，这是养生的根本。董仲舒认为仁之人所以多寿者，就在于能做到欲念及情绪等方面"不失中正"。"是故男女体其盛，臭味取其胜，居处就其和，劳佚居其中，寒暖无失适，饥饱无过平，欲恶度礼，动静顺性，喜怒止于中，忧惧反之正，此中和常在乎其身，谓之得天地泰。得天地泰，其寿引而长。"①

二　扬雄的中和思想

西汉末年的硕儒扬雄（公元前53—公元18年），字子云，蜀郡成都（今四川成都）人。著名儒家学者，思想家、文学家、语言学家。

扬雄从小勤奋好学，不为章句，博览群书，喜潜心思考。为人简易清静，不汲汲于富贵，不戚戚于贫贱。有大度。通《易经》、《老子》，善辞赋。年轻时写了不少华丽的辞赋，传至京师，为汉成帝所喜，召为给事黄门郎，与王莽、刘歆等为同僚，但政治上一直不得意。王莽篡位后，扬雄不趋炎附势，而清贫自守。扬雄一生主要从事于文字、思想和学术活动。

扬雄思想的代表作是《太玄》和《法言》。从《太玄》的结构和形式言，这是一部模仿《周易》的著作。《法言》在形式上是模仿《论语》。《太玄》的思想核心是建立一个以玄为宇宙万物本源的思想体系，而《法言》则是以人性论、伦理、政治学说为内容的著作，是以孔子《五经》为中心所树立的做人与立言的标准。这两部书都以中庸贯之，中和思想成为两部书的基

---

①《春秋繁露·循天之道》。

本精神。

扬雄对"中和"多有发挥。他在《法言》中表达了中道是自然万物的运行之道,也是人类社会的致治之道。在《法言·序》中说:"茫茫天道,昔在圣考,过则失中,不及则不至,不可奸罔。"在《法言·先知》中指出:"龙之潜亢,不获中矣;是以过中则惕,不及中则跃,其近于中乎!圣人之道,譬犹日之中矣,不知则未,过则昃。"在政治方面,他崇尚中和政治:"立政鼓众,动化天下,莫尚于中和。中和之发,在于哲民情。"①

扬雄之作《太玄》,目的是把他所认识的关于宇宙的根本原理作以全面阐述。

《太玄》是模仿《周易》而成。扬雄对《太玄》自负很高。说:"晓天下之瞆瞆,莹天下之晦晦者,其唯玄乎!……故玄卓然示人远矣,旷然廓人大矣,渊然引人深矣,渺然绝人眇矣。嘿而该之者玄也,挥而散之者人也……故玄者,用之至也。……知阴知阳,知止知行,知晦知明者,其唯玄乎!"②又说:"仰以观乎象,俯以视乎情,察性知命,原始见终。"③张衡对扬雄的《太玄》有较高的评价,称其"竭己精思";与《五经》"相似"。并且扬雄的《太玄》对宋代理学发生重大影响。扬雄也企望《太玄》也像《周易》一样有广泛的影响和作用。

扬雄在《太玄》中,从宇宙论的高度揭示出中和之道的普遍性。

《太玄》的核心范畴是"玄"。"玄"这一概念的属性是物质的抑或是精神的?学界一直以来有着不同的认识。扬雄的

---

① 《法言·序》。
② 《太玄·玄摛》。
③ 同上。

"太玄"虽有"玄者幽摛万类",体现为精神性的一面,但从根本上而言,"玄"是具有物质性的元气。"太玄"是《易》中的"太极",是阴阳二气未分混一的元气。在《太玄》的八十一首中,它是以"中"为始的,亦以"中"为尊。在其每首九赞中,最为尊贵吉祥的"五"赞即代表了中和之道,"中和莫盛于五"①。因而,在扬雄的《太玄》中,"中"实质上居于核心的地位,其内容是"元气",也是万物的本源。

《太玄》各首各赞中,既相当于《易》的卦爻和象的首赞辞和测中,更能看到扬雄对中和之道的推崇。如在相当于《易》的"恒"卦的"永"首第五赞上,赞辞是:"次五:三纲得于中极,天永厥福",其意为:三纲得其中正,天便能永葆其福禄。又如"法"首第二赞,其赞辞是:"次二:墓法以中,克。测曰:墓法以中,众人所共也"。其意为:君主制法适中,无过无不及,众人就能共同施行。在"戾"首的第八赞中,其赞辞是:"次八:杀生相午,中和其道"。对此赞辞,司马光的解释为:"天有杀生,国有德刑,其道相逆,不可偏任,必以中和调适其间,然后阴阳正而治道通也。"②司马光对扬雄的中和之道有很深刻地理解。

在人们的日常言行中,扬雄也提倡以中和之道为其准则。如"务"首指出,"次八:中黄,免于祸,贞。测曰:中黄免祸,和之正也"。司马光解释为:"君子以中正为务,虽祸不害也。"其"达"首第五赞,其赞辞是:"次五:达于中衢,小大元迷。测曰:达于中衢,道四通也。"中衢即中道。其意是说,只要遵循中道,就能畅行无阻。扬雄也极重视圣人之德,要达到圣人之德,亦必须遵循中道。《太玄·玄棿》中指出:"拟行于德,行

---

① 《太玄·玄图》。
② 《集注太玄经》。

得其中；拟言于法，言得其正。言正则无择，行中则无爽，水顺则无败，无败故可久也，无爽故无可观也，无择故可听也。可听者圣人之极也，可观者圣人之德也"。

扬雄在《太玄·玄莹》中，提出了道的因革论。"夫道有因有循，有革有化，因而循之，与道神之；革而化之，与时宜之。故因而能革，天道乃得，革而能因，天道乃驯。夫物不因不生，不革不成。故知因而不知革，物失其则，知革而不知因，物失其均。革之匪时，物失其基；因之匪理，物丧其纪。因革乎因革，国家之矩范也。矩范之动，成败之效也。"扬雄的"因革"论极其精彩，是关乎国家治乱兴衰的规范。而这一因革论是建立在中道论的基础之上的。扬雄提出了"革而化之，与时宜之"的命题，而这一命题能够成功实现，达到"革而化之"的目的，必须选择恰当的"时"。做到"与时宜之"，这无疑是一种"时中"论。"时中"是"革而化之"即事物变化的必然根据。在《法言·问神》中，扬雄就提出了"夫道非天然，应时而造者，损益可知"的观点。这同其"革而化之，与时宜之"的观点是一致的。他认为就是儒家的经和圣人之言，亦是可以损益的。他说："或曰：《经》可损益与？曰：《易》始八卦，而文王六十四，其益可知也。《诗》、《书》、《礼》、《春秋》，或因或作，而成于仲尼，其益可知也。故夫道非天然，应时而造者，损益可知也。"可以肯定地说，扬雄这种大胆的观点，就表明他是一位具有独创性的学者。在《法言·问道》中就提出"新则袭之，敝则益损之"，扬雄的因革论损益论都有"时中"的精神渗透其中，一切事物的合理性或存在的根据，都取决于是否合于"时"而适于"中"而已。

《法言》思想的极有价值的贡献是对"智"的重视，并由此而显示出的理性精神。

或问："人何尚？"曰："尚智。"曰："多以智杀自身者，何其尚？"曰："昔者皋陶以其智为帝谟，杀身者远矣。箕子以其智为武王陈《洪范》，杀身者远矣！"①

或问哲。曰："旁明厥思"。②

《广雅释诂》："旁，广也。""明"，指"微而见之"，即对事物有深刻精到的认识。在其中和思想中，扬雄就有重"智"的因素。在致中和的过程中就能够理性地认知和把握事物。在《法言·先知》中，他说："立政鼓众，动化天下，莫尚于中和，中和之发，在于哲民情。"扬雄肯定中和之道是"立政鼓众，动化天下"的最佳"治道"，而要达到和实现中和的最佳"治道"，就"在于哲民情"。这里的"哲"，就是"旁明厥思"，是理性之"明"，即通晓百姓的实际情况。扬雄在《先知》中就明确地提出了一个"中和之发，在于哲"的观点，这种观点具有重要的意义。因为在这里，扬雄把"中和"与理性地认知事物的"哲"联系在一起，这是对《易传》"时中"观重视知性认知思想的继承。

扬雄的中和论没能在后世产生太大的影响，这是因为扬雄的中和思想涵融在晦涩的太玄之中，从而严重影响了人们对他的中和思想的理解和把握。然而，尽管如此，他的中和论对后世仍有重要的启迪作用。

三　王充的中和思想

东汉时期的著名思想家王充（27—约97年），字仲任，会

---

① 《法言·问明》。
② 同上。

稽上虞（今浙江上虞）人。王充出身于"细族孤门"，父辈曾在钱塘（今浙江杭州市）"以贾贩为事"。其先世原籍魏郡元城（今河北省大名），王充先辈数世从军有功，曾祖王勇，被封于会稽郡阳亭。王莽篡汉，失去封爵，家以农桑为业。父亲王诵，避仇迁居至上虞①。

据《后汉书·王充传》记载："充少孤，乡里称孝。后到京师，受业太学，师事扶风班彪。好博览而不守章句。家贫无书，常游洛阳市肆，阅所卖书，一见辄能诵忆，遂博通众流百家之言。后归乡里，屏居教授。仕郡为功曹，以数谏争不合去。"后又携家至丹阳、九江、庐江、扬州等地，任一些卑微的职务。后去职居家，以著述为事，终成《论衡》等著作。

王充是一位富有批判精神的思想家。东汉前期，在谶纬神学泛滥的年代里，他以"疾虚妄"，提倡实知、知实的精神，对"天人感应"、谶纬神学等迷信思想进行了尖锐的揭露和抨击。

王充精通儒家经典，在儒术独尊的汉代，他都敢于议论经典和圣贤之言，这是当时一般儒学知识分子所不敢去做的。他写了《问孔》、《刺孟》两文，他说："夫圣贤下笔造文"，"安能皆是？""苟有不晓解之问，追难孔子，何伤于义？诚有传圣业之知，伐孔子之说，何逆于理"？② 这样的一些言论，在当时社会无疑是非常大胆的。王充信仰儒学，但又不为俗儒之学所囿，他是儒家学者阵营中的特殊人物。

王充哲学思想的核心是元气自然说。他认为元气是世界的基元，天地之间的一切，都是由元气所构成，"万物之生，皆禀元气"③。王充关于自然概念的含义，他认为自然和社会的现象与

---

① 《论衡·自纪》。
② 《论衡·问孔》。
③ 《论衡·言毒》。

过程有其客观性和必然性；事物运动变化的动力及源泉，在于元气的运动与变化的自发性。而中和论则是其元气自然论的一个基本原则。他是用元气的阴阳中和来解释万物生成与兴衰的。王充说："天地合气，万物自生。"①"百姓安，而阴阳和，阴阳和，则万物育。"②"夫阴阳和则谷稼成，不则被灾害。"③"禾，嘉谷也，二月始生，八月而熟，得时之中和也。"④ 因此，在王充看来，自然万物的生成都源于天地阴阳合气而生。阴阳二气合必须"得时之中和"，也即经过阴气和阳气的中和调谐，则万物就会顺畅地生长。否则，阴阳二气达不到"中和"，就会造成自然万物的灾害。王充的阴阳中和论，应该说是批判神学谶纬迷信的有力武器，但是，他以阴阳二气的中和去阐释自然万物的生成，尚显牵强。但在东汉天人感应、谶纬迷信泛滥时期，元气的阴阳中和论对于"疾虚妄"，还是发挥了重要的作用。

四 王弼、郭象的中和论

王弼（226—249年），字辅嗣，魏国山阳（今河南省焦作）人。三国时期儒家学者，经学家，魏晋玄学的主要代表人物。

《三国志·魏书·钟会传》裴注引何劭《王弼传》记载："弼幼而察惠，年十余，好老氏，通辩能言。"于时，何晏为吏部尚书，惊奇于王弼的学问，叹称："仲尼称后生可畏，若斯人者，可与言天人之际乎！"然而，王弼于正始十年（249）秋，遭疠疾亡，年仅二十四岁，英年早逝！

---

① 《论衡·自然》。
② 《论衡·宣汉》。
③ 《论衡·自然》。
④ 同上。

王弼好儒、道之学，年未弱冠，就注解《周易》和《老子》。但在儒、道之间，他更重视的则是儒学和孔子。他将老子"有生于无"的宇宙生成论，发展成"以无为本"的本体论，主张"名教出于自然"。

　　王弼注《易》，具有重要的地位和影响。他尽扫象数之学，从思辨的哲学高度进行注释，这是《易》学研究史上的一次飞跃。王弼站在玄学的立场上，把《易》玄学化，他是用道家的本体论来解释《易》学的。《晋书·王弼传》说："魏正始中，何晏、王弼等祖述老庄，立论以为天地万物皆以无为本。"这一概括准确而精辟，揭示了贵无论玄学的基本特征。也正是何晏、王弼的贵无论的玄学，在思想史上引起了一场划时代的变革，它结束了统治两汉达数百年之久的经学传统，开创了一代新风。

　　然而，魏晋玄学的属性问题，即归属儒家还是道家？学界认识不一。杨国荣曾说，魏晋玄学"总体上仍表现为儒家价值体系的延续"①，我们赞同这一种观点。

　　王弼所谓"天地万物皆以无为本"，他所崇重的"无"或曰"道"，也就是"中"或"中和"。他曾说："至和之调，五味不形；大成之乐，五声不分；中和备质，五材无名也。"② 王弼《周易注》中形容本体之"无"亦曰"道"，是"不阴不阳，……不柔不刚……无方无体，非阴非阳"③，"中和"便是"无"或"道"。他又说，"居中得中，……任其自然而物自生"④。"中"便是自然，所谓"居中得中"，便是"任其自然"，使万物按自然本性产生、发展。他对统治者提出，要"居尊以

---

① 《论魏晋价值观的重建》，《学术月刊》1993年第1期。
② 《论语释疑皇疏》。
③ 《周易注·乾卦》。
④ 《周易注·坤象》。

柔，处大以中，无私于物，上下应之"①。统治者居于尊处，固守中和的道德本体，于物无私，就会达到上下尊卑的和谐。"上守其尊，下安其卑，自然之质，各定名分，短者不为是，长者不为有余"②。王弼在其《周易略例》中特别强调："夫古今虽殊，军国异容，中之为用，故未可远也。"他认为万物遵循中和之道，事物就会顺利发展。王弼的"中和"思想中"贵无"、"任自然"的观点明显带有道家的色彩，但他又肯定仁义等，其根本的立场仍然是儒家的。同时，他的"中和"思想，也体现了儒道的融合特色。

郭象（252—312年），字子玄，晋惠时人，官至司马越太傅府主簿，永嘉六年病死。《晋书·郭象传》称，郭象"少有方理，好老庄，能清言"。先前向秀注《庄子》名《庄子隐解》，"唯《秋水》、《至乐》二篇未竟，而秀卒。秀子幼，又遂零落，然犹有别本。……（象）见秀义不传于世，遂窃以为己注。乃自注《秋水》、《至乐》二篇，又易《马蹄》一篇，其余众篇，或定点文句而已"③。郭象究竟有没有窃取向秀的《庄子注》，这一公案至今仍没有搞清楚，《庄子注》中，哪些是郭象抄袭向秀的说法，哪些是郭象自己的观点，我们也无法逐一查对。但可以肯定的是，他们二人的观点，应该是基本一致的。

向秀、郭象在《庄子注》中提出了一些新解，其主要观点，是"独化"的学说。

郭象在《庄子注》中，首先承认一切事物是在变化着的，他说："变化日新，未尝守故。"④ 并说，这种变化，不仅无物而不然，而且无时而不然。郭象认为这种变化日新，都是自然产生

---

① 《周易注·大有卦》。
② 《周易注·损卦》。
③ 《世说新语·文学篇》。
④ 《庄子·秋水注》。

的，没有什么造物主在主宰着。所以他说："夫庄、老之所以屡称无者何哉？明生物者无物，而物自生耳。"① 他在《齐物论》注中说："无既无矣，则不能生有，有之未生，又不能为生，然则生生者谁哉？塊然而自生耳！"② 从郭象的论点来看，认为万物本身以外，并没有造物主存在，也不能把"无"当成万有本体，他提出了"造物者无主，而物各自造"的论点，这就否定了"道"和"无"生化万物的观点，肯定了万有的实在性。

他又说："道，无能也，此言得之于道，乃所以明其自得耳。……然则凡得之者，外不资于道，内不由于己，掘然自然而独化也。"③ 这就是说，道不能生成万物，万物乃是自己生长起来的。万物的生长"外不资于道，内不由于己"。他从独化的观点出发，认为一切事物是自己自然地生成起来。所谓独化，意思是"欻然自生"，"物之自尔"，"独生而无所资借"。

郭象认为，社会区分为尊卑贵贱，君臣上下的等级，是一种自然之理，如同自然界的事物各有自己的性分而万殊不齐一样。"天性所受，各有本分，不可逃，亦不可加。"④ "性各有分，故知者守知以待终，而愚者抱愚以至死。岂有能中易其性者也？"⑤

郭象的"性分"是自然的也是名教的。这同他自然即名教的观点是一致的。而这种性分论也是郭象的中和论。

性分，这一范畴，一是指"物各有性"，二是指"性各有分"。郭象由此观点出发，认为社会中的人也各有性分。而人的性分其表现也是多方面的，其中重要的就在于人伦道德方面的性

---

① 《庄子·在宥注》。
② 《庄子·齐物论注》。
③ 《庄子·大宗师注》。
④ 《庄子·养生主注》。
⑤ 《庄子·齐物论注》。

分。郭象从儒家的人性论出发,指出,"仁义者,人之性也","夫仁义自是人之性情"①。仁义是人的自然之性中所固有的特性,不仅如此,人还有着各自不同的特定的社会身份,这便是人的分。正如前文所说,"天性所受,各有本分"。因此,万物和人按照各自的自然性分,各尽其性,各守其分。"夫时之所贤者为君,才不应世者为臣。若天之自高,地之自卑,首自在上,足自居下,岂有逆哉!虽无错于当而必自当也。"② 这种等级的区分是一种自然的,只有如此,才能构筑社会整体的中和景象,社会就会有序,就会和谐、安宁。

郭象认为"自然之分尽为和"③,人尽其性各守其分,无过无不及,便是中或中庸。"苟得中而冥度,则事事无不可也。"④做到各尽性分便可以"得中而冥度",达到事事无不可的境地,天人物我,在"玄冥"之境达到高度融洽和谐。郭象的"独化于玄冥之境"的命题,不仅把有与无结合在一起,并且把个体的和谐与整体的和谐紧密地联系在一起。郭象认为,自然界的失序、社会的动乱、和谐遭到破坏,是人们丧失了自己的自然本性,"志过其分",纷纷追求性分以外的东西所造成的。"志过其分",即失中,失中即不和,"适性为治,失和为乱"⑤。但郭象又认为,自然界的失序和社会的动乱,并不是由一般的民众所造成的,而是由上层统治者所引起的,他说:"夫物之形性何为而失哉?皆由人君挠之以至斯患耳!"⑥"在上者不能无为,上之所

---

① 《庄子·骈拇注》。
② 《庄子·齐物论注》。
③ 《庄子·寓言注》。
④ 《庄子·养生主注》。
⑤ 《庄子·在宥注》。
⑥ 《庄子·则阳注》。

为而民皆赴之，故有诱慕好欲而民性淫矣。"①

郭象的"自然之分尽为和"的性分中和论，从自然性分的角度揭示了中和的实质和致中的途径，"这是对儒家中和哲学的新发展"②。

五 王通的中道论

王通（？—617年），字仲淹，其门人谥曰"文中子"，隋河东郡龙门（今山西万荣县）人。隋唐儒家学者，思想家。

自北宋初年以来，历代都有人怀疑王通其人及其传世著作《文中子·中说》的真实性。但从目前研究的成果看，王通实有其人，其著作也非伪作。

王通的先祖是太原祁人。王通之弟王绩《游北山赋序》说："吾周人也，本家于祁。永嘉之际，扈从江左，地实儒素，人多高烈。"王通的先人在永嘉之乱时迁居南方。后其四世祖王虬，于萧齐禅代之际北奔入魏，始家河汾。三世祖王彦，于"河阴之变"后退居河曲，即迁家于龙门。

王通出生在世宦及代为儒学的家庭，家学渊源深厚。从小他就受到儒学的濡染。年十八，有四方之志。四处求师，学习儒家经典，"不解衣者六岁"③。不久，便秀才高第。仁寿三年（603）西游长安，见隋文帝，奏《太平十二策》，"推帝皇之道，杂王霸之略"，稽今验古，文帝大悦，下其议于公卿，但未得到采用。王通被任为蜀郡司户书佐，蜀王侍读。隋炀帝大业初年，由蜀郡罢归。王通有政治抱负，但却得不到施展的舞台，于是

---

① 《庄子·在宥注》。
② 董根洪：《儒家中和哲学通论》，齐鲁书社2001年版，第237页。
③ 杜淹：《文中子世家》，《全唐文》卷一三五，中华书局1983年版。

"嗟道之不行"，而"垂翅东归"。

王通归河汾间，修先王之业，"续《诗》、《书》，正《礼》、《乐》，修《元经》，赞《易》道，盖有事于述者，九年"。经过九年对儒典的研究与写作，"六经大就，门人自远而至"。于是，王通开始聚徒讲学。"其往来受业者不可胜数，盖将千余人。故隋运衰，而文中子之教兴于河汾之间，雍雍如也。"① 在讲学期间，王通不仅收纳了许多学生，并且也结交了许多当世杰出的人才。有的还成了唐初的名臣。这期间，朝廷曾多次征召他出仕任官，但遭到他的拒绝。他已无意为官，只是以重兴孔子之学，明王道为己任。然而，可惜的是，王通英年早逝，大业十三年（617），王通去世，时年三十八岁。

王通兄弟三人，通为长，凝为仲，绩为叔。凝整理过王通的《六经》和《中说》。王通有子三人：福郊、福祚、福畤。福畤对王通的著作也进行过整理，他"辨类分宗，编为十篇，勒成十卷"。对王通著作进行过整理的还有王通之孙王勃。王勃在《续书序》中说："我先君文中子，实秉睿懿，生于隋末，睹后作之违方，忧异端之害正，乃喟然曰：'宣尼既没，文不在兹乎！'遂约大义，删旧章，续《诗》为三百六十篇，考伪乱而修《元经》，正《礼》、《乐》以旌后王之失，述《易赞》以中先师之旨。经始汉魏，迄于有晋，择其典物宜于教者，《续书》为百二十篇。"由此可知王通著述甚丰。但王通的著作流传至今的只有《中说》。《中说》并非王通自著，而是在其门人的记录和后人追记的基础上整理而成的。但《中说》所记载王通的言论基本上是真实的，这是我们今天研究王通及其思想的重要资料。

王通主张推行王道。王道施之于政，最大特点是仁政德治，王通以继承这一大道为己任。他说，"千载而下，有绍宣尼之业

---

① 杜淹：《文中子世家》，《全唐文》卷一三五，中华书局1983年版。

者，吾不得而让也"①。王通显示了和孟子一样的豪气，孟子曾说过："如欲平治天下，当今之世，舍我其谁也！"②王通的"吾不得而让"，则反映了他以孔子的继承者自居的思想，以及复兴为己任的使命感。

晋宋以来，佛教、道教势力日增，儒学却失去了独尊的地位，江河日下。儒学面临着佛教的严重挑战，在这一历史条件下，王通必然要回答儒学如何处理与佛道二教的关系。王通认为，儒释道三教各有其长，亦各有其短。必须在儒学的基础上"通其变"，发挥各家的长处，而不可"执其方"，固执于一家之说，"子读《洪范谠义》曰：'三教于是乎可一矣。'"③《洪范谠义》即《皇极谠义》，为王通之祖王一所作，据书名可知是一部阐释皇权为核心的著作。"皇极"就是中道。王通受《皇极谠义》的启发，提出了"三教可一"的主张。王通已把中道思想运用到对待儒、释、道三教的问题上。这里的三教可一之"一"，应该不是一般的合一，而应该是以儒家去"一"其他二教。通过融合，最终消融两教。以儒学为主，以佛、道二教为辅，构成一个统一的思想体系。

《中说·述史篇》记载："薛收问仁。子曰：'五常之始也。'问性，子曰：'五常之本也。'问道，子曰：'五常一也。'"五常即仁、义、礼、智、信，是儒家的五项基本品德，这五种品德又是常行不变的。其始端是仁，由仁而又有了其他的四种品德。王通认为，五常的根源来自于性，而五常的实现和统一则为道。这样就将仁、性、道三者贯通一气，这与《中庸》"天命之谓性，率性之谓道，修道之为教"，将性、道、教贯为一气，是一脉相承的。

---

① 《中说·天地篇》。
② 《孟子·公孙丑》。
③ 《中说·问易篇》。

王通认为中道或大中之道是儒学的核心内容。王通把重新确立大中之道在儒学中的核心地位作为创新儒学的重要一环,因此,大中之道也就成为王通思想的核心。唐代著名的思想家刘禹锡就认为,"在隋朝诸儒,唯通能明王道",王通"以大中立言"① 这一概括是极其精当而准确的。

王通重视道德的修养问题。关于人性,他认为,仁、义、礼、智、信五常的根本是性。《中说·述史》载:"薛收问仁。子曰:'五常之始也。'问性,子曰:'五常之本也。'"他指出:"人心惟危,道心惟微,言道之难进也,故君子思过而预防之,所以有诫也。"② 王通认为人的心有两种,即"人心"与"道心",人心与道心是对立的。人心抑制了道心,"道"就很难进了。王通因此提出了"思过而预防之"的道德修养任务,关键是要"以性制情"。

王通提出了道德修养的目标是中庸之道。

王通的学生贾琼学习《书》经,问王通"事命志制之别"。王通回答说:"制命,吾著其道焉;志事,吾著其节焉。"贾琼将其师有关"道"与"节"的回答,告诉了王通之弟王凝(字叔恬)。叔恬对"道"与"节"又作了阐释。他说:"《书》曰:'惟精惟一,允执厥中',其道之谓乎?《诗》曰:'采葑采菲,无以下体',其节之谓乎?"王通闻之则说:"凝其知《书》矣!"③ 在有关"道"的讨论中,王通肯定了"允执厥中"就是儒家的"道",这个道就是中庸之道。《虞书·大禹谟》记载:"人心惟危,道心惟微,惟精惟一,允执厥中。"王通将十六个字抽出,作为道德修养的理论根据。这样做,在历史上尚属第一人。中庸之道便成为王通的道德修养的最高目标。王通认为,只要诚心诚意,

---

① 刘禹锡:《唐故宣歙池等州都团练观察使处置使宣州刺史兼御史中丞赠左散骑常侍王公神道碑》,《全唐文》卷609,中华书局1983年版。
② 《中说·问易》。
③ 同上。

一定会达到"仁"这一彼岸的。

北宋阮逸在其《中说序》中阐释说:"大哉,中之为义。在《易》为二五;在《春秋》为权衡;在《书》为皇极;在《礼》为中庸。谓乎无形,非中也;谓乎无象,非中也。上不荡于虚无,下不局于器用,惟变所适,惟义所在,此中之大略也。《中说》者,如是而已。"阮逸在《序》中认为中之为义很广,王通所谓的"中"与儒家经典《易》、《春秋》、《书》、《礼》所阐述的中的意义是相通和一致的。它是无形与有形的统一,无象与有象的对立统一。说它是无,却不是流于虚无,说它是有,却不拘泥于具体的事物。同时又指出,王通《中说》之中,"惟变所适,惟义所在",具有通变的性质,把通变视为中道的本质内容和中心原则,这虽是阮逸的概括,也切中了王通关于"中"的思想。王通说:"通变之谓道,执方之谓器。"① 又说:"通其变,天下无弊法,执其方,天下无善教。"② 王通把事物本身所具有的变化、变革视为道,这种通变之道也就是"时中"的原则。然而,他又说:"千变万化,五常守中焉。"③ 实际上王通的通变思想乃是主张不变之中有变,而变中又有不变,保持事物的求新、变革,又常守"中"。因而,王通提出了权义立中道的观点。他说:"《元经》有常也,所以正道,于是乎见义。《元经》有变也,所行有适,于是乎见权。权义举而皇极立矣。"④ 这实际上是中国传统思想中关于经权的认识。儒家十分重视对道德规范和道德原则的执行与贯彻,这种规范和原则是不可改变的,所以叫做"经"。然而现实的具体情况复杂多变,固有的规范和原则不能完全适应这种状况,在这种情况之下,必须具备一定的灵活性,即不被经所拘而随机应变,

---

① 《中说·周公篇》。
② 同上。
③ 同上。
④ 《中说·魏相篇》。

这就叫做权。在王通看来，皇极即中道存在于有常有变、有道有适、有义有权的对立统一之中，皇极即中道"有常"，是为"正道"，然而"有常"仅是中道的一个方面，另一个方面便是"有权"，达到"所行有适"，如此中道才能立，这就强调了皇极中道的变通性。《论语·子罕》中孔子说："可与共学，未可与适道；可与适道，未可与立；可与立，未可与权。"在孔子看来，权变应时，比坚持道还要困难，是一种很难达到的境界。王通在经权关系上坚持了"反经合道"，权虽是对经的背离，但其最终目的又是对经的维护，因而王通才说："权义举而皇极立矣。"王通在这里说的是《元经》，他的弟子董常将它扩大为《六经》，其实，通观王通的《中说》，也可以看出关于常变统一、道适统一、义权统一乃至动静统一为中道的思想是普遍适用的。王通关于通变的思想曾得到朱熹的赞扬。朱熹说："(《中说》)其间论文史、时事、世变煞好，今浙间英迈之士皆宗之。"[1] 这就道出了王通的思想对宋代理学的影响。

王通对于王道礼制所具有的中道性质，也给予了论述和肯定。他说："礼，其皇极之门乎！圣人所以向明而节天下也，其得中道乎？故能辩上下，定民制。"[2] 王通还提出了中道化的"帝制"论，他说："帝者之制，恢恢乎其所不容，其有大制，制天下而不割乎！其上湛然，其下恬然。天下之危，与天下安之；天下之失，与天下正之。千变万化，五常守中焉。其卓然不可动乎！其感而无不通乎！此之谓帝制矣。"[3]

王通的这一"帝制"论，是建立在中道的基础之上，或者说，中道是帝制的根本原则。虽经"千变万化，五常守中"，"卓然不

---

[1] 《朱子类语》卷137。
[2] 《中说·礼乐篇》。
[3] 《中说·周公篇》。

可动"、"感而无不通",此之谓帝制。这一中道下的帝制,是无所不容的"大制",能做到天下危而"安之",天下失而"正之"。这一帝制"其上湛然,其下恬然"。中道之下的帝制,其上与天地万物浑然一体,其下使社会百姓生活安定。这是王通所理想和追求的,在王道帝制之下所出现的社会,自然无限和谐的景象。

王通与其学生有关于"为政"的讨论。

薛收问政于仲长子光。子光曰:"举一纲,众目张,弛一机,万事堕,不知其政也。"收告文中子。子曰:"子光得之矣。"文中子曰:"不知道,无以为人臣,况君乎?"……子曰:"政猛宁若恩,法速宁若缓,狱繁宁若简;臣主之际,其猜也宁信。执其中者惟圣人乎!"①

仲长子光是从陕西来到王通家乡隐居的隐者。子光认为为政要举纲,要抓住根本,纲举才能目张,一机之弛,便会造成万事堕,这是不懂政治的原因。子光对为政的阐释,王通则说:"子光得之矣!"实际上王通与子光关于治政的思想是一致的,或相通的。

为政的原则又是什么?王通认为是"中道",亦即"中庸之道"。正如王通所说:"千变万化,五常守中焉。"这个中道就是仁义礼智信五常的统一。王通在《中说·述史篇》中也说过:"五常一也。"

王通对如何治政,提出了具体的看法。他认为推行暴政,不若对百姓施恩;法急不若法缓;刑繁不若刑简;君臣之间上下猜忌不若相互施以信义。怎样才能一一做到呢?那就是要"执其中",也就是说,为政必须坚持中道,真正能执其中者,才是圣人。

---

① 《中说·关朗篇》。

王通中道政治思想就是王道政治思想。他对现实社会的暴政予以抨击。他说："古之为政者先德而后刑，故其人悦以恕；今之为政者任刑而弃德，故其人怨以诈。"① "古之仕也，以行其道；今之仕也，以逞其欲。难矣乎！"② "古之从仕者养人，今之从仕者养己。"③ 王通认为，古代出仕为官，是为了行道、养人，因而为政时先德而后刑，百姓喜悦而宽厚；今之出仕为政，往往是为了实现自己的欲望，养己，因而先刑而弃德，故百姓心怀怨恨而变得狡诈。王通对今人为政的批判，也是对中道政治的一种企盼。然而，王通对王道在现实中不能实行，充满感慨。他说："道之不胜时，久矣。吾将若之何？"④ "甚矣，王道难行也！"⑤ 虽然如此，王通对王道政治的实现并不悲观，"五帝之典，三王之诰，两汉之制，粲然可观矣"⑥。他认为夏、商、周以及两汉的典籍、誓诰、制度保存下来，粲然可观，从中汲取经验，是完全可以重建王道政治的。

宋代理学家对王通的评价很高。宋初三先生之一的石介就认为，王通的最大功绩在于拯救了被毁坏的"王纲"和被遗弃的"人伦"。王通和孔子、孟子、扬雄、韩愈一样，都是圣贤："若孟轲氏、扬雄氏、王通氏、韩愈氏，祖述孔子而师尊之，其智足以为贤。"⑦ 又如朱熹赞扬王通，主要因为王通有志于道："王仲淹生乎百世之下，读古圣贤之书，而粗识其用，则于道之未尝亡者盖有意焉。而于明德、新民之学，亦不可谓无其志矣。"⑧ 朱熹所

---

① 《中说·事君篇》。
② 同上。
③ 同上。
④ 《中说·王道篇》。
⑤ 同上。
⑥ 《中说·问易》。
⑦ 《徂徕先生集》卷7《尊韩》。
⑧ 《朱文公文集》卷67《王氏续经说》。

谓道，是孔孟之道，也是理学家所追捧的内容。朱熹所说的"明德、新民之学"，就是指理学。朱熹说王通有志于理学之道，就足以说明，王通在隋唐儒学的变革和理学的形成过程中，有着重要的贡献，甚至朱熹认为王通高于荀卿、扬雄，甚至于胜过韩愈。朱熹说："其视荀、扬、韩氏亦有可得而优劣者耶！"

六 柳宗元、刘禹锡的大中思想

柳宗元（773—819年），字子厚，唐河东郡解县（今山西省运城解县）人，世称柳河东。唐代卓越的思想家、政治家和文学家，儒家学者。是唐代思想学术成就杰出的人物。

柳宗元出身于高门士族，柳氏为河东著姓，柳宗元的高伯祖柳奭，贞观中为中书舍人，高宗朝为宰相，其外甥女王氏为皇后。这样，柳氏是士族兼外戚，势力显赫。当时，一族中同时居官尚书省的就达二十多人。这是柳氏家族的鼎盛时期。

至柳宗元的时代，经过了一百几十年的变迁，这个家族已经没落。高宗时，武则天被宠，柳奭外甥女王皇后被疏，武则天争夺皇后之位，王皇后被废黜，柳奭受株连被贬杀。自此，柳氏一族子孙亡没殆尽，一蹶不振。柳氏由"奕叶贵盛，而人物尽高"[①]的高门士族，沦落到五、六代以来"无为朝士者"[②]的地位。

柳宗元的家庭，"世德廉孝，飏于河浒，士之称家风者归焉"[③]。祖父察躬，湖州德隋令，父镇，儒家学者，"得《诗》之群，《书》之政，《易》之直方大，《春秋》之惩劝，以植于内而

---

① 赵璘《因话录》卷1。
② 柳宗元：《与杨京兆凭书》，《全唐文》卷573。
③ 柳宗元：《先侍御史府君神道表》，《全唐文》卷588，中华书局1983年版。

文于外，垂声当时。天宝末，经术高第"①。曾任太常博士，终于侍御史。母卢氏，出身范阳士族，她受过良好的教育，有很高的文化素养。宗元四岁时，母亲教其古赋。柳宗元早年便受儒家思想熏陶。

少年时的柳宗元"聪警绝众，尤精西汉《诗》、《骚》。下笔构思，与古为侔，精裁密緻，璨若珠贝"②。二十一岁时登进士第，二十六岁应博学宏词科，授校书郎、兰田尉。贞元十九年（803）为监察御史。贞元二十一年（805），与刘禹锡等参加以王叔文为首的革新集团，升任尚书礼部员外郎。然而不久，革新失败，遭贬。宗元贬为邵州刺史，在道中再贬为永州（今湖南零陵）司马。元和十年（815），徙为柳州刺史，因号为"柳柳州"。十四年（819），病逝于柳州，终年四十七岁。

柳宗元信守儒家的伦理道德。"致大康于民"，"利安元元"是其人生目标。他把"兴尧舜孔子之道"，"延孔氏之光"当做自己的最高理想。在他遭受贬谪、仕途坎坷之时，他仍然坚持"苟守先圣之道，由大中以出，虽万受摈弃，不更乎其内"③。在谪居永州期间，他参加并推动古文运动的发展。他提出了"文以明道"的主张，所谓"明道"，乃是指明儒家圣人之道。但柳宗元认为，当时的儒学已经丧失其原始精神，以至于"道不明于天下"④，因而振兴儒学，恢复儒学的基本品格和精神就成了柳宗元的责任。

在柳宗元所处的时代，"务言天而不言人"，"推天引神"成为风气。为此，柳宗元写了《天对》、《天说》、《答刘禹锡天论书》。他主张"元气自然"论，认为万事万物的变化都是元气的运动，提出了"天人不相预"的观点，论述了"天人相分"、"天人

---

① 柳宗元：《先侍御史府君神道表》，《全唐文》卷588。
② 《旧唐书·柳宗元传》。
③ 柳宗元：《答周君巢饵药久寿书》，《全唐文》卷574。
④ 柳宗元：《与吕道州温论非国语书》，《全唐文》卷574。

不相与"的命题。但是，他论"天"的目的，不是关注天的作用，而是注重现实社会中的人和事。他说："圣人之道，不穷异以为神，不引天以为高，利于人备于事，如斯而已矣。"①

柳宗元在论述历史的发展时，由重事而提出了"势"这一概念。他在《封建论》中指出："彼封建者，更古圣王尧舜禹汤文武而莫能去之，盖非不欲去之也，势不可也。……故封建，非圣人意也，势也。"所谓"势"，即客观历史的必然趋势，它不以人的意志为转移，亦不为"圣人之意"所左右。柳宗元是用"势"否定"圣人之意"和"天命论"的。

在柳宗元看来，儒学的核心就是中庸之道。他提出了"中道"、"大中之道"的概念。所谓"中道"，乃"先圣之道"，而先圣之道"由大中以出"。他在《时令论下》中说："圣人之为教，立中道以示于后，曰仁、曰义、曰礼、曰智、曰信，谓之五常，言以为常行者也。"中道的具体内容为五常，五常何为"道"？柳宗元认为五常可以常行，是人类社会生活最基本的行为原则，所以圣人立之为人道。而在五常之中，又以仁与义为核心，他说："圣人之所以立天下，曰仁义，仁主恩，义主断，恩者亲之，断者宜之，而理道毕矣。蹈之斯为道，得之斯为德，履之斯为礼，诚之斯为信，皆由其所之而异名。"②他又指出，"道德与五常存乎人者也。"所谓"存乎人"，应有两种解释，其一是说，道德与五常存在于人的生命之中；其二是说，儒家的纲常名教是为人所用的，是用来维护社会生活的。所以又将其视为"人之道"。柳宗元认为，儒家的三纲五常之道是一种守常执中之道，择乎中庸，乃是坚持三纲五常的原则。

在《时令论下》中，柳宗元还指出："立大中去大惑，捨是而

---

① 柳宗元：《时令论上》，《全唐文》卷582。
② 柳宗元：《四维论》，《全唐文》卷582。

曰圣人之道，吾未之信也。"在柳宗元的观念中，"大中之道"与"大惑"是对立的。而柳宗元时代的"大惑"，主要是惑于"天命"、"天人感应"的迷信内容。他在《与吕道州温论非国语书》中，就对"好怪而妄言，推天引神，以为灵奇"的情况进行了抨击。认为是与大中之道相背离："近世之言理道者众矣，率由大中而出者咸无焉。其言本儒术，则迂廻茫洋，而不知其适。"① 北宋初范奉礼曾说："人自人，天自天，天与人不相与，断然以行乎大中之道，行之则有福，异之则有祸，非有感应也。"② 人的祸福，从根本上说取决于人本身是否行大中之道，而与天人感应无关系。他这种认识就是因袭了柳宗元的观点。

柳宗元在解释"中"或"大中"时说："圣人所贵乎中者，能时其时也，苟不适其道，则肆与佞同。"③ "当也者，大中之道也。"④ 其义在于，所谓"中"，就是要适应时事，通达权变，这就是"中"，也就是"当"。这是传统的权变观念的发展。

经、权是中国传统思想中，标志规范原则和随机权变的一对范畴。儒家学者十分重视道德规范、道德原则，并认为这种规范和原则是不可改变的，所以叫做"经"。然而，现实的情况又是复杂多变的，固有的规范和原则很难适应客观世界的多变性，因此，在特殊情况下，又必须具有一定的灵活性，即不拘泥于经而随机应变，这就叫"权"。在传统的"权变"观念中，"权"被置于"经"的从属地位，"权"是不得已的变通，是"经"的补充。

柳宗元在《断刑论下》中，对经权有精彩的论述，同时也可以了解他对"当"的理解含义。当有人对"赏以春、夏而刑以秋、冬"这一基于"天命"论的规定给以辩解，认为"非常之罪，不

---

① 《全唐文》卷574。
② 《徂徕先生文集》卷14，《与范十三奉礼书》。
③ 柳宗元《与杨诲之第二书》，《全唐文》卷575。
④ 柳宗元《断刑论下》，《全唐文》卷582。

时可以杀,人之权也;当刑者必须时而杀,人之经也","谓之至理"的时候,柳宗元认为是"伪也",并给予了批驳,说:

  果以为仁必知经,智必知权,是又未尽于经权之道也。何也?经也者,常也;权也者,达经者也。皆仁智之事也,离之滋惑矣。经非权则泥,权非经则悖,是二者强名也曰"当",斯尽之矣。"当"也者,大中之道也。离而为名者,大中之器用也。知经而不知权,不知经者也;知权而不知经,不知权者也。偏知而谓之智,不智者也;偏守而谓之仁,不仁者也。知经者不以异物害吾道,知权者不以常人佛吾虑。合之于一而不疑者,信于道而已矣。

  柳宗元详细地论述了"经"、"权"合一而为"当"的观点。因为"权"是"达经"的,因而也是实现"圣人之道"的必要途径。在其所强名为"当"的概念中,"经"和"权"完全达到了统一。柳宗元反对"经"和"权"的"偏守"和"偏知",只有二者的统一才符合事物发展的规律。柳宗元是运用"经权"的思想来充实和完善"大中之道"的。

  柳宗元所讲"大中之道",受到了佛教天台宗教义的深刻影响。北齐时天台宗的慧文法师曾说:"诸法无非因缘所生,而此因缘,有不定有,空不定空,空、有不二,名为中道。"[①] 柳宗元就把天台宗的中道观与儒家的中庸思想调和起来,章士钊在其《柳文指要》上,《体要之部》卷七中指出:"大中者,为子厚说教之关目,儒释相通,斯为奥秘。"

  柳宗元的"统合儒释",就是从中道出发,符合大中之道的。

[①] 志磐:《佛祖统纪》卷6。

柳宗元对儒典有着大胆的怀疑，对诸子学说却又能"毕贯统"①。他认为杨、墨、申、商、刑名、纵横之说，"皆有以佐世"②。对佛教则企图"统合儒释"，以释济儒。

柳宗元曾说："吾自幼好佛，求其道积三十年"③，对佛理已有较深的理解。他不同意韩愈攘斥佛教的态度。韩愈主张"道统论"，排斥异端，责备柳宗元"不斥浮图"。柳宗元则批驳韩愈，对佛教是"忿其外而遗其中，是知石而不知韫玉也"④。柳宗元认为佛教这块顽石中有着"与《易》、《论语》合"、"不与孔子异道"⑤的内容。因此，"虽复圣人复生，不可得而斥也"⑥。

柳宗元所主张的"统合儒释"，就是一条"中道"。并非不加区别，而是有标准的。"悉取向之所以异者，通而同之，搜择融液，与道大适，咸伸其所长，而黜其奇衺。要之与孔子同道，皆有以会其趣"⑦。而对于佛教"髡而缁，无夫妇父子，不为耕农蚕桑而活乎人"⑧的情况，则是坚决反对的。柳宗元是以儒家圣人之道为根本，努力从佛教中寻求可以"佐世"的精华。他这种以儒统佛，借佛复兴儒学的思想，对后世儒学影响重大。宋代理学家就走了一条以儒统佛之路。

刘禹锡（772—842年），字梦得，洛阳人。是唐代中期进步的政治家、著名思想家和文学家，儒家学者。

刘禹锡的父亲刘绪，天宝末避难举族东迁，曾为浙西观察使韦元甫的幕僚。禹锡出生在其父的迁徙之后，故童年时代曾生活

---

① 柳宗元：《送贾山人南游序》，《全唐文》卷579。
② 柳宗元：《送元十八山人南游序》，《全唐文》卷579。
③ 柳宗元：《送巽上人赴中丞叔父召序》《全唐文》卷579。
④ 柳宗元：《送僧浩初序》，《全唐文》卷579。
⑤ 同上。
⑥ 同上。
⑦ 柳宗元：《送元十八山人南游序》，《全唐文》卷579。
⑧ 柳宗元：《送僧浩初序》，《全唐文》卷579。

在江南。其家庭"世以儒学称"①。

　　刘禹锡自幼聪敏好学,童年时代已习《诗》、《书》。及长,对九流、百家,兼收并蓄,咀英撮华。弱冠即有文名。贞元九年(793)登进士第,曾任监察御史等职。贞元末,王叔文等推行政治革新,刘禹锡与柳宗元等积极参与,成为革新集团的重要成员。革新失败之后,革新派尽遭迫害。刘禹锡初贬连州刺史,途中再贬朗州司马,居朗州十年。元和九年(814)召还,但因得罪当政者,再贬连州,又居连州六年。大和二年(828),起为主客郎中,充集贤院学士。自大和五年(831)始,先后为苏州刺史、汝州刺史、同州刺史等职。会昌元年(841),加检校礼部尚书兼太子宾客分司东都。晚年,洛下闲废,优游诗酒之间,而精华不竭。

　　刘禹锡的世界观与柳宗元基本一致。二人是挚友,又有相通的理论见解。关于天人关系的探讨,他在理论上达到了一个新的高度。在其《天论》三篇中,详细论证了天与人的区别和相互作用,提出了"天人交相胜还相用"的命题。

　　刘禹锡"家本儒素,业在艺文"②,从小已习《诗》、《书》、《礼》,尤精通大中之道,知圣人之德。然而,他在遭受了种种人生挫折之后,精神上感到苦闷,于是晚年推崇佛教。也正是在熟知佛学的情况下,他才感悟到传统儒家的中道的局限性。

　　在《赠别君素上人诗》的引言中,他说:"曩予习《礼》之《中庸》,至'不勉而中,不思而得',慄然知圣人之德,学以至于无学。然而斯言也,犹示行者的室庐之奥耳,求其径术而布武,未易得也。晚读佛书,见大雄念佛之普级宝山而梯之。高揭慧火,巧镕恶见;广疏便门,旁束邪径。……是余知突奥于《中庸》,启键关于内典,会而归之,犹初心也。不知予者诮予困而后援佛,

---

① 《旧唐书·刘禹锡传》。
② 刘禹锡:《夔州谢上表》,《全唐文》卷601。

谓道有二焉。"① 刘禹锡叙述了自己从尊崇儒学到推崇佛学的思想历程。

《中庸》第二十章说："诚者，不勉而中，不思而得，从容中道，圣人也。"刘禹锡的话就是引于此。所谓不待勉而自中，指的是仁性的自然发挥，即所谓的"诚"；而不待思而自得，指的则是知性的自然发挥，即所谓的"明"。这就是《中庸》所阐述的圣人之道，即从容中道，亦可谓天道。然而对这样的圣人之德，刘禹锡感到"学以至于无学"，因为"未易得也"。刘禹锡晚年读了佛书之后，反而觉得佛学"高揭慧火，巧熔恶见；广疏便门，帝束邪径"，他认为佛学"突奥于《中庸》"。这就使得刘禹锡在学习佛学中开了眼界，对儒家的大中之道有了新的认识。

在《袁州萍乡县杨歧山故广禅师碑》中，刘禹锡对儒家的大中之道有了进一步的认识。

> 天生人而不能使情欲有节，君牧人而不能去威势以理。至有乘天工之隙以补其化，释王者之位以迁其人。则素王立中枢之教，悬建大中；慈氏起西方之教，习登正觉。至哉！乾坤定位，而圣人之道参行乎其中。亦犹水火异气，成味也同德；轮辕异象，至远也同功。然则儒以中道御群生，罕言性命，故世衰而寝息；佛以大慈救诸苦，广起因业，故劫浊而益尊。……阴助教化，总持人天。所谓生成之外，别有陶冶；刑政不及，曲为调柔。其方可言，其旨不可得而言也。

刘禹锡认为，天生育人，但不能使人的情欲有所节制；君治百姓，而又不能不利用威势以理天下。天与君的作用，都有一定的限制。在这种情况之下，就有人乘其"隙"，以弥补天

---

① 《全唐诗》卷357。

与君的不足，使人改变心性。孔子与释迦就起到这种作用。孔子的思想要点是"大中"，释氏的要点是"正觉"。自从有了天地，圣人之道就存在于天地之间了。但是，儒家用"中道"教人，不多讲性命之学。因而在世衰的时候，儒学便逐渐地衰落了；佛教以大悲普救众生，宣传因果，所以世道越衰落，人们就越向佛教中寻求精神寄托，佛教的地位益尊。佛教在无形之中进行教化，不仅普及于人，而且普及于天。在天地生成之外，还有一种陶冶。

刘禹锡指出，儒与佛的区别在于，"儒以中道御群生"，但这一"中道"存在很大的缺陷是"罕言性命"，即不谈心性之学。佛教却能讲生死轮回、因果报应，分析众生生死苦乐的因缘，在心性的层面上给苦难中的人生指点一条超脱精神之路，这也正是众生信仰佛教的原因，也是刘禹锡晚年在思想上接近佛教的原因。同时，也为儒家的"中道"思想的发展指出了方向。至宋，鸿儒辈出，他们于是转求中道于人之心性学说以建理学。这实现了刘禹锡的断言。

七　韩愈、李翱的中庸思想

韩愈（768—824年）字退之，河南河阳（今河南省孟县）人。先世曾居昌黎，故亦称韩昌黎。唐代著名的文学家，古文运动的倡导者，思想家，教育家，儒家学者。

韩愈出生在一个普通的官僚家庭。愈生三岁而孤，自幼刻苦好学，钻研儒典，博览百家。在尊奉儒学和崇尚古文方面，"欲自振于一代"[①]。

唐德宗贞元八年（792），韩愈进士及第，之后三次参加吏

[①] 《旧唐书·韩愈传》。

部铨选,均告失败。后依徐州张建封为其宾佐。贞元十八年(803),调授四门博士,转监察御史。元和十二年(817),宰臣裴度平淮西吴元济,韩愈为其行军司马。愈因功授刑部侍郎。十四年(819),宪宗佞佛,迎佛骨,韩愈辟佛,上疏谏阻,触怒宪宗,几乎被杀。后被贬为潮州刺史。

韩愈一生以复兴儒学、攘斥佛老为己任,"以兴起名教,弘奖仁义为事"[1]。他一生著述很多,代表其儒学思想的主要有《原道》、《原性》、《原人》、《原毁》、《原鬼》等。

韩愈说:"博爱之谓仁,行而宜之之谓义,由是而之焉之谓道,足乎已无待于外之谓德。"[2] 先王之道在理论上将齐家治国平天下的原则与个人的道德修养联系在一起,用"将以有为"的仁义道德,贯通内外两个方面,融二者为一体。亦即儒家的仁义道德,向外通向天下国家,向内通向自身生命,置自身生命于其内,提高个人的理想人格。外在的天下国家,内在的自身生命共同融于仁义道德之中,这就是韩愈所追求的、《中庸》所谓的"成己成物"的"合内外之道"。

韩愈在弘扬《大学》、《中庸》上是有功劳的。《大学》、《中庸》两篇收在《礼记》之中,长期未曾引起应有的重视。隋代大儒王通著《中说》。北宋阮逸为《中说》作注,在《序》中曾说:"大哉中之为义,在《易》为二五,在《春秋》为权衡,在《书》为皇极,在《礼》为中庸。"这是阮逸对王通《中说》的发挥,而王通在《中说》中,虽论述了中道的重要,而对中庸却并未作深入阐释。韩愈把《大学》、《中庸》从《礼记》中抉出,对"正心诚意"和中庸之至德作了论述。这就为南宋朱熹将《大学》、《中庸》与《论语》、《孟子》合而成为四

---

[1] 《旧唐书·韩愈传》。
[2] 《原道》,《全唐文》卷558。

书提供了思路和创造了条件。

韩愈在《省试颜子不贰过论》一文中，阐释了《中庸》思想。乃谓："夫圣人抱诚明之正性，根中庸之至德，苟发诸中，形诸外者，不由思虑，莫匪规矩。不善之心，无自入焉；可择之行，无自加焉。"这是说，圣人具备了纯正的品性和不偏不倚的美德。不论是思考问题，或者付诸行动，都不会超越"规矩"而犯错误。不善之心，是无法侵入的。韩愈又指出："《中庸》曰'自诚明谓之性，自明诚谓之教。'自诚明者，不勉而中，不思而得，从容中道，圣人也，无过者也；自明诚者，'择善而固执之者也，不勉则不中，不思则不得'，不贰过者也。故夫子之言曰：'回之为人也，择乎中庸，得一善，则拳拳服膺而不失之矣。'"《中庸》实际谈到了两种人，一种是"自诚明者"，他们是天生的圣人，他们是不待勉而中，不待思而得，其行为符合"规矩"，具有理想人格，这是人类中的极少数。另一种人是"自明诚者"，他们是不贰过的贤人。但他们是"不勉则不中，不思则不得"，须通过教育，使之掌握中庸要义，得一善之后，坚守勿失，这种人也具有高尚人格。颜回则属于这种人。

韩愈这样阐释中庸，未束缚于章句之学，而重视发挥义理，为宋儒研治经典开启了一条道路。

韩愈在《原道》中指出："夫所谓先王之教者……其为道易明，而其为教易行也。是故以之为己，则顺其祥；以之为人，则爱而公；以之为心，则和而平；以之为天下国家，无所处而不当。"在《原道》中，韩愈提出了"当"的问题。关于"当"，孟子、荀子、董仲舒都曾有过论述。"当"即恰当、恰好，指行为举措上恰到好处，无过无不及，这实际上是"中"、"大中之道"。在《原道》中，韩愈所论述的"道"，是儒家"道论"之道，亦即圣人之道，与柳宗元所力倡的"中道"或"大中之道"是一致的。这个道，"以之为天下国家，无所处而不当"。这也是韩愈一生追求不已的最高理想境界。

李翱（772—841年），字习之，陇西成纪（今甘肃省秦安）人。唐代著名文学家、思想家、儒家学者。

翱"幼勤于儒学，博雅好古，为文尚气质"①，贞元十四年（798）登进士第。元和初年，为国子博士，史馆修撰。翱性刚直，为执政者所不喜，故其官职久不得调。大和三年（829），拜中书舍人，其后出任桂州刺史、谭州刺史、湖南观察使、户部侍郎、山南东道节度使等职。会昌中卒于镇。

李翱"始从昌黎韩愈为文章，辞致浑厚，见推当时"②。他与韩愈的关系在师友之间，其持论亦颇为一致。同韩愈一样，以复兴儒学为己任。

李翱提倡中道，他说："天地之大，亦必有中焉。居之中，则长短、大小、高下虽不一，共为中则一也。"因而，他主张人们的言行都应以中道为准的，说："出言居乎中者，圣人之文也；倚乎中者，希圣人之文也；近乎中者，贤人之文也；背而走者，盖庸人之文也。"③

李翱在儒学上的重要贡献，就在于其心性理论。

李翱写了《复性书》上、中、下三篇。他以《中庸》、《大学》、《易传》为立论的根据，并大量引用了《中庸》、《大学》、《易传》中的论述，在此基础上，提出了复性说。在《复性书上》中，李翱说："情者，天之命也，圣人得之而不惑者也。情者，性之动也，百姓溺之而不能知其本者也。"关于"性"，李翱同《中庸》的观点一样，"天命之谓性"，人的本性是天赋的，并普遍存在于每个人的生命之中，百姓之性与圣人之性没有不

---

① 《旧唐书·李翱传》。
② 《新唐书·李翱传》。
③ 《杂说上》，《全唐文》卷637。

同,是任何人都能达到"不惑"而成圣的内在根据。他在《中庸》性论的基础上,创造性地对"情"进行了发挥。他说情是"性之动",是性的外在表现,性与情是统一的。李翱所论性与情的关系,乃是以性为体,以情为用。正如他所说:"性与情不相无也。虽然,无性则情无所生矣,是情由性而生。情不自情,因性而情;性不自性,由情以明。"①

任何人都可以通过修养而成为圣人。然而现实中的人却很难实现,究其原因,"非性之过也",是因为人性受到了迷惑。迷惑人性的即是"喜、怒、哀、惧、爱、恶、欲"七种感情。"情既昏,性斯匿矣","七者循环而交来,故性不能充也。"②。李翱并不反对顺应人性之情,他认为"动而中礼"③之情是善的;那种"溺之而不能知其本","交相攻伐"④的情则是不善的。这种情为"邪情"。为了复本性,就得灭邪情,邪情不灭,本性难复。李翱的理论乃是建立在《中庸》的基础之上,以"去情复性"为旨归的。

灭情复性的方法,李翱以为有两种。一是"弗思弗虑",以达到"动静皆离,寂然不动"的境界,杜绝邪情的产生。一是必须遵循礼乐原则,礼是指社会的礼制和礼俗,乐是指社会生活的和谐。每个人要"动而中礼","安于和乐",就能消弭性与情的矛盾对立而复其性,乃至达到"至于圣"的境界。李翱认为,这种境界就是《中庸》所说的"至诚"的境界。

李翱在《复性书上》也提出了关于儒家中庸之道相传的问题。他指出:"道者,至诚而不息者也","此尽性命之道也"。"圣人以之传于颜子,颜子得之,拳拳不失。不远而复其心,三

---

① 《复性书上》,《全唐文》卷637。
② 同上。
③ 同上。
④ 同上。

月不违仁"。然而，颜回未能达到圣人的境界，"非力不能也，短命而死故也。""子思，仲尼之孙，得其祖之道，述《中庸》四十七篇，以传于孟轲。轲曰：'我四十不动心。'轲之门人达者公孙丑、万章之徒，盖传之矣。遭秦灭书，《中庸》之不焚者一篇存焉。于是此道废缺。……性命之源，则吾弗能知其所传矣。"在这里，李翱很明确地指出了儒家尽性命之道亦即儒家的中庸之道，由孔子传给颜回，后子思将孔子之道撰成《中庸》，传于孟轲，孟轲之后因遭秦火，《中庸》被焚，于是儒家中庸之道便不得而传。然而，由谁来兴亡继绝呢？李翱说："道之极于剥也必复，吾岂复之时耶！"[①] 韩愈曾说过："使其道由愈而粗传，虽灭死万万无恨"[②]，李翱与其老师韩愈的话何其相似！李翱虽然未曾明说儒家中庸之道自孟轲后就传到他身上，但他确实有志于传儒家之道，以孟轲继承者自任。他说：吾自六岁读书，但为词句之学，志于道者四年矣。与人言之，未尝有是我者也。南观涛江入于越，而吴郡陆傪存焉。与之言之，陆傪曰："子之言，尼父之心也。东方如有圣人焉，不出乎此也。南方如有圣人焉，亦不出乎此也。惟子行之不息而已矣。于戏！性命之书虽存，学者莫能明，是故皆入于庄、列、老、释。不知者谓夫子之徒不足以穷性命之道，信之者皆是也。有人问于我，我以吾之所知而传焉，遂书于书，以开诚明之源，而缺绝废弃不扬之道，几可以传于时。"[③]

李翱在《复性书上》所说的是关于儒家的至诚之道或尽性命之道的传承问题，实际上仍包含着儒家道统的传承问题。李翱明确的以儒家道统传承的担承者自居。

---

① 《复性书上》，《全唐文》卷637。
② 韩愈：《与孟尚书书》，《全唐文》卷553。
③ 《复性书上》，《全唐文》卷637。

李翱与韩愈一起奠定了宋代理学的基础，他们创造了一个儒家的道统，他们都以《中庸》、《大学》作为理学的基本经典。他的复性说为宋儒的心性论做了前述，李翱的思想已成为宋代理学的先声。

第五章 两宋时期中庸的理学化

"理学"又称"道学",是在儒佛道相结合的基础上孕育和发展起来的具有理性主义特征的新儒学。它的产生,使传统的儒家伦理思想获得了完备的理论形态,达到了最高发展阶段,从而使儒学以新的形态重新获得了"独尊"的地位。在理学形成的过程中,虽然出现了各种不同的学说,但是它们又有共同的特点,那就是他们都提倡"道德性命"之学,广泛探讨人生的意义和价值,探讨人和自然界的关系以及人在宇宙中的地位,逐渐发展为形而上的天人合一之学。

在"理学"兴起的时候,也同时产生了反理学的思想。理学与反理学的斗争,构成了宋代及其以后很长一段时间思想史的主线,同时也伴随着"理学"内部不同派别之间的争论。"中庸"思想就在这种斗争和争论中不断向"理学"化发展,形成了"心性中和"伦理思想。

北宋初年的儒学复兴运动,是以"庆历新政"为背景发展起来的。当时范仲淹针对北宋统一后面临的新的社会矛盾,提出了社会改革的主张,并团结了一批知识分子,为社会改革制造舆论,从经济、政治、教育、文学、史学、哲学等各方面掀起了一股改革思潮,为理学的形成扫清了道路。"宋初三先生"就是在这时期出现的。

被称为"宋初三先生"的是宋代理学的先行者,开创理学风气之先的胡瑗、孙复和石介。宋初三先生在力排佛老、极力维护儒家道统的同时，努力推进儒家的人伦道德思想在社会中的地位及作用。他们把道统置于一个前所未有的高度，使儒家的理想人格得到了重新全面的肯定，为理学家所追求的理想人格提供了一个基本的雏形，启迪了后来的理学家建立起儒家的心性本体论。尽管他们在理学理论范畴体系上的建树不大，但他们拆除了旧有的理论框架，为新理论的出现扫清了道路。

南宋著名学者黄震在其《黄氏日钞》卷四十五《读诸儒书》中云：

> 师道之废、正学不明久矣！宋兴八十年，安定胡先生（瑗）、泰山孙先生（复）、徂徕石先生（介），始以其学教授，而安定之徒最盛，继而伊洛之学兴矣。故本朝理学虽至伊洛而精，实自三先生而始，故晦翁有伊川不敢忘三先生之语。

由此可见他们在理学中的地位和作用。"宋代的理学由胡瑗、孙复、石介而始倡，至周惇颐、张载、二程而发展，至朱熹、张栻而完成。因此'宋初三先生'胡、孙、石之功就被说成是'上承洙泗、下启闽洛'，这是符合历史实际的。"①

而在这三人中，又以胡瑗、孙复为重。钱穆《初期宋学》中说：

> 东汉儒学既衰，直要到北宋始复兴。北宋儒学，应推胡安定（瑗）、孙泰山（复）两人为肇祖。②

---

① 侯外庐、邱汉生、张岂之主编：《宋明理学史》（上卷），人民出版社1997年版，第45页。

② 钱穆：《中国学术思想史论丛》（五），安徽教育出版社2004年版，第1页。

下面我们主要就"宋初三先生"中胡瑗、石介的中庸思想来加以论述。

一　胡瑗的中庸思想

胡瑗（993—1059年），字翼之，泰州如皋人。年轻时与孙复、石介"同读书泰山，功苦食淡，终夜不寝"。后来，他以经术教授吴中，宋初改革家范仲淹聘请他为苏州府学教授，后又作湖州教授；弟子数千人，成为当时最有影响的经师和教育家，学者尊之为安定先生，列宋初三先生之首。隋唐以来，封建士大夫的晋升大多要靠文辞，因而形成了重辞赋的学风。胡瑗一反此风，以经义和时务为重点。这一学风的转变，意味着理学的开端。

南宋理宗端平二年（1235年）曾有增小贤从祀的拟议，而以胡瑗为首。明孝宗弘治元年（1488年）程敏政上疏说："自秦汉以来，师道之立未有过瑗者。"[①] 请以胡瑗和周敦颐等一样从祀孔庙。明世宗嘉靖九年（1531年）正式以胡瑗从祀，称先儒胡子，从而可以看出他在正统理学中所占的重要地位。

胡瑗继承和发展了隋唐儒家的"大中之道"。胡瑗把《尚书·洪范》篇中的"建用皇极"的皇极解释为"大中"：

　　皇，大；极，中也；言圣人之治天下，建立万事，当用大中之道。[②]

为什么要把中道之前冠以"大"字，胡瑗说：

[①] 《月河精舍丛钞·安定言行录上》。
[②] 胡瑗：《洪范口义》提要，影印四库本，第54—482页。

> 然则谓之大者何哉？无限极之辞也。

以大来形容中和之道的普遍性、绝对性、至上性，这是胡瑗对儒家中和之道的新贡献。

胡瑗把皇极中道看做是万事万物的标准和原则，他说：

> 盖皇极者，万事之所祖，无所不利。

在胡瑗看来，一切都应该以皇极中道为原则。他说：

> 欲一民无不得其所，欲一物无不受其赐，舍中道何以哉？

胡瑗非常重视中道，并且把中道作为最高的做人治国之道，"由中道而治天下"。但是他并不把中道看做一成不变的。胡瑗非常重视《周易》中"变易"的思想。他说：

> 大易之作，专取变易之义。盖变易之道，天人之理也。以天道言之，则阴阳变易而成万物，寒暑变易而成四时，日月变易而成昼夜。以人事言之，则得失变易而成吉凶，情伪变易而成利害，君子小人变易而成治乱。故天之变易，则归乎生成而自为常道。若人事变易，则固在上位者裁制之如何耳！何则？在位之人，苟知其君子小人相易而为治乱，则当常进用君子而摈斥小人，则天下常治而无乱矣。如其情伪相易而成利害，当纯用情实而黜去诈伪，则所为常利而无害矣。知其得失相易而成吉凶，当就事之得而去事之失，则其行事常吉而无凶矣。是皆人事变易，不可不慎也。故大易之

作，专取变易之义。①

胡瑗对《周易》的把握，还是非常贴近《周易》本意的。胡瑗重点从历史和现实来阐述人世间的变易，他说：

> 然天时人事盛久必衰，进久必退，存久必亡，自然之理也。②

胡瑗认为变易也应该有所"节"，他说：

> 是修身齐家治国平天下，皆有所节。③

什么是"节"？胡瑗认为中正就是"节"：

> 圣人缘人之情，酌中以为通制……又言九五居中履正，所为节制，得其中，又得其正。得其中则无过与不及之事，得其正则不如于私邪，是中正所为之道，可以通行万世，使天下得尽所以为节制之义也。④

怎样才能达到"中正"的境界呢？胡瑗特别强调"立己"、"治己"的重要性。他说：

> 若夫圣人之治天下，将禁民之邪，制民之欲，节民之情，止民之事，必于其利害未作，嗜欲未形，未为外物之所

---

① 胡瑗：《周易口义》，影印四库本8，第171页。
② 《周易口义》，第322页。
③ 同上书，第428页。
④ 同上书，第429页。

迁，而其心未动之前，先正其心，而不隐于邪恶。

人之幼稚，其心未有所知……蒙昧之人，其性不通，其志不明，必得贤明之人举其大端以开发之，则其心稍通，通而不已，遂至大通。

就是说，人并非是生而知之的，必须经圣贤之人的教化，才能在"利害未作，嗜欲未形"前"正其心，而不陷于邪恶"。

胡瑗的"立己"、"正己"思想是以他的心性学说为基础的。在人性论上，胡瑗推崇孟子而反对荀子，强调人性善。在《周易口义》中，胡瑗说：

性者天生之质，仁、义、礼、智、信五常之道无不具备，故禀之为正性。喜、怒、哀、乐、爱、恶、欲七者之来，皆由物诱于外，则情见于内，故流之为邪情。

他认为天所赋予的正性，如果受外物的引诱，就会产生邪情。他认为避免邪情的主要方法就是要"性取中而后行"，他说：

然则谓之中道者何如？如王者由五常之性取中而后行者也。

胡瑗认为在"行中"之前必须"性取中"，显示了心性功夫的倾向，使得胡瑗的伦理思想具有了浓厚的"内圣型"色彩。

二　石介的中庸思想

石介（1005—1045 年），字守道，号徂徕，兖州奉符人；进士及第，以丁忧归耕徂徕山下，在家授《周易》，学者称徂徕先生。在泰山师从孙复。他一生致力于排斥佛道、复兴儒学的运动，敢说敢当，嫉恶如仇。欧阳修描写他的风貌是：

> 所谓尧舜禹汤文武周公孔子孟轲杨雄韩愈氏，未尝一日不诵于口；思与天下之士皆为周孔之徒，以致其君为尧舜，亦未尝一日少忘于心。

逼真地刻画出了石介卫道士的形象。后来，他得到当时名相富弼、范仲淹、韩琦等人的引荐，入为国子监直讲，太子中允，对北宋太学的发展作出了很大贡献。石介颇热衷于参与政事，《宋史》本传说他"出入大臣之门，颇招宾客，预政事，人多指目"。庆历年间，吕夷简、夏竦等人罢官，范仲淹等人执政，石介为示庆贺，乃作《庆历圣德颂》曰："众贤之进，如茅斯拔；大奸之去，如距斯脱。"从此，夏竦衔恨在心。石介死后，夏竦言介诈死，北走契丹，要求发棺验尸，因吕夷简相保才幸免。石介现存的著作，陈植锷先生把它们收集在一起，名《徂徕石先生文集》，由中华书局出版。

石介对抗佛老，推崇韩愈以来的"道统"。石介认为"成终于孔子"的"道"已经非常完美，不需要再发展了。他说：

> 吾圣人之道，大中至正，万世常行，不可易之道也。①

对此，石介解释说：

> 立其法万世不改者，道之本也；通其便使民不倦，道之

---

① 石介：《徂徕石先生文集》卷19《青州州学公用记》，中华书局1984年版。

中也。本，故万世不改也；中，故万世可行也。①

这实际上是讲道的体用问题，通过对道的体与用两方面的论述，石介把道说成是万世永存、永远适用的统治法宝。石介认为道的极致就是"中和"。

> 和理之至道；中谓之大德。中和而天下之理得矣。

什么是"中和"？石介进一步解释说：

> 喜怒哀乐未发谓之中，喜怒哀乐之将生，必先几动焉。几者，动之微也，事之未兆也。当其几动之时，喜也、怒也、哀也、乐也，皆可观焉。是喜怒哀乐合于中也，则就之；是喜怒哀乐不合于中也，则去之。有不善，知之于未兆之前而绝之，故发而皆中节也。②

这是说，喜怒哀乐未发时的状态，是合于中道的。当其刚刚发动而未明显，即几动之时，就可知道它是否合于中道。如其合于中道，就顺着去做；如其不合于中道，则应把它抛弃掉。如此，人的行为才能达到"发而皆中节"的至善至美的境界。石介所说的中道，实际就是指封建的伦理道德。石介承认喜怒哀乐等情是人所固有的，但是要用封建伦理道德加以调节，使其不出轨道：

> 故君臣之有礼而不可黩也，父子之有序而不可乱也，夫妇

---

① 石介：《徂徕石先生文集》卷19《青州州学公用记》，中华书局1984年版。
② 石介：《徂徕先生文集》卷17《上颍州蔡侍郎书》，中华书局1984年版。

之有伦而不可废也,男女之有别而不可杂也,衣服之有上下而不可僭也,饮食之有贵贱而不可过也,土地之有多少而不可夺也,宫室之有高卑而不可逾也,师友之有位而不可迁也,尊卑之有定而不可改也,昏冠之有时而不可失也,丧祭之有经而不可忘也;皆为万世常行而不可易之道也,易则乱之矣。①

石介虽然认为"道"是不可易的,但同时他并没有否定事物在变动变化的思想,而且还认为变通是"中"的本质的内涵:

> 通其变,使民不倦者,道之中也。②

"中"就是通变,其实质就在于"使民不倦",而能从容地生存。他说:

> 夫能行大中之道,则是为善,善则降之福,是人以善感天,天以福应善。人不能行大中之道,则是为恶,恶则降之祸,是人以恶感天,天以祸应恶也。此所谓感应者也。③

这主要是针对统治者而言的,要求他们实行仁政,减轻对人民的剥削。石介认为这就是"甚可畏"的"天人相与之际",也就是天人感应的观点:

> 人亦天,天亦人,天人相去,其间不容发。④

---

① 石介:《徂徕先生文集》卷6《复古制》,中华书局1984年版。
② 石介:《徂徕先生文集》卷19《青州州学公用记》,中华书局1984年版。
③ 石介:《徂徕先生文集》卷15《与范十三奉礼书》,中华书局1984年版。
④ 同上。

由此可见，石介的天人感应论带有某种神秘的色彩。

三　李觏的中庸观

李觏（1009—1059年），字泰伯，号盱江，创盱江书院，学者称盱江先生，北宋建昌军南城（今江西南城）人。李觏是北宋前期儒学复兴运动中一员得力的干将，胡适先生称他"是北宋的一个大思想家"、"是江西学派的一个极重要的代表"、"是一个未曾得君行道的王安石"，可见李觏在中国思想史上的历史地位。李觏力图重整理学来重整纲常、兴盛圣学。他提出礼备体用、合内外，礼顺人情，学礼成性等独特的思想，并密切关注礼的现实作用。这些，对于宋朝学术的确立与发展具有一定的积极影响，并直接影响到王安石的学术思想。

李觏特别推崇礼，以礼为根本大道并统摄其他条目，他说：

夫礼，人道之准，世教之主也。圣人治天下国家，修身正心，无他，一于礼而已矣。[①]

礼是人道世教的根本准则和主导内容，是修身治国的根本大法。李觏认为"礼"之所以是根本大法，就在于礼具有"中和"的本质和致中和的功能。

李觏礼论思想的展开是以礼、仁、义、智、信、乐、刑、政为架构基础的。他说：

圣人率其仁、义、智、信之性，会而为礼，礼成然后

[①]　《李觏集》卷2《礼论第一》，中华书局1981年版，第5页。

仁、义、智、信可见矣。仁、义、智、信者，圣人之性也。礼者，圣人之法制也。性畜于内，而法行于外，虽有其性，不以为法，则暧昧而不章。①

有仁、义、智、信，然后有法制，法制者，礼乐刑政也。有法制，然后有其物。无其物，则不得以见法制。无法制，则不得以见仁、义、智、信。备其物，正其法，而后仁、义、智、信炳然而章矣。②

乐、刑、政各有其物，与礼本分局而治。③

由此，我们可以了解仁、义、智、信是圣人的内在本性，而礼则是这种内在本性的外化表现，是圣人"率性"的结果。"礼"作为外化表现是虚的，"礼者，虚称也，法制之总名也"，它必须依赖于具体的乐、刑、政才能实现其功能。外化之礼一旦通过乐、刑、政确立后，其中就渗透有仁、义、智、信之内在本性，这些内在本性依赖于外化之礼而存在，否则就不能得以彰显。依此看来，李觏之礼既体现了仁、义、智、信之内在德性，又包含了乐、刑、政之现实法制与规范。这样，李觏以礼统合了仁、义、智、信之"内圣"和乐、刑、政之"外王"，从个体修身的角度来说，它把人内在的德性和外在的知性统一起来；从社会治理的角度来说，它又试图把价值理性和工具理性整合于一体，作为社会治理的准则，这无疑具有十分重要的现实意义。李觏的礼论继承了孔子"以礼制中"和荀子的"礼义谓中"的思想，他认为"礼无不中"，"以礼制中"，"礼所以制乎中"，所以"一于礼"，便可以"政无不和"而"天下大和"。

---

① 《李觏集》卷2《礼论第四》，第11页。
② 《李觏集》卷2《礼论第五》，第16页。
③ 同上。

关于"礼"的起源问题，涉及李觏的性情论。他说：

> 夫礼之初，顺人之性欲而为之节文者也。人之始生，饥渴存乎内，寒暑交乎外。饥渴寒暑，民之大患也。……圣王有作，于是因土地之宜，以殖百谷；因水火之利，以为炮燔烹炙。……丰杀有等，疏数有度，贵有常奉，贱有常守，贤者不敢过，不肖者不敢不及，此礼之大本也。①

"李觏重视礼，这与荀子的思想倾向相同；但是，他的人性论不同于荀子的人性论，即他不是把人的自然本性归于'恶'，因而，礼的起源不是'逆'人的本性而'化性起伪'，而是'顺'人的本性而'为之节文'。"②

李觏进一步把礼看做是"圣王有作"，殖百谷，炮燔烹炙，蓄养牛羊，制作酱酒醴酏，以为饮食；艺麻为布，缫丝为帛，以为衣服；取材于山，取土于地，以为宫室。范金斫木，或为陶瓦，以为器皿，才产生了合乎礼的生活方式。而礼进一步发展，则产生了宗法等级制度。他说：

> 夫妇不正，则男女无别；父子不亲，则人无所本；长幼不分，则强弱相侵，于是为之婚姻，以正夫妇。为之左右奉养，以亲父子。为之伯仲叔季，以分长幼。君臣不辨，则事无统，上下不列，则群党争，于是为之朝觐会同，以辨君臣。为之公、卿、大夫、士、庶人，以列上下。③

---

① 《李觏集》卷2《礼论第一》。
② 李存山：《李觏的性情论及其与郭店楚简性情论的比较》，《抚州师专学报》2002年第4期，第14页。
③ 《李觏集》卷2《礼论第一》。

正是因为夫妇不正、父子不亲、长幼不分的混乱社会，才促使礼的产生。这不仅说明了礼的产生来自人们物质生活的内部，同时又具有了外在的约束力。这样就把礼和道德的起源归之于人类社会生活本身，从而否定了"天命论"的道德说教。

在此基础上，李觏既不赞成孟子的人性本善论，又不同意荀子的人性趋恶论。

> 古之言性者四：孟子谓之皆善，荀卿谓之皆恶，扬雄谓之善恶混，韩退之谓性之品三。上焉者善也，中焉者善恶混也，下焉者恶而已矣。今观退之之辩，诚为得也，孟子岂能专之？①

但他认为圣人的善性是天生的。李觏继承和发展了唐韩愈的"性三品"说，并根据道德禀性的优劣和道德境界的高低，提出了他的"人之性三"和"人之类五"的观点。他说：

> 性之品有三：上智，不学而自能者也，圣人也。下愚，虽学而不能者也，具人之体而已矣。中人者，又可以为三焉：学而得其本者，为贤人，与上智同；学而失其本者，为迷惑，守于中人而已矣。兀然而不学者，为固陋，与下愚同，是则性之品三，而人之类五也。②

根据李觏性三品说，只有具备"学"之质的人才具有成圣的可能性，下愚"虽学而不能者也"，因此不能成圣。具备成圣之质的"中人"，虽然具有成圣德可能性，但是只有通过

---

① 《李觏集》卷2《礼论第六》。
② 《李觏集》卷2《礼论第四》。

"学礼",才能成性、成圣。由此,我们可以发现李觏的成圣途径与荀子是相同的,突破了孟子的心性成圣论。但是,孟、荀都认为任何人只要通过后天的努力都有成圣的可能性,这对每一个人都具有极大的诱惑力,但同时又是非常难以实现的,因而导致了人们对它的怀疑。李觏则从先天的差异出发,认为现实中不具备"学"之质的"下愚"之人是不能成圣的,这就比孟、荀单纯从后天努力方面谈人不能成圣更能为人所接受。

李觏虽然认为能尽中和之道的"礼"是人类的行为准则和道德规范,但同时他认为"礼"具有常与权两种属性:

> 常者,道之纪也。道不以权,弗能济矣。是故权者,反常者也。事变矣,势异矣,而一本于常,犹胶柱而鼓瑟也。……排患解纷,量时制宜,事出一切,愈不可常也。[1]

所谓常,乃事物本身所固有的规定性决定,反映了事物的客观现实性,"天之常道,地之常理,万物之常情也"[2]。"常"对于天地万物都是非常重要的,李觏说:"天有常,故四时行;地有常,故万物生;人有常,故德行成。"[3] 自然社会都是有规律的,人不能随心所欲违反常规,即使圣人也如此,"天地万物之常而圣人顺之"[4]。由此可见,李觏非常重视"常"。

同时,李觏认为"权"也是非常重要的属性。所谓"权"就是权变,变通性,它是由于事物本身不断的变化、发展所决

---

[1] 《李觏集》卷2《礼论第五》,第41页。
[2] 同上书,第254页。
[3] 同上书,第41页。
[4] 同上书,第254页。

定的，反映了事物"事变势异"的客观情况。他说："事或有变，势或有异，以常待之，其可乎？"① 他在说明怎样对待"事变"、"势异"、"弊端"的问题时，提出了"通变"、"量时制宜"等权的原则。没有权，自然和社会不能发展，"道不能济"。

在儒家伦理思想中，非常重视"通变"的思想，并且认为它是"中庸之道"的重要组成部分。李觏对前人的继承和发展更在于他把这种理论运用于社会，主张"救弊之术，莫大乎通变"②，并且明确把变通视为中和之道的本质，他说：

> 予命之曰中道。夫道者，同业，无不通也。孰能通之，中之谓也。

显然，"中"具有了"能通"的变革功能，表现出一个社会改革家的精神面貌，其思想对王安石产生了一定影响。

李觏还力图把"礼"归还到实在的物质生活中去，认为物质追求不仅不是恶的表现，而且是合乎礼的规定的，是"礼"之大本。因此，李觏重视功利，提倡乐利。他说：

> 愚窃观儒者之论，鲜不贵义而贱利，其言非道德教化则不出诸口矣。然《洪范》八政，"一曰食，二曰货"。孔子曰："足食，足兵，民信之矣。"是治国之实，必本于财用。……礼以是举，政以是成，爱以是立，威以是行。舍是而克为治者，未之有也。是故圣贤之君，经济之士，必先富

---

① 《李觏集》卷2《礼论第五》，第41页。
② 同上书，第28—29页。

其国焉。①

李觏认为食之足与不足是礼义教化的前提。在此基础上，并根据"盖利者，人之所欲"的人性论观点，李觏提出了"利欲可言"的功利主义思想。他说：

> 利可言乎？曰：人非利不生，曷为不可言！欲可言乎？曰：欲者人之情，曷为不可言！言而不以礼，是贪与淫，罪矣。不贪不淫而曰不可言，无乃贼人之生，反人之情，世俗之不喜儒以此。②

这就是说，人有利欲是自然合理的，讲仁义不能离开言利，利与仁义相统一。世俗之所以不喜欢儒者，就在于他们把利欲与仁义对立起来而排斥了利欲，这就从根本上否定了西汉以来逐渐形成的儒家"贵义贱利"的价值观，从而提出了一条与理学"存天理，灭人欲"相对立的路线。

李觏在强调利欲的同时，并没有排斥义的作用，而是主张义利的统一。他认为对人求利的行为要"节以制度"，要符合"礼"的规定，尤其反对唯利主义、损公利私的极端功利主义。他强调民利，主张公利，认为讲利必须遵循"循公而不私"的要求，目的是为了"富国"、"强兵"。这就形成了李觏功利主义思想的一个鲜明特征。"李觏肯定功利，但又不轻视道义，只是反对脱离一定利益内容的虚伪空泛的道义，同时也排斥违反道义的极端利己主义的私利"③，李觏开启了有宋一代的功利主义思潮。

---

① 《李觏集》，《富国策第一》。
② 《李觏集》，《原文》。
③ 朱贻庭主编：《中国传统伦理思想史》，华东师范大学出版社2003年版，第336页。

四　王安石的中和观

王安石（1021—1086年），字介甫，号半山，抚州临川（今江西省临川）人，是北宋时期著名的改革家。他在变法革新的政治实践中，与理学相对立。

王安石的学术思想被后人称为"荆公新学"，在北宋中后期占主导地位。梁启超在《王安石传》中，盛赞王安石的学术"内之在知命厉节，外之在经世致用，凡其所以立身行己与大施于有政者，皆其学也"[①]。王安石学说虽然与理学相对立，但也是以接续孔孟之道为己任，以内圣外王为基本框架，在恪守儒家本位的基础上，融通佛老，兼采诸子，其规模阔大宏伟，然其学术特征还是以道德性命之义理为主旨而展开的。从思想史的角度审视，荆公新学是第一个成功地全面取代汉唐注经之学的义理之学，是真正居于统治地位的新儒家学说。理学的发生虽然早于新学，但直至南宋晚期，它一直或即或离于政治权力圈，从未真正成为占绝对主导地位的意识形态。事实上，荆公新学建立伊始，便以思想深邃博大，以及以经术施于政务而得到了最高统治者的承认，"独行于世者六十年"，并指导了北宋时期最大的一次改革运动，它的一些具体措施虽然在王安石身后逐渐归于消寂，但其思想的影响一直持续整个中国封建专制后期。梁启超评曰："其所设施之事功，适应于时代之要求而救其弊。其良法美意，往往传诸今日，莫之能废。"[②] 也就是说，北宋以后历代王朝所实行的法度，是渗透着荆公新学的精神的。当然，有许多法令措施完全失去了王安石制定它们时的进步意义，成为统治者手中的盘剥工具，但那是

[①]　梁启超：《王安石传》，海南出版社1993年版，第204页。
[②]　同上。

另一个领域的问题。在王安石的伦理思想中,中和观是非常重要的组成部分,并且有适应时代变化的创新之处。

王安石的中和观主要体现在他的人性论之中的。与以往儒家各种关于人性、性情的观点有所不同,在何为"性",以及性与情的关系问题上,王安石提出了自己独到的见解,具有时代的新特色。

王安石对于历史上孟、荀、董、韩各家的人性理论采取了批判的态度,他说:"诸子之所言,皆吾所谓情也、习也,非性也"[1],"吾所安者,孔子之言而已","孔子之言,'性相近也,习相远也',吾之言如此",明确地表明他是继承了孔子的"性相近,习相远"和告子"性无善无不善"的思想,从而提出了"性不可以言善恶"的观点:

夫太极生五行,然后利害生焉,而太极不可以利害言也。性生乎情,有情然后善恶形焉,而性不可以善恶言也。[2]

这里,王安石直接用"太极"来形容"性",认为太极是宇宙的起点,是没有利害之分的;"性"与"太极"一样,也是无善恶之分的。但是由"太极"而生的五行却有利害可言;同样,由"性"而出的"情"也是有善恶之分的。

那么为什么人的"性"没有善恶而"情"却有善恶呢?在王安石看来,"性"与"情"都是人天生就有的自然本能,二者在性质上是相同的。他提出"性情一也"的人性论。他说:

---

[1] 宁波等校点:《王安石全集·原性》,吉林出版社1996年版。
[2] 同上。

性情一也。世有论者曰："性善情恶"，是徒识性情之名，而不知性情之实也。喜、怒、哀、乐、爱、恶、欲未发于外而存于心，性也；喜、怒、哀、乐、爱、恶、欲发于外而见于行，情也。性者，情之本，情者，性之用，故吾曰性情一也。①

在王安石看来，"性"与"情"的区别仅仅在于，"性"是尚未表现出来而内存于心的喜怒哀乐好恶欲；"情"是已经表现出来的各种行为，也就是喜怒哀乐好恶欲的外在表现。由此可见在王安石那里，"性"与"情"不是对立的，而是相须相依的"体"与"用"的关系，"性者，情之本；情者，性之用"。因此王安石认为善恶是有了"情"才产生的，而作为"情之本"的"性"是无善无恶可言的。他说：

性生乎情，有情然后善恶形焉，而性不可以善恶言也。②

"性"虽然具有因生"情"而产生善恶的趋势，但是"性"本身是不具有善恶道德属性的，因而不可以善恶言。同时，就作为"性之用"的"情"而言，也无善恶之分，所以不能说"情"，就是恶的。王安石认为，之所以会"有情然后善恶形焉"，关键是看"情""当于理"还是"不当于理"，他说：

此七者人生而有之，接于物而后动焉，动而当于理，则

---

① 《王安石全集·性情》。
② 《王安石全集·原性》。

圣也，贤也，不当于理，则小人也。①

这里"当于理"、"不当于理"实际上就是"中"与"不中"，"若夫善恶则犹中与不中也"，因此"理"也就是"中"，就是善恶的标准。

在此基础上，王安石进一步提出情之所以分善恶，还在于"习"的观点。他说：

孔子曰：性相近也，习相远也。言相近之性，以习而相远，则习不可以不慎，非谓天下之性，皆相近而已矣。②

在王安石看来，人性习于善则善，习于恶则恶。据此，他还对孔子的"惟上智与下愚不移"这一命题做出了独特的解释。他说：

习于善而已矣，所谓上智者；习于恶而已矣，所谓下愚者；一习于善，一习于恶，所谓中人者。上智也，下愚也，中人也，其卒也命之而已矣。有人于此，未始为不善也，谓之上智可也；其卒也，去而为不善，然后谓之中人可也。有人于此，未始为善也，谓之下愚可也；其卒也，去而为善，然后谓之中人可也。惟其不移，然后谓之上智。惟其不移，然后谓之下愚，皆于其卒也命之，夫非生而不可移也。③

意思就是说，上智与下愚并非天生不可移的，而是要看一个人最后"习"于什么，最后达到的结果是什么。如果一个人习善而

---

① 《王安石全集·性情》。
② 《王安石全集·再答龚深甫论孟子书》。
③ 《王安石全集·性说》。

始终不移，他就成为上智；反之，如果一个人为恶始终不移，他就将成为下愚。总之，人性的善恶乃是"习"的结果，并非先天所固有的。王安石这一"习"以成善恶的思想，为他推行"新政"，培养人才提供了理论基础。

既然善恶是由外在的"习"所决定的，那么为何具有相同才干与操守的人，会获得不同的社会地位呢？在相同境遇下的人会有道德品质的高下之分呢？王安石对此的解释就是"尽兴则至于命"，就是说，充分发展个人的本性，最后所得的不同结果就是"命"。

对于"性"与"命"的关系，王安石认为具有什么样的"性"，就会有什么样的"命"，也就是具有什么样的品行和才能就必然会有什么样的境遇。所以他说：

> 夫贵若贱，天所为也。贤不肖，吾所为也。吾所为者，吾能自知之。天所为者，吾独懵乎哉？吾贤欤，可以位公卿欤，则万钟之禄固有焉；不幸而贫且贱，则时也。吾不贤欤，不可以位公卿欤，则箪食豆羹无歉焉；若幸而富且贵，则咎也。①

这也就是说，一个人完全可以根据自己是贤还是不肖，大体推知自己的遭遇是富贵还是贫贱。当然也有相反的情况，王安石认为这不是普遍的，是"时也"，"咎也"。

当然，他的"时"、"咎"在一定程度上涉及了现实社会政治因素。传统的"命定论"者认为，贤者贱而不肖者贵，是天之所为，就是"命"，就是天意的表现。对这种观点，王安石驳斥说："贤而贱，不肖者贵"，不是"天"所决定的。造成这种

---

① 《王安石全集·推命对》。

现象的原因是"人不能合于天耳":

> 贤者宜贵,不贤者宜贱,天之道也。择而行之者,人之谓也。天人之道合,则贤者贵,不肖者贱。天人之道悖,则贤者贱,而不肖者贵也。天人之道悖合相半,则贤不肖或贵或贱①。

"择而行之"的人,指的就是统治者。王安石认为,即使是出现了贤者贱而不肖者贵这种"天人之道悖"的现象,也不是由于"天"的原因,而根源在"人",就是那位"择而行之"的统治者。

王安石提出性与命关系的命题,其真正目的在于说明,个人社会地位的获得,完全依赖于自身的道德修养。

王安石认为,所谓"道德"就是学道得之于心,所得者为"仁义",因此在王安石看来,"道德"就是"仁义"。他明确指出:

> 不知仁义之无以异于道德,此为不知道德也。②

其他道德都以"仁义"为主。"礼,体此者也;智,知此者也;信,信此者也"③,礼体现仁义,智认识仁义,信笃信仁义,从而构成了一个以"仁义"为主体的道德规范体系。

在义与利的关系问题上,王安石认为"义"是以"利"为先决条件的,礼义廉耻是建立在丰衣足食的基础之上的。从国家

---

① 《王安石全集·推命对》。
② 《道德经注》四章。
③ 《临川先生文集·答韩求仁书》。

而言,"聚天下之人,不可以无财;理天下之财,不可以无义"①。道义与财利是不可或缺的,义与利是统一的,具有明显的功利主义的色彩。在此基础上,王安石认为像杨朱那样"利天下拔一毛而不为也"是"不义";像墨子那样"摩顶放踵以利天下"是"不仁",是两种极端,"得圣人之一而废其百者也",都没有得"中",都不是圣人的"仁义之道",只有实行中道,达到利己或利天下的统一,才是圣人的"仁义之道"。

在王安石的人性论中,还涉及礼乐与性的关系。他说:

体天下之性而为之礼,和天下之性而为之乐。礼者,天下之中径;乐者,天下之中和。礼乐者,先天所以养人之神,正人气而归正也。②

礼乐不是一种外在的规范,而是以内在的人性作为本体的。礼乐的教化过程就是"归正性",培养"中和之情"的过程,"大礼,性之中;大乐,性之和。中和之情通乎神明"。在王安石看来,"中和之情"之所以能够"通乎神明",是因为礼乐本身就是中和,"礼者,天下之中经;乐者,天下之中和",因此,通过礼乐的中和之道,使得"性"与"天"相通,使"性"具有了某种道德本体的性质。

王安石的人性论,虽然没有摆脱"生之谓性"的观点,但是他以"中"与"不中"为善恶的标准,以及"习"以成善恶的观点,则与道德先验论相对立,"不仅否定了'性善情恶'论和'性三品'说,而且也反对了理学家的所谓'天地之性'与'气质之性'的人性二重说,对以后唯物主义者如王廷相、王夫

---

① 《乞制置三司条例》。
② 《临川文集》卷66《礼乐论》。

之的'性习'之辨产生了积极影响,因而在中国古代人性论史上具有重要的地位"①。

五 苏轼的中庸观

苏轼(1037—1101年),字子瞻,自号东坡居士,卒后追谥为"文忠",眉州眉山(今属四川)人,"蜀学"(也称为"苏氏蜀学")的核心人物,思想家、诗人、艺术家,北宋古文运动的领袖之一,唐宋八大家之一。"苏氏蜀学"与荆公新学、二程洛学成鼎足之势,以其独特的学术思想与学术风格在当时思想界、文学艺术界产生了莫大的影响。

关于"苏氏蜀学"的学术思想,蜀学的重要代表人物秦观说:

> 苏氏之道最深于性命自得之际,其次则器足以任重,识足以致远,至于议论文章,乃其与世周旋,至粗者也。阁下论苏氏而其说止于文章,意欲尊苏氏,适卑之耳!②

秦观是"苏门四学士"之一,深受"三苏"的影响,对"苏氏蜀学"有深切的体会与理解。他将"苏氏蜀学"大致划分为两部分,一是"性命自得"方面的学问,此为"苏氏之道",是"苏氏蜀学"的灵魂;二是政事治平、文章之学,乃"苏氏之道"的具体应用。

作为"蜀学"核心人物的苏轼一生深受儒佛道三家思想的影响。对于三家的思想,苏轼根本不把它们看做互相对立的意识,而是将各家的理论参照融合。

---

① 《中国传统伦理思想史》,第347页。
② 《淮海集》卷30《答傅彬老简》。

初好贾谊、陆贽书，论古今治乱，不为空言。既而读《庄子》，喟然叹曰："吾昔有见于中，口未能言；今见庄子，得吾心矣！"后读释氏书，深悟实相，参之孔老，博辩无碍，浩然不见其涯矣。①

　　苏轼思想的孕育和生成，自然不是某一简单因素制约的结果，它是长时间多方面因素综合作用的产物。苏轼的思想体系比较复杂，含有儒释道等思想，但儒家思想终其一生始终占主导地位。从少年的奋厉有当，到中老年两个自我的斗争，再到晚年的思想升华，苏轼始终表现出积极有为、直道而行、不惧不悔、处厄忘忧、乐观豁达的儒家士君子风范。

　　苏轼虽然以儒学为宗，但他让儒释道在他的思想不同层面上都得到较为充分的发挥。他明确主张三教宗旨无异，可殊途同归。这显然比当时李觏、欧阳修等人极力排斥佛道，仅以儒学为宗的主张有明显的进步意义。

六　周敦颐心性中庸观

　　从唐朝后期开始的新儒学运动，在北宋初期掀起巨大的波澜，具有理学的初步规模，到了北宋中期，理学终于取代佛学而重新成为占主导地位的社会思潮。这时不仅出现了一批重要的理学家，而且形成了各种学派。他们相互辩论，相互影响，思想异常活跃，标志着理学正式成立。这时的理学家，主要有周敦颐、邵雍、张载、程颐和程颢等人，他们被称为"北宋五子"，在理学发展中占有重要的地位。

---

① 《东坡先生墓志铭·苏辙亡兄子瞻端明墓志铭》。

周敦颐（1017—1073年）字茂叔，原名惇实，避宋英宗旧讳而改，北宋道州营道（今湖南道县）人，谥元，称元公。晚年筑室于庐山源莲花峰下的小溪旁，寓名濂溪书堂，学者称他为濂溪先生，其学派也被称为濂溪学派。

周敦颐提出了关于宇宙万物起源的学说，认为宇宙的本源是太极，太极动和静产生阴阳，由阴阳而立天地。他的《太极图·易说》明显带有儒、道糅合的色彩，认为"自无极而太极"，"太极本无极也"。周敦颐是理学的开山祖师，在思想上已经具有理学的雏形，他宣传儒家的道统论，并开始使用理学的基本范畴"理"。他在《易通》一书中提出性与命依理而行，太极即理的伦理学说，从而为"理本派"的理学和理学伦理思想奠定了基础。朱熹称他"奋乎百世之下，乃始深探圣贤之奥"，是孟子死后，继千余年不传之"圣人之道"的第一人。而程颢、程颐则"亲见之而得其传"，遂使"圣人之道"复明于世。因而《宋史·道学传》把他列为第一名，肯定了周敦颐作为理学开创人的地位。他的主要著作有《太极图说》、《通书》（也称为《易通》），后人合编为《周子全书》。

周敦颐的《太极图说》承袭原始道家的"无极"和原始儒家的"太极"观念，近承陈抟等人的太极先天图，加以发挥而成的。《太极图说》云：

无极而太极。太极动而生阳，动极而静，静而生阴。静极复动。一动一静，互为其根。分阴分阳，两仪立焉。阳变阴合而生水火木金土，五气顺布，四时行焉。五行，一阴阳也，阴阳，一太极也，太极，本无极也。五行之生也，各一其性。无极之真，二五之精，妙合而凝。乾道成男，坤道成女。二气交感，化生万物。万物生生而变化无穷焉。惟人也，得其秀而最灵。形既生矣，神发知矣。五性感动，而善恶分，万事出矣。

何善蒙认为："这里'太极'是对中国传统生成论模式的一种扬弃。在传统的观念中，宇宙的本原是'太极'，万物是由'太极'不断地发展而来的，这样的生成论解释方式完全是没有问题的。但是，以传统的观念，'太极'是一个实体性的概念，就无法以它作为本体，它的存在也是必有所依的。而这种所依，只是一种逻辑上的假定，而不是时间上的必然。"[1] 由"太极"而生化"万物"的过程是宇宙生成论的模式，而"无极"到太极则是宇宙本体论的解释。周敦颐的宇宙本体论虽然还很粗糙，还和宇宙生成论夹杂不清，但是，它标志着儒家对于宇宙生成的思考，已经开始摆脱传统的宇宙生成论的思路，而进入到本体论的路向。

在周敦颐所建立的宇宙本体里，糅合着中和生成论的内容。实际上，"太极"在理学家那里就是"中"。朱熹和陆九渊虽然对"无极而太极"一语的意思有分歧，但他们都持"太极"即"中"的观点。朱熹就认为陆九渊的"太极"与"天地之中"是"只一般，名不同"的关系[2]。陆九渊也认为"二本则实，曰一曰中即太极"[3]。这种观点是符合周敦颐的本意的。"这种'太极'即'中'的思想显然是以《周易》为媒介的结果，因为《周易》的'太极'范畴内涵正是在天地未分之前、阴阳元气混而为一的中和状态"[4]。而周敦颐所谓的"一动一静，互为其根"，动根于静，静根于动，标志着动静之间的平衡中和关系。

---

[1] 何善蒙：《周敦颐：儒学本体论思维相度的开启者》，《青岛大学师范学院学报》2006年第1期，第13页。
[2] 《朱子语类》卷18。
[3] 《象山集》卷12，《与朱元晦》。
[4] 董根洪：《儒家中和哲学通论》，齐鲁书社2001年版，第286页。

在这种平衡中和的关系中,分出了阳和阴,由阴阳中和而立天地,由阳变阴合而产生五行,由五行之气的流布而推动四季的运行。

周敦颐的中和宇宙论是为其人生和历史观服务的逻辑前提。在周敦颐看来,在变化无穷的万物之中,人得天地之秀而为万物之灵,而圣人在有善有恶的万事之中定出中正仁义的规范:"圣人定之以中正仁义而主静,立人极焉。"这里,周敦颐提出"立人极"的观点。"立人极"就是为人的标准。这样就树立了人的最高标准——圣人,"故圣人与天地合其德,日月合其明,四时合其序,神鬼合其吉凶"。周敦颐认为圣人是通过"中正仁义"、"立人极"的中和之道而实现天人合一的。这样周敦颐就把"无极"变成了儒家仁义道德的理论依据,使得宇宙起源、天地法则和儒家伦理的准则、境界、修养方法统一起来。周敦颐认为太极之理,"纯粹至善",所以人性本来也就是善的。这样就把中庸思想引向了心性之路。

周敦颐把人性分为刚善、刚恶、柔善、柔恶和中五个品级,即"性者,刚柔、善恶、中而已矣"。他认为尽管人的本性是"纯粹至善"的,但是在显露出来的时候,往往表现为过或者不及,流为极端。他说:

> 不达,曰刚善:为义,为直,为断,为严毅,为干固;(刚)恶:为猛,为隘,为强梁;柔善:为慈,为顺,为巽;(柔)恶:为懦弱,为无断,为邪佞。[①]

在他看来,只有"中和之性"才是最理想、最完美的道德原则。他说:

---

① 《周子全书》卷2《通书》。

> 惟中也者,和也,中节也,天下之达道也,圣人之事也。①

他认为"刚恶"、"柔恶"之性可以通过教育,使其"自易其恶,自至其中而止矣"。在他看来"纯粹至善"的"中和之性"就是所谓的"诚",他说:"诚者圣人之本。"

周敦颐把"乾元"作为"诚"之源,"大哉乾元,万物之始"。乾元就是太极。周敦颐以"无极"作为宇宙的本体,所以诚之源归根到底就是无极。无极从宇宙论上说,是天地万物的本原,但从天人关系上说,仅仅指出这个本原还不够,它必须转化为性,"乾道变化,各正性命,诚斯立焉,纯粹至善者也"。性既是客观的,又是主观的,它源于宇宙本体,"一阴一阳之谓道;继之者善也;成之者性也"②。"但它又是心之本体,故谓之'神'。其实,神就是诚,二者是'静无而动有'的关系,诚通过神而表现出来。"③

诚作为宇宙本体的完全体现,周敦颐看来它就是人的最高存在。作为本体的存在,它是"寂然不动","无为",只能在"感而遂通"之中,"至正而明达"。在静无的时候,是至正中和而不偏不倚的,动有的时候,明照一切。因此,诚不能离心而存在。周敦颐把《易传》与《中庸》融为一炉,以《易》、《庸》互训的手法,论证了"诚"为天道的本质属性,为天道与性命之间架起一条沟通的桥梁,为儒家的道德本体论确立了一个天道自然的哲学基础,并奠定了宋明理学由宇宙观到伦理学的逻辑

---

① 《周子全书》卷2《通书》。
② 同上。
③ 蒙培元:《理学范畴系统》,福建人民出版社1998年版,第471页。

结构。

不仅如此,周敦颐"以诚为本"的道德观,还体现在"诚"与具体德行的关系上。他说:

> 圣,诚而已矣。诚,五常之本,百行之源也。[①]

"五常"即仁、义、礼、智、信五德,"百行"指一切伦理的行为。周敦颐已经把"诚"视为五常百行的根基,也就是说,只有诚,才能具备各种德行并从事一切道德行为。因此,周敦颐说"诚则无事矣",有了"诚",就无须在培养具体德行上用力了。排除修养,不许用功,按照新的本体自然,就是诚了。这个"诚",是道德极致,所以说"圣,诚而已矣"。

实际上,这个作为"五常之本"、"百行之源"的"诚",不过就是对封建伦理纲常的神秘化。周敦颐明确指出:"无妄,则诚矣",只有心中不存任何的妄念,对封建道德绝对诚实,才能践行名散纲常。用朱熹的注释说,就是"不待思勉,而从容中道矣"。这就是周敦颐提出"以诚为本"的宗旨和实质。

周敦颐把道德境界分为三等,即圣、贤、士。他认为"圣人"是最高的理想人格。但圣人又有两种不同的情况:一种是天生的圣人,也就是所谓的"性焉安焉之谓圣"[②],即"无思而无不通"为圣人;第二种则是通过"思"才能达到的。"不思则不能通微,不睿则不能无不通。是则无不通生于通微,通微生于思",因此,周敦颐把"思"视为"圣功之本"。所以,周敦颐认为圣人可学,要求学者"志伊尹之所志,学颜子之所学",能够达到这个要求,就是大贤;超过了这个要求,就是圣人;达不

---

① 《周子全书》卷2《通书》。
② 同上。

到这个要求,也不失为有"令名"的士。

作为人伦道德的理想境界,必须经过道德修养的途径和功夫才能达到,这在周敦颐看来,首先表现为坚强的道德信念,坚定的道德意志和执著的道德情感,"君子乾乾不息于诚,然以惩忿窒欲,然后惩忿窒欲,迁善改过而后圣"①。诚就是要"乾乾不息",百折不挠,不为任何艰难困苦所转移,努力"迁善改过"就可以达到圣也就是诚的境界。其次表现为道德修养上的主静说。既然"诚"是一种"寂然不动"的本然状态,诚"无为"、"无欲",所以在道德修养中必须"惩忿窒欲",必须"主静"。

何为"主静",周敦颐认为"无欲故静","无欲"是主静的主要内容。周敦颐说:

"圣可学乎?"曰:"可。""有要乎?"曰:"有。""请闻焉。"曰:"一为要。一者无欲也,无欲则静虚动直。静虚则明,明则通;动直则公,公则溥。明通公溥,庶矣乎。"②

所谓"一",就是纯一无杂的意思,也就是"纯其心而已",因为心性是合一的,所以纯其心就是纯其性。要纯心就必须做到"无欲"。心中无欲就能够做到静虚、动直。静虚是指心灵的宁静而虚灵,做到了静虚,就能够如镜之明,无所不照。动直,则指行动正直,中正无所偏倚地对待人和自己。无欲是实现纯一的条件。这就把伦理道德与物质的欲望对立起来了。周敦颐说:"心纯则贤才辅,贤才辅则天下治。"其最终目的是为了投入社会,治理天下。这显然是吸收佛、道心性修养方法以重建儒家修养论的重要步

---

① 《周子全书》卷2《通书》。
② 同上。

骤。在周敦颐那里,"静"虽然是"无为"、"无欲",但并不是佛道中的"虚无"、"无",而是"中正仁义"之性。

无欲故静,对每个人来说,达到"无欲"应从养心寡欲做起。周敦颐说:

> 孟子曰:"养心莫善于寡欲。……"予谓养心不止于寡焉而存耳,盖寡焉以至于无。无则诚立、明通。诚立,贤也;明通,圣也。是圣贤非性生,必养心而至之。养心之善有大焉如此,存乎其人而已。①

在此基础上,周敦颐还主张"慎动"和"中正"。他说:

> 动而正曰道,用而和曰德。匪仁、匪义、匪礼、匪智、匪信,悉邪矣。邪动,辱也;甚焉,害也。故君子慎动。

慎动,就是谨慎从事,只有合乎正道、合乎正德的事才动,保持公正的态度。

> 圣人之道,仁义中正而已矣。守之贵,行之利,廓之配天地。岂不易简,岂为难知,不守不行不廓耳!②

中正,就是以仁义中正作为圣人之道,守之、行之,而使自己的行为像天地一样公正无私。周敦颐要求人以自然为榜样,效法天地,在至公无私的修养中去追求美满的人生。他说:"圣人之道,至公而已矣。或曰:'何谓也?'曰:'天地至公而已矣。'"

---

① 《养心亭说》,《周子全书》卷3。
② 《周子全书》卷2《通书》。

周敦颐提倡以公义战胜私欲，将"公"德推广开去，带动全社会的人们克己奉公。

在特定的历史条件下，仅仅靠内在的道德修养是不够的，还需要外在的礼乐制度的约束。周敦颐说："礼，理也；乐，和也。"① 这就承接了孔子的思想，将礼与万物之理直接联系起来。朱熹注说："礼，阴也；乐，阳也"，礼和乐相反相成的关系就凸显出来了。周敦颐认为"礼先乐后"，就是先要讲"礼"，然后讲"乐"，有礼才有乐，"阴阳理而后和"，"万物各得其理然后和"。周敦颐认为"礼先而乐后"，是要在"圣王制礼法，修教化，三纲正，九畴叙，百姓大和，万物咸若"的条件下，"乃作乐"。他认为，乐的作用是"以宣八风之气，以平天下之情"②，使天下的人心得到宣达。

周敦颐认为："乐者，本乎政也。政善民安，则天下之心和"，所以"圣人作乐"，以宣畅其和心，达于天地。圣人的乐不光是宣畅天下人的和心，而且能使"天地和"，万物顺，以致感动神祇和鸟兽，"神祇格，鸟兽驯"，从而达到"天地之气感而大和焉，天地和则万物顺"③ 的境界。

制礼作乐，就不可避免地涉及刑罚诸事：

> 圣人之法天，以政养万民，肃之以刑。民之盛也，欲动情胜，利害相攻，不止则贼灭无伦焉，故得刑以治。④

万民的政养刑肃，意味着万民的仁育义正。周敦颐是十分重视刑狱的，强调"得刑以治"，因而要对万民"肃之以刑"。

---

① 《周子全书》卷2《通书》。
② 同上。
③ 同上。
④ 同上。

虽然刑罚的作用在短时期内直接而且颇有效果，但也有其缺陷："情伪微暧，其变千状，苟非中正明达果断者，不能治也"。所以周敦颐强调"慎刑"，用刑要慎。他说："呜呼，天下之广，主刑者，民之司命，任用可不慎乎？"他吸取《讼卦·象传》思想：

讼，"有孚，窒惕，中吉"，刚来而得中也。"终凶"，讼不可成也。"利见大人"，尚中正也。

《讼》卦九五爻得位处中，即所谓大人，大人身处九五之位，身系百姓性命，所以要刚得中，利用狱，动而明，明慎用刑，明罚敕法。

周敦颐开创了心性中和理论，虽然没有确立起一个首尾相贯、全面系统的理学体系，但是却对以后七百年的学术史和伦理思想史发生了广泛而深刻的影响，他所提出的问题和伦理范畴，如无极、太极、动静、礼乐、诚、无思、中、和、公等，都为以后的宋明理学家所反复讨论和发挥。

七　张载气本论的中庸观

张载（1020—1077年），字子厚，原籍大梁（今河南开封），因家居陕西凤翔眉县横渠镇南大振谷口，学者称横渠先生，北宋时期著名的思想家，理学的奠基者之一。因为他家居关中，他开创的学派后人称之为关学。张载的关学与同时代周敦颐的濂学，二程的洛学以及南宋朱熹的闽学，并称为理学四大派。他的著作一直被明清两代政府视为理学的代表作，并作为科举考试的必读之书。其学术思想在中国思想发展史上占有重要的地位，对以后的思想产生较大的影响。他开创的"以气为本"的唯物主义宇宙论,是中国哲学史上第一个有系统地以气和阴阳说明世界运动的哲学体系。

(一) 从容中道

张载十分重视探讨世界本原的问题。"他认识到,传统儒学以人格神为最高范畴的本体论,已经远远不能满足理论上的需要,因而企图建立一个博大精深的本体论以补充这方面的不足"①。

在本体论上,周敦颐援佛道入儒,把道家的宇宙生成论与佛学思辨的认识论融入到儒家的伦理纲常之中,创立了"无极而太极"的宇宙本体论。而张载却与之不同,他既不援老入儒,也不取佛学的精义,而是通过继承和发展古代唯物主义自然观,并结合当时自然科学的新成果,将其兼容于传统的易传思想中,创立了博大精致的"天人一气,万物同体"的宇宙本体论,批判了佛、道以空、无为世界本体或本原的学说,在理学史上作出了重要贡献。"而中和在张载的气本论哲学中居于显赫地位。"②

张载的本体论的基本观点就是把"气"作为宇宙的本体。他认为世界是由"气"组成的,他说:

> 气聚则离明得施而有形,气不聚则离明不得施而无形,方其聚也,安得不谓之客?方其散也,安得遽谓之无?故圣人仰观俯察,但云"知幽明之故",不云"知有无之故"。③

---

① 侯外序、邱汉生、张岂之五编:《宋明理学史》(上),人民出版社1997年版,第94页。
② 董根洪:《儒家中和哲学通论》,齐鲁书社2001年版,第294页。
③ 《易说》。

"气"有两种形式，一种是凝聚的形态，聚为万物；一种是消散的形态，散为虚无。所以世界只有幽明之分，而无有无之别。

张载用"太虚"来表明"气"消散的状态，提出了"体用无二"的思维程式。他说：

> 太虚无形，气之本体，其聚其散，变化之客形尔。①

太虚是"气"散的状态，也是"气"的本然状态。他把一切有形的物体，都看做从这一"本体"中派生出来的、易变的形态。他认为"太虚"没有任何具体的形态，不是身体感官可以直接接触到的，但又是实实在在存在的"气"。他说：

> 知虚空即气，则有无、隐显、神化、性命通一无二。②

这里所说的"虚空"就是"太虚"，其间并非空无一物，其本身就是气。他否定了佛教太虚空无说。

张载认为，"太虚"与"气"本质上是一致的，它们之间没有先后之分，主从之别。如果认为"气"是由"太虚"产生的，就割裂了"太虚"与"气"的有机联系，他说：

> 若谓虚能生气，则虚无穷，气有限，体用殊绝，入老氏"有生于无"自然之论，不识所谓有无混一之常。③

从而否定了老子有生于无的观点。

---

① 《正蒙·太和》。
② 同上。
③ 同上。

张载认为佛老"体虚空为性"、"有生于无"之所以是错误的，因为它们都背离了儒家圣人的"大中之道"，"诬天地日月为幻妄，蔽其用于一身之小，溺其志于虚空之大，所以语大语小，流遁失中"① 的结果。

张载认为，"气"从无形的本体状态聚为有形的万物，要经过"感"的环节。

> 无所不感者，虚也；感即合也，咸也。以万物本一，故一能合异；以其能合异，故谓之感；若非有异则无合。②

"感"即感应，指对立双方在运动变化时的相互吸引与排斥。"感"使天地万物和谐地统一起来。天地万物之所以存在着相互感应的现象，是因为宇宙本体，即由两个相互对立又相互统一的方面——太虚和万物，而世间万物也无一不存在对立的双方，这叫做"一物两体"。他说：

> 一物两体者，其太极之谓欤。③

这里的"一物"是指阴阳二气的统一体，也就是"气"，而"两体"就是指阴阳二气，他说：

> 太虚之气，阴阳一物也，然而又两体，健顺而已。④

"健"就是动，"顺"就是静，阴阳二气运动变化的表现形式

---

① 《正蒙·大心》。
② 《正蒙·乾称》。
③ 《易说·说卦》。
④ 《易说·系辞传》。

是阳动阴静。阳气代表天的上升浮散的特征，阴气代表地的下降沉聚的特征，"浮而上者阳之清，降而下者阴之浊"，因为天尊地卑，阳气出于主动的一方，因而叫做"健"；阴气出于被动的一方，所以叫做"顺"。这是阴阳二气天经地义的秩序，"阴虚而阳实，故阳施而阴受；受则益，施则损，盖天地之义也"①。

张载认为阴阳二气的相互作用，一定会引起"气"的运动变化。因此他说：

无无阴阳者，以是知天地变化，二端而已。②

阴阳二气互相推荡作用，才能运行而产生万物。阴阳二气运行流转，生生不息，因此万物的生长消亡也永不间断，"气坱然太虚，升降飞扬，未尝止息"。

张载已经认识到"气"的运动变化是有规律的。这个规律就是"道"：

太和所谓道，中涵沉浮、升降、动静相感之性，是生细缊、相荡、胜负、屈伸之始。③

"道"就是浮沉、升降、动静、相感，使"气"所内含的矛盾及其运动变化的潜在能动性——展开，才能出现细缊、相荡、胜负、屈伸。张载认为阴阳二气运动变化是"气"的属性之一，他说：

――――――

① 《易说·系辞下》。
② 《正蒙·太和》。
③ 同上。

> 凡圆转之物，动必有机；既谓之机，则动非自外也。①

"圆转"就是指运动变化的永不停止；"机"，就是指运动变化的关键。张载认为，这个运动变化的关键在内不在外，"动非自外也"。

张载认为阴阳二气的关系是"相兼相制"的，他说：

> 阴阳之气，则循环迭至，聚散相荡，升降相求，絪缊相揉，盖相兼相制，欲一之而不能，此其所以屈伸无方，运行不息。②

"相兼"就是事物的两个对立面之间你中有我，我中有你，"阴阳之精互藏其宅，则各得其所安"。"两故化，此天之所以参也"，阴阳二气相互作用就会产生阴阳和合的新事物——"参"。"相制"就是相互对立，相互斗争，相互影响，张载又称之为"相仇"。

事物在"相兼相制"的运动过程中，张载虽然也承认事物对立面的排斥与斗争，但是"和合"才是绝对的本质和必然的根本原因：

> 气本之虚则湛无形，感而生则聚而有象。有象斯有对，对必反其为，有反斯有仇，仇必和而解。③

张载把这个纷纭复杂、气象万千而又归于"中和"的世界，称

---

① 《正蒙·参两》。
② 同上。
③ 《正蒙·太和》。

为"太和"。"太和"一词,来源于《易·乾》中"保合太和"。张载对此作了新的解释,他说:

> 散殊而可象为气,清通而不可象为神。不如野马、𬘩缊,不足谓之太和。①

"太和"是张载所推崇的理想境界。"野马"见于《庄子·逍遥游》:"野马,尘埃兮。"成玄英解释说:"青春之时,阳气发动,遥望薮泽,犹如奔马,故谓之野马。"沈括说:"野马乃田间浮气,远望如群羊,又如水波。"②由此可知,"野马"指的是滚动翻腾,变化万千的气团。由此可见,"太和"就是太虚与万物共存,并通过阴阳二气的中和变化而达到的中和境界。所以张载说:"大中,天地之道也。得大中,阴阳鬼神莫不尽之矣。"③ 把"大中"、"太和"看做是天地人万物生成变化必须遵循的根本规律。"由于张载的'太和'是'气'与'道'的统一体,太和之道是客观的气道,即生成万物的阴阳中和之道,没有道德本体化,因而又为程朱理学家所不满。"④

张载和其他理学家一样,花费很大的精力来建构的本体论,其最终目的,无非就是力图沟通天人,从本体论中寻找封建道德合理性的依据。

张载虽然主张人性起源于"气",他说:"至静无感,性之渊源"。但是,当他具体地阐明人性的善恶时,却陷入了"合虚与气,有性之名"的二元论之中。"虚"就是指"太虚",也就是气的本然状态;"气"指的是阴阳二气。本然之气与阴

---

① 《正蒙·太和》。
② 《庄子集释》。
③ 《径学理窟》。
④ 董根洪:《儒家中和哲学通论》,齐鲁书社2001年版,第296页。

阳二气相结合，便构成了所谓的人性。人人都具有"太虚"的本性，就是"天地之性"；但每个人由于禀受的阴阳二气不同所具有的特殊的性，就是"气质之性"。"天地之性"与"气质之性"虽然都出于"气"，但是"天地之性"是至善的，而"气质之性"则是或善或恶的。张载认为"天地之性"是湛然纯一的不偏的纯善。它不会被"气"的昏暗或明亮而遮蔽，它不偏不倚，是任何人都具有的先天的善性。他说："和乐，道之端乎！和则可大，乐则可久，天地之性，久大而已矣。""天所性者通极于道，气之昏明不足以蔽之。""性于人无不善，系其善反不善反而已，过天地之化，不善反者也。"[1] 可见，"天地之性"是"和"与"乐"，因此"久大"而永恒。它不随人、物而生灭，它是先天的，也是永恒的。这里，张载的"天地之性"是对孟子"性善论"的继承，而"气质之性"则是对荀子"性恶论"的发展。

因此，张载认为只有排除气质之性的闭塞，才能返回"天地之性"，在此基础上，他提出"变化气质"的思想：

> 为学大益，在自求变化气质。[2]

张载看来，"变化气质"必须"知礼"，能知礼才能变化气质，最后才能"成性"。其高弟吕太临在《横渠先生行状》中称：

> 学者有问，多告之知礼成性变化气质之道，学必如圣人而后已。

---

[1] 《正蒙·诚明》。
[2] 《张子全书·语录钞》。

这是张载对道德修养论基本主张的明确概括。"变化气质"是修养的关键;"知礼"是修养的途径;"成性",也就是要成就"天地之性"而达到圣人的境界,是修养的目标。

张载认为"变,言其著。化,言其渐"。"变化"就是事物在运动中逐渐积累到产生显著改变的过程,"变化气质"就是要逐渐祛除人性之中的恶,使人性本善全然呈现。这里它有两层含义:其一是把"天地之性"从"气质之性"中清理出来,以保持"天地之性"所固有的善性。他说:

> 形而后有气质之性,善反之则天地之性存焉,故气质之性,君子有弗性者焉。①

"善反之"就是要善于追寻"气质之性"中的"天地之性"。其二是以"天地之性"改造"气质之性",把人的欲望置于道德的控制下。他说:

> 变化气质,孟子曰"居移气,养移体",况居天下之广居者乎!居仁由义,自然心和而体正,更要约时,但指去旧日所为,使动作皆中礼,则气质自然全好。②

这就是说"道德修养"对"变化气质"极其重要。他认为人的道德修养,无论是居于"仁",从于"义",还是皆中"礼",目的都是为了"变化气质"。由此可知,"变化气质"的过程就是恢复"天地之性"的过程。而恢复"天地之性"的过程又是

---

① 《正蒙·诚明篇》。
② 《经学理窟·气质》。

"成性""成圣"的过程。完成这一过程的途径,从实践层面上讲就是要"知礼成性""学以成性"。

张载很重视"礼"在"成性"中的作用,要求学者"以礼性之"。他说:

> 知及之而不以礼性之,非己有也,故知礼成性而道义出,如天地设位而易行。①

"以礼成性"就是以礼持性,也就是用"礼"来使人的"天地之性"充分发展。他说:

> 人必礼以立,失礼则孰为道?知礼以成性,性乃存,然后道义从此出。②

所以,守礼是达到"天地之性"的重要途径,这是因为礼"本出于性",所以"礼"可以"持性",保持"天地之性"而达到"成性":

> 礼所以持性,盖本出于性,持性,反本也。凡未成性,须礼以持之,能守礼己不畔道矣。③

张载"礼"的外延很广,"礼即天地之德也,如颜子者,方勉勉于非礼勿言,非礼勿动。勉勉者,勉勉以成性也","除了礼,天下更无道矣",可见,所谓"以礼持性",就是要求人们严格

---

① 《正蒙·至当》。
② 《易说·系辞上》。
③ 《经学理窟·礼乐》。

遵守全部封建伦理道德和统治秩序。

张载认为性无不善，情则有善有恶，发而合于性，则为善，反之则为恶，因此情有"中节不中节"的区别：

> 孟子之言性情皆一也，亦观其文势如何。情未必恶，哀乐喜怒发而中节谓之和，不中节则为恶。①

因此"情"只有符合中节才是善的，这里，张载借助于《中庸》的"中节"，中节之情是和，是善，不中节之情是恶，这基本符合思孟学派的内在理路。但是怎样保证哀乐喜怒发而皆中节呢？于是张载提出"心统性情"的命题，说：

> 心统性情者也。有形则有体，有性则有情。发于性则见于情，发于情则见于色，以类而应也。②

张载主张以性主情，以情顺性，情之所发必须合于道德理性。

在此基础上，张载正式提出天理、人欲的关系问题，为礼欲论奠定了基础。张载所谓天理，或曰"天之理"、"天之道"，是指性命之理，也就是天地之性。

> 所谓天理也者，能悦诸心，能通天下之志之理也。③

它是普遍的、超越的道德原则。所谓人欲与气质之性相联系，也称为"攻取之性"和"气质之性"：

---

① 《张子语录中》。
② 《张载集·性理拾遗》。
③ 《正蒙·诚明》。

> 口腹于饮食，鼻舌于臭味，皆攻取之性也。①

张载不称之为气质之性，而称为人欲，因为它必须与外物相感而存在，与人的情绪感受等活动分不开，是由"气质之性"或"攻取之性"而产生的"饮食男女"等情欲。

张载认为，人的欲望在一定范围内是合理的：

> 上达反天理，下达徇人欲者与！性其总合两也。②

但是，张载认为过分地追求欲望的满足，就会伤害"天理"：

> 徇物丧心，人化物而灭天理者乎？……化而自失者焉，徇物而丧己也。③

所以，为了保持"天理"的纯洁，人们必须"寡欲"，他以卫道者的立场说：

> 今之人，灭天理而穷人欲，今复返归其天理。古之学者便立天理，孔孟而后，其心不传，如荀杨皆不能知。④

这样就把天理和人欲对立起来了。但是，张载并不主张通过消灭人欲，牺牲个人的感性欲望来实现所谓"天理"。张载反对的是"穷人欲"，并不是不要人欲，在一定程度上承认天理和人欲的统一，从而达到"中心"的状态：

---

① 《正蒙·诚明》。
② 同上。
③ 《正蒙·神化篇》。
④ 《经学理窟·义理》。

> 中心安仁，无欲而好仁，无畏而恶不仁。①

张载认为，人们在"寡欲"的修养过程中，应该"穷神知化"。"神"就是太虚变幻莫测的功能，"化"是太虚在"神"的作用下产生的变化。"穷神知化"就是扩充本心原有的至善之德，忘却自我，使自身的行为意志完全符合天理的要求，达到天人合一的境地。能够"穷神知化"与天合一的人，就是"圣人"。

人们穷尽体现了万事万物中的"天理"，然后穷尽人所禀赋的道德品性，以达到与"天性"的合一，然后达到对"天命"的最终体悟，人的精神世界就会发生根本的变化，排除了"意、必、固、我"，进入一个至诚至善、无思无欲，上与"天性"统一，下与万物通贯的最高境界。这个境界，张载称之为"中正"。他说：

> 中正然后贯天下之道，此君子之所以大居正也。盖得正则得所止，得所止则可以弘而至于大。②

他根据孔子"三十而立，四十而不惑，五十而知天命，六十而耳顺，七十而从心所欲，不逾矩"的修养过程，在道德践履和修养上安排了一个程序：

> 三十器于礼，非强立之谓也；四十精义致用，时措而不疑；五十穷理尽性，至天之命，然不可自谓之至，故曰知；

---

① 《正蒙·中正》。
② 同上。

六十尽人物之性，声入心通。七十与天同德，不思不勉，从容中道。①

可见，"中道"是张载的最高理想，也是张载宇宙本体论的最终目的。

（二）民胞物与

张载总结了以往儒家仁爱的学说，主张以爱释仁，认为"以爱己之心爱人则尽仁"②。但是他从天人合一的角度出发，提出了"大其心则能体天下之物"的命题。张载认为即使能够接触到天下所有的事物，也未必就能穷尽"天理"，他说：

尽天下之物，且未须道穷理，只是人寻常据所闻，有拘管局杀心，便以此为心，如此则耳目安能尽天下之物？③

张载认为，以耳目感官接触事物所获得的知识，叫"见闻之知"。"见闻之知"范围狭小，所见所识十分有限，因而不能穷尽"天理"，因此他提出"大心"的命题，主张扩充自己主观思维的能力，打破人形体的限制，消弭主客体的界限，从大我上看，"天下无一物非我"，通过大我之心即可以达到天地万物一体的境界。他说：

大其心则能体天下之物，物有未体，则心为有外。世人之心，止于闻见之狭。圣人尽性，不以见闻梏其心，其视天

---

① 《正蒙·三十》。
② 《正蒙·中正》。
③ 《张子语录上》。

下无一物非我，孟子谓尽心则知性知天以此。天大无外，故有外之心不足以合天心。见闻之知，乃物交而知，非德性所知；德性所知，不萌于见闻。①

"大心"就是与天德合一之心，与天德合一之心自然就能体验到万物的生命价值。

据此，张载提出著名的思想"民胞物与"。他说：

> 乾称父，坤称母；予兹藐焉，乃混然中处。故天地之塞，吾其体；天地之帅，吾其性。民吾同胞，物吾与也。大君者，吾父母宗子；其大臣，宗子之家相也。尊高年，所以长其长；慈孤弱，所以幼其幼。圣其合德，贤其秀也。凡天下疲癃残疾、茕独鳏寡，皆吾兄弟之颠连而无告者也。于时保之，子之翼也；乐且不忧，纯乎孝者也。违曰悖德，害仁曰贼；济恶者不才，其践形，惟肖者也。知化则善述其事，穷神则善继其志。不愧屋漏为无忝，存心养性为匪懈。②

"民胞物与"天地万物一体的境界，正是通过"大其心"而实现的人与人，人与社会，人与自然之间的和谐境界。

张载以"民胞物与"释"仁"，认为仁的真义是以爱己之心爱物、爱人。人不仅要爱人，而且应泛爱万物，视人为自己的兄弟，爱如手足，抚孤济贫、扶疾助寡；视物为自己的同伴，厚生利用，养成助长。儒家有所谓"居仁"、"安仁"、"敦仁"之说，就是要时时处处实行仁德，时时处处爱人爱物，"安所遇而

---

① 《正蒙·大心》。
② 《正蒙·乾称》。

敦仁，故其爱有常心，有常心则物被常爱也"①，爱心常在，无论在什么环境下，都能爱护一切生命，这样就能保持有序的自然和谐，人的情感也得到最大的满足，享受到自然之乐。这里不仅蕴涵着伟大的人道主义精神，而且也蕴含有宝贵的保护生态环境的伦理学思想。

张载具有一种很强烈的忧患意识，他以忧患为仁的主要内容。他说：

　　天地惟运动一气，鼓万物而生，无心以恤物。圣人则有忧患，不得似天。天地设位，圣人成能。圣人主天地之物，又智周乎万物而道济天下，必也为之经营，不可以有忧付之无忧。②

张载要求人们必须要有切实的责任感和实际措施，使之变成可操作的实际行动。忧患是仁，思虑是知，人知合一，才能实现人与自然的和谐统一。

八　程颢、程颐对中庸之道的传承与弘扬

在北宋五子中，作为理学和理学伦理思想的真正奠基人是程颢、程颐。

程颢（1032—1085年），字伯淳，世称明道先生；程颐（1033—1107年），字正叔，世称伊川先生；河南府（今河南洛阳）人。二人为嫡亲兄弟，都曾就学于周敦颐，并同为程朱理学的奠基者，宋代洛学的创始人，北宋著名的理学家，世称"二程"。

---

① 《正蒙·至当》。
② 《易说·系辞上》。

在政治上，在变法和反变法的斗争中，二程站在司马光一方，反对王安石的变法；在学术上，视"荆公新学"为异端，誓与新学势不两立；同时对张载"气一元论"进行了批判和吸收，从而建立了以"理"为本、天人"一理"的唯心主义"理学"思想体系。如果说，张载是在气本论的前提下讨论理气关系，那么二程则正好相反，他们把"理"提升为最高范畴，从而建立了理本论，理气关系也就被颠倒过来了，它标志着"理"范畴的真正建立。"从宇宙本体论上确立儒家性理之学或心性之学，确实始于二程。朱熹的理学体系就是在他们的基础上建立起来的。"[①] 二程创立的天理论代表了宋明理学发展的主要趋势。宋明理学以"理"名学，"理"是理学的核心和最高范畴，二程天理论把本体论与儒家的伦理学直接统一于天理，在理学各派中，最能体现理学的基本特征，这在宋明理学及中国哲学发展史上具有划时代的重要意义。

（一）天理即中

在二程以天理为核心范畴的新儒学体系中，贯穿着儒学的中和思想，他们既讲中庸，又讲中和，并且进行了系统的阐述和论证。

二程认为，气不是太虚本体，也不是无形的，它是有形之物，真正的本体是理而不是气。

> 心所感通者，只是理也。……若言涉于形声之类，则是气也。[②]

[①] 蒙培元：《理学的演变》，福建人民出版社1998年版，第12—13页。
[②] 《二程·遗书》卷六。

在二程看来,"理"不是指客观事物的规律,而是创造宇宙万物的精神本体。在二程看来,理是一个"不为尧存,不为桀亡",无"存亡加减",也"元无少欠"的东西。在理气关系上,他们主张理先气后:

> 有理则有气,有气则有数。鬼神者,数也。数者,气之用也。①

在气和气之用的数出现以前,就有理的存在了,气数均从属于理,以理为本体。进而,二程从抽象和具体的立场出发,将理气关系归结为形而上和形而下的关系:

> 离了阴阳更无道,所以阴阳者是道也。阴阳,气也。气是形而下者,道是形而上者。形而上者则是密也。②

作为形而上的理决定和支配气的运动变化,理本气末。二程认为理和气是"所以然"与"其然"的关系,理是第一性的,而气或物是第二性的:

> 凡眼前无非是物,物物皆有理,如火之所以热,水之所以寒。③

二程认为,理为万物的本原,气不断地从神秘的泉源中产生,又不断归于消灭,物死气散,不能归复本源之气:

---

① 《二程粹言·天地篇》。
② 《二程·遗书》卷15。
③ 《二程·遗书》卷19。

> 若谓既返之气复将为方伸之气，必资于此，则殊与天地之化不相似。天地之化，自然生生不穷，更何复资于既毙之形，既返之气以为造化？……往来屈伸只是理也。盛则便有衰，昼则便有夜，往则有来，天地中如烘炉，何物不销铄了……？凡物之散，其气遂尽，无复归本原之理。……天地造化又焉用此既散之气？其造化者，自是生其气。①

这与张载气为万物本原的观点形成鲜明的对照。二程认为，气在自然界造化中，能自然生出，亦能自然消灭，并不是如张载所说，源于太虚，又归于太虚继续生物。

二程认为，万事万物皆有理，"有物必有则，一物须有一理"②，然而他们认为万理都是来源于"天理"。"天理"是二程理学的最高范畴，"天下只有一个理"③。二程认为万物皆一体，这是因为万物都是从"天理"那里产生出来的，并且受"天理"的支配。他们说：

> 所以谓万物一体者，皆有此理，只为从那里来。"生生之谓易"，生则一时生，皆完此理。④

"天理"所产生的每一物都具备了完全的"理"，都是绝对"天理"的体现。在二程那里，"天理"是自然的创造者，全部自然生活和精神生活的发展体现了"天理"：

---

① 《二程·遗书》卷15。
② 《二程·遗书》卷18。
③ 同上。
④ 《二程·遗书》卷2上。

> 天者，理也；神者，妙万物而为言者也；帝者，以主宰事而名。①

这里，"天理"、"天"、"帝"都是同一内涵。二程正是从本体论的意义上，着重论述了"天理"与万物的关系。

二程建构新的宇宙本体，不仅是为了探讨宇宙万物的本体，更重要的是为封建伦理道德规范寻求哲学依据，以论证其永恒性、合理性。在二程看来，"天人本无二，不必言合"②，"道未始有天人之别"③，"天道"和"人道"原是"一本"，本来就是"一理"，就是"天理"，其本质就是对封建伦理纲常的抽象。二程说："为君尽君道，为臣尽臣道，过此则无理"④，"人伦者，天理也"。在他们看来，这里不存在由道德根源到道德表现的发生、发展过程，封建伦理道德就是活脱脱的天理。由此，封建伦理道德规范获得了一种合理性、永恒性的理论认定，澄清了礼的本来意义和价值，从而使它具有了真正的生命力。其生命源泉就在这个"天理"上。

二程认为，"天理"就是"中"，"中庸，天理也"，"斯天理，中而已"⑤。天理就是"中即道也"。二程继承了《中庸》的思想，认为：

> 不偏之谓中，不易之谓庸。中者，天下之正道；庸者，天下之正理。⑥

---

① 《二程·遗书》卷11。
② 《二程·遗书》卷6。
③ 《二程·遗书》卷8。
④ 《二程·遗书》卷5。
⑤ 《二程粹言·论道篇》。
⑥ 《中庸·章句》题解。

在二程看来,"中之理,至矣"①。中庸是天理的极致体现,"中庸,天理也。不极天理之高明,不足以道乎中庸。中庸乃高明之极耳"②。由于中庸极其高明,因而才能成为天地之大本。"中"就是"不偏之正道","庸"就是"不易之定理"。程颢说:

> 中则不偏,常则不易,惟中不足以尽之,故曰中庸。

程颐说:

> 中者,只是不偏,偏则不是中;庸只是常。犹言中者是大中也,庸者是定理也。定理者,天下不易之理也。③

二程把不偏之正道,不易之定理作为中庸的真谛。

二程还以未发之中为心之体,已发之和为心之用,这样就把"中和"思想与他的心之体用说联系起来了。程颐在解释"喜怒哀乐未发谓之中"时说:

> 赤子之心已发而未远于中,而尔指内中,是不明大体也。④。

二程站在孟子学的立场上,认为喜怒哀乐之未发为赤子之心,"凡言心者,皆指已发而言",心在任何状态下都是已发,赤子之心作

---

① 《二程·遗书》卷11。
② 《二程粹言·论道篇》。
③ 《朱子遗书》,《中庸辑略》卷上引。
④ 《二程粹言·论道篇》。

为已发,可以谓之和,不可以谓之中。否则就是不识大体。

程颐的说法明显与《中庸》的原意不一致,因为从《中庸》上下文的语境来看,中本来是指情感未发时的心理状态,对此,程颐引用了《易传》的"寂感"说来加以解释。他说:

> 心一也,有指体而言者,寂然不动是也;有指用而言者,感而遂通天下之故是也。①

在程颐看来,心有已发与未发两个状态,寂然不动的时候是心之体,感而遂通天下的时候是心之用。因此,他认为,凡是人的心理活动,都是已发,而未发并不是未知觉、未思虑、未有感情活动时的心理状态,只能是形而上的本体状态。虽然程颐并没有明确说明"心之体"是性还是心的本然状态,但这种看法已经很接近张载的"心统性情"说了。

(二)体用为中

从先秦到北宋,儒家的代表人物虽然对"中庸"思想有所阐释,但是从体用一源的思想高度对它进行全面论述的,则开始于宋代的二程。

二程在解释《中庸》时,以体用范畴规定"大本"与"达道"的关系,认为:

> 大本言其体,达道言其用,体用自殊,安得不为二乎?②

---

① 《二程粹言·论道篇》。
② 《河南程氏文集》卷9,《答张闳中书》。

又说：

> 大本言其体，达道言其用，乌得混而一之乎？①

二程在理本体论的前提下，对体用关系作了辩证的分析，提出"体用一源，显微无间"的命题。《周易·程氏易传序》说：

> 至微者，理也；至著者，象也。体用一源，显微无间。

二程认为理为体，象为用，体与用是对立统一的关系。所谓"至微者，理也"，是说理自身无形无象，隐藏于事物背后，幽深难测，所以说"至微"；所谓"至著者，象也"，是说事物有形有象，显露于外可见，所以说"至著"。理是体，象是用，有其体便有其用，即用而理在其中，体用不可分离。这就是"体用一源，显微无间"。程颐在论述体与用，理与万物的关系时说：

> 有理而后有象，有象而后有数。易因象以明理，由象而知数。得其义，则象数在其中矣。②

所谓有理而后有象，就是有体而后有用，这是理学体用关系的逻辑结论。

二程更主张"体用无先后"③，体中有用，用中有体，体即用之体，用即体之用，反对唐代孔颖达先有道体，后有器用的思

---

① 《河南程氏文集》卷9，《与吕大临论中书》。
② 《文集》卷9，《答张闳中书》。
③ 《遗书》卷11。

想。他说：

> 亦无始，亦无终，亦无因甚有，亦无因甚无，亦无有处有，亦无无处无。①

本体无始无终，无处不有，无处不在，以自己为终极原因，同时它又在现象中出现，通过现象和日用事物表现出来，本体在作用中。

在理本体论的前提下，二程不同意张载把动静看做气之动静，认为动静是理之动静。二程还进一步提出"动静无端"或"动静相因"的命题。他说：

> 动静无端，阴阳无始。非知道者，孰能识之？②

又说：

> 动静相因，动则有静，静则有动。③

认为动静相互包含，互为因果，不可分离。他们认为"静"有入佛的嫌疑，"才说静，便入于释氏之说也。不用静字，只用敬字"④，因此，他们倡导"主敬"。敬本身包含了静的修养内容，"敬则自虚静"⑤，又包含了静所不能涵摄的动态活动修为，"静时修养，动时省察"，从而改变了单纯从静中求识本体的佛、道

---

① 《二程·遗书》卷12。
② 《河南程氏经说·经说》。
③ 《周易程氏传·艮卦》。
④ 《二程·遗书》卷17。
⑤ 《二程·遗书》卷14。

路径，使动静保持在"中道"的范围。他们说：

> 敬而无失，便是"喜怒哀乐之未发之中"也。敬不可谓之中，但敬而无失，即所以中也。①
> "中者，天下之大本。"天地之间，亭亭当当，直上直下之理，出则不是，唯敬而无失最尽。②

未发之中的功夫全在一个"敬"字，"敬而无失"是"所以中"的最好途径。主静和主敬的区别是，主静强调从本原上用功，直接体验本体；而主敬则是强调体、用同时用功，静时、动时不可间断。

二程在提倡主敬的同时，并不完全否定静中功夫。程颢所谓"静观"、"静坐"，都是静中思虑和体验的功夫。这一点被罗豫章、李侗等人所发展，提出在"静坐"中体验喜怒哀乐未发气象，变成直接体证法，并且影响到后来的朱熹。

（三）中无定体，用其时中

二程集成了《中庸》和《易传》的中庸观。

吕大临与程颐辩论时，曾引《尚书·大禹谟》"允执厥中"语说明未发之旨，在他看来，《中庸》"喜怒哀乐未发谓之中"之"中"即《尚书》"允执厥中"之"中"。可是，程颐却不同意这种看法，他在回答苏季明的问题时，区别了"中"的两种用法：

> 苏季明问："中之道与喜怒哀乐未发谓之中，同否？"

---

① 《二程·遗书》卷2。
② 《二程·遗书》卷11。

曰:"非也。喜怒哀乐未发是言在中之义,只一个中字,但用不同。"……或曰:"有未发之中,有既发之中。"曰:"非也。既发时,便是和矣。发而中节,固是得中,(时中之类。)只为将中和来分说,便是和也。"季明问:"先生说喜怒哀乐未发谓之中是在中之义,不识何意?"曰:"只喜怒哀乐不发,便是中也。"曰:"中莫无形体,只是个言道之题目否?"曰:"非也。中有甚形体?然既谓之中,也须有个形象。"曰:"当中之时,耳无闻,目无见否?"曰:"虽耳无闻,目无见,然见闻之理在始得。"曰:"中是有时而中否?"曰:"何时而不中?以事言之,则有时而中。以道言之,何时而不中?"①

苏季明与程颐的这段问答涉及两个问题。一,什么是"中";二,什么是"喜怒哀乐不发"。在程颐看来,二者是联系在一起的。

程颐认为,中有二义:一,喜怒哀乐未发谓之中是言"在中"之义。所谓"在中"之义,就是说,喜怒哀乐未发时,是指内在的中的性理,而性即理也。理、性虽无形体,但既然谓之中,便有一个"形象"、"体段"。因此,"喜怒哀乐未发谓之中"之"中",形容性的是无所偏倚的本然状态。二,"中之道"之中是"时中"之义,形容道无时而不中的状态。二程认为中庸只是一个抽象性原则,真正的用中必须从变化中具体灵活地识中用中。他们说:

君子而时中,无时不中。②

---

① 《二程·遗书》卷18,中华书局1981年版。
② 《河南程氏外书》,卷1。

>君子而时中，谓即时而中。①

在二程看来，时中就是"可以仁则仁，可以止则止，可以久则久，可以速则速"的灵活处世态度。他们发挥孟子的思想，认为：

>杨氏为我，墨氏兼爱。子莫与此二者以执其中，则中者适未足为中也。②

只有当人们将中付诸行动之后，达到切合时宜，恰当不偏，才可以叫做"时中"。他们说：

>且如初寒时则薄裘为中，如在盛寒而用初寒之裘，则非中也。更如三过其门而不入，在禹稷之世为中，若居陋巷，则不中矣。居陋巷，在颜子之时为中，若三过其门而不入，则非中也。③

这些说法，深得先秦儒家"时中"之精义。

在二程看来，时中具有打破常规、变革现实的变革或变通精神。二程认为，世间一切事物都处在不断的运动变化之中，变革是天地间万事万物的根本法则，存在于一切事物发展的始终。他们说：

>推革之道，极乎天地变易，时运终始也。天地阴阳推迁

---

① 《河南程氏外书》，卷7。
② 《二程·遗书》卷2上。
③ 《二程·遗书》卷18。

改易而成四时，万物于是生长成终，各得其宜，革而后四时成也。时运既终，必有革而新之者。王者之兴受命于天，故易世谓之革命。汤武之王，上顺天命，下应人心，顺乎天而应乎人也。天道变改，世故迁易，革之至大也。①

二程从天地阴阳的推迁改易到社会人事的变革，认为天道有变易，要做到"与天地合其序"，那么人类社会也应该随时变革，即所谓"观四时而顺变革，则与天地合其序也"。变革就是革故鼎新，去除事物发展的弊病，从而有利于事物的进一步发展。所以必须"弊坏而后革之，革之所以致其通也，故革之而可以大亨。"因此二程认为"执中而不变通，与执一无异"②，所以执中就必须变通。二程的时中思想中，包含了一种权变的思想，"中无定体，惟达权然后能执中"。

但是变革是一件大事，不具备必要的条件是难以成功的，因此要采取谨慎的态度。他们说：

变革，事之大也，必有其时，有其位，有其才，审虑而慎动，而后可以无悔。③

因此，变革要把握时机，如果不得其时则是"无审慎之意，而有躁易之象"。因此，变革必须"革之有道"。他们说：

革而能照察事理，和顺人心，可致大亨，而得贞正。如是，变革得其至当，故悔亡也。天下之事，革之不得其道，

---

① 《伊川易传·革》。
② 《二程·遗书》卷18。
③ 《伊川易传·革》。

则反致弊害，故革有悔之道。惟革之至当，则新旧之悔皆亡也。①

二程所谓的"道"就是"中"，"革之有道"，就是变革必须合于中。

(四) 求中于未发之前

二程认为，如何应付情感，也就是如何解决天理和人欲的关系，是如何达到中和之道的主要问题之一。二程解释宇宙本体论的目的，就是要发现人生价值的根源。二程把"理"确立为宇宙本体和价值本体的最高范畴，是阴阳和合以化万物的最终根据；据此，二程把"理"落实到人心则为性，心和性是合一的，而性就是"理"。他们说：

"论心之形，则安得无限量？"又问："心之妙用有限量否？"曰："自是人有限量。以有限之形，有限之气，苟不通一作用。之以道，安得无限量？孟子曰：'尽其心，知其性。'心即性也。在天为命，在人为性，论其所主为心，其实只是一个道。苟能通之以道，有岂有限量？天下无性外之物。"②

在二程的思想体系中，心既包括形而下之知觉，又包括形而上之性。二程从"心无限量"的前提出发，认为"天下无性外之物"，也就是无心外之物，一切都是由心性所派生的。二程说：

---

① 《伊川易传·革》。
② 《二程·遗书》卷18。

245

> 天地本一物,地亦天也。只是人为天地心,是心之动,则分了天为上,地为下。①

天地万物都在我心中,离开我的心也就没有天地万物的存在。这从根本上否定了张载的气本论的思想体系。

尽管在"理气"之辨上,二程与张载有着原则的不同,但他们都从理气关系来讨论人性的问题。二程说:

> 论性不论气,不备;论气不论性,不明。二之则不是。②

二程往往"缘气以论性",把"气"作为"天理"流行分殊的必要条件。这样,"气"就成为理本体论中一个重要范畴,无"理"则无"气",而无"气"亦无"理"。二程在论述"理"的本体作用时,对气的重要性也十分注意。他说:"阴阳,气也","五行,气也","气行满天地间",天地间普遍存在着阴阳五行之气。在程颐看来,天地万物都是禀阴阳之气的运动变化,"万物之始,气化而已"③。所以,程颐认为气是构成万物的要素,理不能直接生物,必须通过气产生万物,"生育万物者,乃天之气也"④。这样,二程就通过天人合一、心性合一,经由气化流行、气以载性,而由天至人,使之成为人类社会现实的等级秩序和社会制度、礼仪规范。他们一方面将封建纲常本体化、天道化,倡导最高的绝对理念——"天理";另一方面,为了防止陷入"天理皆虚"的佛学境界,防止"天理"流于虚无,他们

---

① 《二程·遗书》卷2下。
② 《二程·遗书》卷6。
③ 《二程粹言·人物篇》。
④ 《二程粹言·天地篇》。

沿用了古代物质性范畴"气",缘气以论性,将性之分殊与气化生物珠联璧合、相融无间。这样,就产生了二程典型的"乾道变化,各正性命"的易学命题。

二程缘气以论性亦表现在他们的人性论上。二程强调人性中"性"、"气"两者的结合,这种结合又构成以性为本、以气为禀的人性的二重性,并由此产生了人性善恶以及穷理尽性的、新的以"性"为中介的"天人合一"论。

二程通过理与气关系的探讨,深化了由张载提出的"天命之性"与"气质之性"的思想。程颐说:

> 性字不可一概论。"生之谓性",止训所禀受也。"天命之谓性",此言性之理也。今人言天性柔缓,天性刚急,俗言天成,皆生来如此,此训所禀受也。若性之理也则无不善,曰天者,自然之理也。①

"天命之性"即"性之理"、"性之本";"禀受之性"乃"生之谓也"的"气质之性",它是"天理"通过"气化流行",将理与气相结合的结果。因此,"理"虽具有超验、必然的本性,但是必须通过"气禀""禀受"才能成为现实具体的人性,而在"气禀""禀受"的过程中,各人根据自己不同的阴阳五气禀赋而接受依附于五气上的五性之理,由于各人所受五行之气有异,与五气搭配之五性亦有差异。这就是气化流行与理一分殊的结合中必然与偶然性的结果,也是人性"善""恶"有别的原因。

二程从所谓"天人本无二"或天人"一理"的观点,提出了"理性命,一而已"的命题。

---

① 《二程·遗书》卷24。

> 在天为命，在人为性，论其所主为心，其实只是一个道。①

在二程的学说里，性与心、理（道）、命（天）是一个东西。由于"性即是理"，乃天之禀命，所以又称"性"为"天命之性"或"理性"。

天命之性和阴阳五行之气而构成人之本质，这就使"性"与"气"相结合，构成人之气质之性。所以，气质之性是理与气的混合物。故程颢说："性即气，气即性。"性气不离，交相结合，便使气有清浊之分，气质之性便有善恶之不同，"气有善与不善，性则无不善也"，"有自幼而善，有自幼而恶，是气禀有然也"②，"禀其清者为贤，禀其浊者为愚"。正是这种载理之气的偶然性，才使世界上人、物各异，性、情各异。

二程认为，"天命之性"具备了本然之"理"的内在德性结构。他们说：

> 仁、义、礼、智、信五者，性也。仁者，全体；四者，四支。仁，体也；义，宜也；礼，别也；智，知也；信，实也。③

可见，二程所谓的"天命之性"，既是先验的道德本体，又是先天的道德理性。

应该指出的是，二程把人性分为"天命之性"与"气质之

---

① 《二程·遗书》卷18。
② 《二程·遗书》卷1。
③ 《二程·遗书》卷2上。

性",与张载的"天地之性"和"气质之性"一样,都是人性二重说。但是,他们在解释这"二重"人性的来源上却有着原则的分歧。张载以气一元论为根据,而二程则由理一元论为基础,二者的理论出发点是不同的。

二程认为"天命之性"就是"天理",而"气质之性"就是人欲。他们从主体意识的角度去解释天理和人欲,以"道心"为天理,以"人心"为人欲,他们明确提出天理是"公心",人欲是"私心",而天理人欲之分,就成为公私之分。

> 虽公天下事,若用私意为之,便是私。①

这里的公与私,就是社会群体利益和个体利益的关系。二者是截然对立的。因此,二程认为天理人欲是"难一"的。

> 大抵人有身,便有自私之理,宜其与道难一。②
>
> 甚矣欲之害人也。人之为不善,欲诱之也,诱之而弗知,则至于天理灭而不知反。故目则欲色,耳则欲声,以至鼻则欲香,口则欲味,体则欲安,此皆有以使之也。然则何以窒其欲?曰思而已矣。学莫贵于思,唯思为能窒欲。③

他们认为有了欲就会忘德灭理,因此必须"窒欲"。"窒欲"就是"灭欲"。

张载并没有提出"灭人欲",而是反对"穷人欲",主张"节欲"。但是,二程不仅反对"穷人欲",而且还主张"窒

---

① 《二程·遗书》卷5。
② 《二程·遗书》卷3。
③ 《二程·遗书》卷25。

欲"、"灭人欲",从而把理、欲对立引向了绝对。他说:

> 人心莫不有知,惟蔽于人欲,则忘天理也。①

代表群体利益的"天理"是应该提倡的;代表个体利益的人欲,包括生理、情感、意志等个性特征,是应该否定的。

他们把天理和人欲推到两极化的极端,把天理和人欲对立起来,公开主张存天理灭人欲,用群体意识代替个体意识,这固然不同于宗教哲学,却起到了同宗教哲学相同的作用。

> 视听言动,非理不为,即是礼,礼即是理也。不是天理,便是私欲。人虽有意于为善,亦是非礼。无人欲即皆天理。②

所谓"有意为之"就是"有所为"而为。二程认为,凡有所为而为,都带有功利色彩,都是人欲,只有"无所为"而为,才是超功利的行为,才是天理。他们把"天理"看做绝对的原则,把人欲看做是对外物的追求,是一种"蔽",妨碍了理想人格的自我实现,自我完善,因而是恶。

在这个前提下,二程还把义与利的关系明确为公与私的关系,"义利云者,公与私之异也"③。二程认为,如何处理义利的关系问题,将直接决定人们接物处世的行为方针。因此,程颢明确指出:"天下之事,惟义利而已。"④ 二程也讲利,程颐说:

---

① 《二程·遗书》卷11。
② 《二程·遗书》卷15。
③ 《二程粹言·论道篇》。
④ 《二程·遗书》卷11。

凡字只有一个，用有不同，只看如何用。凡顺理无害处便是利，君子未尝不欲利。①

朱贻庭在《中国传统伦理思想史》中分析了二程可言的利主要有三种。

一是"圣人以义为利，义安处便是为利"，这实际上用"义"吞并了"利"，取消义利之别；二是"和义"之利，即符合"义"的利，这样的利"非不善也"，也就是孔子所说的"义然后取利"的利；三是实行仁义从而维护其亲与君的地位之利。程颐认为，仁义施及亲、君，"不遗其亲，不后其君，便是利。仁义未尝不利。"这一观点，确也给"仁义"涂上了一些功利的色彩……它并不意味着要以"利亲"、"利君"为仁义的内容和目的，恰恰相反，作为道德主体的行为方针，仅在于行仁义。因此，"仁义未尝不利"，不是功利论的命题，并没有超越道义论的范畴。②

由此看来，实际上二程还是认为义和利是相互对立的，两者不能同时并存。程颢说："大凡出义则入利，出利则入义。"③并且把义利作为判断"圣人"和强盗的标准：

孟子辨舜、跖之分，只在义利之间。④

在此基础上，二程提出"不论厉害，惟看一当为与不当为"的

---

① 《二程·遗书》卷19。
② 朱贻庭：《中国伦理思想史》，华东师范大学出版社2003年版，第376页。
③ 《二程·遗书》卷11。
④ 《二程·遗书》卷17。

价值取向。

二程的"理欲—义利",把天理、义同人的欲望和利对立起来,如何沟通这二者的关系呢?二程提出"诚"的范畴,用"诚"来沟通"天理"与人的关系。他们明确指出,诚是"合内外"、"合天人"之道,把诚看做天人内外合一的境界。在二程看来,天理即是诚,诚即是天理。他们说:

> 至诚者,天之道也。天之化育万物,生生不穷,各正性命,乃无妄也。①

明确提出诚的含义是"实"和"无妄"之理。诚即实理,是宇宙规律,也是人的认识。

"诚"作为天人合一的重要范畴,是人所达到的一种自觉的认识。为此,二程提出了诚和心的关系问题:

> 维心亨,维其心诚一,故能亨通。②

心诚是主体精神所达到的一种境界,也是同宇宙本体合一的认识境界。因此,才能无所不通。"至诚动天地",说明诚能产生巨大的精神和物质力量。所以二程说:

> 万物皆备于我,反身而诚,乐莫大焉。不诚则逆于物而不顺也。③

---

① 《程氏易传·无妄》卷。
② 《程氏易传·习坎》卷。
③ 《二程·遗书》卷11。

至诚就是人和自然规律的完全合一。只有如此才能"参赞"化育,与天地并立,才达到"中和"的至高境界。

为了"去人欲,存天理",达到"与理为一"的圣人境界,也就是在自我中达到"天人合一",为此,二程提出了"格物致知"的修养方法。在二程那里,格物致知具有认识论和道德论的双重意义。何谓"格物"?所谓"物",包括一切客观事物以及人们所从事的活动,"物则事也","凡遇事皆物也"。"格物"是穷事物之理,他们说:

> 格犹穷也,物犹理也。犹曰穷其理而已也。穷其理然后足以致知,不穷则不能致也。①

"格物"就是要穷究事物之理。"格"除了"穷"的意思之外,还有"至"的意思。他们说:

> 诚意在致知,致知在格物。格,至也,如"祖考来格"之格。凡一物上有一理,须是穷致其理。②

"格"的两个意思"穷"、"至",二者是相同的,都是穷至事物之理。二程认为,"穷理"有不同的途径,且有一个过程,他们说:

> 穷理亦多端,或读书,讲明义理;或论古今人物,别其是非;或应事接物,而处其当,皆穷理也。……须是今日格

---

① 《二程·遗书》卷23。
② 《二程·遗书》卷18。

一件，明日又格一件，积习既多，然后脱然自有贯通处。①

这就是说，穷理致知，虽非"须尽了天下万物之理"，但也不是"穷得一理便到"，而是一个"积习"或"积累"的过程，"积习既多，然后脱然自有贯通处"。"贯通"，有直接顿悟的性质。这实际上就是把佛教的"渐修"和"顿悟"相结合的理学形态。

但是，二程所谓穷理，并不是研究事物本身的客观规律，而是借助于"格物"这一媒介，去认识人心所固有的"天理"。他们说：

> 知者吾之所固有，然不致则不能得之，而致之必有道，故曰："致知在格物"。②

在二程看来，心中固然有众理，但是不通过格物却不可得。因此，格物的目的是为了"明善"或"止于至善"。"明善在乎格物穷理"，"致知，但知止于至善，为人子止于孝，为人父止于慈之类，不须外面。只务观物理，汎然正有游骑无所归也"③，"格物之理，不若察之于身，其得犹切"④。这就变成了向内反思的道德认识。因此，二程把格物致知看做是排除物欲引诱，恢复人心天理的过程。他说：

> "致知在格物"，非由外铄我也，我固有之也。因物有迁，迷而不知，则天理灭矣，故圣人欲格之。⑤

---

① 《二程·遗书》卷18。
② 《二程·遗书》卷23。
③ 《二程·遗书》卷17。
④ 《二程·遗书》卷17。
⑤ 《二程·遗书》卷25。

这是说，人生而固有天理，只是由于被外物所蔽，"迷而不知"，所以天理灭矣。只要通过格物以恢复失去的天理，"自格物而充之，然后可以至圣人"。把格物致知看成修身养性，达到圣人境界的必要手段。二程在格物穷理的对象上，既要探索"外物"，更要格"性分中物"，从而实现内外合一，天人合一。

由此可见，二程兄弟思想的核心内涵及价值重点落在了"明于庶物，察于人伦。知尽性至命，必本于孝悌；穷神知化，由通于礼乐"。① 所谓"明于庶务"就是探究自然界所以然之理；而"察于人伦"、"本于孝悌"和"通于礼乐"，就是论证"人理"的合规律性及其必然性。

在二程看来，作为儒学的核心"仁"，自古以来还没有人作出过正确的解释：

> 自古元不曾有人解仁字之义。②

而以往的学者们一般都把儒家的"孝"、"恻隐之心"、"博爱"或"博施济众"等视为"仁"，这实际上仅仅涉及了"仁"的"用"，并没有触及"仁"的"体"。他们说：

> 问："'孝弟为仁之本'，此是由孝弟可以至仁否？"曰："非也。谓行仁自孝弟始。盖孝弟是仁之一事，谓之行仁之本则可，谓之是仁之本则不可。盖仁是性也，孝弟是用也。性中只有仁义礼智四者，几曾有孝弟来？仁主于爱，爱莫大

---

① 《二程·遗书》卷25。
② 《二程·遗书》卷19。

于爱亲。故曰：'孝弟也者，其为仁之本欤！'"①

问仁。曰："此在诸公自思之，将圣贤所言仁处，类聚观之，体认出来。孟子曰：'恻隐之心，仁也。'后人遂以爱为仁。恻隐固是爱也。爱自是情，仁自是性，岂可专以爱为仁？孟子言恻隐为仁，盖为前已言'恻隐之心，仁之端也'，既曰仁之端，则不可便谓之仁。退之言'博爱之谓仁'，非也。仁者固博爱，然便以博爱为仁'则不可。"②

"博施济众"，乃圣之功用。仁至难言，故止曰："己欲立而立人，己欲达而达人，能近取譬，可谓仁之方也已。"欲令如是观仁，可以得仁之体。③

从上可知，二程认为"仁"之"体"是一种境界，这种境界就是"仁者以天地万物为一体"④，"浑然与物同体"。不难看出，这是从他们天下一"理"的哲学立场出发所得出的必然结论。

天地万物一体是一种境界，主要指主体而言。正是人的主体意识，体现了天地万物生生之理，这就是我所固有之仁。人心有"觉"，这是仁的真正命脉。所谓"切脉最可体仁"，"医书眼手足痿痹为不仁"，都是强调一个"觉"字。正因人心有知觉，所以才能知疼痒；一旦身体有病，便能知之。一旦失去知觉，便是麻木不仁。

但所谓"觉"，既是自我知觉，又是自我超越。程颢虽然以"觉"言仁，但是他并不以"觉"为仁。他说：

学者须先识仁。仁者，浑然与物同体。义、礼、智、信

---

① 《二程·遗书》卷17。
② 《二程·遗书》卷18。
③ 《二程·遗书》卷1。
④ 《二程·遗书》卷2上。

皆仁也。识得此理，以诚敬存之而已，不须防检，不须穷索。①

仁就是心体，只有识得心体即仁，才是浑然与物同体境界，因此既不需要设防，也不需要穷索。那么，仁者之心就是绝对本体，以万物皆为己有，也就是"万物皆备于我"。

二程从宇宙本体论的高度提出了"生生"之谓"仁"，而"仁"之体即"生生"之理。人和万物都源自于生生之理，而生生之理便在天地万物之中。天地万物的发育流行，便是生生之理的体现。

"天地之大德曰生"，"天地絪缊，万物化醇"，"生之谓性"，……万物之生意最可观，此元者善之长也，斯所谓仁也。人与天地一物也，而人特自小之，何耶？②

需要指出，二程所谓人和万物一体，并不是从形体上言，而是从生生之理上言，只有人能够从万物的生生不息之中体验到天地万物的一体之仁，这是因为人能"推"。所谓"推"，除了自觉认识之外，还包括由内而外、推己及物、推己及人的实践过程，又叫做"忠恕之道"：

以己及物，仁也。推己及物，恕也。违道不远是也。忠恕一以贯之。忠者天理，恕者人道。忠者无妄，恕者所以行乎忠也。忠者体，恕者用，大本达道也。③

---

① 《二程·遗书》卷2上。
② 《二程·遗书》卷11。
③ 《二程·遗书》卷11。

忠是从本体说的,"以己及物"就是人物一理,以仁为体。恕是从作用上说,"推己及物",是实现仁的方法。恕正所以行其忠,所以被称为一贯。忠恕一贯就是体用一贯,天人一贯。

此外,"生生"之"仁"又体现为"公",因为天地生生不息从来就是无私的;而对人来说,要实现"仁",就必须克除"己私","己私"一去自然就是"公"了。所以"公"虽不能说就是"仁",但却是"仁理"的显现:

> 仁之道,要之只消道一"公"字。公只是仁之理,不可将公便唤做仁。公而以人体之,故为仁。只为公,则物我兼照,故仁,所以能恕,所以能爱,恕则仁之施,爱则仁之用也。①

如果人心能够做到大公无私,就会能恕,能爱,物我兼照,真正与万物融为一体。总之,在二程看来,"仁"就是"理","仁"就是"道":

> 仁,理也。人,物也。以仁合在人身言之,乃是人之道也。②

从宇宙论上说,"生生"之理为"天道",其实现于人者则为"人道",所以:

> 道一也,岂人道自是人道,天道自是天道。③

---

① 《二程·遗书》,卷15。
② 《河南程氏外书》卷6。
③ 《二程·遗书》卷18。

> 天、地、人只一道也。才通其一，则余皆通。①

实际上直接指出了天道人道的统一性。既然"道"通为"一"，那么，作为其在"人"身上体现的根本——"仁"，就成为其他伦理道德范畴的"体"，它们之间的关系就是一种体与用的关系，二程将"仁、义、礼、智、信"发展为"五常全体四肢"说：

> 仁、义、礼、智、信五者，性也。仁者，全体；四者，四支。仁，体也。义，宜也。礼，别也。智，知也。信，实也。②

如果把"仁"看做是整个身体，而"义礼智信"则是身体的四肢。二程兄弟通过其思辨的论证，把仁义礼智信、忠恕、孝悌等传统儒家的价值，与天道相沟通，从理论上解决了天道与人道、自然之理与人文价值的关系，消解了它们之间的二元对峙。根据他们的观点，天道中本就蕴涵了人道的内容，自然之理就是人文价值之本，自然的价值就源于宇宙生生不息的运行之本然。"天理"作为最高范畴，通贯天人，统摄宇宙本体和价值本体，从而为传统儒家思想提供了一个既超越又现世的形而上的依据，完成了理学体系一元论的理论建构，这是他们对中国古代哲学发展的一个重大推进。

九　朱熹对中庸理学化的贡献

朱熹（1130—1200年），南宋哲学家、教育家，是宋明理学

---

① 《二程·遗书》卷18。
② 《二程·遗书》卷2上。

的集大成者。字元晦、仲晦，号晦庵，别称紫阳。徽州婺源（今属江西）人，侨寓建阳（今属福建），并在考亭讲学，其学派被称为"闽学"和"考亭之学"。历仕高宗、孝宗、光宗、宁宗四朝，曾任秘阁修撰等职。嘉定二年（1209年）诏赐遗表恩泽，谥曰文，寻赠中大夫，特赠宝谟阁直学士。理宗宝庆三年（1227年），赠太师，追封信国公，改徽国公。

朱熹早年出入佛、道。31岁正式拜程颐的三传弟子李侗为师，专心儒学，成为二程之后儒学的重要人物。淳熙二年（1175年），朱熹与吕祖谦、陆九渊等会于江西上饶铅山鹅湖寺，也就是著名的鹅湖之会，朱陆思想的分歧由此更加明确。朱熹在"白鹿国学"的基础上，建立白鹿洞书院，订立《学规》，讲学授徒，宣扬道学。在潭州（今湖南长沙）修复岳麓书院，讲学以穷理致知、反躬践实以及居敬为主旨。他继承二程，又独立发挥，形成了自己的体系，后人称为程朱理学。为了维护理学的学术地位，批判不与程朱理学相同的其他学派，朱熹与永康事功之学、陆氏顿悟之学、反对周敦颐和张载的林黄中进行辩论。又写了《杂学辨》，批评《苏氏易解》、《苏黄门老子解》、《张九成中庸解》、《吕氏大学解》。即使二程的大弟子尹焞，也受到朱熹的批评，批评其不符合二程之说的观点，写了《尹和靖手笔辨》。朱熹在从事教育期间，对于经学、史学、文学、佛学、道教以及自然科学，都有所涉及或有著述，著作广博宏富。所著有《四书章句集注》、《周易本义》、《诗集传》、《楚辞集注》，及后人所编纂的《晦庵先生朱文公文集》和《朱子语类》等。

朱熹从政时间不长。在任地方官期间，力主抗金，恤民省赋，节用轻役，限制土地兼并和高利盘剥，并实行某些改革措施，还参加了镇压农民起义的活动。

朱熹作为理学集大成者，其思想无论从广度和深度上，都远远超过了二程。他对理学思想进行了系统的、创造性的总结。朱熹的思想体系庞大而精密，在宋以后的思想发展中占有极其重要的地位，产生重大的影响。南宋以后，朱熹的思想取得了统治地位，成为官方哲学，统治人们的思想达700年之久，而且此后中国思想的发展，都和朱熹思想有着密切的关系。各家各派的思想家，无论是唯物还是唯心，进步还是保守，他们所讨论的问题和范畴，几乎都和朱熹的思想有关。钱穆先生评价说：

在中国历史上，前古有孔子，近古有朱子，此两人，皆在中国学术史及中国文化史上发出莫大声光，留下莫大影响。旷观全史，恐无第三人堪与伦比。①

由此可见，其思想影响之深远以及在中国思想史中的地位及作用。

朱熹在二程思想的基础上，进一步发展了"中庸"学说。

（一）中和之悟

1. 中和之悟的起因

作为理学之集大成者的朱熹，他的思想发展和完善的关键，就是"中和"学说。牟宗三先生说，要讲朱子的学问：

就得了解他思考的过程，了解他生命集中和真正用功的问题是什么、从哪里开始。他是从"中和"问题开始的。②

朱熹研究"中和"问题经历了两个阶段，实现了两次飞跃，由"中和旧说"向"中和新说"演进。"中和新说一旦定了，他的系统便大体定了。"③

---

① 钱穆：《朱子学提纲》，三联书店2002年版，第1页。
② 牟宗三：《中国哲学十九讲》，上海古籍出版社1998年版，第380页。
③ 同上书，第381页。

朱熹是李侗的弟子。李侗师从罗从彦（豫章），罗从彦受业于二程高弟杨时（龟山）。从杨时到李侗，都非常注重《中庸》中的未发已发学说，如杨时强调："学者当于喜怒哀乐未发之际，以心体之，则中之义自见。"① 李侗向朱熹传授的也是这一点，朱熹说：

> 初，龟山先生唱道东南，士之游其门者甚众。然语其潜思力行，任重诣极如罗公（罗从彦），盖一人而已。先生（李侗）既从之学，讲诵之余，危坐终日，以验夫喜怒哀乐未发之前气象为如何，而求所谓中者。②
> 李先生教人，大抵令于静中体认大本未发时气象分明，即处事应物自然中节，此乃龟山门下相传指诀。③

体验未发，意思就是说要摒弃一切情感，最大限度地平静思虑，努力体验喜怒哀乐没有发作时的内心状态。真正体验到这种状态并加以保持，在感情发作时使之中节，人便可以入住道德的精神境界。对于理学家来说，其体验的目的就是想要达到一个与万物浑然一体的精神境界。

朱熹早年并不是单纯崇儒，而是曾经出入佛老。受学李侗后，使朱熹早年所接纳的佛老思想受到一次巨大的冲击，促使他在学术道路上进行新的探索，开始转向儒学。因此李侗是朱熹早年最重要的老师，朱熹自24岁时师事李侗到李侗过世，前后达10年之久。正如朱熹所说："近岁以来，获亲有道，始知所想之

---

① 《龟山文集·答学者其一》。
② 《延平李先生行状》，《晦庵先生朱文公文集》，《朱子全书》第二十五册，上海古籍出版社、安徽教育出版社2003年版。
③ 《宋元学案》卷39，《豫章学案》。

大方。"① 这里所说的"有道",指的就是李侗。但是这个时期的朱熹,在思想上只有"破",而没有"立",也就是说朱熹并没有真正开始理学体系的建构。

在这10年中,李侗曾努力引导他向体验未发上发展,然而朱熹本人对老师的这一学问功夫却不得其要,始终不曾找到过"洒然自得,冻解冰释"的心灵体验。正如朱熹自己所说:

> 余蚤从延平李先生学,受《中庸》之书,求喜怒哀乐未发之旨,未达而先生没。②

> 旧闻李先生论此最详⋯当时既不领略,后来又不深思。③

这时的朱熹,原有的佛老思想被动摇,又没有形成新的思想来代替,用他自己的话说,就是"若穷人之无归",思想无所依托。朱熹虽对李侗所教无会心处,但是他对"已发未发"这一问题却萦怀于心。

2. 中和旧说

隆兴元年癸未十月(1163年),李侗去世。朱熹的心中非常悲苦。他在给何叔京的信中把这时的心情表露无遗:

> 晚亲有道,粗得其绪余之一二,方幸有所向而为之焉,则又未及卒业,而遽有山颓梁坏之叹。怅怅然如瞽之无目,

---

① 《答江元适》,《晦庵先生朱文公文集》卷38,《朱子全书》第二十一册。

② 《中和旧说序》,《晦庵先生朱文公文集》卷75,《朱子全书》第二十四册。

③ 《答林择之书》,《晦庵先生朱文公文集》卷43,《朱子全书》第二十二册。

摘埴索途，终日而莫知所适也。①

这是朱熹当时心境的真实写照。就在朱熹彷徨苦闷时，朱熹"闻张钦夫得衡山胡氏学，则往从而问焉"②。

张钦夫就是张栻。张栻是南宋著名的理学家，湖湘学派的重要代表人物。在隆兴元年、二年，朱熹均有与张栻谋面的机会，且互通书信论学。朱熹曾与张栻反复讨论"已发未发"的问题。

其实早在隆兴二年与张栻会面后，湖湘学派的思想对朱熹已经产生某些影响。朱熹在给罗博文的信中说：

> 大抵衡山之学，只就日用处，操存辨察。本末一致，尤易见功，某近乃觉如此。③

"日用处"就是指的"已发"。朱熹从澄心的未发开始转向日用的已发就是从这里萌芽的。但是他仍然把操存置于辨察前，表明他对湖湘学派思想的理解还没有完全接受。

在张栻的影响下，朱熹埋头精思胡宏的思想。胡宏和二程都认为"中"是性的体段，但是胡宏把心性分而为二，"未发只可言性，已发乃可言心"④，性由心显，所以识性必先从已发之心上开始，然后以诚敬存之。为朱熹"中和旧说"思想的产生提供了理论基础。

---

① 《答何叔京第一书》，《晦庵先生朱文公文集》卷40，《朱子全书》第二十二册。

② 《中和旧说序》，《晦庵先生朱文公文集》卷75，《朱子全书》第二十四册。

③ 《答罗参议四》，《晦庵先生朱文公文集》，续集卷5，《朱子全书》第二十五册。

④ 《胡宏集·与曾吉甫书三首》

朱熹在其《中和旧说序》中追叙其参究"中和旧说"的过程说：

> 钦夫告予以所闻，余亦未之省也，退而沉思，殆忘寝食。一日，喟然叹曰："人自婴儿以至老死，虽语默动静之不同，然其大体莫非已发，特其未发者为未尝发耳。"自此不复有疑，以为《中庸》之旨不外乎此矣。后得胡氏书，有与曾吉夫论未发之旨者，其论又适与余意合，用是益自信。虽程子之言有不合者，亦直以为少作失传而不之信也，然间以语人，则未能有深领会者。①

这里所谓"一日喟然叹曰"，标志着朱熹"中和"思想的第一次演变，也就是朱熹"中和旧说"思想的形成。因为其"中和旧说"悟于乾道二年丙戌，所以也称为"丙戌之悟"。

朱熹悟到此后，立即写信告知张栻，这就是《朱熹集》中的《答张钦夫》第三、四、三十四、三十五书，也就是著名的"中和旧说"四书。此四书，据王懋竑《朱子年谱》系写于乾道二年（1166年），即朱熹与张栻长沙之会之前，但从朱熹所说的"钦夫告余以所闻，余亦谓之省"云云来看，长沙之会之前，他的思想似乎不至像此四书那样与湖湘派思想如此接近。所以我们从钱穆说，以这四封信写于朱熹与张栻长沙相会之后的乾道四年（1168年）。

乾道三年（1167年）八月，朱熹亲赴湖湘造访张栻，与湖湘学者讲论于衡岳。乾道六年（1170年）朱熹还谈到过此时对"已发未发"的认识，他说：

---

① 《中和旧说序》，《晦庵先生朱文公文集》卷75，《朱子全书》第二十四册。

> 旧在湖南理会《乾》、《坤》，《乾》是先知，《坤》是践履，上是"知至"，下是"终之"，却不思今只理会个知，未审到何年月方理会"终之"也。是时觉得无安居处，常恁地忙。又理会动静，以为理是静，吾身上出来便是动，却不知未发念虑时静，应物时动。静而理感亦有动，动时理安亦有静。初寻得个动静意思，其乐甚乖，然却一日旧似一日。当时看明道《答横渠书》，自不入也。①

钱穆先生认为：

> 云在湖南，即是与南轩相聚时也。当时理会乾坤知行动静诸问题，云乾是先知，又说吾身上出来便是动，即是长沙别后中和旧说认心为已发四书张本也。此乃朱子与南轩长沙里两月讨论之新得，于是乃决然舍去延平求中未发之教而折从南轩。②

束景南先生也认为，在这段语录中所说的"是时"、"当时"，都是指乾道三年在长沙时。

> 所谓"以为理是静，吾身上出来便是动"，正是湖湘派主张的以未发言性，以已发言心，以性（理）为静，以心为动。③

---

① 《朱子语类》卷140，《朱子全书》第十七册，上海古籍出版社、安徽教育出版社2003年版。
② 钱穆：《朱子新学案》（上册），巴蜀书社1986年版，第445页。
③ 束景南：《朱子大传》（上册），商务印书馆2003年版，第267页。

这些都说明，朱熹的"中和旧说"思想与湖湘学派一样，是以性静心动来解释"已发未发"的。

3. 中和旧说的主要思想内容

朱熹的"中和旧说"思想主要包括以下两个方面的内容。

第一，以未发为性，已发为心。

在心性关系上，朱熹提出了"心为已发，性为未发"的观点。朱熹的这一思想是从程颐"凡言心者皆指已发"而来的。

朱熹在《答张钦夫》书中所云：

> 盖天下只是一个天机活物，流行发用，无间容息。据其已发者而指其未发者，则已发者人心，而未发者皆其性也。亦无一物而不备矣。夫岂别有一物，拘于一时，限于一处，而名之哉？①

又在《答何叔京书》云：

> 若果见得分明，则天性人心，未发已发，浑然一致，更无别物。②

朱熹看来，人生自幼至死，无论语默动静，心始终处在一个活泼的流行过程中，它的作用从未停止，时时处于已发状态。而"未发"不动的是人"性"。这里，朱熹把"心"定为已发，显然是把"心"看做普通的知觉思虑主体，说明在工夫论上朱熹

---

① 《与张钦夫第四书》，《晦庵先生朱文公文集》卷32，《朱子全书》第二十一册。

② 《答何叔京书》，《晦庵先生朱文公文集》卷40，《朱子全书》第二十二册。

赞同湖湘学派张栻等人"以察识端倪为最初下手处,以故缺却平日涵养一段工夫"为特色的工夫论。

在与《张钦夫书》中,朱熹指出:

> 人自有生,即有知识。事物交来,应接不暇。念念迁革,以至于死。其间初无顷刻停息。举世皆然也。然圣贤之言,则有所谓未发之中,寂然不动者。夫岂以日用流行者为已发,而指夫暂而休息,不与事接之际,为未发时耶?尝试以此求之,则泯然无觉之中,邪暗郁塞,似非虚明应物之体。而几微之际,一有觉焉,则又便为已发,而非寂然之谓。盖愈求而愈不可见。于是退而验之日用之间,则凡感之而通,触之而觉,盖有浑然全体,应物而不穷者,是乃天命流行,生生不息之机,虽一日之间,万起万灭,而其寂然之本体,则未尝不寂然也。所谓未发,如是而已矣!夫岂别有一物,限于一时,拘于一处,而可以谓之中哉?然则天理本真,随处发见,不少停息者,其体用固如是,而岂物欲之私所能壅遏而梏亡之哉?故虽汩于物欲流荡之中,而其良心萌蘖亦未尝不因事而发见。学者于是致察而操存之,则庶可以贯乎大本达道之全体而复其初矣。①

在这里,朱熹主要提出"天命流行,生生不已不机"的观点。朱熹认为心体流行,不容间断。人有生命,有知觉,自生至死,无论语默动静,还是睡眠状态,精神活动不会有顷刻停息,心一直处于已发状态,心为"天机活泼",不可能寂然不动。所以朱熹认为程颐、杨时、李侗把心体划分为"未发之前"、"未

---

① 《与张钦夫第三书》,《晦庵先生朱文公文集》卷30,《朱子全书》第二十一册。

发之际"、"未发之时"与"已发"就是将前后截为两截。他认为，心体流行，"浑然无分段时节可言"。因此，"未发"和"已发"之间不能用时间（"拘于一时"）或空间（"限于一处"）关系来界定，所谓"未发之前"或"未发之时"压根儿就是不存在的事儿。所有对"未发"的了解都必须借助于"已发"。由此可见，在朱熹那里，未发已发并非二物，而是无间的一体二流。

朱熹的这一思想相对于延平所传而言，差不多彻底推翻了道南一派所共守的宗旨。既然"未发之前"或"未发之时"是不存在的，那么"危坐终日，以验夫喜怒哀乐未发之前气象如何，而求所谓中者"，非唯无意义，而且也根本不可能。既然只能从"已发"者来指其"未发"者，那么涵养和察识的关系也必须调转过来：不是先涵养后察识，而是先察识后涵养。所以朱熹自己也曾经说："中和二字，皆道之体用。旧闻李先生论此最详。后来所见不同，遂不复致思。"[①]

第二，致察操存天理本真以致中和。

朱熹以未发为性、已发为心，与此相应，在工夫论上也是先"察识端倪，后扩而操存之"，在已发处用功：

  其良心萌蘖亦未尝不因事而发见。学者于是致察而操存之，则庶乎可以贯乎大本达道之全体而复其初矣。[②]

因为中体从道德意义上说是天理本真、是良心，而天理本真随处发现，所以朱熹本此而说的工夫论，必然是要致察此天理本真与操存良心，能操存才能达到发而皆中节的"和"。这里所说的

[①] 《李延平集》卷四。
[②] 《与张钦夫第三书》，《晦庵先生朱文公文集》卷30，《朱子全书》第二十一册。

"察"是察良心的发现,"操存"是存此良心而不令放失。能至察而操存此良心,则良心、天理本真呈现,由此扩而充之,则可贯于大本达道之全。

此一思想实际上也是受到了程颐的影响。朱熹在后来回忆中和旧说时说:

> 《中庸》已发、未发之义,前此认得此心流行之体,又因程子凡言心者皆指已发而言,遂目心为已发,性为未发。①

朱熹虽然体验操存而不敢废,深下工夫,但却不能脱然自得,一少懈,则又惘然。在《答何叔京书》中又说:"此正天理人欲消长之几,不敢不着力。"② 这"天理人欲"与前面所说"天理本真"、良心及物欲之私、物欲流荡,所指虽相同,但朱子几经反省、操存、体验,竟不能脱然自得,而有"不敢不着力"之感,正说明了旧说所提出的对"天理本真"、良心的致察操存工夫的理论,与此后他苦苦体验之所得,实际上还有一段距离,这就不由得促使朱熹再次苦苦参得。

4. 中和新说

丙戌之悟标志着朱熹在"中和"问题上由道南向湖湘学派的倾斜。它增加了朱熹的自信,也进一步拉近了与张栻的距离。在随后的湖湘之行中,朱熹与张栻进行了广泛的讨论,并相约一起做圣贤工夫。对于这次访学,朱熹自觉相当满意:

---

① 《与湖南诸公论中和第一书》,《晦庵先生朱文公文集》卷64,《朱子全书》第二十三册。

② 《答何叔京书》,《晦庵先生朱文公文集》卷40,《朱子全书》第二十二册。

> 去冬走湖湘，讲论之益不少。然此事须是自做工夫，于日用间住坐行卧方自有见处。然后从此操存，以至于极，方为己物尔。敬夫所见超诣卓然，非所可及。[①]

可见，朱熹受张栻的影响很大。但是，朱熹在体悟中和旧说中，虽与衡山之学的修养方法有表面上的相合，实则殊无内心把握，他在《与张钦夫第二书》中，就已流露出了自己的困惑。他说：

> 大抵目前所见，累书所陈者，只是笼统地见得个大本达道底影象，便执认以为是了，却于"致中和"一句，全不曾入思议。……自觉殊无立脚下工夫处，盖只见得个直截根源，倾湫倒海底气象。日间但觉为大化所驱，如在洪涛巨浪之中，不容少顷停泊。盖其所见一向如是，以故应事接物处，但觉粗厉勇果增倍于前，而宽裕雍容之气，略无毫发。虽窃病之，而不知其所自来也。[②]

由此可见，即使朱熹在坚信中和旧说的时候，始终还是感觉到有"无立脚下工夫处"的苦恼。他总觉得自己体验得不切实，总不能真切地体验到宇宙本体，总不能真切地觉悟到道德本心，心始终没有一安顿之所，没有一主宰处，欠缺一段涵养的工夫，未免有空疏急迫的毛病。

此时的朱熹同时还忙着整理二程的著作。无论是出于根深蒂固的章句训诂的爱好也好，还是出于对二程思想的拥护也好，这

[①] 《答程允夫第五书》，《晦庵先生朱文公文集》卷41，《朱子全书》第二十二册。
[②] 《与张钦夫第二书》，《晦庵先生朱文公文》卷三十二，《朱子全书》第二十一册。

次整理工作却成了朱熹重新反省自己"中和说"的导火索。

早在丙戌之悟时,朱熹就发现他"性体心用"说与二程有不一致之处。朱熹说,他当时的解决办法是:"虽程子之言有不合者,亦有以为少作失传而不之信也。"现在当他系统地整理程氏遗著时,已经没有了上次的那种自信:

> 程子之言,出其门人高弟之手,亦不应一切谬误以至于此。则予之所自信者,无乃反自误乎?①

这种自我怀疑的结果便是他的第二次"中和"说:

> 乾道己丑之春,为友人蔡季通言之,问辨之际,予忽自疑。斯理也,虽吾之所默识,然亦未有不可以告人者。今析之如此其纠纷而难明也,听之如此其冥迷而难喻也。意者乾坤易简之理,人心所同然者,殆不如是。…则复取程氏书虚心平气而徐读之,未及数行,冻解冰释。然后知情性之本然,圣贤之微旨,其平正明白乃如此。而前日读之不详,妄生穿穴,凡所辛苦而仅得之者,适足以自误而已。至于推类究极,反求诸身,则又见其危害之大,盖不但名言之失而已也。②

这一次也是朱熹在这个问题上的最后定论,它是朱熹思想成熟的重要标志,时年朱熹刚好40岁。朱熹自己曾把丙戌之悟称为"中和旧说",那么,这次自然也就是"中和新说"了。由于这次新悟在己丑之春,所以又称为"己丑之悟"。

---

① 《中庸章句》,《朱子全书》第六册。
② 同上。

5. 中和新说思想的主要内容

在《与湖南诸公论中和第一书》中，朱熹对他的"中和新说"有一个系统的概括：

> 按《文集》、《遗书》诸说，似皆以思虑未萌，事物未至之时，为喜怒哀乐之未发；当此之时，却是此心寂然不动之体，而天命之性当体具焉，以其无过不及，不偏不倚，故谓之中。及其感而遂通天下之故，则喜怒哀乐之情发焉，而心之用可见，以其无不中节，无所乖戾，故谓之和，此则人心之正，而情性之德然也。
>
> 然未发之前，不可寻觅；已觉之后，不容安排。但平日庄敬涵养之功至，而无人欲之私以乱之，则其未发也，镜明水止；而其发也，无不中节矣，此是日用本领工夫。至于随事省察，即物推明，亦必以是为本，而于已发之际观之，则其具于未发之前者，固可默识。故程子之答苏季明，反复论辨，极于详密，而卒之不过以敬为言。又曰："敬而无失，即所以中。"又曰："入道莫若敬，未有致知而不在敬者"。又曰："涵养须用敬，进学则在致知"，盖为此也。向来讲论思索，直以心为已发，而日用工夫亦止以察识端倪为最初下手处，以故阙却平日涵养一段工夫。①

与旧说相比，"中和新说"不同之处主要表现在两个方面：

第一，就喜怒哀乐之情说未发已发，而由心之寂然见性之浑然。

就本体而言，旧说以未发为性、已发为心。新说则认为，未

---

① 《与湖南诸公论中和第一书》，《晦庵先生朱文公文集》卷64，《朱子全书》第二十三册。

发、已发均属心。未发和已发的区别在于，前者是心之体，后者为心之用。在《朱子语类》中，更概括为"以心之德而专言之，则未发是体，已发是用"①。朱熹在这里把"已发未发"问题看做是对"心"的表述。他借用《易》传"寂然不动、感而遂通"，将"心"的活动分为两个阶段：在"未发"阶段，"思虑未萌"，"心"所表现出来的纯然是"寂然不动之体"；"已发"阶段，"心"则表现为"喜怒哀乐"之用。心之体是寂然不动的，心之用则感而遂通。在朱熹看来，只有通过"心"的体用去阐发"已发未发"问题，才能使"已发未发"问题顺理成章，即"以心为主而论之，则性情之德、中和之妙，皆有条而不紊矣"。

新说的这种改变，一定程度上是对李侗之教的回归。承认心体寂然不动，就意味着心有"思虑未萌、事物未至"的时候。因此，"求喜怒哀乐之未发"就不再是不可能的事了。朱熹和李侗的区别只是所"求"方法不同而已。

新说以心之体用释未发已发还有另一个好处，那就是使性、情问题有了着落。《中庸》讲喜怒哀乐本来涉及情的问题，但过去人们太执著于"未发"而使这个问题差不多完全被忽略了。按朱熹的新说，在寂然不动的心体里面，天命之性当体而具，它们构成了喜怒哀乐之性；随着心体的感而遂通，喜怒哀乐之性发而为喜怒哀乐之情，因而有种种欲望活动。由于喜怒哀乐之性属于心的本体，不会有过或不及的问题，所以它也被称作"中"。喜怒哀乐之情当然会有偏至之处，但通过自觉的修为可以实现"中节"、"无所乖戾"，那就叫做"和"。从这种论述中可以看出，朱熹所强调的是"心主乎身"，心主乎动静，还没有明确提出朱熹后来所特别重视的"心统性情"的思想。

---

① 《论语二》，《朱子语类》卷20，《朱子全书》第十五册。

第二，静养动察工夫论。

与中和旧说相比，中和新说的一个最大的特征，就在于它的工夫论。

就工夫而言，旧说主张在已发处用功，先察识而后涵养。新说则认为，无论是未发已发，"察识"与"存养"不必分出先后，二者是并重的。

相对于第一点来说，朱熹在工夫论上的这种改变尤其重要。一方面它拉开了朱熹与湖湘学派的距离，另一方面也没有简单地退到李侗的立场。这一次，朱熹直接追溯到程颐的主敬说，从而摆脱了多年来在道南和湖湘两派之间的游移立场。

朱熹认为，湖湘学派从"察识端倪"入手，最大的毛病在"阙却平日涵养一段工夫"。朱熹担心的是，"察识"容易导致过分地偏重穷理、认知，使得洒扫应对进退这些小学的工夫失去着落，所以朱熹坚称："洒扫应对进退之间，便是做涵养底工夫了。"①

但是，朱熹也不愿意回到李侗的"主静"。他师事李侗之后，一直以矛盾的心态对待李侗的主静说。一方面认为"静"在收摄身心方面确实有一定的作用；但另一方面又感到一味谈"静"，与禅学难以区分。

在程颐那里，朱熹终于找到了不落两边的"中道"，那就是"主敬"。他对程颐"涵养须用敬，进学则在致知"这个命题十分重视，反复强调：

> 敬之一字，真圣门之纲领，存养之要法。一主乎此，更

---

① 《答林择之书》，《晦庵先生朱文公文集》卷43，《朱子全书》第二十二册。

无内外精粗之间。①

敬字工夫乃圣门第一义,彻头彻尾,不可顷刻间断。②

圣人言语,当初未曾关聚,……到程子始关聚出一个敬来教人。③

因叹敬字工夫之妙,圣学之所以成始成终者,皆由此。④

朱熹全面发展了"敬"的方法,赋予这一范畴以多方面的含义。除了"主一无适"之义,还有"敬畏"、"收敛身心"、"整齐严肃"、"随事专一"等多种含义。他特别强调"敬畏"之义。

敬有甚事?只如畏字相似,不是块然兀坐,耳无闻,目无见,全不省事之谓,只收敛身心,整齐纯一,不恁地放纵,便见敬。⑤

一方面,"敬"属涵养的工夫,不仅可以"正衣冠"、"肃容貌"等行为要求,还可以贯彻于已发和未发,也就是说,可以贯彻于"心"的一切活动。另一方面,"敬"能够"收敛身心,整齐纯一,不恁地放纵",因为包含有收敛身心、专一、自主等含义,从而在"未发"时,使"心"不是空寂的存在,能够同佛教的虚静分别开来;而在已发时,仍然可以察见"心"之本体。

---

① 《答林择之书》,《晦庵先生朱文公文集》卷43,《朱子全书》第二十二册。
② 同上。
③ 同上。
④ 同上。
⑤ 同上。

朱熹认为，敬是贯彻动静始终的工夫。朱熹说：

> 人有是心而或不仁，则无以着此心之妙。人虽欲仁而或不敬，则无以致求仁之功。盖心主乎一身，而无动静语默之间，是以君子之于敬，亦无动静语默而不用其力焉。未发之前，是敬也，固已立乎存养之实。已发之际，是敬也，又常行于省察之间。方其存也，思虑未萌而知觉不昧，是则静中之动，复之所以"见天地之心也"。乃其察也，事物纷纷而品节不差，是则动中之静，艮之所以"不获其身，不见其人"也。有以主乎静中之动，是以寂而未尝不感；有以察乎动中之静，是以感而未尝不寂，寂而常感，感而常寂，此心之所以周流贯彻而无一息之不仁也。然则君子之所以"致中和而天地位、万物育"者，在此而已。盖主于身而无动静语默之间者，心也。仁则心之道，而敬则心之贞也。此彻上彻下之道，圣学之本统。明乎此，则性情之德、中和之妙，可一言而尽矣。①

这里所谓"敬"是指人心专心于天理的状态。心在未发之前纯是天理流行，只需以敬涵养之；已发之际，以敬"求放心"，察识其道德本体。不管是存养还是省察，皆要"居敬"。只有"敬贯动静"，方可达到"性情之德，中和之妙"的道德境界。

朱熹认为，敬是不能间断的，不能说有事时当用敬，无事时当用静，更不能说敬不足以存养而只能用静。

> 如何都静得？有事须着应。人在世间，未有无事时节，要无事，除是死也。自早至暮，有许多事，不成说事多扰乱

---

① 《周易本义系辞上传》，《朱子全书》第一册。

我，且去静坐。敬不是如此。若事至前，而自家却要主静，顽然不应，便是心都死了。无事时敬在里面，有事时敬在事上，有事无事，吾之敬未尝间断也。①

敬是最重要的存养工夫，不仅动时要做，静时也要做。静时收敛身心，动时也要收敛；动时随事专一，静时也要专一。总之，敬的工夫，"彻头彻尾，不可顷刻间断"。朱熹的敬可以应用于日常生活的方方面面，比静包容的广，含义更深。

朱熹虽然忽视静坐的工夫，但是这并不意味着朱熹完全走上另一条路。事实上，在朱熹的修养论中，静和敬是统一的，二者都是涵养心性本原的功夫。但由于敬能贯彻动静，因此，静也可以纳入敬的工夫：

>　　静坐，非是要坐禅入定，断绝思虑。只收敛此心，莫令走作闲思虑，则此心湛然无事，自然专一。及其有事，则随事而应；事已则复湛然矣。②

这样说来，静中体验与主敬专一，本来就没有什么本质上的区别。静中涵养就是敬中体察，省察不分动静。他说：

>　　人也有静坐无思念底时节，也有思量道理底时节，岂可画为两涂？……当静坐涵养时，正要体察思绎道理，只此便是涵养。③

---

①　《学六》《朱子语类》卷12，《朱子全书》第十四册。
②　同上。
③　同上。

虽然说是静坐涵养，但在朱熹看来，其中也同时包含着体察。

敬和静都是主体自我修养的内心工夫。强调内外工夫同时并用，这是朱熹的一贯主张。因此，在谈到敬的时候，为了避免只有内心的功夫而忽视向外的工夫，朱熹又提出"敬义夹持"的主张。他认为"义"在我不在物，在内不在外，但作为一种外在的道德判断，又必须施之于外，与事物相接，才能定其是非善恶。从这个意义上说，义又是外，即所谓"敬以直内，义以方外"。所以，"须敬义夹持，循环无端，则内外透彻"。但敬和义并不是两事，敬义夹持是内外兼修的工夫，也就是在修养的过程中，既要"主敬"，又要"集义"。内而敬以直内，外而义以方外，内外都持敬，这就是敬义夹持。这说明朱熹在主张自主自律的同时，还必须辨别心外之物，使体用本末、内外精粗一以贯之，才能实现"天人合一"的境界。

6. 心必须通过知以有其身之德

在朱熹看来，"心理为一"，因此人心具有天赋的知觉功能。

> 人之一身，知觉运用，莫非心之所为，则心者，固所以主于身而无动静语默之间者也。①

朱熹认为心能认识体悟物，"人心之灵莫不有知"。朱熹的"心"，内容极为丰富。他以理本论为根据，提出"心含理与气"的命题。他说：

> 所觉者，心之理也；能觉者，气之灵也。
> 是先有知觉之理，理未知觉，气聚成形，理与气合，便

---

① 《答张敬夫第四十九》，《晦庵先生朱文公文集》卷32，《朱子全书》第二十一册。

能知觉。①

所以心和其他个体事物一样，都是理与气合的体现。朱熹的高足陈淳在《北溪字义》中解释说：

> 大抵人得天地之理为性，得天地之气为体，理与气合方成个心，有个虚灵知觉，便是身之所以为主宰处。②

由此可见，朱熹的"心"是形而上和形而下的统一。从形而下看，心主要指知觉灵明之心，即认识之心。形而下的心并不等于性，"灵处只是心，不是性，性只是理"；从形而上看，心主要指操舍存亡之心，即是性，是道德本体之心。绝不能把朱熹所谓"心"仅仅看做形而下的认知之心。

朱熹发挥二程的"心无限量"的本体思想，认为"天下万事，本于一心"。陈淳解释说：

> 心虽不过方寸大，然万化皆从此出，正是源头处。故子思以未发之中为天下之大本，已发之和为天下之达道。③

又解释说：

> 此心之量极大，万理无所不包，万事无所不统。④

朱熹虽然讲"心之本体"，但他的侧重点还是在于说明知觉

---

① 《性理二》，《朱子语类》卷5，《朱子全书》第十四册。
② 《北溪字义》卷上。
③ 同上。
④ 同上。

灵明之心。

在朱熹看来,由心所体认的客体"物",主要包括三层含义。

一是天地万物,他说:

> 天道流行,造化发育。凡有声、色、貌、象而盈于天地之间者,皆物也。①

上至太极,下至一草一木,凡有声有色、有形有貌、能为人所感知的东西都是物。

二是"事"或"事物"。他说:"物,犹事也。"②"物,谓事物也。"朱熹所谓"事"和"事物",包括一切自然现象和社会现象,包括一切心理和道德行为。

三是物即理。朱熹在探求"物"和"事"的本原时,总是把"理"看做是"物"和"事"的根据,"物"和"事"只是"理"的体现。"物者,理之所在。"③"有物有则,则理也。"④

朱熹认为,物之全体虽具于心,但是,事事物物各有理,如果不穷事物之理,则心中之理不明。必须经过"存心"以穷物理,才能"尽心"以发明心中之理,才能达到主客体的完全统一。朱熹发挥二程的思想,把人心分为道心和人心。他说:

---

① 《大学或问下》,《朱子全书》,第六册。
② 《大学章句》,《朱子全书》第六册。
③ 《大学二》,《朱子语类》卷15,《朱子全书》第十四册。
④ 《答江德功》,《晦庵先生朱文公文集》卷44,《朱子全书》第二十二。

> 此心之灵，其觉于理者，道心也；其觉于欲者，人心也。①

陈淳解释说：

> 知觉从理上发来，便是仁、义、理、智之心，便是道心。若知觉从形气上发来，便是人心，便易与理相违。人只有一个心，非有两个知觉，只是所以为知觉者不同。且如饥而思食，渴而当饮，此是人心。至于食所当食，饮所当饮，便是道心。②

人心道心只是一体两分，饥食渴饮的知觉都是人心，不都是人欲。知觉人人都有，但其所知觉者，又有理性和感性之分。对道德理性的自我知觉，就是"道心"，也称为"义理之心"；由生理需要而引起的感性知觉便是"人心"，又称为"物欲之心"。

> 道心，是义理上发出来底；人心，使人身上发出来底。虽圣人不能无人心，如饥食渴饮之类，虽小人不能无道心，如恻隐之心是。③

在朱熹看来，"道心"就是先验的道德意识，"人心"就是生理欲望。觉于义理者，是一种道德意识的自觉；觉于生理欲望者，则是饥渴痛痒等感性的知觉。由此可见，朱熹并不是以未发为道心，已发为人心。他把恻隐之心说成道心，喜怒哀乐等说成人

---

① 《答郑子上》，《晦庵先生朱文公文集》卷56，《朱子全书》第二十三册。
② 《北溪字义》卷上。
③ 《尚书一》，《朱子语类》卷78，《朱子全书》第十六册。

心，二者都是指已发而言。

朱熹认为，如果只有道心而摒弃人心，那么道心就会变成"空虚无有"而流于释老之学。但是如果陷溺于人心而忘返，那么就会为"害"。因此，人心必须受道心的主宰、节制而归于"正"，"必使道心常为一身之主，而人心每听命焉"。但是，这并不是说在人心之外另有一个管束、支配人心的道心，"大抵人心道心，只是交界，不是两个物"，"道心却发现在那人心上"①。二者同为一体，只存在层次上的区别。

朱熹认为，要使心中之知完全实现而无不尽，就要通过向外求知，即格物穷理的办法。何谓"格物"？朱熹说：

> 格，至也，物犹事也，穷极事物之理，欲其极处无不到也。②

格物就是在具体事物中穷尽事物的本然之理。他说：

> 格物者，格，尽也。须是穷尽事物之理。若是穷得两三分，便未是格物，须是穷尽到十分，方是格物。③

朱熹认为格物必须从"接物"开始，他说：

> 若不接物，何缘得知？而今人也有推极其知者，却只泛泛然竭其心思，都不就事物上穷究。如此则终无所止。④

---

① 《尚书一》，《朱子语类》卷78，《朱子全书》第十六册。
② 《大学章句》，《朱子全书》第六册。
③ 《朱子语类》卷15。
④ 《大学二》，《朱子语类》卷15，《朱子全书》第十四册。

但是，朱熹反对把格物仅仅归结为接物，他说：

> 人莫不与物接，但或徒接而不求其理，或粗求而不究其极。是以虽与物接，而不能知其理之所以然与其所当然也。①

由此可见，朱熹所说格物的最终目的是为了穷事物之"理"，而不仅仅是为了得到感性经验知识。

何谓"致知"？朱熹说：

> 致，推极也。知，犹识也。推极吾之知识，欲其所知无不尽也。②
>
> 知者，吾自有此知，此心虚明广大，无所不知，要当极其至耳。③

致知就是推极吾心固有的知识，"欲其所知无不尽也"，从"其所已知者推而致之，以及其所未知者而极其至也"④。朱熹认为格物与致知"只是一本，无两样工夫也。"⑤ 格物和致知既有区别，又有联系。格物是致知的手段，致知是格物的目的。他说：

---

① 《答江德功》，《晦庵先生朱文公文集》卷44，《朱子全书》第二十二册。
② 《大学章句》，《朱子全书》第六册。
③ 《大学二》，《朱子语类》卷15，《朱子全书》第十四册。
④ 《答吴晦叔》，《晦庵先生朱文公文集》卷42，《朱子全书》第二十二册。
⑤ 《答陈才卿》，《晦庵先生朱文公文集》卷59，《朱子全书》第二十三册。

所谓致知在格物者,言欲致吾之知,在即物而穷其理也。①

他还形象地论证说:"夫格物可以致知,犹食所以为饱也。"②

朱熹认为,从格物到致知,是一个由"积累"到"贯通"的过程。他说:

　　一格物而万理通,虽颜子亦未至此。惟今日而格一物焉,明日又格一物焉,积习既多,然后脱然有贯通处耳。③

朱熹格物说的特点在于强调"铢累而寸积"的积累工夫,如果没有积累而一味讲"识大体",反而不能识大体。但格物之学最终是要把握全体,即天地万物的总规律,从而是道德总原则,为此,朱熹提出了"豁然贯通"说。这既是"格物"的结果,也是致知的完成。"格物"和"致知"本来不可分,格物中有致知,致知即在格物中。所谓"豁然贯通",就是在积累基础上的"顿悟","一旦豁然而贯通焉,则众物之表里精粗无不到,而吾心之全体大用无不明",从而实现了内外合一,天人合一的最高境界。

　　朱熹格物致知,主要体现为道德修养论。他所要求格的物,穷的理,虽然也不排除"动植大小"、"草木器用",但首要的却是"天理"、"人伦"、"圣言"、"世故",是封建道德纲常——"天理"。他说:"穷理,如性中仁义礼智,其发动为恻隐、羞恶、辞逊、是非,只此四者,任是世间万事万物,皆不出此四者之

---

① 《大学章句》,《朱子全书》第六册。
② 《答江德功》,《晦庵先生朱文公文集》卷44,《朱子全书》第二十二册。
③ 《大学或问卷上》,《朱子全书》,第六册。

内。"① 所以说:"格物知至,则知所止矣","止者,所当止之也,即至善之所在也"②,其目的是为了"明明德"、"止于至善",即实现人的自觉,实现人的自我价值,这才是格物致知说的真谛。

正是因为如此,朱熹认为穷理虽有"多端",但主要的是三条途径:一是"读书以讲明道义";二是"论古今人物以别其是非邪正";三是"应接事物而审处其当否"③。

但是,心是如何通过动静语默来体悟天理的呢?朱熹提出"诚"的概念。在朱熹的思想体系中,诚是最高的认识境界,又是认识和实践的最高原则。

> 天下之物,皆实理之所为,故必得是理,然后有是物,所以得之理既尽,则是物亦尽而无有矣。故人之心一有不实,则虽有所为,亦如无有,而君子必以诚为贵也。④

朱熹以"真实无妄"四个字来解释和定义"诚",把理学诚论发展到新的高峰。

> 诚者,真实无妄之谓,天理之本然也。⑤

这就从宇宙论上确立了诚的本体地位。但这本然之理,并不是与心相对而言,它不在心外,它就是心之实,他说:

---

① 《学三》,《朱子语类》卷9,《朱子全书》第十四册。
② 《大学章句》,《朱子全书》第六册。
③ 《大学或问下》,《朱子全书》第六册。
④ 《中庸章句》,《朱子全书》第六册。
⑤ 同上。

> 诚以心言，本也；道以理言，用也。①

其实，心之实不是别的，就是在天之实，就是真实无妄之理，真实无妄之心。在朱熹看来，诚之所以为诚，决不能离心而存在。所以他说：

> 天地之道可一言而尽，不过曰诚而已。②
> 凡应接事物之来，皆当尽吾诚心以应之，方始是有这个物事。
> 物只是眼前事物，都唤做物，若诚实，方有这物。③

只有达到了诚的境界，心才能与自然界的"真实无妄"之理合而为一。在朱熹看来，只有心诚，才能使物物各得其所，而"无内外之殊"，因此，诚就是成己成物之学。

> 诚虽所以成己，然既有以自成，则自然及物，而道亦行于彼矣。④

所谓"自成"，就是指自我超越的本体认识或体认而言，这是同佛教境界说的主要区别，表现了儒家思想的特点。成己成物，以成己为本。朱熹认为，只有圣人才能达到诚的境界："圣人之德，浑然天理，真实无妄。"怎样才能达到"真实无妄"的圣人境界呢？在朱熹看来，那就是诚意。他说："诚其意者，自修之首也。"并在总结"诚其意"章说：

---

① 《中庸章句》，《朱子全书》第六册。
② 同上。
③ 《论语三》，《朱子语类》卷21，《朱子全书》第十四册。
④ 《中庸章句》，《朱子全书》第六册。

> 盖心体之明，有所未尽，则其所发必有不能实用其力，而苟焉以自欺者。然或已明而不谨乎此，则其所明又非己有，而无以为进德之基。①

诚意为自修之首务，其功夫就在于实用其力，摒绝自欺，使意实。朱熹释《中庸》"至诚之道，可以前知"的时候说：

> 惟诚之至极，而无一毫私伪留于心目之间者，乃能有以察其几焉。②

要做到至诚，就必须排除一切私伪。这样才能在事发之前的几微状态中察知其端倪，采取积极有效的应对措施。朱熹说：

> 元亨，诚之通，言流行处；利贞，诚之复，言学者用力处。③

所谓学者用力处，就是指克去己私，无有自欺。朱熹说：

> 不诚无物。人心无形影，惟诚时方有这物事。今人做事，若初间有诚意，到半截后意思懒散，漫做将去，便只是前半截有物，后半截无了。若做到九分，这一分无诚意，便是这一分无功。④

---

① 《大学章句》，《朱子全书》第六册。
② 《中庸章句》，《朱子全书》第六册。
③ 《周子三书》，《朱子语类》卷94，《朱子全书》第十七册。
④ 《中庸三》，《朱子语类》卷64，《朱子全书》第十六册。

这里讲的"诚意"功夫，就是要始终保持实心实意，不能有间断，一有间断就是无物，只有一以贯之，才能有始有终，成己成物。

朱熹认为，就一个具体认知来说，先有知而后有行。

> 今就其一事之中而论之，则先知后行，固各有其序矣。

朱熹之所以强调知先行后，是为了强调道德认识的能动性，以提高实践的自觉性。他认为，无论做任何事情，只有先认识其中的道理，才能自觉地去实行，也才能有所遵循，"事事虽理会知得了，方做得行得"①。

心兼体用，贯性情，摄动静，涵已发未发，这就是朱熹"冻解冰释"之后悟到的要点。新说之悟，标志朱熹已发展出自己的一套思路，奠定了其心性论的基石。新悟之后，朱熹的心性论得到进一步的发展，即明确提出了"心统性情"的思想，成为朱熹中庸论的最后归宿，并开始了以"中和"说为起点的理学理论的建构。

（二）朱熹对"中庸"思想的继承与发展

1. "中"即"理"

首先，朱熹对"中庸"进行了阐释。他说：

> 中者，无过不及之名。②
> 无过不及谓之中。③
> 中者，不偏不倚，无过无不及之名。④

---

① 《论语或问》，《朱子全书》第六册。
② 《论语章句》，《朱子全书》第六册。
③ 《孟子章句》，《朱子全书》第六册。
④ 《中庸章句》，《朱子全书》第六册。

朱熹以无过无不及来解释中庸。朱熹对二程关于"中庸"的解释进行了修正和发挥。二程认为,"中者天下之正道,庸者天下之定理"①,这样就把"中庸"和"理"联系起来。二程的解释实际上已经带有了发展的意味。但是二程并没有解释清楚作为"正道"之中,与作为"定理"之中二者的矛盾是如何调和的。

朱熹对此进行了解释,他把"庸"看做"平常之理"。为了调和"以不易为庸"和"以常为庸"两种说法的矛盾,朱熹说:"言常则不易在其中矣"。在他看来,只要说"平常",则"不易"之易便自然喻于其中了,他说:

> 庸固是定理,若以为定理,则却不见那平常底意思。②

朱熹试图将平常无奇纳入到他的义理架构中来。最高明的一定是最平常的,最深奥的一定是最简易的。朱熹把"中庸"语义的核心放置在平常上:

> 中,即平常也,不如此,便非中,便不是平常。③

以常训庸,是朱熹的发明。王夫之就说:"自朱子以前,无有将此字作平常解者。"朱熹之所以强化"平常"作为"中庸"的本义,原因就在于他对于儒佛义理冲突的深刻认识。他指出,"高明,释氏诚有之,只缘其无道中庸一截。"④ 朱熹这里所说的"高明",实际上暗指佛教理论的"奇怪"或"不平常"。事实

---

① 《中庸章句》,《朱子全书》第六册。
② 《中庸或问》,《朱子全书》第六册。
③ 《中庸一》,《朱子语类》卷62,《朱子全书》第十六册。
④ 同上。

上,正是在平常性上,朱熹发现了儒佛义理的根本冲突,所以他自觉地标举儒学的"平常性",试图以此对抗佛教"非常可怪之论"对儒学的干扰。朱熹进一步说道:

> (释氏)都无义理,只是个空寂。儒者之学则有许多义理,若看得透彻,则可以贯事物,可以洞古今。①

佛教宣扬的一套高妙的、足以动人的理论,但由于不能落实、还原到日常生活中来,因而只能滞留于形而上的玄虚状态,从而造成理念世界与现实世界的间断与脱节。而儒学之优于佛教的根本之处,正是在于由"平常"而得的"义理",这样的"合理性",是可理解、可传达的,而不是佛教的神秘化的"空寂"。因此,透过"中庸",朱熹表达了融合"平常性"、"合理性"、"实用性"的理,并将其视为儒学的真髓,试图以此来摒斥佛、老之学的脱离现实的空寂和神秘。

然后,朱熹把自己思想体系中的最高范畴、形而上的本体"理",与"中"相贯通,提出了"中"即是"理"的命题。

理或天理是朱熹理学思想体系的核心范畴和逻辑起点。他承袭二程,但又有所发展。朱熹认为,理或天理是宇宙的根源、根本,"合天地万物而言,只是一个理"。他说:

> 未有天地之先,毕竟也只是理。有此理,便有此天地。若无此理,便亦无天地,无人无物,都无该载了。有理便有气,流行发育万物。②

---

① 《中庸一》,《朱子语类》卷62,《朱子全书》第十六册。
② 《理气上》,《朱子语类》卷1,《朱子全书》第十四册。

"该载"，囊括承担的意思。天地万物都由根本的理所产生、囊括和承担。有理就有气，气化流行，发育万物。天地万物因理而有，所以总地说起来，天地万物就是那么一个理字。朱熹用理气作为说明宇宙自然界一切现象的基本范畴，是互相依存，互相对待的，无理则无气，无气则无理。这就确立了理气在自然界的地位。

朱熹认为，作为宇宙万物本体，理不"同于一物"，它"只是个净洁空阔的世界，无形迹"，"无情意，无计度，无造作"。既反对了有意志的天命说，也避免了把某一事物作为万物本原的局限性。但同时他认为理是有和无的统一，他说：

> 以理言之，则不可不谓之有；以物言之，则不可谓之无。①

朱熹认为如果只承认本体之无而否定其有，在理论上必然导致否定本体之理的实在性，而使"大本"不立。因此，他反对道家的"无"，佛家的"空"，主张"理是实理"。他说：

> 释氏说空，不是便不是。但空里面须有道理始得。若只说道，我见个空，而不知有个实底道理，欲做甚用得？譬如一渊清水，清冷澈底，看来一如无水相似。他便道此渊只是空底，不曾将手去探，是冷是温，不知道有水在里面。②

朱熹针对佛理之"无"，而主张理是有，而不是无。他说：

---

① 《理气上》，《朱子语类》卷1，《朱子全书》第十四册。
② 《释氏》，《朱子语类》卷126，《朱子全书》第十八册。

> 天下之理,至虚之中有至实者存,至无之中有至有者存。夫理者,寓于至有之中,而不可以目击而指数也。①

理是实有的存在,是真实的有而不是无。这和张载的"以气能以有无"的观点是对立的。

朱熹认为,理是有层次的。万事万物各有其理,但天地万物之理合为一理,这就是太极。在朱熹看来,太极就是众理的全体,万理的总名,"总天地万物之理,便是太极"②。太极是不可分割的总体,又是普遍的超越的绝对,它"与物无对",是"至极"之理,所以是"万化之根底,品汇之枢纽"③。与之相对的是阴阳二气。阴阳二气并不像五行之类,是构成万物的基本材料,而是气的最基本的状态。因此,太极和阴阳二气也是理气的关系,但那是更高层次上的关系。朱熹之所以提出这对范畴,这是为了解决宇宙论的根本问题,为他的整个体系确立一个最高的原则。

在此基础上,朱熹继承和发展了二程的"理一分殊"说。

> 伊川说得好,曰:"理一分殊。"合天地万物而言,只是一个理;及在人,则又各自有一个理。④

朱熹认为,"太极"是众理之总名,万理之全体。太极同万物的关系而言,"万个是一个,一个是万个。盖体统是一太极,然又

---

① 《学七》,《朱子语类》卷13,《朱子全书》,第十四册。
② 《周子全书》,《朱子语类》卷94,《朱子全书》第十七册。
③ 《太极图说解》,《朱子全书》第十三册。
④ 《理气上》,《朱子语类》卷1,《朱子全书》第十四册。

一物各具太极"①。太极在每一物中,也就是"物物各具一太极"。就像佛教中的"月印万川"一样,一月散而现为江湖河海之万月。"物物各具一太极",是"具体而微"的那个太极,"不是割成片去",分成许多部分。"谓之全亦可,谓之偏亦可,以理言之,则无不全,以气言之,则不能无偏"。② 因而朱熹认为,万物之理都是太极的一定之"分"。

朱熹认为,万物各有其理,万物之理各有不同,但"总天地万物之理,便是太极"。他说:

> 太极只是个极好至善底道理。人人有一太极,物物有一太极。
>
> 太极非是别为一物,即阴阳而在阴阳,即五行而在五行,即万物而在万物,只是一个理而已。③

这样就把"理一分殊"的道理,即一理与万理的关系说得比较清楚了。

这样,朱熹就把天地万物看做统一的整体,太极便是天地万物之总理。这一个整体又是由不同部分构成的,而各个部分,都各自有其理。一理与万理不是各个孤立存在的,一理中有万理,万理中有一理。"万殊便是这一本,一本便是那万殊。"④

朱熹认为万物产生于一理,那么这万物又如何表现为一理,它们多种多样的外观,又从何而来呢?朱熹在处理这个"理"返回到"物"的问题时,吸取了中国哲学史上"气"这一范畴,改造了张载的气论,把"气"作为"理"派生万物的一个中介。

---

① 《周子之书》,《朱子语类》卷94,《朱子全书》第十七册。
② 《性理一》,《朱子语类》卷4,《朱子全书》第十四册。
③ 《周子三书》,《朱子语类》卷94,《朱子全书》第十七册。
④ 《论语九》,《语类》卷27,《朱子全书》第十四册。

朱熹从这个观点出发，进一步全面地阐述了理和气的关系。他认为理气是统一的，二者缺一不可。他说：

> 天下未有无理之气，亦未有无气之理。①

理气是互相依存互相对待的，无理则无气，无气则无理，"二者常相依而未尝相离也"。因此在朱熹看来，二者是"不理不杂"的关系，他说：

> 所谓理与气，此决是二物。但在物上看，则二物浑沦，不可分开，各在一处，然不害而无之各为一物也。若在理上看。则虽未有物而已有物之理，然亦但有其理而已，未尝实有实物也。②

所谓"在理上看"，就是从理本论上看，理与气是相分的二物，很多学者据此认为朱熹是二元论者。其实朱熹的理气只是先后本末的关系。蒙培元认为：

> 理气虽不相离，但有本末之分。形而上之理是"本"，起决定作用；形而下之气是"末"，由理所决定。……但朱熹强调二者是本末、体用关系，这就确立了理一元性以及二者的统一性。③

朱熹认为理先气后，理本气末，"有是气便有是理，但理是本"，

---

① 《理气上》，《语类》卷1，《朱子全书》第十四册。
② 《答刘文书》，《晦庵先生朱文公文集》卷46，《朱子全书》第二十二册。
③ 蒙培元：《理学范畴系统》，福建人民出版社1998年版，第19页。

因此,他说:

> 理与气本无先后之可言,但推上去时,却如理在先,气在后相似。
> 若论本原,即有理然后有气。
> 以本体言之,则有是理,然后有是气。①

所以在朱熹那里理是本体,气就是理的表现或作用。朱熹在回答黄道夫的信里,说明了理与气的关系:

> 天地之间,有理有气。理也者,形而上之道也,生物之本也。气也者,形而下之器也,生物之具也。是以人物之生,必禀此理,然后有性。必禀此气,然后有形。其性其形,虽不外乎一身,然其道器之间,分际甚明,不可乱也。②

天地之间有理有气,而理是本。理是形而上之道,生物之本;气是形而下之器,生物之具。道器之间,分际甚明,不可乱。

朱熹的所谓理或天理,不依赖任何事物而独立永恒存在,是宇宙的根源、根本,是全部自然生活和精神生活的创造者,因此,朱熹的理本论就具有了客观唯心主义的本质。

朱子认为,"气"与本体"理"相较,其最大的特点就是,"气"是既能"凝聚"、又能"造作"的生气勃勃的东西。他说:

---

① 《理气上》,《朱子语类》卷1,《朱子全书》第十四册。
② 《答黄道夫》,《晦庵先生朱文公文集》卷58,《朱子全书》第二十二册。

盖气则能凝结造作。……且如天地间，人物草木禽兽，其生也，莫不有种，定不会无种子，白地生出一个物事，这个就是气。……气则能酝酿凝聚生物也。但有此气，则理便在其中。①

这样一来，"气"不仅把"理"和"物"联系起来，使"理"借助于"气"而派生万物，而且使"理"有了"挂搭"和"附著"之处。朱子说："无是气，则是理无挂搭处"，"若气不结聚时，理亦无所附著"，"无那气质，则此理无安顿处。"由于"理"找到了它借以"挂搭"、"附著"的"气"，因此便推演出日月星辰、人物禽兽等现实世界的场景。他说：

　　天地初间，只是阴阳之气，这一个运行，磨来磨去，磨得急了，便拶许多查（渣）滓，里面无处出，便结成个地在中央。气之清者，便为天、为日月、为星辰，只在外常周环运转，地便只在中央不动，不是在下。
　　造化之运如磨，上面常转而不止，万物之生，似磨中撒出，有粗有细，自是不齐。②

因此，朱熹认为，事物之所以千差万别，主要是由于气质不同。

　　同者理也，不同者气也。③

他进一步举例说，草木等植物都得阴气，而能走能飞的动物都得

---

① 《理气上》，《朱子语类》卷1，《朱子全书》第十四册。
② 同上。
③ 同上。

阳气。再往细里分，草是得阳气中的阴气，木是得阴气中的阳气。人是得气质之清者，正者，全者；禽兽是得气质之浊者，偏者。因此，朱熹认为，由于事物所禀受的气质不同，它们的理也就有了差异。他说：

  论万物之一原，则理同而气异；观万物之异体，则气犹相近而理绝不同也。气之异者，粹驳之不齐；理之异者，偏全之或异。①

  犬、牛、人之形气既具，而有知觉能运动者生也，有生虽同，然而形气既异，则其生而有得乎天之理亦异。②

这说明万物都是理同而气异。从本原上看，万物之理都是一个，但当气结合万物各有了自己的形体之后，它们的理就不相同了。所以就出现了马有马之理，牛有牛之理的情况。朱熹把这种情况称为"但以其分之殊，则其理之在是者不能不异"。③朱熹认为，不殊之理也都各自固定，不可移易。他说：

  马则为马之性，又不做牛底性；牛则为牛之性，又不为马底性。物物各有个理。④

这样，原来是无差别境界，由于有了气的参与，就变成有差别境

---

  ① 《答黄商伯》，《晦庵先生朱文公文集》卷46，《朱子全书》第二十二册。
  ② 《答程正思十六》，《晦庵先生朱文公文集》卷50，《朱子全书》第二十二册。
  ③ 《答余正叔》，《晦庵先生朱文公文集》，卷59，《朱子全书》第二十三册。
  ④ 《中庸一》《语类》卷62，《朱子全书》第十六册。

界了。

朱熹认为，尽管万物之理各不相同，但都是太极的完整体现。他说：

> 然虽各自有一个理，又却同出于一个理尔。如排数器水相似，这盂也是这样水，那盂也是这样水，各各满足，不待求假于外，然打破放里，却也只是个水。①

朱熹还曾以天上下雨为例：下雨了，大窝窟便有大窝窟水，小窝窟便有小窝窟的水，木上有木上水，草上有草上水。朱熹举这些例子是要说明，这盂水，那盂水，大窝窟水，小窝窟水，木上水，草上水都是一样的水，它们虽有所在的不同，但水的本质都是完整的。所以他说：

> 人人有一太极，物物有一太极。②

朱熹认为，即使是微观世界，所包含的理的本质也还是完整的。

> 自其微者而观之，则冲漠无朕、而动静阴阳之理已悉具于其中矣。③

朱熹认为世界上的万事万物都有统一的一面，又有差别的一面，同中有异，异中有同。

朱熹用"理同而气异"说明万物只有一个本原，用"气同

---

① 《大学或问下》，《朱子全书》第四册。
② 《周子三书》，《语类》卷54，《朱子全书》第二十三册。
③ 《太极图说解》，《朱子全书》第十三册。

而理异"说明万物为何相异。既然万物之异是由气所决定,这就承认了气的能动作用,气成为规定事务具体性质和规律的重要条件。朱熹的"理一分殊"说明了总体与部分、宇宙与万物之间的关系,说明了整个理"太极"与万物各具的理之间的关系。

在朱熹思想体系中,理与中是同一的,都是天地之大本,是天地人万物存在发展的本体。他说:

> 道者,天理之当然,中而已矣。①

朱熹为什么会把"中"看做天地之大本呢?他说:

> 天命之性,浑然而已。以其体而言,则曰中;以其用而言之,则曰和。中者,天地之所以立也,故曰大本。和者,化育之所以行也,故曰达道。此天命之全也。人之所受,盖亦莫非此理之全②。

又说:

> 大本者,天命之性,天下之理皆由此出,道之体也。达道者,循性之谓,天下古今之所共由,道之用也。③

这就是说,中是万事万物存在的根据,所以叫做大本;和是万事万物存在的条件,所以叫做达道。人,只是天地万物中一事而已。当世界处于中和状态时,则正常存在和运行,"天地位,万

---

① 《性理一》,《语类》卷4,《朱子全书》第十四册。
② 《中庸章句》,《朱子全书》第六册。
③ 同上。

物育"。如果不能达到中和,又将是一种什么情形呢?

> 若不能致中和,则山崩川竭者有矣,天地安得而位?胎夭失所者有矣,万物安得而育?①

这样,中和即是一切,中和即是存在。朱熹把中庸抬高到无以复加的地位,看成是承自尧、舜、禹、汤、文、武、周公,传于颜、曾、思、孟而被周、张、二程接续的道统所在,是儒家学说的全部精髓,最高境界,"天下之理,岂有以加于此哉"②。

朱熹发挥二程"中"有二义的思想,也认为"中"有两个意思。他说:

> 夫所谓"只有一个中字",中之义未尝不同,亦曰不偏不倚,无过不及而已。然用不同,则有所谓"在中"之义者,言喜怒哀乐之未发,浑然在中,亭亭当当,未有个偏倚过不及处。其谓之中者,盖所以状性之体段也。有所谓"中之道"者,乃即物自有个恰好底道理,不偏不倚,无过不及。其谓之中者,则所以形道之实也。……以此状性之体段,则为未发之中;以此形道,则为无过不及之中耳。③

朱熹认为"中"不仅限于形容大本达道,也有体用二义。在朱熹看来,体中有用,用中有体,体用不离。他明确肯定,体是第一性存在,用是由体派生的,"见在底便是体,后来生底便是

---

① 《中庸一》,《朱子语类》卷62,《朱子全书》第十六册。
② 《中庸章句》,《朱子全书》第六册。
③ 《答张钦夫第十八书》,《晦庵先生朱文公文集》卷31,《朱子全集》第二十一册。

用"①,"先有体,而后用"。这就是朱熹"体用一源"的思想。在此基础上,朱熹指出:

> 中一名而有二义,程子固言之矣。今以其说推之,不偏不倚云者,程子所谓"在中"之义,未发之前,无所偏倚之名也。无过无不及者,程子所谓"中之道"也,见诸行事,各得其中之名也。盖不偏不倚,独立而不近四旁,心之体,地之中也。无过不及,犹行而不先不后,理之当,事之中也。故于未发之大本,则取不偏不倚之名。于已发而时中,则取无过不及之义。②

其实,朱熹一直在强调中庸的二义,实际上是要说"不偏不倚之体天下之大本,无过不及之用天下之达道",很明显,朱熹把"和"统领于"中"之下,使之成为"中"的一个环节。

我们知道,在朱熹那里,世界本体不过一理,世间万物的存在变化不过是理的流行发用。不偏不倚之体就是理,无过不及之用就是其流行发用的理想状态。因此朱熹的意思是,理是天下之大本,是万事万物存在的根据;理之理想流行发用是天下之达道,是万事万物存在的条件。朱熹的中庸思想,成为朱熹理学体系建构的开始,也成为其道德伦理学说建构的发端。

2. 时中

朱熹发展了二程的思想,认为"一发之中"也叫"随时之中"。朱熹解释说:

---

① 《性理三》,《朱子语类》卷6,《朱子全书》第十四册。
② 《中庸或问》,《朱子全书》第六册。

> 君子之所以为中庸者，以其有君子之德，而又能随时以处中也……盖中无定体，随时而在，是乃平常之理也。君子知其在我，故能戒谨不睹，恐惧不闻，而无时不中。①

这实际上就是孟子的"时中"思想，就是说，中不是一个僵死的概念和教条，它视不同的时、地、事物而有不同的评判尺度。朱熹认为：

> 道之所贵者中，中之所贵者权。②

显然，朱熹认为执中的根本在于知变知权，反对死板僵化固定地"执中"、"用字"。因此，朱熹说：

> 执中而无权，则胶于一定之中而不知变，是亦执一而已矣。③

他举例说："三过其门而不入"，在禹、稷的时候是正确的，颜渊这样做就不对了。反过来，"居陋巷"，颜渊这样做是中，禹、稷这样做就不是中了。尧舜禅让，汤武放伐，本是惊天动地的大变故，看似极为过分，但却是符合道义的，因而仍然是中，是常。这些都不能以固定的标准去判断，在朱熹看来，当变处即是常，当过处即是中。

朱熹认为权是时中，"权是时中，不中，则无以为权"，权变应该符合中道、实现中道的。

---

① 《中庸章句》，《朱子全书》第六册。
② 同上。
③ 《孟子集注》，《朱子全书》第六册。

朱熹的"中庸之道",不是折半以取中的意思,而是"恰到好处"的意思。他说:

> 中者,未动时恰好处;时中者,以动者恰好处。①

朱熹进一步解释说:

> 盖凡物皆有两端,如大小厚薄之类,于类之中又执其两端,而量度以取中,然后用之。②

凡物皆有大小、厚薄之类的两端,应当执其两端,度量以取中,"将两端来量度取一个恰好处"。用中,就是使其"恰到好处"。由此可见,朱熹的"中庸"思想,不是调和主义、折中主义。

朱熹在与其门人陈文蔚讨论关于"执其两端,用其中于民"的问题时,进一步表明了其非折中主义的立场。

陈文蔚认为,所谓两端,指的是众论不同之极致。比如众人议论有十分厚者,有十分薄者,取极厚极薄之二说而中折之,这就是中。朱熹对此提出了批评,认为这是"子莫执中",不是中庸之中。他说:

> 两端只是个起止二字,犹云起这头至那头也。自极厚以至极薄,自极大以至极小,自极重以至极轻,于此厚薄、大小、轻重之中,择其说之是者而用之,是乃所谓中也。若但以极厚极薄为两端,而中折其中间以为中,则其中间如何见得便是中?盖或极厚者说得是,则用极厚之说;极薄之说

---

① 《中庸一》,《朱子语类》卷62,《朱子全书》第十六册。
② 《中庸章句》,《朱子全书》第六册。

是,则用极薄之说;厚薄之中者说得是,则用厚薄之中者之说。至于轻重大小,莫不皆然。盖惟其说之是者用之,不是弃其两头不用,而但取两头之中者以用之也。且如人有功当赏,或说合赏万金,或说合赏千金,或有说当赏百金,或又有说合赏十金。万金者,其至厚也;十金,其至薄也。则把其两头,自至厚以至至薄,而精权其轻重之中,若合赏万金便赏万金,合赏十金也只得赏十金,合赏千金便赏千金,合赏百金便赏百金。不是弃万金十金至厚至薄之说,而折取其中以赏之也。若但欲去其两头而只取中间,则或这头重,那头轻,这头偏多,那头偏少,是乃所谓不中矣,安得谓之中!①

在这里,朱熹对"中庸"的说明,具有普遍的方法论意义。可见衡量一切事物的基本尺度,则是"时中",也就是"理"。

朱熹认为,所谓中庸,不是满足于基本适中,做到差不多就可以了,必须追求极中,做到无丝毫不中,无半点过不及,才是真正达到了中庸的境界。他说:

> 然人说中,亦只是大纲如此说,比之大段不中者,亦可谓之中,非能极其中。如人射箭,期于中红心,射在贴上亦可谓中,终不若他射中红心者。至如和,亦有大纲唤作和者,比之大段乖戾者,谓之和则可,非能极其和。且如喜怒,合喜三分,自家喜了四分;合怒三分,自家怒了四分,便非和矣。②

---

① 《中庸二》,《朱子语类》卷63,《朱子全书》第十六册。
② 《中庸一》,《朱子语类》卷62,《朱子全书》第十六册。

所以，朱熹在这里强调，中庸只有做到极致，才能达到极中的境界。朱熹认为"两端未是不中"，"当厚则厚，即厚上是中，当薄则薄，即薄上是中"，"极厚"与"极薄"都可以时中，都可以被执用。这显然是对孔子"执两用中"思想的发展，扩大了择中用中的范围，增强了择中用中的灵活性、辩证性。朱熹"极中"思想不仅仅是一种哲学方法论，而且更是一种人生价值观。他赞同"极厚者说的是，则用极厚之说；极薄之说是，则用极薄之说"，但是极力反对"安常习故，同流合污，小人无忌惮之中庸"。因此，朱熹更欣赏"志极高而行不掩"的"狂者"人格，而不喜欢"知未及而守有余"的"狷者"，体现着儒家的"中立而不倚，和而不流"的刚强而灵活的中庸品格。

3. 心统性情

"心统性情"虽由张载提出，但真正发挥并赋予确定含义的是朱熹。所谓"心统性情"就是指"心"主宰、统摄、包含、具有性情。

一方面，朱熹对心、性、情三者作了区分，尤其指出心与性情的差异。朱熹认为，性与情，都离不开心，但性和情都不是心之全体大用，只有性情并举，才是心之全体大用。反过来说，只有心才能包举性情二者，因为"性情皆出于心，故心能统之"①。蔡季通根据朱熹的这一思想，更明确地提出："心统性情，不若云，心者性情之统名。"这是符合朱熹的思想的。因此，朱熹认为心与性情是存在着区别的，他说：

> 心，主宰之谓也。动静皆主宰，非是静时无所用，及至动时方有主宰也。言主宰，则混然体统自在其中。心统摄性

---

① 《张子之书一》，《朱子语类》卷98，《朱子全书》第十七册。

情，非笼统与性情为一物，而不分别也。①

虽然朱熹认为心与性情之间存在着区别，但是，另一方面，朱熹又肯定心、性、情三者的统合、一致。

> 然心统性情，只就浑沦一物之中，指其已发、未发而为言尔；非是性是一个地头，心是一个地头，情又是一个地头，如此悬隔也。②

> 虚明而应物者便是心，应物有这个道理便是性，会做出来底便是情，这只是一个物事。③

三者理论一体，但也有区别。朱熹强调，"心有体用，未发之前是心之体，已发之际是心之用"，"心兼体用而言，性是心之理，情是心之用"④。由此可见，三者是统合、一致的。这里以心之体用来解释性情，这个"未发之前"的心体，就是"寂然不动"的性本体；"已发之际"，就是"感而遂通"之情。心有体用之分，所以有未发已发之别，性是形而上者，所以没有形体可见；情是形而下者，所以表现于外而可见。

"心统性情"的"心"是"心之体"，是道德本心，不是指人的思虑营为的自然之心，但又离不开自然之心。这种道德本心未发动、未表现出来时，不过是人心所先验地具有的一应当如此做的道德律则、命令，这就是"性"或"理"。这种道德本心"随人心思虑营为、喜怒哀乐之活动而起用时（已发），它使思虑营为、喜怒哀乐在在皆合乎天理，在在皆是爱人利物而不是害

---

① 《性理二》，《朱子语类》卷5，《朱子全书》第十四册。
② 同上。
③ 《张子之书》，《朱子语类》卷98，《朱子全书》第十七册。
④ 《张子之书》，《朱子语类》卷5，《朱子全书》第十四册。

人残物。这时,它表现自己为恻隐、是非、辞让、羞恶等道德之情"①。

朱子认为性是根,情是芽,性是未发,情是已发。有这性便发出这情,因此情而见得此性。朱熹《孟子集注》:

> 恻隐、羞恶、辞让、是非,情也。仁、义、礼、智,性也。心,统性情者也。端,绪也。因其情之发,而性之本然可得而见,犹有物在中而绪见于外也。②

陈淳《北溪字义》对此解释说:

> 情与性相对。情者,性之动也。在心里面未发动底是性,事物触着便发动出来是情。寂然不动是性,感而遂通是情。这动底只是就性中发出来,不是别物,其大目则为喜、怒、哀、惧、爱、恶、欲七者。《中庸》只言喜怒哀乐四个,孟子又指恻隐、羞恶、辞逊、是非四端而言,大抵都是情。性中有仁,动出为恻隐;性中有义,动出为羞恶;性中有礼智,动出为辞逊、是非。端是端绪,里面有这物,其端绪便发出从外来。若内无仁义礼智,则其发也,安得有此四端?大概心是个物,贮此性,发出底便是情。③

因此,朱熹主张,仁、义、礼、智等蕴藏在心里的德性,发出恻隐、羞恶、辞让、是非等情绪、情感。朱熹说:

---

① 金春峰:《朱熹哲学思想》,东大图书公司1998年版,第87页。
② 《孟子集注》卷1,《朱子全书》第六册。
③ 《北溪字义》卷上。

四端皆是自人心发出。恻隐本是说爱，爱则是说仁。如见孺子将入井而救之，此心只是爱这孺子。恻隐元在这心里面，被外面事触起。羞恶、辞逊、是非亦然。格物便是从此四者推将去，要见里面是甚底物事。①

仁、义、礼、智是天所赋予的人的内在本性和本质，而恻隐、羞恶、辞让、是非四端是由四端发出的情感。仁、义、礼、智就是所谓的道德理性，四端就是所谓道德情感。

性情就是指道德理性、道德情感而言。本心中的道德理性与道德情感是不离不杂的，二者相辅相成。道德理性是道德行为的根据，没有道德理性，道德情感就无从发生。反之，没有道德情感，道德理性就没有挂搭处，也就不可能实践出来，从而道德行为也就无从谈起。

道德理性、道德情感，即性和情皆统属之于"一心"。这就是朱熹的"心统性情"说。

朱熹通过"心统性情"说，"把形上与形下、体与用统一起来。既讲体用之分，又讲性情之合"②。如果只讲心体用说，容易把心分成上下体用两节，出现心性分离或性情分离的问题。朱熹通过"心统性情"说，说明所谓"心体，既有主体之义，又有本体之义，既不离个体的知觉之心，有时超越的普遍的绝对。一句话，心体就是性，就是理。由于它是超越本体存在，因而是一身之主宰，也是万事万物的主宰。'妙性情之德心也，所以致中和立大本而行达道也，天理之主宰也'"③。这样，朱熹就从"理"的中和推演出人的性情中和。

---

① 《孟子三》，《朱子语类》卷53，《朱子全书》第十五册。
② 蒙培元：《从心性论看朱熹哲学的历史地位》，《福建论坛》1990年第6期，第2页。
③ 同上书，第3页。

朱熹认为，人欲出自性，"饮食男女，固出于性"①。他在一定程度上也肯定了人欲的合理性，他说：

> 若是饥而欲食，渴而欲饮，则此欲岂能无？但亦是合当如此者。②

而且朱熹还认为人欲是天理所固有的。他说：

> 人欲便是天理里面做出来，虽是人欲，人欲中自有天理。③

但是，朱熹认为人的欲望应该仅仅停留在维持生命所必需的生理需求上，不可有过分的追求，更不可沉溺于此。他说：

> 饮食者天理也，要求美味，人欲也。④

如果超过了人维持生命所必需的生理需求，而一味地追求欲望，那就会"失其本心"。他说：

> 如口鼻耳目四肢之欲，虽人之所不能无，然多而无节，未有不失其本心者。⑤

朱熹认为，"天理"是"公"，"人欲"为"私"，天理人

---

① 《孟子或问》，《朱子全书》第六册。
② 《周子之书》，《朱子语类》卷94，《朱子全书》第十七册。
③ 《学七》，《朱子语类》卷13，《朱子全书》第十四册。
④ 同上。
⑤ 《孟子集注》，《朱子全书》第六册。

欲，就是公私的区别。他说：

> 仁义根于人心之固有，天理之公也；利心生于物我之相形，人欲之私也。①

因此，人欲是善还是恶的区别就在于是"私"还是"公"。如果为"公"便是天理，如果为"私"便是私欲。如"钟鼓、苑囿、游观之乐，与夫好勇、好货、好色之心"，也是天理之所有，人情之所不能无。朱熹认为：

> 天理人欲，同行异情。循理儿公于天下者，圣人之所以尽其性也；纵欲而私于一己之者，众人之所以灭其天也。二者之间，不能以发，而其是非得失之归，相去远矣。②

行为相同，但是却有天理人欲之分，其关键就在于"公于天下"还是"私于一己"。

朱熹认为，由于人被各种欲望所诱蔽，"人心之公，每为私欲所蔽"③，从而使中和性情不能在人身上彰显出来。他说：

> 然人为物诱而不能自定，则大本有所不立；发而或不中节，则达道有所不行。大本不立，达道不行，则虽天理流行未尝间断，而其在我者，或几乎息矣。④

---

① 《孟子集注》，《朱子全书》第六册。
② 同上。
③ 《学七》，《朱子语类》卷13，《朱子全书》第十四册。
④ 《中庸首章说》，《晦庵先生朱文公文集》卷67，《朱子全书》第十六册。

朱熹认为人受到物欲的引诱，就不能守中，没有节制大本就立不起来，达道也行不通。假如这样，虽然天理照常运行，但在人身上，它已经熄灭了。因此，朱熹主张存理灭欲。他说：

> 人之一心，天理存，则人欲亡；人欲胜，则天理灭，未有天理人欲夹杂者。学者须要于此体认省察之。①
> 圣贤千言万语，只是教人明天理，灭人欲。②

这里，"存天理，灭人欲"变成了朱熹理学人生论的宗旨。朱熹认为只要"存天理，灭人欲"，就可以"向圣贤之域"，也就可以达到"圣人"的境界，从而使天理中和在人身上"寂然感通无少间断"，真正达到"中和在我，天人无间"的天人合一的境界。

十　陆九渊的中庸思想

陆九渊（1139—1192年），字子静，号存斋。南宋著名哲学家、教育家，江西抚州金溪人。中年以后曾在江西贵溪象山建精舍聚徒讲学，自号"象山居士"，后世称为"象山先生"。陆九渊与当时著名的理学家朱熹齐名，史称"朱陆"。

陆九渊出生在一个没落的官宦地主家庭。他的八世祖陆希声曾相唐昭宗。五代末，陆希声的孙子陆德迁携家避乱，迁居金溪，"解囊中装，买田治生，赀高闾里"③。经过五代、北宋的政权变迁，这个大家族虽然走向了没落，但是仍然保持着宗法世家

---

① 《学七》，《朱子语类》卷13，《朱子全书》第十四册。
② 《学六》，《朱子语类》卷12，《朱子全书》第十四册。
③ 《象山先生全集》卷27，《全州教授陆先生行状》。

的遗风,"家道之整著闻州里"①,因而受到孝宗皇帝的赞扬:"陆九渊满门孝弟者也。"②

在这样家庭环境中成长的陆九渊,把挽救南宋的危亡,维护封建统治秩序作为他思考的中心和活动的根本目的。

陆九渊三十四岁中进士后,开始了仕宦生涯。他在政治方面是极为平凡的,最主要的政绩表现在治理荆门上。绍熙二年(1191年),51岁的陆九渊赴荆门军任。在一年零三个月中,做了三件大事:一是严边防,筑城池,整军纪;二是革弊政,理税务,救灾荒;三是修郡学,明教化,振人心。陆九渊的"荆门之政"很快得到了统治上层的赞扬,"丞相周必大尝称荆门之政,以为躬行之效"③。正当陆九渊期望施展自己的政治才能时,旧病复发,于绍熙三年(1192年)冬,病故于任所,"吏民哭祭,充塞衢道"。他死后,被谥为"文安"。

陆九渊一生在文化方面的主要特色就是创立学派,从事传道授业活动,以及由此所显现出来的思想理论特色。

陆九渊在中年以后,开始了他的讲学、授学活动,他的"心学"理论和心学派别就是在这些活动中确立起来的。他以"心即理"为核心,创立"心学",强调"自作主宰",宣扬精神的能动性作用。他的学说独树一帜,与当时以朱熹为代表的正宗理学相抗衡。1145年4月,他与朱熹在江西上饶的鹅湖寺会晤,研讨治学方式和态度。朱熹持客观唯心主义观点,主张通过博览群书和对外物的观察来启发内心的知识;陆九渊持主观唯心主义观点,认为应"先发明人之本心然后使之博览",所谓"心即是理",毋须在读书穷理方面过多地费功夫。双方赋诗论辩。

---

① 《象山先生全集》卷27,《全州教授陆先生行状》。
② 《象山先生全集》卷36,《年谱·淳熙四年》。
③ 《宋史》卷434,《陆九渊传》。

陆指责朱"支离",朱讥讽陆"禅学",两派学术见解争持不下。这就是史学家所说的"鹅湖之会"、"鹅湖大辩论"。

陆九渊从不著书,有人曾劝陆九渊著书,他说:"六经注我,我注六经",又说"学苟知本,六经皆我注脚"。宁宗开禧元年(1205年),其子持之把陆九渊的遗集编为二十八卷,外集六卷,杨简作序。开禧三年(1207年),刊于抚州郡库。嘉定五年(1212年),持之又哀而益之,袁燮为之序,刊于江西仓司。其后,裔孙陆邦瑞又刊之于家塾"槐堂书斋"。《四部丛刊·象山先生全集》,乃影印明嘉靖四十年江西刊本,有袁燮、杨简二序,当为嘉定本的复刻。其书合三十二卷,三十三卷以后,盖为附录,包括谥议、行状、语录、年谱,正与袁燮序文所言符合。《四部备要·象山全集》则为清李穆堂评点本的重排,基本与丛刊本同,附录年谱略为加详。

陆九渊的思想为明代王守仁所发展,世称"陆王学派",经后人充实、发挥,成为明清以来的主要哲学思潮,一直影响到近现代中国的思想界,如著名学者郭沫若、马一浮等都深受陆九渊思想的影响。

陆九渊把"中和"的思想糅合到他的"心学"体系框架中,"从而建构起与程朱不同的心学化心性中和哲学体系"[①]。

(一)以"极"训"中","心"本体地位的确立

1. 太极即是心

陆九渊的本体论并不以否定道或太极为前提,而只是一种视点的转移,即从宇宙转向人类的本体论延伸。

陆九渊并没有否定传统的宇宙演化论。他曾经讲述道:

---

① 董根洪:《儒家中和哲学通论》,齐鲁书社2001年版,第379页。

> 太极判而为阴阳，阴阳播而为五行，天一生水，地六成之；地二生火，天七成之……故太极判而为阴阳，阴阳即太极也。阴阳而为五行，五行即阴阳也。塞宇宙之间，何而非五行？①

陆九渊从太极对万物无限衍变发生的功能来看太极的内容，在层出不尽、无始无终的造化中，太极成为一个作用无穷，内容无尽的无限实在，是一个形而上的实体。所以，陆九渊说：

> 太极、皇极乃是实字，所指之实岂容有二？充塞宇宙，无非此理，岂容以字义拘之乎？中即至理，何尝不兼至义？《大学》，《文言》皆言知至。所谓至者，即此理也。……则曰极，曰中，曰至，其实一也。②

但是，陆九渊真正的思路并不是用一个客观形而下的实体来建构其本体论，他进一步把太极提升为宇宙的本体。

陆九渊认为《中庸》中"中也者，天下之大本；和也者，天下之达道。致中和，天地位焉，万物育焉"是十分正确的，他认为"此理至矣，外次，岂更复有太极哉"，"太极"就是中和之"大本"、"达道"。陆九渊认为"极"就是"中"，太极就是皇极，就是大中。他反对朱熹在"太极"之前再加无极，认为这是"架屋下之屋，叠床上之床"。他说：

> 盖极者中也，言无极则是犹言无中也，是奚可哉？③

---

① 《讲义·大学春秋讲义》，《陆九渊集》卷23，中华书局1980年版。
② 《与朱元晦》，《陆九渊集》。
③ 《象山集》卷12，《与朱元晦》。

陆九渊看来，宇宙天地万物都依大中之道而生存变化。他说：

> 皇，大也；极，中也；《洪范》九畴五居其中，故谓之极，是极之大，充塞宇宙，天地以此而位，万物以此而育。①

这里体现了在大中之道的支配下，天地万物各得其位、各顺其长、各尽其性的天人合一的景象。

陆九渊认为，太极存在于天地万物之中，加之不可，损之也不可，取之不可，舍之也不可，关键在于人要自己领会。他认为，天地间有是太极，人心同样也有是太极，所以人不必离开自己的心向外求索。他说：

> 大哉！圣人之道。洋洋乎发育万物，峻极于天，优优大哉。天之所以为天者，是道也，故曰"唯天为大"。天降衷于人，人受中以生，是道固在人矣。②

心之所以为"大体"在于有道，心所以有道在于受之于天。这样陆九渊就承袭了邵雍关于太极就是心的观点，"天地生于太极，太极就是吾心"③，把太极纳入到他的心学体系中，从而否定了在心之外、之上另有一个"无形而有理"的最高本体。在陆九渊那里，太极就是心，就是最高的本体。

2. 心即理

作为陆九渊心学的一个重要命题就是"心即理也"。陆九

---

① 《陆九渊集》卷23，《荆门军上元设厅讲义》。
② 《象山先生全集》卷13，《与冯传之》。
③ 《渔樵问答》。

渊说：

> 人皆有是心，心皆具是理，心即理也。①

陆九渊虽然也承认："吾所明之理，乃天下之正理、实理、常理、公理。"他所谓"公理"就是指仁义礼智等封建道德和"春生夏长"的自然规律。在这一点上，陆九渊与朱熹之间没有区别。陆九渊认为，理是根本之理，是与太极的本质一致的，把理抬到"中"的高度，认为至理就是"中"，就是天下之"大本"、"达道"。他说：

> 极亦此理也，中亦此理也，……中即至理……曰极，曰中，曰至，其实一也。②

但是，陆九渊反对朱熹把理说成是离开人而独立存在的绝对精神，反对只一味抬高天理却忽视了对自己的安置，反对把心和理一分为二。他说：

> 盖心，一心也，理，一理也，至当归一，精义无二，此心此理实不容有二。③

他的"心即理"说，完全从主体出发，把人和自然、主体和客体合而为一了。陆九渊不像程、朱那样，从宇宙本体论出发，进到心性本体，以此说明二者的合一，而是直接从心性本体论出

---

① 《象山全集》卷11，《与李宰》。
② 《象山集》卷12，《与朱元晦》。
③ 《象山全集》卷1，《与曾宅之》。

发，说明宇宙本体，从而得出心理合一的结论。这就使他的"心理合一"之学，变得简单而又直接。这样，在陆九渊那里，理即存在于内，又表现于外，故内外之理皆是"吾之本心"。他说："满心而发，充塞宇宙，无非此理。"此心此理，实乃宇宙万物之本体。陆九渊把主体意识超越化、绝对化，向客体无限扩展。陆九渊虽然没有说"心外无理"，但是他的思想中却包含了这样的结论。

把天道拉下来化为自己的德性，从而使人达到与天地参的三位一体之境，这是儒家文化的传统，而非陆九渊的独创。陆九渊继承了这个思想，并试图改造理学，使天理复归人心。陆九渊所谓的"理"，就其社会内容，也是对仁义礼智等封建道德的抽象。他说：

> 仁即此心也，此理也。……爱其亲者，此理也；敬其兄者，此理也；见孺子将入井而有怵惕之心者，此理也；可羞之事则羞之，可恶之事则恶之者，此理也；是知其为是，非知其为非，此理也；宜辞而辞，宜逊而逊，此理也；敬，此理也，义，亦此理也；内，此理也，外，亦此理也。……孟子曰：所不虑者而知者，其良知也；所不学者而能者，其良能也。此天之所与我者，我固有之，非由外铄我也。故曰："万物皆备于我矣，反身而诚，乐莫大焉。"此吾之本心也。[1]

一切有关于封建伦理道德意识和人伦道德都是"理"。不过，"此理"不是朱熹所说的，独立于人心之外、之先，而是"我固有之"，本来就是"吾之本心"。

---

[1] 《象山全集》卷1，《与曾宅之》。

他通过体认天理来达到中,达到天人合一,从而尽心知性知天。在天人之间获得一种普遍和谐,人通过体现自己内在生命的人心与创造性,从而安心立命。

3. 本心

在陆九渊的心学本体论中,以"极"训"中",将人心推举到宇宙至中的地位,以心所涵之理为宇宙人生的至理。陆九渊承认心即太极,心即理,人心叠合于道心,肯定了人在万物中的超越地位与潜在的无限价值,万事万物都在本心的感通中化而为一,这样就把人心推到了本体的地位。他说:

> 道塞宇宙,非有所隐遁。在天曰阴阳,在地曰柔刚,在人曰仁义,故仁义者,人之本心也。①

陆九渊和朱熹一样,都讲"心",但是他们的侧重点不同。朱熹侧重于讲知觉灵明之心,陆九渊侧重于"本体之心"。王守仁在为《象山先生全集》作的序中说:"圣人之学,心学也。"陆九渊所谓本体之心"应当是陆学的,也是理解陆学最重要的观念"②。

陆九渊心学思想的形成深受孟子的心性思想的影响。他自己也以继承孟子之学而自居,"窃不自揆,区区之学,自谓孟子之后,至始而始一明也。"③ 陆九渊发挥了孟子"知其心者知其性,知其性者知天矣"的"尽心知性知天"的哲学理路。

陆九渊虽然表面上也谈统摄自然与人事的"道",但实质上从他整个言谈和意趣指向而言,更趋向涌现于本心上的先验道德

---

① 《象山全集》卷1,《与赵监》。
② 陈来:《宋明理学》华东师范大学2004年版,第191页。
③ 《陆九渊集》卷10,《与路彦彬》。

原理，生动而深入地发展了道德的形而上学。他进而提出"吾心即宇宙"的思想。他说：

> 四方上下曰宇，往古来今曰宙。宇宙便是吾心，吾心即是宇宙。
> 宇宙内事，乃己分内事；己分内事，乃宇宙内事。①

陆九渊得"吾心即宇宙"的思想，实际上是与禅宗"心者，万法之根本，一切诸法，唯心所生"，"心生，则种种法生；心灭，则种种法灭"思想的根本区别。陆九渊没有把世间万物看成是空幻的，而是从时间和空间的高度，强调"理"的真实存在。所以，陆九渊认为，只有经过我的心，才能知道万物；没有我的心，就无法知道万物。他说：

> 万物森然于方寸之间，满心而发，充塞宇宙，无非此理。②

万物就在心中，吾心豁然开朗，就能充塞宇宙，从而否定了朱熹的心有体用说。他在诠释《古文尚书·大禹谟》中被后世定位"心学之源"的"人心惟危，道心惟微，惟精惟一，允执厥中"时说：

> 《书》云："人心惟危，道心惟微"。解者多指人心为人欲，道心为天理，此说非是。心一也，人安有二心？自人而言，则曰惟危；自道而言，则曰惟微。罔念作狂，克念作

---

① 《象山全集》卷22，《杂说》。
② 《象山全集》卷34，《语录》。

圣,非危乎?无声无臭,无形无体,非微乎?①

陆九渊认为心没有所谓的体用,心就是理,心就是宇宙,上下内外都只是一个心。在他看来,人心"危"殆不安,人的一念之差,会导致成圣成狂的区别,而道心精"微"无形,或得或取决于自我。这是一种彻底的主观唯心主义。在陆九渊看来:

> 曰危曰微,此亦难乎其能执厥中矣,是所谓可畏者也。苟知夫危微之可畏也,如此则亦安得而不致力于中乎?毫厘之差,非所以为中也,知之苟精斯不差矣;须臾之离,非所以为中也,守之苟一斯不离矣。惟精惟一,亦信乎能执厥中矣。是所谓可必者也。②

由此可见,陆九渊把"惟精惟一"作为致中的充分必要条件。"惟精"即"知之苟精",没有毫厘之差;"惟一"即"守之苟一",没有须臾之离。在陆九渊看来,只要如此,就可自然地"收效于中"。

陆九渊认为,任何人都有先验的道德理性,即为本心,是人区别于动物的本质所在。

这个本心提供道德法则、发动道德情感,所以又称为仁义之心。他说:

> 仁义者,人之本心也。孟子曰:"存乎人者,岂非仁义之心哉",又曰:"我固有之,非由外铄我也",愚不肖者不及焉,则蔽于物欲而失其本心。贤者智者过之,则蔽于意见

---

① 《象山全集》卷34,《语录》。
② 《象山全集》卷4。

而失其本心。①

陆九渊又认为"此心"是人皆有之,是普遍的、永恒的。他说:

> 心只是一个心,某之心,吾友之心,上而千百载圣贤之心,下而千百载复有一圣贤,其心亦只如此。心之体甚大,若能尽我之心,便与天同。②
>
> 千万世之前,有圣人出焉,同此心同此理也。千万世之后,有圣人出焉,同此心同此理也。东南西北海有圣人出焉,同此心、同此理也。③

人同此心,古往今来,概莫能外。在陆九渊看来,这个"仁义之心"不只仅仅是个体的"我"之一心,而是普遍的、永恒的道德理性。

陆九渊认为心之所以为"本体"在于有道,在于"受中以生"。他说:

> 大哉!圣人之道。洋洋乎发育万物,峻极于天,优优大哉。天之所以为天者,是道也,故曰"唯天为大"。天降衷于人,人受中以生,是道固在人矣。④

正因为人"受中以生",所以人心都是善的,"人受天地之中以

---

① 《陆九渊集》卷1,《与赵监》。
② 《象山全集》卷34,《语录》。
③ 《象山全集》卷22,《杂说》。
④ 《陆九渊集》卷13,《与冯传之》。

生，其本心无有不善"①，这是对孟子"性善论"的发展和升华。在他看来，人"无有不善"的"本心"，是禀受了"天地之中"而来。这样，"本心"就代表了先验的道德理性和道德情感，从而把道德情感和心理本能提升为道德本体，进而演变为宇宙本体。他说：

> 四端者，人之本心也，天之所以与我者，即此心也。②

他进一步解释说：

> 恻隐，仁之端也；羞恶，义之端也；辞让，礼之端也；是非，智之端也。此即是本心。③

陆九渊认为，只要能够充分发挥人的伦理本心，道德行为也就会自然地形成和表现出来。他说：

> 苟此心之存，则此理自明，当恻隐时即恻隐，当羞恶时即羞恶，当辞让时即辞让，是非之前，自能辨之。④
> 精神自作主宰，万物皆备于我，有何欠缺？当恻隐时自然恻隐，当羞恶时自然羞恶，当宽裕温柔时自然宽裕温柔，当发强刚毅时自然发强刚毅。⑤

陆九渊认为宇宙中超越的、永恒的、具有无限价值的"道"、

---

① 《陆九渊集》卷11，《与王伯顺书》。
② 《象山全集》卷11，《与李宰》二。
③ 《象山全集》卷36，《年谱》。
④ 《象山全集》卷34，《语录》。
⑤ 《象山全集》卷35，《语录》。

"理",是内在于本心而为至理的。由此,陆九渊就在颠倒的心物关系的基础上,构建起了他心本论的心学体系,使"吾心"成为"大中"的宇宙的本体。

(二)"致力于中",道德修养的"简易功夫"

陆九渊认为,"大中"的宇宙本体,至善的"本心"人人都有,但是一般人却往往失其本心,背离大中之道。为此,他进一步发挥了孔子"过犹不及"的思想:

> 愚与不肖者不及焉,则蔽于物欲而失其本心。贤者智者过之,则蔽于意见而失其本心。①

陆九渊具体揭示了两种因"失其本心"而背离中道的人,那就是"蔽于物欲"的"愚与不肖者",他们是"不及"于"中";还有"蔽于意见"的"贤者智者",他们是"过"于"中"。因此,陆九渊认为"学问之要,得其本心而已",只有得其本心,保持大中之道,才能成为圣人。为了保持大中之道,也就是"存心","保吾心之良",就必须"去吾心之害",为此,陆九渊提出了一套"致力于中"的道德修养功夫。

陆九渊认为,知识、伦理道德都是人们心中所固有的、天赋的,而不是从外面获得的,要提高的道德修养,只要向自己内心反省就可以了。他把这一过程称之为"切己自反,改过迁善"的"简易工夫"。他的这一工夫理论和朱熹的工夫理论有很大的区别。

陆九渊对朱熹主张尊德性与道学问同时并举的方法,不以为

---

① 《陆九渊集》卷1,《与赵监》。

然。陆九渊认为:"既不知尊德性,焉有所谓道学问?"① 在他看来,只有存养德行,才是根本的学问。陆九渊认为自己的主张是"久大"的"简易工夫",而讥讽朱熹"格物穷理"的方法是"支离事业"。他说:

> 石称丈量,径二寡失;铢铢而称,至石必缪;寸寸而度,至丈必差。②

> 后世言《易》者以为《易》道至幽至深,学者皆不敢轻言。然圣人赞《易》则曰:"《乾》以易知,《坤》以简能。易则易知,简则易从。易知则有亲,易从则有功。有亲则可久,有功则可大。可久则贤人之德,可大则贤人之业。易简而天下之理得矣。"③

因此,陆九渊认为"格物"不是体认"理",不是像朱熹那样一件一件地去格,而是体认心中固有之理。在他看来,"本心"就是一个伦理实体,一切道德皆备于我,所以无须在心外去格,只要反省内求,万物之理就不解自明。他说:

> 古人教人,不过存心、养心、求放心。此心之良,人所固有,人惟不知保养而反戕贼放失之耳。苟知其如此,而防闲其戕贼放失之端,日夕保养灌溉使之畅茂条达,如手足之捍头面,则岂有艰难支离之事?④

陆九渊以格物为"减担"。他说:

---

① 《象山全集》卷34,《语录》。
② 《陆九渊集》卷10,《与詹子南》。
③ 《陆九渊集》卷1,《与曾宅之》。
④ 《陆九渊集》卷5,《与舒西美》。

且为弟子入则孝,出则弟,是分明说与你入便孝,出便弟,何须得传注?学者疲精神于此,是以担子越重。到某这里,只是与他减担,只此便是格物。

所谓"减担",实际上就是减去物欲以明天理,灭欲以正心,求之于内的道德修养论。陆九渊说:

夫所以害吾心者何也?欲也。欲之多,则心之存者必寡;欲之寡,则心之存者必多。故君子不患夫心之不存,而患夫欲之不寡,欲去则心自存矣。①

陆九渊不反对程朱理学的中心思想"存理,去欲",但是他不同意把"理"归于"天",把"欲"归于"人",在他看来这是"裂天人而为二"。他认为"欲"不能称为"人欲",只能叫做"物欲"、"利欲",对此,他也坚决主张"寡之"、"去之"。陆九渊把这灭欲正心的过程,称之为"剥落"。他说:

人心有病,须是剥落,剥落得一番,即一番清明,后随而起来,又剥落又清明,须是剥落得净尽方是。②

此心本灵,此理本明,至其气禀所蒙,习尚所梏,俗论邪说所蔽,则非加剖剥磨切,则"灵且明者曾无验矣"。③

这实际上与程朱理学的"革尽人欲,复尽天理"是一回事,

---

① 《象山先生全集》卷32,《养心莫善于寡欲》。
② 《陆九渊集》卷35《语录》。
③ 《陆九渊集》卷10,《与刘志甫》。

同样具有禁欲主义的浓厚气息。

在陆九渊看来,"剥落"的根本途径就在于"静坐澄心"。朱熹概括陆九渊的心学工夫为"不读书,不求义理,只静坐澄心"①,叶适也指出陆九渊的心学工夫的特点为"诚坐内观"。陆九渊说:"此道非竞争务进者能知,惟静退者可入。"② 他的学生詹阜民记述说:

> 先生谓曰:"学者能常闭目亦佳。"某因无事,则安坐冥目,用力操存,夜以继日,如此半月,一日下楼,忽觉此心已复澄莹中立,窃疑之,遂见先生。先生逆目视之曰:"此理已显也。"某问先生:"何以知之?"曰:"瞻子眸子而已。"③

看一眼别人的眸子就能看出来"理"已经显现在别人的身上,此谓"占眸之法",未免有些神秘主义色彩,难怪朱熹一派要"诋陆为狂禅"了。但陆九渊认为这种静坐能体认"本心",提高人们的道德修养水平,因为这种方法"无思无为,寂然不动,感而遂通天下"。因此他才说:"惟精惟一,须要如此涵养。"④

但是,如果只是把陆九渊的修养方法看成是禅学,未免有失公允。《宋元学案》对此作了比较中肯的评价,说:

> 以读书为充塞仁义之阶,陆子辄咎显道之失言,则诋发明本心为顿悟禅宗者,过矣!夫读书穷理,必其中有主宰,而后不惑,固非可徒泛滥为事。故陆子教人发明本心,在经

---

① 《朱子语类》卷52。
② 《陆九渊集》卷34,第399页。
③ 《陆九渊集》卷35,《语录》。
④ 《陆九渊集》卷34,《语录》。

> 则本于孟子扩充四端之教，同时则正与南轩查端倪之说相和，心明则本立，而涵养省察之功，于是有施行之地，原非言顿悟者所云百斤担子一齐放下者。①

可见，陆九渊的"澄心静坐"与禅学有着本质的不同，他强调立乎其大，发明本心，豁醒道德意识的简易工夫。张君劢先生说得好：

> 我认为陆九渊可以说是一个仅在方法上的禅家思想信奉者。陆九渊不得不受这种观念的影响。不过，他弃绝禅宗的出世态度，只保持其内求本心的方法。他在方法上应用禅家的技巧，在道德生活的完成与儒家思想的展开上直诉诸本心。②

的确，陆九渊一直是坚持儒家的价值取向与信念的，他吸收一些禅宗的概念、术语、范畴、命题与思想方法，是为了更好地指导人们正确地进行正心、诚意、修身、齐家、治国、平天下。

陆九渊还十分重视道德的"践行"。陆九渊宣称自己"平生学问无他，只是一实"，因此他主张修养活动重在"常践道"。陆九渊指出：

> 要常践道，践道则精明，一不践道，便不精明，便失枝落节。③

---

① 《宋元学案·象山学案》卷58。
② 张君劢：《新儒家思想史》，台北：张君劢先生奖学金基金会1979年版，第259页。
③ 《陆九渊集》卷34，《语录》。

就是说通过"践道"，可使"此理"更加明白，甚至还能使"气质不美者，无不变化"①，要求人们"名实理，做实事"，强调通过"行"来确立和坚定"本心"至善的道德意识。

当然，陆九渊也反对离开"讲明"、"学问思辨"的盲目的道德实践，并称之为"冥行"。他说：

> 为学有讲明，有践履，……未尝学问思辨，而曰吾惟笃行之而已，是冥行者也。②

如果"心之善未明"，"知之理"未到极致，就去从事、践行，好比登山而陷谷，愈陷愈深。只有先"心明"、"知理"再去践履，才不会犯"适越而北辕"的错误。陆九渊说：

> 《大学》言"明明德"之序，先于"致知"；孟子言"诚身"之道，在于"明善"。今善之未明，知之未至，而循诵习传，阴储密积，厪身以从事，喻诸登山而陷谷，愈入而愈深，适越而北辕，愈骛而愈远。③

因此，陆九渊认为只有"心明"、"知理"了，才可以"致力于中"、"收效于中"。他说：

> 知所可畏而后能致力于中，知其可必而后能收效于中。夫大中之道固人居之所当执也，然人心之危，罔念克念，为狂为圣，由此而分。④

---

① 《陆九渊集》卷35，《语录》。
② 《象山先生全集》卷12，《与赵泳道》之二。
③ 《陆九渊集》卷1，《与胡季随》。
④ 《象山外集》卷4。

在此基础上，陆九渊认为读书也应该先明义，"读书固不可不晓文义，然只以晓文义为是，只是儿童之学，须看意旨所在"，"所谓读书，须当明物理，揣事情，论事势。且如读史，须看他所以成，所以败，所以是，所以非处，优游涵咏，久自得力"①。因此，陆九渊认为，圣人之言也只能做参考，不能作为衡量事物的标准，只有本心才是衡量圣人经书和万事万物的标准。只有这样才能真正扩展知识，涵养道德，才能够致力于中。

十一　叶适的中庸观

叶适（1150—1223年）南宋哲学家、文学家。字正则，号水心，卒谥忠定。永嘉（今浙江温州）人。淳熙五年（1178年）进士。历仕于孝宗、光宗、宁宗三朝，官至工部侍郎、吏部侍郎兼直学士院。他力主抗金，反对议和。叶适以宝谟阁待制主持建康府兼沿江制置使，因军政措置得宜，曾屡挫敌军锋锐。金兵退，他被进用为宝文阁待制，兼江淮制置使，曾上堡坞之议，实行屯田，均有利于巩固边防。后因南宋大臣韩侂胄伐金失败而受牵连，被弹劾夺职，退归故里，于永嘉城外水心村潜心学问，专心著述，人称水心先生。

叶适是永嘉学派的代表，他持唯物主义观点，反对空谈性理，提倡"事功之学"，观点与朱熹、陆九渊对立。叶适讲究"功利之学"，认为"既无功利，则道义者乃无用之虚语"。强调"道"存在于事物本身之中，"物之所在，道则在焉"。物由气构成，五行八卦都是气的变化形态。提出"一物为两"、"一而不同"的关于事物对立统一的命题，认为事物对立面处于依存、

---

① 《陆九渊集》卷34，《语录》。

转化之中，但强调"止于中庸"。认识上主张"以物用不以己用"，提倡对事物作实际考察来确定义理。反对当时性理空谈，对于理学家们所最崇拜的人物如曾子、子思、孟子等，进行了大胆的批判。认定《十翼》非孔子作，指出理学家糅合儒、佛、道三家思想提出"无极"、"太极"等学说的谬论。在哲学、史学、文学以及政论等方面都有贡献。

叶适的思想不以哲学为主，而是以经世的政治思想为主，他的哲学思想是为他的经世思想作依据的，是在摆脱了"关学"和"洛学"的束缚，对朱熹、陆九渊等人思想批判的基础上形成的，并且主旨鲜明地体现在他的"中和观"上，提出了"致中和"的哲学思想。

1. 道生于两

叶适认为道物、道器统一的基础不是道，而是物、事、器，也就是世界上存在的具体的事物。

叶适认为构成自然界的主要物质形态就是五行和八卦所标志的各种物质。他说："五行之物，遍满天下，触之必应，求之必得。"① 又说：

> 易有太极，近世学者以为宗旨秘义。按卦所象惟八物，推八物之义为乾、坤、艮、巽、坎、离、震、兑。②

但是叶适认为五行八卦还只是我们的感官所接触的物质的表面形态。五行八卦又是气所构成的，只有气才是统一的物质的根本形态。他说：

---

① 《习学记言》卷39。
② 《习学记言》卷4。

> 夫天、地、水、火、雷、风、山、泽，此八物者，一气之所役，阴阳之所分，其始为造，其卒为化，而圣人不知其所由来者也。①

气造成五行八卦，所以"其始为造"；五行八卦最后又化为气，所以"其卒为化"。气为造化的根本，而其本身是没有开始的，所以"圣人不知其所由来者也"。

叶适认为世界万物起源于气，简单明了，从而反对周敦颐、朱熹等人唯心主义的思想和观念。他说：

> 五行八卦，品列纯备，道之会宗，无所变流，可以日用而无疑矣。奈何反为"太极"、"无极"、"动静"、"男女"、"清虚"、"一大"转相夸授，自贻蔽蒙？②

叶适肯定了物质的第一性，认为物质是独立的、普遍的存在；不同的现象只是物质不同的表现形态；自然界不同的法则，只是物质具有的不同的理。他说：

> 夫形于天地之间者，物也；皆一而有不同者，物之情也。因其不同而听之，不失其所以一者，物之理也。坚凝纷错，逃遁谲伏，无不释然而解，油然而遇者，由其理之不可乱也。③

这就是说，天地见有形有象的就叫做"物"，"物""一而有不

---

① 《叶适集·进卷·易》。
② 《习学记言》卷16。
③ 《水心别集》卷五，《诗》。

同",既统一而又有区别。而统一的物质世界表现为各种不同的物质形态,这就叫做"物之情",即物自身固有的特性;而同时又"不失其所以一者"叫做"物之理"。在这里,叶适表述了一个十分重要的思想,即认为多样的事物之所以构成一个统一和谐的世界,就在于事物的运动变化遵循着其自身规律的缘故。可见,叶适对"理"的理解,要比一般的将"理"解释为静止的条理、秩序的说法要深刻得多。

叶适反对离物言道,认为"物之所在,道则在焉"。道和物是不可分离的。他说:

> 按古时作者,无不以一物立义,物之所在,道则在焉。物有止,道无止也。非知道者不能该物,非知物者不能至道。道虽广大,理备事足,而终归之于物,不使散流。此圣贤经世之业,非习为文词者所能知也。[①]

在叶适的道(理)物(器)关系论中,"道(理)"当然不是脱离具体器物而存在的抽象本体了,理与物统一,道与器统一,而物(器)是二者统一的基础。叶适这种以物为本的观点,自然是对当时流行的"天理论"的挑战。

叶适认为道与物既然不能相离,因此就不能说道在天地之先。由这一命题出发,他批评了老子"有物混成,先天地生"的思想。他说:

> "有物混成,先天地生",老氏之言道如此。按自古圣人,中天地而立,因天地而教。道可言,未有于天地而言

---

① 《习学记言》卷47。

道者。①

他对老子的批评，实际上就是对邵雍、程朱的批评。道在"天地之先"还是在"天地之中"，是叶适与理学家的根本对立之一。

在此前提下，叶适反对程朱学派的"道本器末"的思想，认为"道在于器数"。他说：

> 上古圣人之治天下，至矣。其道在于器数，其通变在于事物，……则无验于事者其言不合，无考于器者其道不化，论高而实违，是又不可也。②

叶适对于理学家离开事实而空谈性命道德之学，提出了尖锐的批评。他说：

> 书有刚柔比偶，乐有声器，礼有威仪。物有规矩，事有度数，而性命道德未有超然遗物而独立者也。③

从唯物主义道器观出发，叶适对"物与极"、"有与无"的关系问题作出了自己新的解释。他反对太极在万物之先生万物，认为《易传》中"太极生两仪，两仪生四象"是"文浅而义陋"的荒唐话，用此来"骇异后学"。但是，叶适并不否认"极"的存在。在叶适那里，"极"有标准、典范的意义，极就是理。他认为抽象的极或理是存在的，但必须依赖于具体事物的

---

① 《习学记言》卷47。
② 《水心别集》卷5，《总义》。
③ 《水心别集》卷7，《大学》。

存在。他说：

> 夫极非有物，而所以建是极者则有物也。君子必将即其所以建者而言之，自有适无，而后皇极乃可得而论也。①

这样通过具体事物建立起来"极"，用看得见的有来建立看不见的无，这就是"自有适无"。

叶适认为，天地万物处于不断推移、迁革、变化当中，是阴阳二气"相摩相荡，鼓舞阖辟"的结果。叶适说：

> 《易》非道也，所以用是道也。圣人有以用天下之道而名之为《易》。《易》者，易也。夫物之推移，世之迁革，流行变化，不常其所，此天地之至数也。②

事物的永恒变化是不以人的意志为转移，是天地的至数，叶适称之为道，并认为《易》是道的反映。叶适进一步认为，世界上所有事物都是一分为二的，事物的运动变化都是由其内部的"两"所决定的。他说：

> 道原于一而成于两。古之言道者必以两。凡物之形，阴阳、刚柔、逆顺、向背、奇耦、离合、经纬、纪纲，皆两也。夫岂惟此？凡天下之可言者，皆两也，非一也。一物不不然，而况万物？万物皆然，而况其相禅之无穷者乎？③

---

① 《叶适集·进卷·皇极》。
② 《水心别集》卷5，《易》。
③ 《叶适集·进卷·中庸》。

"皆两非一",是说事物的矛盾现象是普遍存在的,每一事物都包含着矛盾的两方面;"相禅无穷",是说事物的变化,前后相续,从不中断,以至于无穷,是矛盾双方作用的结果;前者强调了矛盾的普遍性,后者强调矛盾的永恒性。因此,叶适反对知一而不知两或知两而不知一的思想。他说:

> 虽然,天下不知其为两也久矣,而各执其一以自遂……是以施于君者失其父之所愿,援乎上者,非其下之所欲,乘忤反逆,则天道穷而人文乱也。及其为两也,则又形具而机不运,迹滞而神不化。①

要想把握道,一方面要防止只知其一不知其二,另一方面又不能把"两"机械地割裂开来,而看不到"两"的相互推移转化。叶适直接用"一"、"两"的概念,用对立双方来阐述其辩证的思想,并把它放到极高的位置。

叶适给这个"原于一而成于两"的道起名曰:中庸。他说:

> 彼其(道)所以通行于万物之间,无所不可而无以累之,传于万世而不可易,何欤?呜呼,是其所谓中庸者耶?然则中庸者,所以济物之两而明道之一者也,为两之所能依而非两之所能在者也。水至于平而止,道至于中庸而止矣。②

在叶适看来,所谓"中庸",就是对立的两极得到调和而取得的最和谐状态,就像流水至于平而止一样,即"所以济物之两而

---

① 《叶适集·进卷·中庸》。
② 同上。

明道之一者也"。道所以通行于万物之间而不间隔,不中断,就是由于中庸之道的缘故,而且"道至于中庸而止",中庸之道即矛盾的调和、平衡,是事物发展的最高目的和最后归宿。这也是作为天下之大本、天下之达道的中和之道。

2. 致中和

中庸之道是最高的道,是宇宙万物的根本规律,是事物发展的总法则。因此,人们应该学会按照中庸之道来立身处世。怎样才能按照中庸之道来办事呢?叶适认为,最根本的就是要做到"诚"。他说:

> 诚者何也?曰:"此其所以为中庸也。"日月寒暑,风雨霜露,是虽远也而可以候推,此天之中庸也。候而不至,是不诚也。艺之而必生,凿之而及泉,山岳附之、人畜附之而不倾也,此地之中庸也。是故天诚覆而地诚载。惟人亦然,如是而生,如是而死,君臣父子、仁义教化,有所谓诚然也,是心与物或起伪焉,则物不应矣;高者必危,卑者必庳,不诚者之患也。①

诚的本意是真实无妄或诚实无欺,在这里还兼有自然的、诚然的规律的意思,只有认识并依据此规律,人才可以达到中庸的状态,"此其所以为中庸也"。叶适以天地来比附人事,把社会中君臣父子,仁义教化都看成是必然,是人不可违背的真实无妄的规律,是人追求的最佳状态——中庸。由此可见,叶适的思想就是社会维持现状,不可改变,就这一点而言,叶适与理学并不冲突。叶适与理学不同之处在于,他认为不能离开"两"而讲"一",也就是不能离开具体的社会情况或政治措施而凭空地、

---

① 《叶适集·进卷·中庸》。

抽象地讲"一"。他说：

> 极之于天下，无不有也。耳目聪明，血气和平，饮食嗜好，能壮能老，一身之极也；孝慈友弟，不相疾怨，养老字孤，不饥不寒，一家之极也；刑罚衰止，盗贼不作，时和岁丰，财用不匮，一国之极也；越不瘠秦，夷不谋夏，兵革寝伏，大教不爽，天下之极也；此其大凡也。至于士农工贾，族姓殊异，亦各自以为极而不能相通，其间爱恶相攻，偏党相害，而失其所以为极；是故圣人作焉，执大道以冒之，使之有以为异而无以害异，是之谓皇极。①

"皇极"语出《尚书》，指帝王统治天下的准则，引申为大中至正的标准。孔颖达疏：

> 皇，大也。极，中也，施政教，治下民，当使大得其中，无有邪僻。

由此可见，极表示事物整体间，以及物与物之间最和谐的状态。这是修身、齐家、治国、平天下的理想状态。皇极，是对中和思想的进一步发展。

叶适认为"诚"就是"中和"。他说：

> "致中和，天地位焉，万物育焉"，何谓也？曰："此名其所以为诚也。"②

---

① 《水心别集》卷7，《皇极》。
② 《叶适集·进卷·中庸》。

按照诚然的规律就可以达到中和的状态，即天地自位，万物自育，世界秩序和谐至极。所以叶适说：

> 故中和者，所以养其诚也，中和足以养诚，诚足以为中庸，中庸足以济物之两而明道之一，此孔子之所谓至也。①

中和，因其存道心里，存人心最澄静未染时的状态，所以可以"养诚"，心达到诚，就可以达到性中情和的中庸，从而达到极高明而道中庸的理想状态。

叶适认为"道"落实于人心，就是中和。他在《宜兴县修学记》中说：

> 夫发其劲挺，孰若纳于中和；华其文辞，孰若厚其根本。根本，学也；中和，道也。

中和，是道心的状态；学，则是培养道心，厚其根本。未发为中，已发为和。他说：

> 于未发之际能见其未发，则道心可以常存而不微；于将发之际能使其发而皆中节，则人心可以常行而不危。不微不危，则中和之道致于我，而天地万物之理遂于彼矣。②

中和，是叶适对道的体认。"中"是"中理"，道心存"理"而能达到"中"，这是性的表现形态；"和"是情的表现形态，是道心、人心发作于外物时的形态，是矛盾对立的多样性统一的最

---

① 《叶适集·进卷·中庸》。
② 《习学记言序目》卷8。

佳状态。他说：

> 今夫邑之翘材颖质将进于道，必约以性，通以心，肝脾胃肾无恣其情，念虑思索无挠其灵，则偏气不胜而中和全矣。……学与道合，人与道合。①

约性敛情，时时保持心的警惕，无使放荡纵肆，则自然中和而不偏。

但是，叶适认为，"中和"既不是"未发之先非无物"，也不是"既发之后非有物"，而是一种有条不紊的和谐状态。他说：

> 未发之前非无物也，而得其所谓中焉，是其本也枝叶悉备；既发之后非有物也，而得其所谓和焉，是其道也幽显感格。②

叶适认为在"格物"时，应该按照事物内在固有的本体办事，而不妄加个人的好恶情感和主观偏见，只有这样，才能在认识事物时做到"中和而不偏"。他说：

> 人之所甚患者，以其自为物而远于物。夫物之于我，几若是之相去也。是故古之君子，以物用而不以己用；喜为物喜，怒为物怒，哀为物哀，乐为物乐。其未发为中，其既发为和。一息而物不至，则喜怒哀乐几若是而不自用也。自用则伤物，伤物则己病矣，夫是谓之格物。《中庸》曰：诚

---

① 《水心别集》卷11，《宜兴县修学记》。
② 《水心别集》卷7，《中庸》。

者,物之始终,不诚无物。是故君子不以须臾离物也。夫其若是,则知之至者,皆物格之验也。①

只有格物以诚,喜怒哀乐未发已发都要保持中和,不主观行事,按照客观事物本来面目来对待它,"以物用而不以己用",才能得到关于事物的可靠知识。叶适认为,只有如此,才能"使中和为我所用"。他说:

使中和为我用,则天地自位,万物自育,而吾顺之者也,尧、舜、禹、汤、文、武之君臣也,夫如是,则伪不起矣。②

人能掌握和运用中和原则,不自用,不主观,一切按照客观事物存在和发展的规律,就能使天地万物各顺其性,各得其位,各发其育,顺利生产发展。这就是尧舜禹汤文武能"允执厥中",恭行中庸之道的真谛。

叶适认为过与不及都是不好的,都是"祸"。他说:

由周而后,天下之贤者,智者常过之,愚者、不肖者常不及也。过者以不及为陋,不及者以过为远,二者不相合而小人之无忌惮行焉,于是智愚并困而贤不肖俱祸。

他对《中庸》中智愚、贤不肖的过不及论提出了异议:

师之过,商之不及,皆知者贤者也。其有过不及者,质

---

① 《水心别集》卷7,《大学》。
② 《水心别集》卷7,《中庸》。

之偏，学之不能化也。若夫愚、不肖，则安取？道之不明与不行，岂愚、不肖致之哉？……任道者，贤、知之责也，安其质而流于偏，故道废；尽其性而归于中，故道兴。愚、不肖何为哉？①

因此，他认为只有大力提倡"君子之中庸"，方可进入"中和"的理想境地。他说：

> 古之圣贤，养天下以中，发人心以和，使各由其正以自通于物。②

怎样才能达到"君子之中庸"的境界呢？他提倡"礼乐兼防"，只有这样，才能"中和兼得"。他说：

> 礼乐兼防而中和兼得，则性正而身安，此古人之微言笃论也。③

叶适反对理学家"教人抑情而徇伪"，只重礼，不重乐，只讲道德心性，而不重感官情欲，他认为这样做的结果是"礼不能中，乐不能和，则性狂而身病矣。"从而回归到原始儒家的礼乐中和论。

3. 弃同取和

在叶适看来"和"是客观事物发展的一条客观规律，人是不能违背它的。在和同之辨的问题上，叶适主张"弃同取和"，

---

① 《习学记言》卷8。
② 《叶适集·进卷·诗》。
③ 《习学记言序目》卷7。

反对"弃和取同"。他从国家"治乱兴亡"的高度,阐述了和与同的内涵及其社会效果。

在叶适看来,同具有两种不同的含义。周武王与周幽王就因为对同有不同的理解,因而所导致的结果也是不同的。他说:

> 武王言同,谓心与德,若幽王所取,正反是心离德离,但以势力为同耳。①

周武王讲的"同"是指"同心同德",即"和";而周幽王讲的"同",不是同心同德,而是势力之同。

在叶适看来,"弃同取和"不是一件容易做到的事情,他说:

> 人心之取舍好恶,求同者皆是,而求和者千百之一二焉,若夫綦而至人主,又万一焉。②

所以他认为周幽王所导致的外寇侵犯、国势日衰,最根本的原因是周幽王"弃和取同"的结果,因而特别强调要重视和同的问题。他说:

> 贤否圣狂之不齐,治乱存亡之难常,其机惟在于此,可不畏哉③

叶适为求国家的兴旺,他从国家的存亡治乱出发,极力主张

---

① 《习学记言序目》卷12。
② 同上。
③ 同上。

"弃同取和"。

叶适的思想以经世致用为主，他的"致中和"思想也是针对社会的。例如，在政治上，叶适要求道义必须与实际政治相结合；他看到人类历史是一个变易的过程，不可一味地拘泥于古法，但同时他又反对随意更张，认为变易应当根据现实社会的具体情况而定；在君民关系上，他既主张维护君主专制，又提倡重民。在经济领域，他把道德要求与经济发展统一起来，区别理财与聚敛，重新为理财正名，认为为天下人理财，是利民的经济活动，是义等，这些都可以说是"致中和"思想在叶适社会活动中的表现。

第六章 明清时期的心性中庸论

一 陈献章、湛若水的中庸观

（一）陈献章"天下之理，至于中而止矣"的中庸观

陈献章（1428—1500年），字公甫，号实斋，晚年自称"石翁"，广东新会白沙里人，又称白沙先生。明代著名的思想家、教育家。

陈献章19岁进县学读书，曾先后三次参加会试，都没有考取，遂终身不仕。27岁，陈献章来到江西，曾师从著名学者吴与弼，不久归家，筑阳春台，静坐其中，足不出户数年。39岁时进京，明朝的太学祭酒邢让很赏识他，"飏言于朝以为真儒复出，由是名震京师"。成化十八年（1482年）明宪宗下诏征聘，进京后，未被重用，上疏托疾乞归。此后，一直隐居故里，直至逝世，谥文恭。

陈献章早年学宗朱熹，自称："吾道有宗主，千秋朱紫阳。"后接受吴与弼的思想影响，观点发生变化，逐步走上心学道路，最后形成"以虚为基本，以静为门户，以四方上下往古来今穿纽凑合为匡郭，以日用常行分殊为功用，以勿忘勿助之间为体认之则，以未尝致力而应用不遗为实得"①的思想作风。认为心是宇宙本体，它"无我无人，无古今，塞乎天地之间"，具有"生生

---

① 《明儒学案·白沙学案序》。

化化之妙"。他还认为宇宙之心与人心本是一个,只是人的心被形体和物欲蒙蔽了。他主张通过"静坐"去"洗心",使心"无累于形骸,无累于外物",从而达到"天地我立,万化我出,而宇宙在我矣"的境界。

陈献章在明代思想史上占有重要位置。他突破了朱熹思想的统治,建立了明代第一个较为系统的心学体系。他的心学观点对王守仁哲学思想的形成有很大影响,由此而确立他在明代学术思想史上的承先启后的重要地位。所以黄宗羲评价陈献章时说:"有明之学,至白沙始入精微。"[1]

陈献章的所谓中庸之学,就是心学。

陈献章以"心"为其哲学的出发点。他赋予"心"以"无我无人,无古今,塞乎天地之间"的绝对性质,认为"心"不仅制约天地的运行,而且还能产生万物,具有"生生化化之妙",从而得出"一体乾坤是此心"、"若个人心即是天"的结论。

陈献章在理论上最大的贡献,就是克服了朱熹哲学中"心与理为二"的矛盾,把心和理完全合一了。他认为,朱熹以来的理学思潮,虽然都很强调"新本体"和"反求诸身",但都不彻底,都不同程度地承认理本体的存在。因此,陈献章提出,理不在心外,就在心中。理就是吾心之体,"理具于心"也就是"心即理也"。这样,心与理就完全吻合了。他说:

> 君子一心,万理完具。事物虽多,莫非在我。此身一到,精神具随。得吾得而得之耳,失吾得而失之耳。……若曰"物",吾知其为物耳,"事",吾知其为事耳,勉焉举吾

---

[1] 《明儒学案·白沙学案序》。

之身以从之，初若与我不相涉，比之医家，谓之不仁。①

这就是说，万理具于吾心，吾心就是万理。因此，万物虽多，莫非在我。这实际上否定了心外之理，心外之物。这里所谓"精神"，就是指吾心之理，"精一"之道。理具于心便是我的精神，便能与万物一体。这就是陈献章"天人一理通"的天人合一论。他认为天人一理通的本质就是中。他说：

> 心也者，天地之心；道也者，天地之理也。天地之理非他，即吾心中正纯粹精焉者也。是故曰中，曰极，曰一贯，曰仁义礼智，曰孔颜乐处，曰浑然与天地为一体，此天理也尽之矣。②

在陈献章看来，天理构成了"吾心"的本质内容。这一体现于人心的天理，就是"中"，就是"极"，是"一贯"，是封建道德伦理中的仁义礼智，是孔颜乐处，是浑然与天地万物为一体的本体境界。所以，陈献章得出"夫天下之理，至于中而止矣"的结论。

由于"中"是"吾心"的最高本质和内容，因此圣人教化的内容和目标就是"中"，"圣人立大中以教万世"，就是教育百姓以"大中"的仁义礼智等封建伦理道德来规范和约束自己，从而树立起"大中"的思想观念。

从这种以心为本体的主观唯心主义出发，陈献章进一步提出心性修养的至中工夫。他认为，作为宇宙本体的"心"，由于"下化""寓于形"而成为具体的人心。心本来是一个，但因受

---

① 《论前辈言铢视轩冕尘视金玉》，《明儒学案·白沙学案卷上》。
② 《陈献章集·白沙子古诗教解》。

形体和物欲的蒙蔽，变得有理而不明，从而也失去支配天地万物的能力。在他看来，人生的最高目的，就是重新恢复人心的本来面目。若想达到这一目的，光靠读书是不行的，只能通过"洗心"的办法，使心"无累于形骸，无累于外物"，摆脱肉体的局限和物欲的蒙蔽。完成这一任务的主要方法是"静坐"，他认为"为学须从静中坐养出个端倪来，方有商量处。"① 他从静坐中得到了一种内在体验，即体见到了"隐然呈露，常若有物"的心之本体。这里，陈献章所谓"端倪"，就是人人心中"未发之中"的道德本体。

陈献章倡导通过"静坐"的方法来体验、呈现心体，强调在心体上作工夫，相对于程朱道学的"即物穷理"来说，这是由外求转为内求。他曾明确指出：

> 为学当求诸心必得。所谓虚明静一者为之主，徐取古人紧要文字读之，庶能有所契合，不为影响依附，以陷入徇外自欺之弊，此心学法门也。②

陈献章直接把"为学当求诸心"提升和归结为"心学法门"的真谛所在，正是要凸显"心"范畴在其思想学说中的重要性，表明了其"心学"的立场。他认为，只有通过"静坐"的涵养心性的过程，保持心体"虚明静一"的状态，才能达到体认阴阳动静、万化流行的大道理，从而"得中"，即理与心吻合为一，使天地万物与我浑然成一体的中和境界。

如何才能"静坐"呢？陈献章提出"诚"的范畴，以"立诚"为始，以"复诚"为终。他说：

---

① 《陈献章集·与贺克恭黄门十则》二。
② 《陈献章集·书自题大塘书屋诗后》。

> 其始在于立诚,其功在于明善,致虚以求静之一,致实以妨动之流,此学之指南也。①

虚静指心体,实则是实理,心理合一便是诚,从心上说谓之虚,从理上说谓之实,其实只是一个诚。他认为天地万物,皆一诚所为,而诚具于一心,即心之本体。他说:

> 夫天地之大,万物之富,何以为之也?一诚所为也。盖有此诚,斯有此物;则有此物,必有此诚。则诚在人所何?具于一心耳。心之所有者此诚,而为天地者此诚也。天地之大,此诚且可为,而君子存之,则何万世之不足开哉?②

诚是主观精神,与物的关系既是主体与客体的关系,又是本体与作用的关系。有此诚才有此物,有此物必有此诚,这就是"诚则有物";客体不能离开本体而存在,物不能离开诚而存在,这就是"不诚无物"。这就从体用关系得出了天地万物皆一心所为的结论。

既然诚是心之本体,从主体方面如何"存诚"、"立诚"就成为重要的问题。他认为只有"明善"才能存诚。

> 夫此心存则一,一则诚;不存则惑,惑则伪。所以开万世丧邦家者不在多,诚伪之间而足矣。③

---

① 《宋罗养民还江右序》,《白沙子全集》卷1。
② 《无后论》,《白沙子全集》卷2。
③ 同上。

"明善"、"静坐"、"随处体认",都是存心立诚的方法,只要明善而能存其诚,便可以实现天地万物的一体,从而达到中和的境界。

陈献章认为,心本体所具有的作用,是一种"自然"作用,绝无人力安排。因此,他很崇尚"自然",提倡以"自然为宗"。陈来认为:"陈白沙为明代心学的先驱,不仅在于他把讲习著述一齐塞断,断然转向彻底的反求内心的路线,还在于他所开启的明代心学特别表现出一种对于超道德的精神境界的追求,这种精神境界的主要特点是'乐'或'洒脱'或'自然'。"①

陈献章认为人要与天地同体,与道翱翔,达到天地中和的境界,就必须保持自我的本真状态,按照人的本性自然而然地行事,不要受世俗的束缚和限制,"出处语默,咸率乎自然,不受变于俗,斯可矣。"② 在他看来,任何世俗的东西都是人为的产物,都是对人自然本性的压制和束缚,因而违背了事物的内在本性。他说:

> 受朴于天,弗凿以人;禀和于人,弗淫以习。故七情之发,发而为诗。虽匹夫匹妇,胸中自有全径,此风雅之渊源也。③

> 天道不言,四时行,百物生,焉往而非诗之妙用?会而通之,一真自如。故能枢机造化,开阖万象,不离乎人伦日用而见鸢飞鱼跃之机。若是者,可以辅相皇极,可以左右六经,而教无穷。④

---

① 陈来:《宋明理学》,华东师范大学出版社2004年版,第253—254页。
② 《陈献章集·论学书与顺德吴明府》。
③ 《陈献章集·夕惕斋诗集后序》。
④ 同上。

人只有按照自己的自然本性行事,才能会而通之,一真自如,才能与自然和谐一致。这种自然的精神境界的基本特征是充溢着和乐,"自然之乐,乃真乐也。宇宙间复有何事"①,人只有达到了"真乐"的境界,就没有任何羁绊,任何牵挂,完全进入了一种精神自由的境界。他的全部学问都是在追求这个具有真乐的中和之境。

陈献章认为,人要获得"真乐",就必须按照自然的状态,自然的准则来生活,在自然的生活状态中体验人生的乐趣。正因为如此,陈献章在自己的学术实践中,尽力追求这种状态,努力达到这种境界。如写诗,陈献章就主张"平易"、"洞达自然",并抨击拘声律,工对偶,为江山草木,云烟鱼鸟粉饰文貌,无补于世。所以在其诗作中,出现了大量的咏物诗。据有人统计,在其传世的近两千首诗作中,其中咏物诗就达300首。而这些诗,恰好又最能体现和实践其哲学思想。

对这样一种绝对自由自在的精神状态,陈献章又称之为"浩然自得"。黄宗羲说:"先生学宗自然,而要归于自得。自得故资深逢源,与鸢鱼同一活泼,而还以握造化之枢机,可谓独开门户,超然不凡。"② 陈献章说:

> 士从事于学,功深力到,华落实存,乃浩然自得,则不知天地之为大,死生之为变,而况富贵贫贱,功利得丧,诎信予夺之间哉?③

实际上,陈献章所追求的这种精神状态,与其"天地我立,万化我

---

① 《陈献章集·论学书·与湛民泽》。
② 《明儒学案·师说陈白沙案语》,第864页。
③ 《白沙子全集》卷1,《李文溪文集序》。

出,宇宙在我"的心学世界观是密切相连的,是自我的充分扩张,其逻辑发展的结果是从重我轻物到有我遗物最后达到有心无物。

> 能以四大形骸为外物,荣之,辱之,生之,杀之,物固有之,安能使吾戚戚哉?①
> 重内轻外,难进而易退,蹈义如弗及,畏利若懦夫,卓乎有以自立,不以物喜,不以己悲,盖亦庶几乎?吾所谓浩然而自得者矣。②

只有人心的这种"自得",才会契合自然。

陈献章作为儒者而以"自然"为旨归,除了希望以此矫正儒学堕落为功利之学外,实际上也是从另一个方向对儒家性理之学的皈依张扬。孔子有"春风沂水"的"自然"之想,颜子有"箪食瓢饮"之乐,孟子倡言"君子深造之以道,欲其自得",邵子的"安乐",廉溪的"光风霁月",都指向一种内在自我的充足宁静之境。人心自得便会感受到"功深力到,华落实存"的微妙,悟获"不知天地之为大,死生之为变"的玄机,从而达到"内忘其心,外忘其形,其气浩然,物莫能干,神游八极,未足言也"③的理想境界。一旦进入这种境界,便以富贵贫贱、功利得丧为粪土,视绌伸予夺、生死常变为浮云,"其自得之效,则有以合乎见大心泰之说。故凡富贵、功利、得丧、死生,举不足以动其心者。"这样,人就能与天地同在,与鬼神同变,与日月齐光,"故得之者,天地与顺,日月与明,鬼神与福,万民与诚,百世与名,而无一物奸于其间,乌乎大哉!"④ 由此就

---

① 《白沙子全集》卷3,《与僧文定》。
② 《白沙子全集》卷1,《李文溪文集序》。
③ 《明儒学案卷五·白沙学案·论学书与李德章》。
④ 《明儒学案卷五·白沙学案·与何时矩》。

可以达到"天地位，万物育"的中和境界，也就是天地人万物一体的境界。

（二）湛若水的中庸观

湛若水（1466—1560年）字元明，表字民泽，号甘泉，谥号文简。广东增城甘泉都人，学者称甘泉先生。明弘治十八年（1505）进士，本来颇厌恶仕途，但因母亲力劝"壮年居家，非事君之道"，才上京赶考，从此踏入仕途。居官30多年，历任吏部侍郎、礼部侍郎、兵部尚书，历任政绩卓著，深得世宗倚重与信任。主张"天下民庶实为邦本"，反对宦官专权。他在教育学上有突出贡献。亲自修订《大科训规》，对教育管理的体制问题进行详细的阐述。一生热心捐款赞助书院，得其"馆谷"的书院竟达28所，从他的家乡到广州、南海、扬州、池州、徽州、武夷，遍布半个中国。

湛若水是明代著名的学者，从陈献章游，是陈白沙弟子中成就最著者。对"白沙学说"进行扬弃，成为与王阳明分庭抗礼的理学大宗，天下士子争入其门，门徒达4000多人。其学说在当时与王阳明并称为"王湛之学"。

湛若水的心学思想是陈白沙创立的江门心学思想的继承和发展，与陈白沙的心学思想共同构成了岭南心学思想路线。湛若水的心学思想不是程朱理学和陆王心学思想的调和与折中，它具有不同于二者的思想内涵和理论特色。

湛若水师事陈献章时曾由"体认物理"而悟出"随处体认天理"的思想学说，颇受陈献章的赞赏，这也是湛若水为学的方法和宗旨，他说："随处体认天理，此吾之中和汤也。"[①] 他把"随处体认天理"看做是致"中和"的方法和途径。

---

① 《明儒学案·甘泉学案》。

湛若水"随处体认天理"的理论是在其心性学说的基础上发展起来的。湛若水认为，天理就是"中庸"，"孔门所谓'中庸'，即吾之所谓'天理'"①。这个"天理"是"人人固有"，是心之本体，"心即理也，理即心之中正也"，中正之心就是理。人人有此心，有此理。他说：

> 故途之人之心，即禹之心；禹之心即尧舜之心。总是一心，更无二心。盖天地一而已矣。《记》云："人者天地之心也。"天地古今宇宙内，只同此一个心，岂有二乎？②

这与陆九渊的"人同此心，心同此理"的观点一样，认为天地间只有一心，只有一理。人人各有一心，但我的心就是他的心，途人之心就是圣人之心，心无不同则理无不同。

湛若水以陈献章的思想为基础，进一步指出，心之体与物之用不可分开，物不能离开心而独立存在，他所谓心"包乎天地万物之外而贯夫天地万物之中"。这样，就从心性非二到心物非二，以内外"滚作一片"，不做分别，万物都是我心的作用而又不在心外，因而"天地万物一体"。他强调心为天地万物的唯一本原，他说：

> 天地之心即我之心，生生不已，便无一毫私意掺杂在其间，此便是无我，便见与天地万物共是一体，何等广大高明。认得这个意思常见在，而乾乾不息以存之，这才是柄在手，所谓其几在我也。到那时，恰所谓开阖从方便，乾坤在

---

① 《甘泉先生文集》卷20《甘泉洞讲章》。
② 《语录》，《明儒学案》卷37。

此间也。宇宙内事千变万化，总根源于此，其妙殆有不可言者。①

他内外合一，万物一体说，不仅克服了朱熹心理为二的矛盾，而且克服了心物为二的矛盾，真正做到了内外合一，从而抹杀了主观与客观的界限，以主观吞并了客观，天地间只剩下了一个心，以我心为天地万物之"中"，天地万物之极。

湛若水认为心之未发之中，才是本体，才是性，才是理，"自其生物而中者谓之性"。如谷物一般，谷种具有生意，即为性。他在《心性图说》一文中，详细论述了这个道理：

> 性也者，……譬之谷焉，具生意而未发，未发故浑然而不可见。及其发也，恻隐羞恶辞让是非萌焉，仁义礼智自此焉始分矣，故谓之四端。端也者，始也，良心发见之始也。是故始之敬者，戒惧慎独以养其中也。中立而和发焉，万事万化自此焉，达而位育不外是矣。②

心具有感知外界的功能，这称为性。性是心，即人所具有的天理寂然不动、尚未呈露出来时的状态，它犹如谷种所具有的、处于未萌芽状态时的胚芽。当心未萌动时，天理浑然不可见。心一旦与外物接触，即发动呈露，最初表现为具有同情、知耻、好恶、辞让等心理及辨别是非的能力，继而表现为仁、义、礼、智等道德准则。心在人伦日用上所表现出来的这种好恶心理、是非能力及仁义礼智道德准则，就是天理，由此而化育出万事万物。作为天地万物本原的天理，就是人心。他反对陈献章心之虚明静一之

---

① 《语录》，《明儒学案》卷37。
② 《心性图说》，《明儒学案》卷37。

体才是性，而认为心性是"虚实合一"，"虚实同体"，也就是至虚之中有至实之理。他说：

> 夫至虚者心也，非性之体也。性无虚实，说甚灵耀。心具生理，故谓之性。性触物而发，故谓之情。发而中正，故谓之真情。①

湛若水认为性就是吾心"中正"之体，体认天理就是体认"中"字，但中之虚，天理之真切。这就是以虚为实，以实为虚，虚实合一。这样，湛若水就得出了心外无理、心外无物的结论。他说：

> 所寂所感不同，而皆不离于吾心中正之本体，本体即实体也。天理也，至善也，物也，而谓求之外，可乎？②

湛若水合物、理于一心，认为吾心中正之本体既是天理，又是物体，体用合一，内外合一，实有内而无外。

因为对心的看法不同，湛若水与王阳明的心学也有所差异。黄宗羲说："阳明宗旨致良知，先生宗旨随处体认天理。"③ 湛若水反对王阳明的良知说，他认为王阳明至良知为"是内而非外"。但是，湛若水不是不讲良知。《语录》记载：

> 先生尝言是非之心，人皆有之，此便是良知，亦便是天理。④

---

① 《复郑启范》，《明儒学案》卷37。
② 《答阳明王都宪论格物》，《明儒学案》卷37。
③ 《文简湛甘泉先生若水》，《明儒学案》卷37。
④ 《语录》，《明儒学案》卷37。

他认为天理，人人固有的中正之心就是良知。良知者，不是有意安排，而是出自天理之自然。良知是心中天理的自我认识，是心之本体。如果单讲良知，就会误认人欲为天理，因此，讲良知就必须以天理，以中正之心为归依。他说：

> 良知二字，自孟子发之，岂不欲学者言之？但学者往往徒以为言，又言得别了。皆说心知是非皆良知，知得是便行到底，知得非便去到底，如此是致。恐师心自用，还须学问思辨笃行乃为善致。①

为此，他主张随处体认而不主张致良知。并提出"随处体认天理"的修养方法。他说：

> 人得天地之中耳，中乃人之生理也，即命根也，即天理也。不可顷刻间断也。若不察见，则无所主宰，日用动作，忽入于过不及之地，而不自知矣。过与不及，即邪恶之渐，去禽兽无几矣。故千古圣贤授受，只一个中，不过全此天然生理耳；学者讲学，不过讲求此中，求全此天然生理耳。②

体认天理，就是体认天然的生理"中"。如果失去此"中"，人的生命活动就会出现偏差，各种邪恶就会渗入到人的活动之中。因此，必须"全此天然生理"，也就是体认此"中"。"只一个中"，成了千古圣贤授受的对象与核心。

湛若水认为，体认天理的致中工夫，应该包括"涵养"和"问学"内外两个方面。他认为，"涵养"而知者，是"明睿"；

---

① 《语录》，《明儒学案》卷37。
② 同上。

"问学"而知者,是"穷索"。他说:

> 明睿之知,神在内也。穷索之知,明在外也。①

他以涵养为内,问学为外,主张内外兼举。他认为体认天理,体认"中",必须是心去体认,心无内外,体认也应内外兼举,"吾所谓天理者,体认于心,即心学也"。

怎样才能做到"随处体认天理"呢?湛若水不同意陈献章的主静说,而提倡主敬。他说:

> 古之论学未有以静为言者,以静为言者皆禅也。……何者?静不可见,苟求之静焉,骎骎乎入于荒忽寂灭之中矣。故善学者,必令动静一于敬。敬立而动静浑矣。此合内外之道也。②

> 敬立而良知在矣,修己以敬,敬以直内,此圣门不易之法。③

他主张动静一体,所以一于敬而不主静。"随处体认天理"就是贯通动(已发)静(未发),动静是一种工夫。他说:

> 吾所谓体认者,非分已发未发,未分动静。所谓随处体认天理者,随已发未发,随动随静,皆吾心之本体,盖动静体用一原故也。故彼明镜然,其明荧光照者,其本体也。其照物与不照物,任物之来去,而本体自若。心之本体,其于

---

① 《新论》,《甘泉文集》卷2。
② 《答余督学》,《明儒学案》卷37。
③ 《天关语录》,《甘泉先生文集》卷23。

未发已发，或动或静，亦若是如此而已矣。①

"心"对"理"的体认，既在"未发"涵养中，又在"已发"的践履中。天理是人本身就具有的，像镜子那般"明莹光照"，不管物动还是物静，它依然是那么明亮光洁。所以，无论本体是寂而静的未发，还是感而动的已发，都属于"体认"天理的范围，这打破了内外、动静、已发未发的界限。他还说，"随处"体认天理要求在动时静时、心上事上都穷尽天理，如果仅滞于事物上穷尽，则犯"逐外之病"；"体认之功"须在动静着力，不仅静时、未发时去体认，而且动时、已发时亦去体认，动静合一于体认天理的修养上。"随处体认天理"并非说到处都是天理，而是说人们对天理的认知，不受条件的限制，包括不受动时或静时的干扰。所以他提倡随处体认天理就是"随心随意随身随家随国随天下，盖随其所寂所感时耳"②，也就是他所说的"以中正之法，体中正之道，成中正之教"。可见，湛若水的"敬"与程朱的"敬"基本一致，都是以儒家的伦理道德规范来制约自己的行为和思想，所以他说："敬也者，思之规矩也。"③

　　"体认天理"的另一个方法就是"勿忘勿助"。他说：

　　　　天理在心，求则得之。……求之有方，勿忘勿助是也。④

在湛若水看来，"勿忘勿助"既是体认天理的最佳方式，也是

---

① 《语录》，《明儒学案》卷37。
② 《答阳明王都宪格物》，《明儒学案》卷37。
③ 《樵语》，《甘泉先生文集》卷1。
④ 《新泉问辨录》，《甘泉先生文集》卷8。

"致中"的最佳方式，是"入中之门"。他说：

> 入中之门曰勿忘勿助，中法也。……欲见中道者，必于勿忘勿助之间，千圣千贤皆是此路。①

"勿忘勿助"是"中正之法"，专门用以"见中道"，"中思"。他说：

> 心虚而"中"见，犹心虚而占筮神。落意识、离虚体，便涉成念之学。故予体认天理，必以勿忘勿助自然为至。②

心境勿忘勿助，心体中虚，天理自然就会发现，不用人力的安排。他说：

> 勿忘勿助，心之中正处，这时节，天理自现，天地万物一体之意自见。③

但是，中正不等于勿忘勿助之间，体验天理是随时随处的勿忘勿助，不拘于心体中正之时，勿忘勿助之间可见天理，但不等于就是天理。他说：

> 说勿忘勿助之间便是天理则不可，勿忘勿助之间即见天理耳，勿忘勿助即是中思。④

---

① 《天关语录》，《甘泉先生文集》卷23。
② 同上。
③ 《语录》，《明儒学案》卷37。
④ 《新泉问辨思录》，《甘泉先生文集》卷9。

实际上，湛若水的体认天理，是对封建伦理道德自我反省。如他自己所说："随处体认天理，功夫全在省与不省耳。"① 通过这种内省的功夫，认识到这些伦理道德，也就是"天理"是人之本心所固有的，"天理二字，人人固有，非由外烁，不为尧存，不为桀亡"②。进而，自觉地把这些道德规范渗透到自己生活的各个领域中去。这就是"随处体认天理"的"致中"修养方法。

二　王阳明的中庸学说

王阳明（1472—1528 年）姓王，初名云，后祖父改其名为守仁，字伯安，浙江余姚人。先祖书香传家，父王华仕三朝，为孝宗御进讲。生前曾筑室于阳明洞，故学者称其为阳明先生。是明代伟大的哲学家、政治家、文学家、书法家、教育家、诗人。十二岁，阳明就塾师，性格豪迈不拘，曾言："读书为学圣贤。"十三岁母丧。十八岁谒理学家娄谅（号一斋），听讲朱子格物之学，后连着七昼夜无所获，遂转而学辞章之学。二十二岁应会试名落孙山，至二十八岁才举进士。在此期间，阳明广阅书籍，读兵法，也研究道教养生之学，面对为考试而读书的处境，遂有遗世入山之意，然转念一想，人本是父母所生，大道是不能离开社会人群的，遂重回儒家。三十四岁讲身心之学，开始招收门人。三十五岁，因见朝廷为宦者刘瑾把持，明武宗沉迷于享乐，故上书直言，而下诏狱，谪贵州龙场驿驿丞。三十七岁，赴谪至贵州龙场，悟得格物致知的道理，这乃是阳明心学的开端。三十八岁，主讲于贵阳书院，开始提出了知行合一之说。三十九岁，升卢陵县知县。四十三岁，揭出"存天理，去人欲"之标语。四

---

① 《问疑续录》，《甘泉先生文集》卷 11。
② 《语录》，《明儒学案》卷 37。

十七岁,刻古文大学,及朱子晚年定论。修建濂溪书院。同年,门人薛侃刻传习录。四十八岁,阳明奉旨平宁王宸濠之乱,受宦官挑拨,被诬谋反。五十岁,在江西南昌始揭致良知三字。从这时起,阳明哲学思想完全成熟,而且定型。此成熟的思想比以前更为简约。五十三岁,门人南大吉续刻传习录。五十六岁,邹守益刻文录。五十七岁,扶病剿乱,病死归途,卒于南安。

王阳明生活于明朝的中叶,这时期,明王朝已经开始走向衰落,统治者渐次骄奢淫逸,政务荒疏,朝臣争权夺利,相互倾轧,宦官乘机窃权专政,政治腐败,赋役日增,农民起义接连不断,加之边患频繁,藩王反叛,整个社会动荡不安,危机四伏。同时,随着明中叶商品经济的发展,城市的繁荣,资本主义萌芽的出现,市民阶层空前壮大和活跃,从正面冲击和破坏着传统的封建秩序。传统的封建伦理道德、纲常礼教失去了对人心的控制,士大夫以及知识分子只知道趋炎附势,醉生梦死。而作为社会统治思想的程朱理学则株守着旧的教条,不知变通,日趋僵化,成为一种仅是应付科举的章句之学,失去了生机和活力。对此,王阳明疾呼:"今天下波颓风靡,为日已久,何异于病革临绝之时!"①"病革临绝"四字表明统治阶级的心灵疾患、制度疾患已经深入骨髓。在此背景中,王阳明看到当时程朱理学的僵化教条已经不能有效解决日益严重的社会问题,他甚至把制度危机的原因也归结为程朱的"学术之不明"。由此而弃理学向心学,主倡"活泼泼"之"良知",提出由格物、至知、诚意、正心、修身诸环节构成的工夫论,不仅为救心、治心、养心构建了精细的理论架构,也力图从心性这一侧面提出了使明王朝起死回生的转危之道。所以陈来说:"王阳明的思想在整体上是对朱熹哲学的一个反动,他倡导的心学复兴运动不仅继承了宋代陆九渊心学

---

① 《王阳明集》卷1。

的方向,而且针对着明中期政治极度腐败,程朱学逐渐僵化的现实,具有时代的意义。"①

王阳明的中和哲学集中体现了他"致良知"的理论,集中体现了阳明心学与程朱理学的本质区别。

(一)未发之中,即良知也

王阳明自称"圣人之学,心学也"②。与陆九渊一样,"心"是王阳明学说的最高范畴。王阳明所谓"心"是一个绝对的精神实体。他说:

> 人者,天地万物之心也;心者,天地万物之主也。心即天,言心则天地万物皆举之矣。③

在王阳明看来,心就是灵明知觉,他特别强调,心"不专是那一团血肉",他说:

> 所谓汝心,却是那能视听言动的,这个便是性,便是天理。有这个性,才能生这性之生理,便谓之仁。这性之生理,发在目便会视,发在耳便会听,发在口便会言,发在四肢便会动。都只是那天理发生。以其主宰一身,故谓之心。④

心是那能视听言动的主使者。王阳明的心学,高扬人的主体性,

---

① 转引自魏登云《"阳明心学"产生综合原因探悉》,《遵义师范学院报》2004年第2期,第22页。
② 杨光主编:《王阳明全集》,北京燕山出版社1997年版,第1055页。
③ 《王文成公全书》卷6,《答季明德》。
④ 《王阳明全集》卷1,《传习录》上。

以人心为天地万物的主宰，强调天地万物对人心的依赖性。《传习录》中有如此一段师徒的答问：

> 请问。先生曰："你看这个天地中间，甚么是天地的心？"对曰："尝闻人是天地的心。"曰："人又甚么教做心？"对曰："只是一个灵明。"可知充天塞地中间，只有这个灵明。人只为形体间隔了。我的灵明，便是天地鬼神的主宰，天没有我的灵明，谁去仰他高？地没有我的灵明，谁去俯他深？鬼神没有我的灵明，谁去辨他吉凶灾祥？天地鬼神万物离却我的灵明，便没有天地鬼神万物了，我的灵明离却天地鬼神万物，亦没有我的灵明。如此便是一气流通的，如何与他间隔得？又问："天地鬼神万物千古见在，何没了我的灵明，便俱无了？"曰："今看死的人，他这些精灵游散了，他的天地万物尚在何处？"①

这里，王阳明对主体的作用作了充分的肯定。世间万物不能离开人心和人心对他的感受，是人心赋予他们以意义，离开了人心，便没有一切。因此，天理也不能在人心之外，而必然内在于人心。基于此，王阳明提出"心即理"、"心外无理"。这是王阳明心学的逻辑起点，理论基础。

王阳明的心理合一之学，有一个显著的特点，那就是他以"灵明知觉"之心体为良知。"良知"一词本自《孟子·尽心上》："人之所不学而能者，其良能也。所不虑而知者，其良知也。"这是指人先天具有的直觉式的道德意识和道德情感。王阳明承袭了孟子的这一思想。

王阳明指出：

---

① 《王阳明全集》卷2，《传习录中》。

> 良知之在人心，无间于圣愚，天下古今之所同也。①

这种人人具有的良知是天生禀赋的"心之本体"，是人们修德成圣的思想前提，是他整个心学理论得以展开的现实起点。

作为"心之本体"的良知首先表现为普遍的道德法则，即天理，"良知即天理"②，是一种道德本体。他说：

> 良知是天理之昭明灵觉处，故良知即是天理。③

而天理的内容实际上就是对儒家以仁、义、礼、智、信等"五常"为核心内容的宗法等级秩序和道德关系的抽象。它之所以是先验的和普遍的，是因为它是天命之所授，为人先天所具有，"天理在人心，亘古亘今，无有终始"④，是人性的根本内涵。而"良知"之所以是道德本体，是因为它具有"至善之德"和"天命之性"。他说："至善者性也"⑤，"至善者心之本体"⑥，"天命之性，粹然至善"。一切善或者德性都来源于这个良知。

> 盖良知只是一个天理自然明觉发见处，只是一个真诚恻怛，便是他本体。故致此良知之真诚恻怛以事亲，便是孝；致此之真诚恻怛以从兄，便是悌；致此良知之真诚恻怛以事

---

① 《王阳明全集》卷2，《传习录》中。
② 同上。
③ 同上。
④ 《王阳明全集》卷3，《传习录》下。
⑤ 《王阳明全集》卷1，《传习录》上。
⑥ 《王阳明全集》卷2，《传习录》下。

君，便是忠，只是一个良知。①

人有良知就可以行孝、悌、忠之善；人的良知被蒙蔽，便有私欲之心，功利之心。因此，昭明的良知是一切善的根源，良知被蒙蔽便是产生恶的因由。

良知作为最高的道德价值，在于它"知善知恶"，是判断一切是非、邪正的伦理标准，也是检验"天理"的最终标准。他说：

良知只是个是非之心，是非只是个好恶。只好恶，就尽了是非。只是非，就尽了万事万变。②

以"吾心良知"为准绳，王阳明由此突破了程朱以圣贤之教为标准的局限。王阳明进而认为，"良知"之所以可以知善知恶，乃因为它处在"虚灵明觉"的状态。他说：

心者身之主也，而心也是虚灵明觉，即所谓本然之良知也。③

这里所谓"虚灵明觉"，就是本然之心。王阳明的这种说法克服了朱熹"天理论"在逻辑上的悖论。按照朱熹的说法，"存天理"之所以是道德的，是因为"天理"的本性就是善的。但知道"天理"之所以是"善"的，却不可能以"天理"作为标准，否则就成为"同义反复"。就这种意义上说，王阳明提出以

---

① 《王阳明全集》卷2，《传习录》中。
② 《王阳明全集》卷3，《传录下》。
③ 《王阳明全集》卷2，《传习录》中。

"虚灵明觉"的"良知"作为衡量善恶的标准，较之以"天理"作为标准，更具有超验性。他说：

> 无善无恶是心之体，有善有恶是意之动，知善知恶是良知，为善去恶是格物。①

所谓"无善无恶"，是说良知超越了人们一般的行为善恶，因而也即"至善"。只有超越了一般的善恶观念的"至善"，才能分辨一般的善恶。因此，知善知恶是良知。人的意念都是"有善有恶"的，人要致"天理良知"之善于行为中，去掉邪念恶行就是"格物"。这就是著名的王门"四句教"。

王阳明认为，作为天理至善和天命之性的良知，作为道德本体和是非标准的"良知"，是上至圣人下至凡愚，天下古今人人皆有、与生俱来的心性本体，是人心中"自然灵昭明觉"常在不灭的东西，也就是孟子所说的那个"是非之心"，不待虑而知，不待学而能。它不从"见闻"产生，不受见闻的束缚，而见闻莫非"良知之用"。既然良知为圣贤皆有，则区别只在于良知的明亮程度或者受蒙蔽的程度大小而已，关键在于把"良知"发扬光大，圣愚之分就在于能不能致良知。

> 圣人之学，惟是致其良知而已。自然而致之者，圣人也；勉然而致之者，贤人也；自蔽自昧而不肯致之者，愚不肖者也。愚不肖者，虽其蔽昧之极，良知又未尝不存也。②

只要致其良知，愚与圣人无异，正所谓"人皆可以为尧舜"。总

---

① 《王阳明全集》卷3,《传习录》下。
② 《王文成公全书》卷8,《书魏师孟》。

之,"良知"是一切道德的根据,是所有善恶是非的标准。

王阳明认为,作为调节人与人之间关系的道德法则不是外铄于我,而是本性自足的。要成就自己的德性,人们无须向外努力,经过如程朱所谓的"即物穷理"之历程,只需反诸本心。故其曰:"良知即是天理,体认者,实有诸己之谓耳。"① 不仅强调了人的道德主体性和道德自觉性,而且也突出了道德主体之内在完满性。它说明,成圣成愚的差别,不在于外在的种种限制,而仅在于每个道德主体内在的自觉性程度。因此,尽管从良知上说"满街都是圣人",但并非意味着每个人都是现实中的圣人。

王阳明认为这一道德化的主体精神和道德意识的"良知"就是固有的道德本心的"未发之中"。他说:"未发之中,即良知也,无前后内外,而浑然一体者也。"②

王阳明接受了朱熹心有体用说,但不像朱熹那样,把心之体用对立起来。他从体用一源出发,以"无前后内外而浑然一体",认为性与情是合一的,因此提出"性无定体"说。他说:

> 性无定体,论亦无定体。有自本体处说者,有自发用上说者;有自源头上说者,有自流弊处说者。总而言之,只是一个性。……性之本体原是无善无恶的,发用上也原是可以为善可以为不善的,其流弊也原是一定善一定恶的。③

"性无定体"说,消除了"中"与"和"前后历时性的关系。他以未发为体,已发为用,未发已发一贯,他说:

---

① 《王阳明全集》卷16,《答魏师说》。
② 《王阳明全集》卷2,《传习录》中。
③ 《王阳明全集》卷3,《传习录》下。

> 未发在已发之中，而已发之中未尝别有未发者在；已发在未发之中，而未发之中未尝别有已发者存。①

体在用中，形而上者即在形而下者之中，而两者不可分离。未发之中虽是本体，但它必然要通过已发之和的功能呈现出来，他说：

> 有是体，即有是用；有未发之中，即有发而皆中节之和。②。

因此，王阳明认为"中和是离不得底"，"中"与"和"相离，必然会导致"中"而"不中"，"和"而"不和"，因此他提出"中和一"的观点。他说：

> 中和一也，……中和是离不得底，如面前火之本体是中，火之照物处便是和。举者火，其光便是自照物。火与照如何离得？故中和一也。③

这里所谓未发已发，实际上就是指的性情关系。王阳明所谓性，不是别的，就是"良知"。良知是道德的自觉理性，也就是完全的"自觉"。虽然王阳明和陆九渊一样认为性情体用是合一的，但在他看来，体和用还是有明显区别的。自本体上说，性为至善。他说：

> 性无不善，故知无不良，良知即是未发之中，即是廓然

---

① 《王阳明全集》卷3，《语录》二。
② 《王阳明全集》卷1，《传习录》上。
③ 《王阳明全集》卷32，《补编》上。

大公、寂然不动之本体。①

所以王阳明认为中和之性原是人人具有的，他说：

> 人性皆善，中和是人人原有的，岂可谓无？②

但是从发用上说，则有善不善；从流弊上说，则只有恶而无善。他说：

> 七情顺其自然之流行，皆是良知之用，不可分别善恶。但不可有所著，七情有所著，俱谓之欲，俱谓之良知之蔽。然才有著时，良知亦自会觉，觉即蔽去复其体矣。③

在王阳明看来，七情之发，有两种可能：一是顺良知之自然流行；二是有所著成为良知之蔽。

因此，他虽然主张性必有情，但同时他又强调情有过与不及，就会变成"私欲"，就不是本体之性了。他说：

> 父之爱子，自是至情，然天理亦有个中和处，过即是私意。人于此多认做天理当忧，则一向忧苦，不知己是有所忧患，不得其正。大抵七情所感，多只是过，少不及者，才过便非心之本体，必须调停适中始得。④

性作为道德本体无不"中"，但七情所感则未必"和"。"中"

---

① 《王阳明全集》卷3，《语录二》。
② 《王阳明全集》卷1，《传习录》上。
③ 《王阳明全集》卷3，《传习录》下。
④ 《王阳明全集》卷1，《传习录》上。

是标准,只有符合这个标准,才能"和",否则,便是"私意"用事,或过或不及。

所以王阳明又否定人人皆有未发之中,他说:"不可谓未发之中,常人俱有"①,这与他人人皆有良知说相互矛盾。但是,他又说:

> 喜怒哀乐本体自是中和的,才自家著些私意思,便过不及,便是私。②

由此可见,在王阳明看来,只是后天掺入了"私意",才使中和本体受到了蒙蔽,这就是昏蔽。他说:

> 既有所昏蔽,则其本体虽亦时时发现,终是暂明暂灭,非其全体大用矣。③

"非全体大用"就是失其中和。体用中和本是一致的,既有不和,则不能中。但所以不中的根源不在本体自身,而是由于"私意"的昏蔽。由于"性无定体","无善无恶",只能在情上表现,但情之发却有善有恶。因此,要使喜怒中节,还要在发用之情上用功。他说:

> 喜怒哀乐非人情乎?自视听言动以至富贵贫贱患难死生,皆是变也,事变亦只在人情里。④

---

① 《王阳明全集》卷1,《传习录》上。
② 同上。
③ 同上。
④ 同上。

王阳明把"好色好利好名"之心说成是私欲昏蔽。他主张从根本上解决问题，不仅在已发时不能"着在好色好利好名等项上"，而且未发时应将一切私心"扫除荡涤，无复纤毫留滞"，只有这样，"方可谓之喜怒哀乐未发之中，方是天下之大本"①。一切扫除消灭之后，"光光只是心之本体，看有甚闲思虑？此便是寂然不动，便是未发之中，便是廓然大公，自然感而遂通，自然发而中节，自然物来顺应"②。

（二）致良知是择乎中庸的工夫

王阳明认为未发之中是心之本体，是性，是良知。但是在现实中，未发之中往往达不到"全体之大用"，那是因为"今人未能有发而皆中节之和，须知是他未发之中亦未能全得"。因此，他认为只要把心中"好色"、"好利"、"好明"等偏倚的"私心"一应涤荡扫除，才能达到"全体廓然，纯是天理"的理想中和状态。为了达到这个"未发之中"的本然状态，王阳明提出"和上用功"、"事上磨练"的"致良知"的修养方法。他认为只要通过道德修养，"知得过不及处，就是中和"③。

王阳明在体用上主张"中和一"，那么在"致中和"的工夫论上，他也反对把"致中和"分裂成相对独立的"致中"和"致和"两个阶段，分作"涵养是中，省察是和"两种工夫。王阳明认为，这两种工夫不是"两事"而是"一事"。比如，居敬和穷理，虽有涵养省察之分，但实为一事。他说：

就穷理专一处说，便谓之居敬；就居敬精密处说，便谓

---

① 《王阳明全集》卷1，《传习录》上。
② 同上。
③ 《王阳明全集》卷3，《传习录》下。

之穷理。却不是居敬了别有个心穷理,穷理时别有个心居敬。名虽不同,工夫只是一事。①

在王阳明看来,涵养中有穷理,穷理中有涵养。如果遇事时穷理而无涵养,便成"逐物";无事时涵养而无穷理,便成"着空"。王阳明认为为学"不可执一偏",也就是涵养与省察不可偏废。这是"知行合一"和"致良知"论与"致中和"工夫的一体化表现。

王阳明强调"从本源上着力","心体上用功","只有从喜怒哀乐未发之中上养来"才是最重要的修养方法。他说:"种树者必培其根,种德者必养其心",只有存养未发之中,才有发而皆中节之和。否则,便是"支离决裂"。王阳明非常重视"真诚恻怛"的"诚意之功"②。王阳明认为,"诚只是实理,只是一个良知"③,是"心之本体"。在他看来,"求复其本体,便是思诚的工夫"。"思诚"的工夫,就是"诚意"。他说:

诚意只是循天理,虽是循天理,亦着不得一分意。故有所忿懥好乐则不得其正,须是廓然大公,方是心之本体。④

诚意是为了复其本体,中和之体又在诚意中实现。所以,诚既是准则,又是认识和实践的工夫。本体和工夫是不能分开的。

王阳明把"诚意"诠释为"为善之心真切","着实用意便是诚意"⑤,以自觉而真诚的道德努力,去成就理想人格。他认

---

① 《王阳明全集》卷1,《传习录》上。
② 《答王天宇》。
③ 《王阳明全集》卷2,《传习录》中。
④ 《王阳明全集》卷1,《传习录》上。
⑤ 同上。

为，道德修养如果仅靠天理匡束人心，使人敬之畏之，而没有发自内心的道德情感，没有道德情感的推动，就不可能成就真正意义上的"道德人"。王阳明把培养真诚无妄的道德情感看做是通往人格完善的必由之路。对道德情感的着意强调，是阳明伦理的突出特色。

但是，王阳明并没有否定省察的工夫。他所谓"在事上磨练"，在酬酢应变处用功，和朱熹在事事物物上省察，很难有什么区别。但是王阳明认为，必须"识大体"而涵养本心，才能在事物上磨炼，只是本体不离功夫，所以涵养本源不离察识物理。这就演变出王学中"本体即功夫，功夫即本体"的修养方法。王阳明也讲"格物"，但是他既然认为"心外无物"，那么他所谓的"格物"就与朱熹"穷尽事物之理"的理解不同。王阳明的"格物致知"就是"致良知"。他说：

> 若鄙人所谓致知格物者，致吾心之良知于事事物物，则事事物物皆得其理矣。致吾心之良知者，致知也。事事物物皆得其理者，格物也。[1]

物者，事也。凡意之所发，必有其事。意所在之事，谓之物。格者，正也，正其不正以归于正之谓也。正其不正者，去恶之谓也。归于正者，为善之谓也。夫是之谓格。

王阳明的"格物"作为道德修养的第一步，一开始就是指向内心的。他说："格物之功，只在身心上做。"[2] 王阳明的"物"是指"心之物"，"格物"并非去体认天下万物，而是体认内心。在他看来，当时社会种种危机的根本原因在于"人心"

---

[1] 《王阳明全集》卷2，《传习录》中，《答顾东桥书》。
[2] 《王阳明全集》卷3，《传习录》下。

不正,道德修养必须从正人心开始,而不能"舍心逐物"①、驰求于外。王阳明从主体精神的"格物"开始,寻求了一条由内而外的"中和合一"的修养途径。在王阳明看来,只有有效地通过致中和工夫,由未发之体培养出已发之用,体用一贯,中和一体。

在这"致中和"的过程中,就可以使社会有序,人伦井然,人们在道德意识的"中"、"良知"的约束下,无不中节,无不和谐。他说:

> 道无不中,一于道心而不息,是谓"允执厥中"矣。一于道心,则存之无不中,而发之无不和。是故率是道而发之于父子也无不亲,发之于君臣也无不义;发之于夫妇、长幼、朋友也无不别、无不序、无不信;是谓中节之和,天下之达道也。②

这样,中和理想人格就达成了,中和理想社会也就实现了。

三 刘宗周的中庸论

刘宗周(1578—1645年),初名宪章,字起东(一作启东),别号念台,浙江山阴(今浙江绍兴)人。后因讲学于山阴县城北宗周,学者尊称为宗周先生。万历二十九年(1601年)成进士,以行人司行人累官顺天府尹、工部侍郎。他为人清廉正直,操守甚严,立朝敢于抗疏直言,屡遭贬谪,不改其志。明亡之次年乙酉(1645年),清军南下入浙,他在家乡绝

---

① 《王阳明全集》卷1,《传习录》上。
② 《王阳明全集》卷7,《文录四》。

食殉节。当代新儒家学者牟宗三认为,刘宗周绝食而死后,中华民族的命脉和中华文化的命脉都发生了危机,这一危机延续至今。

刘宗周是明代最后一位儒学大师,"于《五经》、诸子百家无不精究,皆有所论述",堪称为宋明道学史上里程碑式的人物和有明三百年学术之殿军。他开创宗周学派,在中国思想史特别是儒学史上影响很大,具有承先启后的作用。清初黄宗羲、陈确、张履祥等都是这一学派的传人。

自明中叶以降,王阳明心学日渐式微。王学自身存在着逻辑矛盾,也就是本体和功夫的矛盾。这一矛盾的展开和外化,直接导致了王门后学的分化及其末流之弊。王学中的现成派,从"现成良知"、"自然本心"出发,终于完成了"满街都是圣人"、"酒色财气,一切不碍菩提路"的逻辑推衍,这样固然能够满足大众一种简单易效的"成圣"追求,但流弊所至,未免"猖狂无忌惮"。不仅于世之名教无所补益,反而更加骧堕。而王门中的工夫派,执拗于由工夫而得本体的论说,直是将本体作为凌驾于工夫之上的理论前提。刘宗周作为理学的殿军人物,他详细而完备地把理学以来的心性、本体、工夫等都尽摄于其实践历程之中,从而断绝了理学向前进度的可能性。

刘宗周运用"一气周流"为学理路,提出独体中"中外一机,中和一理",认为致中也是致和之功,最终将工夫通归于慎独功夫,赋予儒家中庸思想以全新的含义。

(一)存发总是一机,中和浑是一性

刘宗周之学以慎独为宗,《四库全书》总结说:

> 宗周独深鉴狂禅之弊,筑证人书院,集同志讲肆,务以

诚意为主，而归功于慎独。①

刘宗周把"慎独"看得十分重要，认为"君子之学，慎独而已矣"②。在他看来，"慎独"包括了对宇宙本体的认识，以及个人的道德修养等一切重要学问和做人的道理在内。他说：

> 慎独是学问的第一义。言慎独而身、心、意、知、家、国、天下一齐俱到。故在《大学》为格物下手处，在《中庸》为上达天德统宗、彻上彻下之道也。③

> 《大学》之道，一言以蔽之，曰慎独而已矣。《大学》言慎独，《中庸》亦言慎独。慎独之外，别无学也。在虞廷为"允执厥中"，……在文王为"小心翼翼"，至孔门……其见于《论》、《孟》则曰非礼勿视、听、言、动，……曰"求放心"，皆此意也。而伊洛渊源遂于一"敬"为入道之门。朱子则析之曰："涵养须用敬，进学则在致知。"故于《大学》分格致、诚正为两截事，至解慎独又以为动而省察边事。先此更有一段静存工夫，则愈析而愈支矣。故阳明子反之，曰"慎独即是致良知"。即知即行，即动即静，庶几心学独窥一源。④

在刘宗周看来，所谓尧舜禹的"十六字心传"，孔子"四勿"的道德准则、孟子的"求放心"，以至程朱的"涵养须用敬，进学则在致知"，以及王阳明的"致良知"等都涵盖在"慎独"二字之内。可见，刘宗周的"慎独"说，把本体论、认识论、人性

---

① 《四库全书总目》卷九三子部三儒家学类三，中华书局1965年版。
② 《刘子全书》卷21，《书鲍长孺社约》。
③ 《刘子全书》卷10，《学言上》。
④ 《刘子全书》卷38，《大学古记约文》。

377

论和道德修养论都沟通了，以免重犯程朱"支离"之弊。

在改造和重新解释慎独观的基础上，刘宗周把"独"上升到本体论的高度。他说：

> 独者，位天地，育万物之枢牙也……主人翁只是一个，认识是他，下手亦是他。这一个只是在这腔子内，原无彼此。①

这样，整个宇宙万物，包括人的认识对象和道德准则都在"独"之中。道德本体与宇宙本体在刘宗周的慎独论中达到了统一。

刘宗周将中和收归于独体之中，他认为：

> 慎独之学，即中和、即位育，此千圣学脉也②。
> 约其旨，不过曰慎独。独之外，别无本体；慎独之外，别无工夫，此所以为中庸之道也。③

他认为独体之中"一气周流"，他说：

> 独体不息之中，而一元常运，喜怒哀乐四气周流，存此之谓中，发此之谓和，阴阳之象也。四气——阴阳也。阴阳——独也。其为物不贰，则其生物也不测。故中为天下之大本，而和为天下之达道，及其至也，察乎天地，至隐至微，至显至见。④

---

① 《刘子全书续编》卷1，《证人社语录》。
② 《刘子全书》卷11，《学言中》。
③ 《刘子全书》卷8，《中庸首章说》。
④ 戴琏璋、吴光主编：《刘宗周全集》册二，卷四，《读易图说·右第六章》，中央研究院中国文哲研究所筹备处1996年版，第160页。

此处将中和视为独体中四气周流的表现形式。刘宗周以"喜怒哀乐"四者作为表征气化运动秩序的范畴,他说:

> 维天于穆,一气流行,自喜而乐,自乐而怒,自怒而哀,自哀复喜①。

而且将喜怒哀乐等同于宋儒常用的元亨利贞,作为表征一切像四季流行运动一样的气化循环过程的范畴,认为每一气化过程的循环皆可以分为四个不同的阶段,在每一个阶段上均有自己特殊的运动表现,这四者交替循环,体现了宇宙有秩序的变易过程。刘宗周认为人心亦由血肉之气生成,因而心之活动过程亦为喜怒哀乐四者"一气流行"的循环运动过程。

刘宗周将喜怒哀乐四气循环不已的内在原因归结为有"中气"的存在,他说:

> 乃四时之气所以循环而不穷者,独赖有中气存乎其间,而发之即谓太和元气,而于时为四季。②

此处刘宗周认为并非四气之外别有一中气,它只是存在于四气之中而已。而且认为"中气"表现出来即是"太和元气",即和气。故而刘宗周特别重视中气的作用。他说:

> 喜怒哀乐,当其未发,只是一个中气③

---

① 《学言中》,《刘宗周全集》册二,卷13,第487页。
② 同上。
③ 《学言上》,《刘宗周全集》册二,卷12,第465页。

刘宗周进一步以"中气"言"中"，以"和气"言"和"，将"中"规定为喜怒哀乐之所存，"和"规定为喜怒哀乐之所发。故而中为和之根据，而和为中之外在表现，也即是以中为天下大本，和为天下达道。他说：

> 存之，其中也，天下之大本也；发之，其和也，天下之达道也。①

为了表明中和二者的关系，刘宗周还以隐微言中，以显见言和，他说："隐微者，未发之中；显见者，已发之和。"② 此处宗周将"中"规定为具有隐微特质的天下大本，将"和"规定为具有显见特质的天下之达道，至此宗周所论中和与宋儒所论无显著区别。尽管刘宗周也认为独体之中"指其体谓之中，指其用谓之和"，但由于他认为即体即用，即用即体，体用一源，因而他进一步论述说：

> 独体惺惺，本无须臾之间，……此独体也，亦隐且微矣。及夫发皆中节，而中即是和，所谓"莫见乎隐，莫显乎微"也。未发而常发，此独之所以妙也。③

这就是说独体之中，中即是和，中和一也，因而隐微与显见亦无间，即是"莫见乎隐、莫显乎微"。刘宗周认为未发之中是即隐即见，即微即显；已发之和是即见即隐，即显即微。因独体之中和为一，故中绝非隐而不见，微而不显，和亦非见而不隐，显而

---

① 《学言下》，《刘宗周全集》册二，卷14，第546页。
② 同上书，第538页。
③ 《中庸首章》，《刘宗周全集》册二，卷10，第351页。

不微。依刘宗周之子刘汋所说:"显微即表里之谓也",亦即是说中和关系只是表里关系而已。

据此,刘宗周认为所谓未发已发虽有体用之分,却都是一心,即情感意识,而不是形而上的本体意识。刘宗周进一步从情感意识的角度解释了"中和",并把二者统一于"独体"之中。刘宗周所谓未发已发,实际上指喜怒哀乐之情。喜怒哀乐是从性上说,未发已发是从心上说,其实心性总是合一的。他说:

> 喜怒哀乐所性者也。未发为中,其体也,已发为和,其用也,合而言之,心也。①

在他看来,"人皆有本然之真心"即喜怒哀乐之心,"人皆有本然之真心在,……原坐下完足,人自不体察耳。"② 未发之中,是指喜怒哀乐未发动的潜在意识;已发之和,是指喜怒哀乐已发动的现实意识。"未发而中而实以藏已发之和,已发之和而即以显未发之中",二者是相互依存的。这样刘宗周就从根本上否定了程朱学派以未发已发分体用的观点,把未发之中与已发之和看成感情意识的两种过程,把心的形而上学的特征变成真正的经验心理学的分析,这是他对"中庸"范畴的一个发展。他说:

> 自喜怒哀乐之存诸中而言谓之中,不必其已发之前别有气象也,即天道之元亨利贞运于于穆者是也。自喜怒哀乐之发于外而言谓之和,不必其已发之时又有气象也,即天道之元亨利贞呈于化育者是也。惟存发总是一机,中和浑是

---

① 《学言下》,《刘宗周全集》册二,卷14。
② 《问答》,《刘子全书遗编》卷2。

一性。①

"一机"指未发已发合一,"一性"指性情合一。所表明的正是性与情的内在贯通性。他说:

> 喜怒哀乐,人心之全体,自其所存者谓之未发,自其形之外者谓之已发。寂然之时,亦有未发、已发;感通之时,亦有未发、已发。中外一机,中和一理也。②

已发与未发本是性之周流,刘宗周打破了先儒以未发为性、已发为情的局限,主张喜怒哀乐是性之本然,因感而动,天命所为。他说:

> 一性也,自理而言,则曰仁义礼智;自气而言,则曰喜怒哀乐。③

仁义礼智是谓四端,与恻隐之心、羞恶之心、辞让之心、是非之心相对应而存在;喜怒哀乐又与仁义礼智相对应而存在,是"气"之流行的结果。性与情本不是两物,就其存于中而言,情即是性;就其显发于外而言,性即是情。"蕺山将性之与情合一来说,其用心是为了把人的情感理性化,以人的情感为道德理性之本然。"④ 对"中和"这一人性最高准则的论说,就是要把人

---

① 《学言中》,《刘宗周全集》册二,卷13。
② 《明儒学案·蕺山学案·语录》,中华书局1985年版,第1533页。
③ 吴光主编:《黄宗羲全集》第一册,《子刘子学言》卷1,浙江古籍出版社1985年版,第288页。
④ 李振纲:《证人之境——刘宗周哲学的宗旨》,人民出版社2000年版,第78页。

们的感情、欲望、思想及行为控制在道德的范围之内。"存发一机，中和一性"，正是刘宗周论"已发未发"，以及"中和"的根本观点。

对于中和二者的关系，刘宗周在独体之中进一步展开论述。他说：

> 独者，心极也。心本无极，而气机之流行不能无屈伸、往来、消长之位，是为二仪。而中和从此名焉。①
>
> 无极而太极，独之体也。动而生阳，即喜怒哀乐未发谓之中；静而生阴，即发而皆中节谓之和。才动于中，即发于外，发于外则无事矣，是谓动极复静；才发于外，即止于中，止于中则有本矣，是谓静极复动。②

由于心是"气机之流行"，所以刘宗周又以阴阳动静论已发未发。

> 中以言乎其阳之动也，和以言乎其阴之静也。然未发为中而实以藏已发之和，已发为和而即以显未发之中，此阴阳所以互藏其宅而相生不已也。③

朱熹和王阳明都以形而上者为未发，形而下者为已发。阴阳只是形而下者，故不可以论未发已发。刘宗周用形而下的阴阳之气解释未发和已发，这就取消了道德形上论，变成了经验论的分析法。刘宗周认为，离已发而言未发，是未发已发为二，以已发为

---

① 《学言上》，《刘宗周全集》册二，卷12，第461页。
② 同上书，第464页。
③ 同上书，第461页。

383

情,未发为性,便是"逃空堕幻"之论。他说:

> 性者,生而有之之理,无处无之,如心能思,心之性也;耳能听,耳之性也;目能视,目之性也;未发谓之中,未发之性也;已发谓之和,已发之性也。①

这一解释不仅从人类学上说明了人性的特质,而且意味着对于人的理性能力的高度重视。就未发已发而言,已不再具有形上论的特征,而是变成真正经验论心理学的陈述。正因为如此,他批评朱熹把未发说成超越的本体意识,而同已发对立起来,是"逃空堕幻之见"。

在这里,刘宗周把未发已发解释成情感意识的两种过程,而不是体用关系,性则产生于未发已发之中。他说:

> 性无动静者也,而心有寂感。当其寂然不动之时,喜怒哀乐未始沦于无;及其感而遂通之际,喜怒哀乐未始滞于有。②

虽然性无动静而心有寂感,但寂感皆是情,则亦皆为性,并不是以寂为体,以感为用,以寂为性,以感为情,这就既坚持了主体原则,又否定了以已发未发分体用的意识论。

刘宗周以中为天下之大本,即隐即见,即微即显;和为天下之达道,即显即微。由于二者统合于"一气流行"的独体之中,故喜怒哀乐未发已发是一事,一表里而已,而绝不可以从时间上分前后论述。所以刘宗周说:

---

① 《学言中》,《刘宗周全集》册二,卷13,第492页。
② 《学言上》,《刘宗周全集》册二,卷12。

可见中外只是一机，中和只是一理，绝不以前后际言也。①

（二）"慎独"即是"致中和"

刘宗周从独体之中和为一的思想出发，认为致中与致和的工夫没有区别，致中就是致和之功。他说：

从来学问只有一个工夫，凡分内分外，分动分静，说有说无，劈成两下，总属支离。②

他认为，致中与致和的工夫统一于"慎独"的修养功夫。刘宗周认为"慎独"能使人的道德修养达到"中和"的境界，是实践儒家"中庸之道"的必要途径。他说：

学者大要只是慎独，慎独即是致中和。致中和则天地位，万物育，此是仁者以天地万物为一体实落处，不是悬空设想也。"③

刘宗周认为，君子由"慎独"以"致中和"，不仅能使"天地位，万物育"，而且能达到天、地、人、物"致则俱致，一体无间"的结果。他说：

君子由慎独以致吾中和，而天地万物无所不本、无所不

---

① 《问答·答董生心意十问》，《刘宗周全集》册二，卷11，第398页。
② 《学言下》，《刘宗周全集》册二。
③ 《宗周集·答秦履思二》。

达矣。达于天地，天地有不位乎？达于万物，万物有不育乎？天地此中和，万物此中和，吾心此中和，致则俱致，一体无间。①

在刘宗周看来，如果人人都能做到"慎独"，走"中庸之道"，各安其位，各尽其职，彼此和谐地发展，就可以国治而天下太平。

刘宗周慎独的方法就是诚意。他说：

大学之道，诚意而已矣；诚意之功，慎独而已矣。意也者，至善归宿之地，其为物不二，曰"独"。其为物不二，而生物也不测，所谓物有本末也，格此之谓"格物"，致此之谓"知本"，知此之谓"知至"，故格物致知，总为诚意而设，非诚意之先又有所谓格致之功也。必言诚意先致知，正示人以知止之法，欲其止于至善也。意外无善，独外无善也。故诚意者，《大学》之专义也，前此不必在致知，后此不必在正心也；亦《大学》之完义也，后此无正心之功，并无修齐治平之功也。②

刘宗周看来，没有内圣就没有外王，没有内心道德修养的至善就没有对外物的感性道德体验。由此可见，刘宗周认为诚意与慎独是相通的，"诚意之功，慎独而已"，"意外无善，独外也无善"。

刘宗周认为，《大学》是从心体上讲人主观道德理性的至善性，《中庸》是从性体上讲人道德践履的客观感性体验。但他把

---

① 《刘子全书》卷8《中庸首章说》。
② 《杂著·读大学》，《刘宗周全集》册三下。

《大学》之道与《中庸》之道等同起来。他说：

> 《大学》言心到极至处，便是尽性之功，故其要归之慎独。《中庸》言性到极至处，只是尽心之功，故其要亦归之慎独。独，一也。形而上者谓之性，形而下者谓之心。[①]

形而上的性体与形而下的心体在独处得到了绝对的统一，意与独从此并行不悖。这样，诚意与慎独达到了心性和一的终极架构。

四　王夫之的中庸观

王夫之（1619—1692年）字而农，号姜斋，别号一壶道人，湖南衡阳人。中国明末清初思想家，哲学家，与顾炎武、黄宗羲同称明清三大学者。晚年居衡阳之石船山，又称船山，学者称船山先生。

王夫之在明崇祯年间，求学于岳麓书院，师从吴道行。吴道行教以湖湘家学，传授朱张之道，较早地影响了王夫之的思想，形成了王夫之湖湘学统中的济世救民的基本脉络。

王夫之生活的明末社会，是中国封建社会最后一次改朝换代的年代。内有李自成起义，外有清军虎视眈眈。在深重的社会危机面前，统治者仍处于"釜水将沸而游鱼不知"的境况。在这个时期也是中国学术思想大变动的年代。不仅是西学的传入，产生了中西文化的冲突，而且中国传统的理学与经学也发生了相当大的变化。这就是从崇德性向道问学，由空谈心性向经世致用，由理学思潮向经学思潮的过渡与转化。

[①] 《学言上》，《刘宗周全集》册二。

王夫之痛感明朝统治危机，在焦虑中探索，产生对王学和禅学的怀疑，并试图修正程朱理学、恢复传统经学来匡扶大厦之将倾。他与顾炎武、黄宗羲等人开讲求经世致用之新风。明亡后，王夫之曾积极组织抗清斗争，失败后到南明桂王的政权中任职，南明亡后，更名隐居，在家乡衡阳潜心著述，在石船山下著草堂而居，人称"湘西草堂"。

王夫之学问渊博，对天文、历法、数学、地理等均有研究，尤精于经学、史学、文学。在哲学方面，总结并发展中国传统的朴素唯物主义，认为气是宇宙本原，气有聚散，但无生灭，是永恒无限的。在知行关系问题上，他强调行的主导作用，认为"行可兼知，而知不可兼行"。他还提出"知之尽，则实践之"的命题，认为"知行相资以为用"。在社会历史方面，他批判"厚古薄今"的观点，认为人类历史是不断进化的。他反对天命观，认为历史发展具有规律性，是"理势相成"，他还提出民心向背在历史发展中的重要性。在伦理思想方面，他认为人性是变化的，"日生而日成"。他根据"性者生理也"的观点，强调理欲统一。要"以理节欲"、"以义制利"。他还提出人既要"珍生"，又要"贵义"，要有"志节"，"以身任天下"。在美学方面，他认为美不是一成不变的，美是经过艺术创造的产物。他对文学创作中的许多传统美学范畴都有发挥。遗著总称为《船山遗书》，有100多种，主要有《张子正蒙注》、《读四书大全说》、《周易外传》、《尚书引义》、《读通鉴论》等。470余万言，100多种版本。钱基博评价说：

夫之荒山弊榻，终岁孜孜，以求所谓充物之仁，经邦之礼，穷探极论，千变而不离其宗，旷百世不见知而无所悔，虽未为万世开太平，以措施见诸行事，而蒙难艰贞以遁世无闷，因为生民立极。其茹苦含辛，守己以贞，坚强志节，历劫勿渝。①

虽然他的思想湮没于清初残酷的文字狱中。但200年后，清王朝也面临"两害相侵"的困境。此时开始起步的洋务派，既要把镇压太平天国和其他农民起义作为当务之急，又要为维护清王朝乃至民族利益，自强图存。王夫之思想中救明朝于危亡的深刻哲理，在相类似的时代背景下，沟通了两者的内在联系。因此，王夫之的思想，在中国近代产生了很大影响。正如梁启超所说：

> 清初几位大师——实即残明遗老——黄梨洲、顾亭林、朱舜水、王船山……之流，他们的许多话，在过去二百多年间大家熟视无睹，到这时思想象电气一般把许多青年的心弦震得直跳。他们所提出的"经世致用之学"，其具体的论证，虽然许多不适用，然而那种精神是"超汉学"、"超宋学"的，能令学者对于二百多年来的汉宋门户得一种解放，大胆的独求其是。……读了先辈的书，蓦地把二百年麻木过去的民族意识觉醒转来。他们有些人对于君主专制暴威作大胆的批评，到这时拿外国政体来比较一番，觉得句句餍心切理，因此而从事于推翻几千年旧政体的猛烈运动。总而言之，最近三十年思想界之变迁，虽波澜一日比一日壮阔，内容一日比一日复杂，而最初的原动力，我敢用一句话来包举它，是残明遗老思想之复活。②

由此可窥见王夫之在中国思想史上的重要地位。其中，他的

---

① 钱基博：《近百年湖南学风》，岳麓书社1985年版。
② 梁启超：《中国近三百年学术史》，东方出版社1996年版，第35—36页。

中和哲学在一定程度上批判总结了宋以来的中和哲学思想,成为一个继往开来、体现时代精神的集大成者。王夫之以实有、体用,对程朱理学中庸观,传统中庸观,作了重要辨正。王夫之在总结前人思想成果的基础上,对"中庸"范畴的阐述,既不同于程朱,也不同于陆王,而是别开生面的。

(一) 中者体也,庸者用也

王夫之非常重视中和之说,他从其心性论的基本观点出发,认为"喜怒哀乐之未发谓之中"是"儒者第一难透的关"[①],因此在理解"中和"上,它认为既"不可以私智索","亦不可执前人之一言,遂谓其然,而偷以安。"王夫之根据他的哲学观点,对传统的中和之说作出了自己的说明。

他认为"中"是宇宙的根本法则,"天下之理统一于中","性者,中之本体也;道者,中和之大用也;教者,中庸之成能也"。[②] 所以,"中"是圣人世代相传的,"中道者,即尧舜以来相传之极致,《大学》所谓至善。学者下学,立心之始。""学,所以扩其中正之用而弘之者也。"[③]

他从道德本体论出发,认为"中皆体也"即"凡言中者,皆体而非用矣"。他论证说:

> 天下之理统于一中:合仁、义、礼、知而一中也,析仁、义、礼、知而一中也。合者不杂,犹两仪五行、《乾》男《坤》女统一于太极而不乱也。离者不孤,犹五行男女之各为一,而实与太极之无有异也。审此,则"中和"之

---

① 《读四书大全说》卷2,《中庸》。
② 《读四书大全说·中庸》。
③ 《正蒙注·中正篇》。

中，与"时中"之中，均一而无二矣。①

他肯定了"中"的本体性，不论是合仁、义、礼、知的中和之中，还是析仁、义、礼、知的时中之中，都是一体而非用矣。又说：

> 中无往而不为体。未发而不偏不倚，全体之体，犹人四体而共名为一体也。发而无过不及，犹人四体而各名一体也。固不得以分而效之为用者之为非体也。②

王夫之反对宋儒把"中"理解为"折两头而取中之义也"，主张"过，不及之不与中参立"。即认为"中庸"不是与"过"、"不及"并列为三，不是过与不及的折中。他说：

> 中庸二字，必不可与过、不及相参立而言。先儒于此，似有所未悉。说似一"川"字相似，开手一笔是不及，落尾一笔是过，中一竖是中庸，则岂不大悖？中庸之为德，一全"川"字在内。③

中庸之德不在过与不及之外，亦不在"两者之间，不前不后"。他认为"分中、过、不及为三途，直儿戏不成道理"。

他在解释孔子的"中行"时，反对宋儒把它说成"中行、狂、狷，如三岔路，狂、狷走两边，中行在中央"。王夫之从辩证法的角度，认为：

---

① 《读四书大全说》卷2，《中庸·名篇大旨》。
② 同上。
③ 《读四书大全说》卷6。

> 中行者,若不包裹着"进取"与"有所不为"在内,何以为中行?进取者,进取乎斯道也;有所不为者,道之所不可为而不为也。中行者,进取而极至之,有所不为而可以有为耳。①

王夫之认为"中"与狂狷不可分离,应该在狂与狷之中寻求中行之道,"做得恰好",即是中行。他说:

> 同此一圣道,而各因其力之所可为而为之,不更求进,便是狂、狷;做得恰好,恰合于天地至诚之道,一实不谦,便是中行。此一中字,如俗所言'中用'之中。道当如是行,便极力与他如是行,斯曰'中行',下学而上达而以合天德也。②

在对"中庸"的解说中,王夫之一扫宋儒之形而上学,充满着辩证法思想,这是他对"中庸"范畴的主要贡献之一。

在此基础上,王夫之把中庸规定成"中"为体,"庸"为用。他论证说:

> 以实求之,中者体也,庸者用也。未发之中,不偏不倚为体,而君子之存养,乃至圣人之敦化,胥用也。已发之中,无过不及以为体,而君子之省察,乃至圣人之川流,胥用也。未发未有用,而君子则自有其不显笃恭之用。已发既成乎用,而天理则固有其察上察下之体。中为体,故曰:"建中",曰"执中",曰"时中",曰"用中";浑然在中

---

① 《读四书大全说》卷6,《论语》。
② 同上。

者，大而万理万化在焉，小而一事一物亦莫不在焉。庸为用，则中之流行于喜怒哀乐之中，为之节文，为之等杀，皆庸也。①

所以，他不同意朱熹"立庸常之义"，认为朱熹"以庸为日用则可，而日用之下加'寻常'二字，则赘矣。道之见于事物者，日用而不穷，在常而常，在变而变，总此吾性所得之中以为之体而见乎用，非但以平常无奇而言审矣"②。

(二) 在中则谓之中，见之于外则谓之和

王夫之在中和内涵及其关系上，也具独到的见解。他认为：

> 在中则谓之中，见之于外则谓之和。在中则谓之善，见之外则谓之节。③

在王夫之看来，"中"、"和"的关系不是简单的体用关系，而是中与外的关系。和是"在中之中"的外化。把中和看成人的心理活动的过程。喜怒哀乐之未发，"以不偏不倚"而言，故叫做"中"；发而中节者即是和。都是"从人心一静一动上说到本原去"。"其中节者即和，而非中节之中有和存，则即以和着其实也。"

关于体用的关系，他提出了"天下无无用之体，无无体之用"的体用合一说。在此前提下，他认为：

---

① 《读四书大全说》卷2，《中庸·名篇大旨》。
② 同上。
③ 《读四书大全说》卷2，《中庸·第一章》。

专以中和之中为体则可,而专以时中之中为用则未安。

为什么呢？因为在他看来,"但言体,其为必有用者可知;而单言用,则不足以见体"。所以,他反对朱熹中和之中为体,时中之中为用;未发之中为体,已发之中为用。他说：

> 时中之中,非但用也。中,体也;时而措之,然后其为用也。喜怒哀乐之未发,体也;发而皆中节,亦不得谓之非体也。所以然者,喜自有喜之体,怒自有怒之体,哀乐自有哀乐之体。喜而赏,怒而刑,哀而丧,乐而乐,则用也。虽然,赏亦自有赏之体,刑亦自有刑之体,丧亦自有丧之体,乐亦自有乐之体,是亦终不离乎体也。①

在此,他肯定了朱熹的"以中和之中为体"的观点,否定了"以时中之中为用"的思想。他进一步论证说：

> 中皆体也,时措之喜怒哀乐之间,而用之于民者则用也。以此知夫凡言中者,皆体而非用矣。②

又说：

> 中无往而不为体,未发而不偏不倚,全体之体,犹人四体而共名为一体也。发而无过不及,犹人四体而各名一体也。固不得以分而效之为用者之为非体也。③

---

① 《读四书大全说》卷2,《中庸·名篇大旨》。
② 同上。
③ 同上。

在王夫之看来，中与和之间即有"分"，也有"合"。就其分而言，是"离者不孤"；就其"合"者而言，是"合者不杂"，所以，"'中和'之中与'时中'之中，均一而无二矣"。

由此出发，他对理学家的"中体和用"之说提出了批评，他说：

> 夫手足，体也；持行，用也。浅而言之，可云但言手足而未有持行之用；其可云方在持行，手足遂名为用而不名为体乎？夫唯中之为义，专就体而言，而中之为用，则不得不以"庸"字显之。故新安陈氏所云"中庸"之中为中之用者，其缪自见。①

所以他得出结论说"惟其本一，故能合；惟其异，故必相须以成而有合。然则感而合者，所以化物之异而适于太和者也"②。

王夫之以"中和"言性情，认为"未发已发"是心，是性情的主体承担者。他说：

> 明有一喜怒哀乐，而特未发耳。后之所发者，皆全具于内而无缺，是故曰在中。③

"在中"就是说心中有性，而性中有情。他认为，未发是心，喜怒哀乐是情，心虽然未发，但是喜怒哀乐之情都在其中。

王夫之认为，"中"也就是心不是虚无无物的，而是实有而不妄。他说：

---

① 《读四书大全说》卷2，《中庸·名篇大旨》。
② 《正蒙注·乾称篇》。
③ 《读四书大全说》卷2，《中庸·第一章》。

> 未发之中，诚也，实有之而不妄也。时中之中，形也，诚则形，而实有者随所著以为体也。
>
> 善者，中之实体，而性者则未发之藏也。①

在他看来，如果中，也就是心中空虚无物，就会"抑将何者不偏，何者不倚耶？""中"必须实有其物才能做到不偏不倚，否则，中就会落空了。他说：

> 如一室之中，空虚无物，以无物故，则亦无有偏倚者；乃既无物矣。抑将何者不偏，何者不倚耶？必置一物于中庭，而后可谓之不偏于东西，不倚于楹壁。审此，则但无恶而固无善，但莫之偏而固无不偏，但莫之倚而固无不依，必不可谓之为中，审矣。②

可见，王夫之所谓"未发之中"，并不是如佛教所言"空虚无物"，而是天性固有的善之实体，从而画清了他与佛老空虚之论的界线。他说：

> 《中庸》一部书，大纲在用上说，即有言体者，亦用之体也。乃至言天，亦言天之用；即言天体，亦天用之体，大率圣贤言天，必不舍用，与后儒所谓"太虚"者不同。若未有用之体，则不可言"诚者，天之道"矣。舍此化育流行之外，则无窅窅之太虚，虽未偿有妄，而亦无所谓诚。佛老二家，都向那畔去说，所以尽着钻研，只是捏谎。③

---

① 《读四书大全说》卷2，《中庸·第一章》。
② 同上。
③ 同上。

这就是说，未发时既有喜怒哀乐在心中，不偏于喜而失其怒、哀、乐，或偏于喜而失喜。他说：

> 盖吾性中固有此必喜，必怒，必哀，必乐之理，以效建顺五常之能，而为情之所由生。则浑然在中者，充塞两间，而不仅供一节之用也，斯以谓之中也。①

在王夫之看来，心之未发有性也有情，心之已发有情也有性。未发时喜怒哀乐之情虽未能表现，但性存于其中，而性中自有喜怒哀乐之情。已发时，喜怒哀乐之情得以表现，情表现性，性亦在其中。这就是他的性情合一说，也就是中和合一的理论。

（三）存养省察尽吾性之中

王夫之认为"致中和"就是关于道德人格的修养。他说：

> 能中庸者，必资乎存养省察，修德凝道以致中和之用者而后可。……中庸之为德，存之为天下之大本，发之为天下之达道，须与尽天下底人日用之，而以成笃恭而天下平之化。②

他把"存养省察"作为达到天人合一境界的修养功夫。他说：

> 唯喜怒哀乐之未发者即中，发而中节者即和，而天下之大本达道即此而在，则君子之存养省察以致夫中和也，不外

---

① 《读四书大全说》卷2，《中庸·第一章》。
② 《读四书大全说》卷2，《中庸·第九章》。

此而成天地位，万物育之功。①

为了达到人生和宇宙合一的最高境界，王夫之提出"诚"的存养省察的工夫。他把天和人看做体用的关系，天有其体，必有其用，天之体由人之用来实现。诚就是天人合一的最高范畴。他说：

> 诚者天之道，而圣人不思不勉而中道，则亦曰诚者，是圣人与天而通理也。诚之者人之道，而择善固执则诚乎其身，是贤人与圣同德也。②

诚是天理之性的集中体现，其本质的内容和特征是真实无妄。圣人的德性浑然都是天理，无不合乎天道。然而，还没有成为圣人的贤人君子的德性并非都是真实无妄的，这就需要他们去效法天道，学习天道的真诚，择善而从，以形成自己的人道。

王夫之虽然认为圣人达到了天道意义上的诚，可以从容地力行中庸之道。但是，他又认为，圣人不同于天道，"天道不尽于圣人也"。所以他得出"圣人可以言诚者，而不可以言天道"。在王夫之看来，圣人的诚也就有效法天道的人道意义，只不过他达到了人道的极致。他说：

> 其然，则此一诚无妄之理，在圣人形器之中，与其在天而为化育者无殊。表里融彻，形色皆性，斯亦与天道同名为诚者，而要在圣人则终为人道之极致。③

---

① 《读四书大全说》卷 2，《中庸·第二章》。
② 《四书训义·中庸三》。
③ 《读四书大全说》卷 2，《中庸·第二十章》。

这就决定了任何人包括圣人都有一个向天道学习并效法天道，从而达到与天地参的过程。他说：

> 圣人不废择执，唯圣人而后能尽人道。若天道之诚，则圣人固有所不能，而夫妇之愚不肖可以与知与能者也。圣人体天道之诚，合天，而要不可谓之天道。君子凝圣人之道，尽人，而要不可曰圣人。然尽人，则德几圣矣；合天，则道皆天矣。①

王夫之强调了匹夫匹妇及愚不肖从事道德修养的可能，同时也肯定了圣人的道德虽达到了人道的极致但并非等同于天道之诚，因此圣人也同平常人一样具有一个至善更至善的问题。在这里，王夫之设计了若干具体可行的分目标，激励着人们由常人而君子而贤人而圣人的不断修为，将理想人格与道德修养有机地结合起来。

---

① 《读四书大全说》卷2，《中庸·第二十章》。

第七章　近代中庸思想

随着1840年鸦片战争的爆发，中国在西方列强的船坚炮利中，被迫打开了长期关闭的大门。中华民族面临着严重的民族危机，此时一大批封建士大夫，为了巩固清王朝的统治，提出了"师夷长技以制夷"的思想，迈出了向西方学习的第一步。但是，他们并不主张抛弃儒家思想，主张"中学为体，西学为用"，从而拉开了中国救亡与启蒙的双重奏中的近代化历程。

19世纪末，随着中国民族危机的加深，中国民族资本主义初步发展，资产阶级登上政治舞台。他们倡导自由平等，主张改革中国的政治制度，走西方资本主义的道路，实行君主立宪。他们把儒家思想与西方资产阶级政治学说结合起来，塑造了新的孔子形象，赋予了儒家思想新的内容，使传统儒学符合时代潮流。这表明近代中国人向西方的学习已经从器物的层面转向了制度的层面。但是，这一时期的中国知识分子对西方文化的学习，始终未能摆脱对中国传统文化的情感依恋。

随着资本主义经济的发展，资产阶级革命派用革命的手段，推翻了满清王朝，从而结束了统治中国两千多年的封建君主专制制度，给传统的封建伦理纲常一沉重的打击。此时，近代中国知识分子对待西方文化的态度出现了两种分化。一部分留学归来的知识分子认为西学优于中学，主张全盘学习西方的文化。他们在思想领域掀起了一场批判尊孔复古，倡导民主和科学的思想解放运动——新文化运动。新文化运动给儒家思想以猛烈地批判，动摇了封建儒家思想的正统地位，从此再难与政治制度相结合。同时，另一部分维新知识分子，通过对近代西方文化的直观感受，进一步加深了对中国文化的理性认识，主张维护中国传统文化在中国的本体地位。上述两种观点的碰撞在新文化运动和五四运动中表现得极为明显和激烈。在这种激烈碰撞中，前一种观点显然处于优势，并且这一局面一直延续到"文化大革命"，儒家文化几乎在大陆销声匿迹，只能在海外做艰苦的挣扎。

在这种背景之下，对中庸问题的研究也逐渐衰落下来。虽然康有为、梁启超等维新知识分子对中庸之道不断渲染，但是在"五四"新文化运动中成长起来的知识分子，在全盘西化思想的指导下，从"打倒孔家店"出发，对中庸之道给予了无情的揭露与全盘否定。鲁迅先生就把孔子的中庸思想看做是保守、惰性的表现形式之一，认为中庸人格的实质是卑怯，他认为：

> 遇见强者，不敢反抗，便以"中庸"这些话来粉饰，聊以自慰。所以中国人倘有权力，看见别人奈何他不得，或者有"多数"作他护符的时候，多是凶残横恣，宛然一个暴君，做事并不中庸；待到满口"中庸"时，乃是势力已去，早非"中庸"不可的时候了。一到全败，则又有"命运"来作话柄，纵为奴隶，也处之泰然，但又无往而不合于圣道。这些现象，实在可以使中国人败亡，无论有没有外敌。[①]

鲁迅对"中庸"的批判显然有一定的道理，他看到了中庸"无可无不可"的处世方式具有沦为"乡愿"的危险，但是，他对于"中庸之道"的批评也具有以偏赅全之嫌。

[①] 《鲁迅全集·华盖集·通讯》，人民出版社1982年版。

随着革命的胜利,鲁迅式的对中庸的态度基本上是以主流方式得以沿袭。中庸思想的研究和发展毋庸置疑地衰落下来。①

一 康有为的中庸思想

康有为(1858—1927年),又名祖诒,字广厦,号长素。清末资产阶级改良派领袖,后为保皇派领袖,中国政治家、思想家、教育家,广东佛山市南海丹灶苏村人,人称康南海或南海先生。他信奉孔子的儒家学说,并致力于将儒家学说改造为可以适应现代社会的国教,曾担任孔教会会长。

1895年(光绪二十一年)中进士。初年从简凤仪受传统儒学。继从朱次琦学,朱主"济人经世,不为无用之空谈高论",力除汉、宋门户之见,而归宗于孔子。康有为受其影响,始觉"日埋古纸堆中,汩其灵明,因弃之","静坐养心"。国家的危亡,现实的刺激,使他对旧学发生怀疑。1879年,接触到西方资本主义思想和当时的改良思潮。后游香港,以为"西人治国有法度"。1882年过上海,购读各种西书译本和报刊,开始向西方寻找真理。1885年,撰《康子内外篇》和《实理公法全书》,向往"平等公同"。1886年撰《教学通议》,主张"言教通治"、"言古切今"、尊周公、崇《周礼》,企图糅合古今中西之学,改良政治。1888年10月,鉴于中法战争后"国势日蹙",形势险恶,第一次上书光绪帝,指出日本"伺吉林于东,英启藏卫而窥川滇于西,俄筑铁路于北而迫盛京,法煽乱民于南以取滇粤",提出变成法、通下情、慎左右三事。返粤后,受今文经学家廖平启示,"明今学之正"。1890—1893年,在广州、桂林聚徒讲学,著有《长兴学记》、《桂学答问》,主张"勉强为学,务

---

① 参考了陈科华著《儒家中庸之道》研究中的部分相关内容。

402

在逆乎常纬"。运用今文经学讲求变革,将《公羊传》的"三统"说阐发为"改制"、"因革"的理论,"三世"说推演为"乱世"、"升平世"("小康")、"太平世"("大同")的社会历史的演变程序,认为只有变法,才能使中国富强,最后达到"大同"的境界。1891年,刊印《新学伪经考》,谓东汉以来经学,多出刘歆伪造,是新莽一朝之学,"非孔子之经"(见经今古文学)。用以推翻古文经学"述而不作"的旧说,打击封建顽固派的"恪守祖训",为扫除变法维新的障碍准备理论条件。继又编纂《孔子改制考》,尊孔子为教主,用孔教名义,提出变法要求。1894年,中日甲午战争爆发。次年,《马关条约》签订时,他正在北京应会试。听到与日本议和,割让奉天沿边及台湾一省的消息,震惊愤慨,于5月2日联合在北京会试的举人一千三百余人发动"公车上书",极陈时局忧危,请求拒和、迁都、练兵、变法,并在政治、经济、文教等各个方面,提出了具体改革措施,初步形成资产阶级改良主义的变法纲领。会试榜发,康得中进士,授工部主事。5月29日,在《上清帝第三书》中,再次阐述变法的理由和步骤,提出富国、养民、养士、练兵的自强雪耻之策。接着,又上"第四书",正式提出"设议院以通下情"的主张。8月17日,创《万国公报》,宣传"新法之益"。11月中旬(一说为八月),与帝党开明官僚文廷式、陈炽等创立强学会,改《万国公报》为《中外纪闻》。随后赴上海设强学会,创《强学报》,推动各地设立学会、报馆、鼓吹变法维新。1897年11月,德国强占胶州湾,康又赶赴北京,上书光绪帝,要求"采法俄、日以定国是,大集群才而谋变政,听任疆臣各自变法",还向光绪帝提出不变法即将亡国的严重警告。1898年1月24日,光绪帝命王、大臣传康有为到总理各国事务衙门问话。康批驳了荣禄"祖宗之法不可变"的顽固思想与李鸿章维持现状的保守思想,讲述了变法的必要性和具体措施。经翁同龢奏报推荐,康有为上书统筹全局,请誓群臣以定国是,设制度局以行新制。4月,于北京成立保国会,以"保国、保种、保教"为宗旨。根据翁同龢、徐致靖、杨深秀等人建议,光绪帝于6月11日下诏明定国是,宣布变法。康有为亦于6月16日被光绪帝召见,深得倚重。康又将所撰《俄大彼得变法考》、《日本变政考》等进呈。在维新变法期间,康有为迭上奏折,起草诏令,对政治、经济、军事、文教等方面提出改革建议,与谭嗣同等全力策划新政,期望按照西方资本主义国家模式改变中国的国家制度和社会制度,挽救民族危亡。康有为等维新派人士在光绪帝支持下,联合一部分帝党官僚,虽然力排旧议,锐意维新,但遭到以慈禧太后为首的顽固势力的极力反对,时时准备扑灭新政。9月21日,慈禧太后发动政变,以"结党营私,莠言乱政"为名,将康通缉。康有为由北京逃沪转港,又离港赴日,旋抵加拿大,越大西洋赴英国,再返加拿大。1899年7月20日,与李福基等创设保皇会,以保救光绪帝,排除慈禧太后、荣禄、刚毅等顽固势力为宗旨,成为保皇派首领。1901—1903年间,他在印度撰《大同书》、《中庸注》、《论语注》、《春秋笔削微言大义考》诸书,阐述"循序渐进"、"不能躐等"的改制说,反对资产阶级革命运动。1907年,改保皇会为国民宪政会(后正式定为"帝国宪政会"),成为推动清政府实施宪政的政治团体。辛亥革命成功后,康仍以为"共和政体不能行于中国",鼓吹"虚君共和"。1913年返国,在上海主编《不忍》杂志,发表反对共和、保存国粹的言论,并任孔教会会长。1917年和张勋策划溥仪复辟,迅告失败。晚年在上海办天游学院,讲授国学。

　　康生平著作甚丰,有人统计,达一百三十九种。辑成《康南海先生遗著汇刊》、《万木草堂遗稿》、《万木草堂遗稿外编》等。

　　晚清之世,国势积弱,康有为托古改制以行变法,所以于时中之道多有发明。

（一）变易的思想

甲午战争前，康有为已经开始论述改革的必要性，但此时他还囿于"天变"的传统范畴之内，他所选择的变革也没有摆脱皇权的窠臼。甲午战争的惨败促使康有为意识到，中国的改革需要新的方向，于是他化合中西，构筑了以阴阳为框架，以进化论为核心的变易理论，使传统儒家的时中观有了新的发展方向。

康有为较多地接触到了西方文化，因而他除了主张发展近代国防、经济和教育以外，在自然观方面接受了近代科学的自然进化观，他还以康德的"星云说"改造了中国的"元气说"，指出原始星云的相对物质运动是天体演化的原因。他说：

> 天地之理，阴阳而已。其发于气，阳为湿热，阴为干冷。湿热则生发，干冷则枯槁，二者循环相乘，无有终始极也。①

在康有为看来，这个变化中的宇宙又是分层次的和无限扩展的。物质的演化也经历了从简单到复杂，从低级到高级的发展过程。他说：

> 于无极，无无极之始，有湿热之气郁蒸而为天。诸天皆得此湿热之气，辗转而相生焉。近天得湿热之气，乃生诸日，日得湿热之气，乃生诸地，地得湿热之气，蒸郁而草木生焉，而禽兽生焉，已而人类生焉。②

---

① 康有为：《康有为政论集》，中华书局1998年版，第17页。
② 同上。

在这里，康有为论证了宇宙之中天、地、万物和人都在不断地演进变化，承认了时空运动的无限性。

在此基础上，康有为改造了中国传统的变易思想，将进化论纳入到阴阳体系之中，使之成为阴或阳的一极。他指出，自然界的一切事物都处于永恒的发展变化之中，大至宇宙天体，小至花鸟虫鱼，概莫能外。即使人类自身也是历经了千万年的变化而成，因而人类历史也是不断发展的，社会政治制度不会一成不变。他认为在历史发展过程中，不但应该因时制宜，根据实际情况随时调整改变治国方法，而且存在着权力基础不断扩大，权力要素逐渐下移的历史趋势。据此他提出了社会发展的三个阶段：据乱世、升平世、太平世。人类历史沿着三世递嬗而进。他说：

> 乱世之后，进以升平，升平之后，进以太平，愈改而愈进。[1]

即从君主专制变为君主立宪，再变为民主共和。随着政体的变更，人类历史不断向更高层次发展，不存在周而复始的循环。

康有为认为事物内部的矛盾是事物变易的动力。他以进化论改造了传统的阴阳观，指出对立面的竞争是事物发展的动力，"物必有两，而后有争"，"进化之道，全赖人心之竞，乃臻文明"。[2] 竞争使人才辈出，国家进步，而"优胜劣败，乃天然之则"。[3] 由此，康有为把进化论纳入了阴阳体系。他认为，所谓进化是指自然界和人类社会中由低级到高级，由简单到复杂的物质的存在状态和运动方式，特别是两个平衡状态之间事物的存在

---

[1] 康有为：《孔子改制考》，中国人民大学出版社2010年版，第284页。
[2] 康有为：《论语注》卷3，中华书局1984年版。
[3] 康有为：《大同书》，中国人民大学出版社2010年版。

状态和运动方式，因而突变与渐变，运动与静止等都是一种对立而和谐的关系。尽管这种新型变易观重视权力基础的下移和扩大，但康有为始终认为对立而和谐的阴阳关系是永恒的、万古不变的。因而他把平衡态看做事物存在的常态和变易的归宿。在他看来，有世界就有阴阳，有阴阳就有对待，阴阳的消长打破了平衡，便开始了进化，直至在新的对待基础上重新达到对立而和谐的平衡。

(二) 大同理想

大同社会是儒家憧憬的最高理想社会，是天人合一的最高境界。传统儒家理想中，大同社会的基本特点是：大道畅行，"天下为公"，因而能"选贤与能，讲信修睦"。人们不只是亲爱其父母，爱抚其子女，而且要"使老有所终，壮有所用，幼有所长，鳏寡孤独废疾者皆有所养"，阴谋欺诈不兴，盗窃祸乱不起。与大同相对应的是"小康"。小康社会的基本特点是，大道隐没，"天下为家"，因而人们"各亲其亲，各子其子"，与这种贫富不均，贵贱不相等的相适应，产生了一系列的典章制度，伦理道德，"以正君臣，以笃父子，以睦兄弟，以和夫妇"。这种社会显然不如"大同"世界那样和谐，但毕竟还有正常秩序，有礼、仁、信、义，故称小康，这种社会实际上是描述了私有财产产生后夏、商、周三代相继而起的"盛世"，这是儒家认为可以达到并力促实现的现实目标。

康有为在此基础上写出《大同书》。康有为把"仁"作为其哲学体系中的最高范畴。他吸纳西学中的"博爱"观念，对传统儒家的仁爱观念加以重新解释，从而得出其独特的"博爱"思想。他明确提出："仁者，博爱。"[1] 康有为以"仁"为体，

---

[1] 康有为：《孟子微·礼运注·中庸注》，中华书局1987年版，第238页。

"博爱"为用;"博爱"是本"仁"而具有的德性,是"仁"在现实中的发用流行。他说:

> 仁者,在天为生生之理,在人为博爱之德。①

但是,西方的博爱思想渊源于对上帝、对世人的善、爱,在理论上没有差等,而儒家的"仁爱"则容纳、包含在"礼"的规约之中,是由亲及疏、由近及远而达于"泛爱众"的推己及人的过程,有远近亲疏之分和等差之别。对于二者的差异,康有为将"仁"道的推行与进化论结合,从他的新仁学的观点,给予了合理解释。他说:

> 仁从二人,人道相偶,有吸引之意,即爱力也……然爱力者甚大,无所不爱,从何而起?孔子之道分三等,亲亲、仁民、爱物,而道本于身,施由亲始,故爱亲为最大焉……盖仁者无所不爱,而行之不能无断限。②

儒家的博爱是一个不间断的实行过程,是由"孝弟为始,亲亲为大"、由家、国渐至"泛爱天下"的不断推展,与西方以上帝为根据而宣扬"博爱"的空洞理论相比,儒家的"博爱"观更合乎人伦之常情,更具有现实可行性。康有为还把"仁"的推及过程同他的"三世说"结合起来,形成"仁"的进化序列,从另一个方面论证和阐明其博爱思想。他认为,"仁"的具体展现形态是不断发展变化的,历史的进化发展过程就是"仁"不断扩充、不断实现其自身的过程。他说:

---

① 谢遐龄:《变法以至生平》,上海远东出版社1997年版,第214页。
② 《孟子微·礼运注·中庸注》,第208页。

> 孔子立三世之法，据乱世仁不能远，故但亲亲；升平世，仁及同类，故能仁民；太平世，众生如一，故兼爱物。仁既有等差，亦因世为进退大小。①

三世义是孔子的根本大义，而三世的进化过程也就是"仁"道不断展开的过程，是"仁"不断接近其目标的过程。随着社会形态的演进，"爱有差等"将会被"爱无差等"所取代，到了太平之世，一切平等，远近大小如一，也就实现了"爱无差等"、泛爱天下万物的"仁"的目标。康有为将"亲亲"、"仁民"、"爱物"分别与"据乱世"、"升平世"、"太平世"相匹配，把传统儒家思想中的"爱有差等"转化成了不同社会形态之间的"爱有差等"，西学中的"博爱"成了"仁"道在"升平世"中展现的具体形态，成为"仁"道实现过程中的一个环节。

康有为的"仁"与博爱、与自主平等紧密相连、融会贯通。康从本体论推出他的人性论，又由人性观点推出了孔教中的人人平等之说，他认为：

> 夫性者受天命之自然……不独人有之，禽兽有之，草木亦有之……若名之曰人，性必不远。故孔子曰：性相近也。'夫相近则平等之谓，故有性无学，人人相等，同是食味别声被色，无所谓小人，无所谓大人也。②

既然人类皆本于元气而生，皆具有"仁"性，那么在自然本质上人与人之间当是平等而相近，都有同样的人性、气质、欲求和

---

① 康有为：《孟子微·礼运注·中庸注》，第11—12页。
② 康有为：《康有为全集》卷1，上海古籍出版社1987年版，第547页。

权利。皇帝与平民、君子与野人并没有先天的差异和不平等。正是在这种自然人性论的意义上，康有为从"仁"引申出了近代意义上的"天赋人权"类型的平等思想。他说：

> 盖人人皆天所生，无分贵贱，生命平等，人身平等。①
> 人人性善，文王亦不过性善，故文王与人平等相同……凡人亦可自立为圣人。②

康有为认为人人皆独立平等，皆可自立为圣人，则人人皆可自由自主，独立发展。他说：

> 人为天之生，人人直隶于天，人人自立自由。不能自立，为人所加，是六极之弱而无刚德，天演听之，人理则不可也。人各有界，若侵犯人之界，是压人之自立自由，悖天定之公理，尤不可也。③

在康有为的视野之中，近代西方所宣扬的自由、平等、博爱之说并非新奇之论，而是早已包含在孔教之中的浅说，是"仁"本有之含义；倡导呼吁自由、平等、博爱的实行，也不是谄媚于西方，废祖宗之法而不顾，而是对传统的回归，对孔子真义的发扬。虽然康一再宣称博爱思想是本孔子之意而来，自由、平等观念也是孔孟儒家的原有之意，但是，建立在西方进化论和平等观基础上的康氏的"自由、平等、博爱"已与孔孟儒家的"仁爱"思想有了根本不同，康有为接受了西方近代的人道主义和民主思

---

① 康有为：《孟子微·礼运注·中庸注》，第96页。
② 同上书，第14—15页。
③ 康有为：《论语注》，第8页。

想，为"仁"注入了近代民主主义的内容，其"仁学"已明显呈现出资产阶级人道主义的精神色彩。

康有为以儒家哲学的变易观为基础，以"仁"作为历史发展的动源，融入西方的进化论对传统的"公羊三世说"加以改造，从中推衍出近代西方民主政治制度，勾勒出理想的大同世界，重新建构起"仁学"体系中的进化历史观。

"三世说"源于《春秋公羊传》，是从公羊学中附会而来。在《春秋》中，有"隐公元年冬十二月，公子益师卒"一事的记载，《公羊传》的作者公羊高加以解释说："何以不日？远也。所见异辞，所闻异辞，所传闻异辞"。西汉董仲舒对此再做发挥，明确地把"所见"、"所闻"、"所传闻"作为划分不同历史阶段的标志，由此铺衍成为公羊学派的"三世"历史观。东汉今文经学家何休继承并发展了董仲舒的观点，将"所见"、"所闻"、"所传闻"与"异内外"相结合，勾画出"太平世"、"升平世"、"据乱世"等人类历史发展的三个不同时期。

康有为秉承公羊家之理路，将西方近代自然科学知识、进化论学说及政治思想灌注到"三世"说之中，"硬说'公羊三世'是孔子提出来的历史进化的三个阶段，把他说成是孔子在《春秋》中所讲的极重要的'微言大义'。他又把'公羊三世说'同《礼记·礼运》的'大同''小康'说扯在一起，把'升平世'叫作'小康'，'太平世'叫作'大同'。康有为的历史观虽然披上了'公羊三世'、'大同小康'的古老外衣，但是他所阐发的并不是什么孔子的'微言'，而是进化论"[1]。他说：

> 人道进化，皆有定位，自族制而为部落，而成国家，由国家而成大统；由独人而渐立酋长，由酋长而渐正君臣，由

---

[1] 张锡勤：《中国近代思想史》，黑龙江人民出版社1988年版，第215页。

君主而渐至立宪,由立宪而渐为共和;由独人而渐为夫妇,由夫妇而渐定父子,由父子而兼而锡类,由锡类而渐为大同,于是复为独人。盖自据乱进为升平,升平进为太平,进化有渐,因革有由,验之万国,莫不同风……孔子之为《春秋》,张为三世……盖推进化之理为之。①

人类社会是一由低级走向高级,由野蛮走向文明的历史过程,由"据乱"到"升平"直至"大同",由"专制"到"立宪"再到"共和"的社会的发展进化是不可阻止、不可更移的客观历史规律。"三世"进化不仅是一个时间延续和政体沿革的过程,而且包含着道德的进步和文明的发展等具体丰富的内容。衰乱之世,社会出于洪荒蒙昧的野蛮状态,人文教化不明,人近于禽兽,仁爱不行,争乱不休,团体涣散,故应当立君主、行专制,以凝聚人心,教化众人;至升平之世,文明进化,道德进步,人权昌明,尊卑贵贱的差别逐渐消失,人人讲求自由、自立、自主,故行立宪,弱君权而强民权,实行君民共主;至太平之世,文教全备,仁爱流行,人类文明发展到极高的程度,人人自由自主,独立平等,天下同于一家,社会至于大同,故行民主。

在康氏的三世进化说中,行立宪、尚民主被看成了儒家本有之义,只是由于儒家经典"存空文"而不行,微言大义被湮没而不彰,才导致朝廷不知更化改制,致使国家贫弱落后。而在中国文教已明,已由据乱之世进入升平之时,以君主立宪代替专制体制,既已势在必行,也符合先圣之本意。

从政治方面看,康有为对传统"三世说"的重新诠释,是为变法改革提供传统中的理论依据,以减轻顽固守旧势力的阻力;就学术方面而言,这也是他利用"公羊学"之方法,从传

---

① 康有为:《论语注》,第23页。

统儒学之中推补出西方近代政治学说、立宪原则和民主制度的一种尝试，是儒家政治哲学体系由传统转向近代的标志。

在康有为的社会历史观中，"三世"发展不仅与政治体制的演变相联系，而且与小康、大同等社会状况相匹配，为人类勾画出了美妙的前景。依据康氏的观点，在"仁"道的推动之下，人类社会的发展最终必然要达到"人人平等"、"大仁盎盎"的大同世界。

在儒家传统中，大同思想早已有之。与道家通过"自然无为"而达于"玄同"和佛教脱离现实、追求彼岸世界的极乐不同，儒家的大同理想的实现是以"践仁"为基础，"仁"的普遍实现也就达到了人类大同。康有为秉承儒家传统，以"仁爱"为基础探讨人类社会的发展。在他看来，丧失了"仁"，则将文明尽丧，人道将不复存在，人类将处于野蛮混沌之中，于禽兽无二；而有了"仁"，人类才能组成社会，才能不断进步而进入"至平"、"至公"、"至仁"、"至乐无苦"的大同世界。在大同社会里，生产力高度发达，科学技术和物质文明充分发展，物质财富极大丰富，人人自由、平等，个人的权利得以充分实现，个性获得完全解放，国与国之间界限消亡，私有财产消灭，阶级差别取消，宗法家庭制度斩除，种群差别消失，人与人之间相互关爱，"仁"道完全实现，人人过着自由、平等、幸福的生活。

康有为融合佛教的"普度众生"、"极乐世界"和基督教的"天堂"、"博爱"等重要观念，吸纳西方的近代自然科学知识、民主思想和空想社会主义思想，以儒家的"仁学"和"三世说"为基础，建造起了美妙人间乐土。与基督教的天堂、佛教的极乐世界相比，康有为将人类最终的理想归宿由彼岸拉回到此岸，由天国回到人间，现实世界中的人类大同就是人间乐土，人类进入乐土的途径不是灵魂的飞升和神秘的涅槃，而是仁心的发用流行和科技文明的进步。从《大同书》的内容来看，康有为的大同理想与古代儒家传统中的大同思想有了本质的不同,经他的推补,古代儒家的大同思想被赋予了新的时代内涵,成为一个充满东方文化色彩和世界意识的思想体系,在新的历史条件下实现了对传统儒家思想的超越性发展。①

二 孙中山的中庸思想

孙中山(1866—1925年)名文,字逸仙,广东香山(今广东中山)人,中国近代民主革命的先行者。早年主张政治革新。1894年,在檀香山组织第一个中国资产阶级革命团体兴中会,1895年以孙中山为首的兴中会联合华兴会、光复会,在日本东京成立全国性的革命政党中国同盟会,孙中山被推为总理,确立了"驱除鞑虏,恢复中华,建立民国,平均地权"的革命纲领,提倡民族、民权、民生的"三民主义"学说,多次发动反清武装起义。1912年1月1日在南京就任中华民国大总统。辛亥革命失败以后,发起了讨伐袁世凯的"二次革命"以及"护法战争"。1924年1月在中国国民党第一次全国代表大会上,通过宣言,实行了联俄、联共、扶助农工三大政策,将旧三民主义发展为新三民主义。1925年3月孙中山在北京逝世。孙中山为中国革命事业奋斗了一辈子,鞠躬尽瘁,死而后已。

孙中山所处的时代,是政治大变革的时代,同时也是中国社会文化转型的特殊历史时期。孙中山在致力于推翻帝制缔造共和的革命过程中,也对中国的传统文化及其与革命、建国的关系进行了理性的思考。

孙中山在肯定当时中华文化从总体上落后于西方文化的前提

---

① 以上参考了范玉秋《康有为"新仁学"的建构及其历史价值》的部分内容(http://www.hongdao.net)。

下，指出了中华文化传统也有许多积极的方面，他说：

> 持中国近代之文明以比欧美，在物质方面不逮固甚远，其在心性方面，虽不如彼者亦多，而能与彼颉颃者正不少，即胜彼者，亦间有三。①

关于在《中庸》、《大学》中，逐渐完善起来的"修、齐、治、平"的理论，以及注重"内圣外王"的精神，孙中山认为在这一理论的指导下，就可以：

> 把一个人从内发扬到外，由一个人的内部做起，推到平天下止，像这样精微开展的理论，无论外国什么政治哲学家都没有见到，都没有说出，这就是我们政治哲学的知识中独有的宝贝。②

他认为，西方资本主义文化也有它的阴暗面，如财富的过于集中，贫富的不均，道德的沦丧，社会动乱不已。因而，孙中山在反对封建帝制的同时，他也提出了中国不能一味效仿西方的变革之路，而应将政治革命和社会革命"毕其功于一役"。毫无疑问，孙中山所选择的道路乃是一条"中庸"之路。这就是孙中山所追求的"三民主义"。这个凝结了他毕生心血的思想结晶，就贯彻了中道思想，取中西文化之精华而"融贯之"。诚如他所说：

> 余之谋中国革命，其所持主义，有因袭吾国固有之思想

---

① 《孙中山全集》第6卷，中华书局1985年版，第180页。
② 《孙中山全集》第9卷，中华书局1985年版，第247页。

者,有规抚欧洲之学说事迹者,有吾所独见而创获者,……一民族主义。……二民权主义。……三民生主义。①

民族主义反对列强侵略,主张各民族平等,承认民族自决权;民权主义打倒君主专制,倡行民主政治,立法、司法、行政、考试、监察五权分立;民生主义实行耕者有其田,节制私人资本。孙中山的这一政治主张,既有从西方学来的而又有反西方帝国主义内容的,不同于中国封建专制政治内容的政治理论。三民主义概括了民主革命的任务,顺应了近代了历史趋向,尽管有历史的局限性,但基本体现了人民的愿望。

一个时代有一个时代要解决的历史任务,同样,一个时期也有一个时期的历史任务。作为一个站在历史前沿的伟人,孙中山不断地总结历史经验,把革命引向正途。辛亥革命建立了中华民国,是当时世界上少数几个推翻封建统治,不设君主立宪,直接建立民主共和制的国家之一。这是中国历史上一次历史性的重大变革。然而,辛亥革命后,孙中山所领导的国民党经历了一段坎坷的年代,孙中山的革命思想也发生了变化,从资产阶级单独领导旧民主主义革命,开始向联合其他革命力量走新民主主义革命道路的转移。孙中山把旧三民主义作了重新的解释,发展为新三民主义,体现了孙中山与时俱进的品质。从以上我们可知,孙中山受传统思想即中庸之道思想的影响是极其深刻的。

孙中山在构建新时代的伦理道德思想方面也走了一条中庸之道。辛亥革命的胜利果实为袁世凯所窃取。痛定思痛,孙中山认为,除了敌人的阴谋诡计之外,世道人心的不古,道德的沦丧也是导致革命失败的重要原因。因而孙中山提出:

---

① 《孙中山全集》第7卷,中华书局1985年版,第60页。

> 我们人类的天职……最重要的,就是要令人群社会,天天进步。要人类天天进步的方法,当然是合大家的力量,用一种总值互相劝勉,彼此身体力行,造成顶好的人格。人类的人格既好,社会当然进步。①

致使孙中山道德救国的思想意识得到强化,他甚至认为近世以来中国日渐贫弱,其原因归咎于民族精神的缺乏。他说:

> 我们失去了民族的精神,所以国家便一天退步一天。②

这种思想的产生与他对西方社会的深入了解以及对西方文明的理智思考亦分不开。

孙中山长期生活在海外,认识到了西方文明的缺陷:只注重物质繁荣。他认为,工业革命虽然带来了物质的繁荣,但"其施福惠于人群者为极少数,而加痛苦于人群者为大多数也。所以一经工业革命之后,则社会革命之风渐弱,因之大作矣"③。并以此作为教训,认为:

> 发展文明,非关于财富一面,并负谋人民执幸福与安全。④

孙中山审视西方文明,并由此促使他同西方文明疏离,而向传统文化复归。

孙中山对传统文化的复归和继承,并非是照搬原有的一切,

---

① 《孙中山全集》第8卷,第315—316页。
② 《孙中山全集》第9卷,第232页。
③ 《孙中山全集》第6卷,第178页。
④ 同上书,第525页。

而是表现了极强的灵活性及思辨性。中庸之道的"时中"论和权变思想对他起到了重要的指导作用。他曾说：

> 如能用古人而不为古人所惑，能役古人而不为古人所奴，则载籍皆似为我调查，而使古人为我书记，多多益善矣。①

因而，孙中山在借鉴传统道德资源时，能够因时变通，做到了古为今用。

《中庸》的二十章说：

> 天下之达道五，所以行之者三。

"五达道"是指君臣、父子、夫妇、兄弟、朋友。"行之者三"则是指"三达德"。"三达德"包括知、仁、勇。孙中山用《中庸》的知、仁、勇三种德目去教育军队，把这种道德思想贯穿在他对军队的建设之中。"知"是指智慧，聪明有见识，即能别是非、明利害、知己彼。"仁"是指仁爱，就是为了人民和国家的利益不惜牺牲生命。在孙中山看来，"我死则国生，我生则国死"，"军人之为国家效死，死重于泰山"②。他将"勇"解释为不怕，即不怕死，不怕为革命、为创造新世界而死。但孙中山又反对蛮干，强调"须为有主义、有目的、有知识之勇始可，否则逞一时之意气，勇于私斗，而怯于公战，谈用其勇，害乃滋甚"③。

孙中山对我国传统的知行关系理论也做出了新的发展。首

---

① 《孙中山全集》第 6 卷，第 180 页。
② 同上书，第 34 页。
③ 同上书，第 30 页。

先，孙中山对知行关系作了新的阐述。孙中山鉴于传统的"知易行难"说可导致世人习于旧闻而不求新知，溺于空言而畏于实行之弊，提出了"知难行易"论。不仅肯定了"能知必能行"，而且认为"不知亦能行"。他论述人类获得知识的过程说：

> 其始则不知而行之，其继则行之而后知之，其终则因已知而更进于行。

于是便得出了"行先于知"的结论。

孙中山之所以提出"知难行易"论，他认为辛亥革命失败后，革命党人所以丧失信心，就在于他们长期以来受"知易行难"思想的束缚，"不知则不欲行，知之又不能行"，因此，孙中山把知行问题看成是对革命党人思想建设的基础，鼓励党人"无所畏而乐于行"。

孙中山的"知难行易"说，表现了比较明显的重知特色。孙中山教人们首先懂得所要做的事情的道理、意义，这样人们就会知为何去做，在遇到困难、挫折时不至于灰心、退缩，甚至背叛革命。可见这种观点在政治上有进步的一面，但是，孙中山"知难行易"说，又从根本上轻视实践的作用。

历代儒者对"知"与"行"的先后、分合、轻重、难易等方面有着不同的见解。而实际上，对于行知的分合问题，既不能完全割裂，也不能完全合一；而是两者既有区别，又有联系。正因"知"、"行"各有其功用，才能相资为用而达到统一。对于知行的轻重问题，应该说二者都不可偏废，但是若从根本上探究，人之所以要致知，是为了更好地达到"行"，只有把"知"落到"行"之中，才能检验知的真伪和实现其功效。而孙中山的知行观，对于当时的社会实践和革命实际而言，是有其积极作用的。

总之，孙中山将传统的中庸之道发展到了一个新的高度。

第八章 中庸之道及其现代价值

纵观中庸问题的发展历史,我们可以对中庸之道作如下概括。中庸之道是儒家的最高哲学范畴,是儒家的道德准则和思想方法。

首先,中庸是一种"至德",如《论语·雍也》:"中庸之为德也,共至矣乎!民鲜久矣。"孔子认为,中庸为"至德",其地位至高无上。而中庸的核心是"诚",作为德性规范,广泛作用于社会、思想道德以及自然各领域。其功用则表现为"正己"、"正人"和"成己"、"成物"。"诚"在中庸中有两大特质:一是由下而上,为天人合一之道;一是由内而外,为内圣外王之道。作为德性理论,中庸之道教育人们进行自我修养,把自己培养成至仁、至诚、至善、至德、至道、至圣,合内外之道的理想人格和理想人物,以达到"致中和,天地位焉,万物育焉"天人合一的境界。

其次,中庸之道作为一种思想方法,它含有"尚中"、"尚和"两个方面。

"尚中",即崇尚中正不偏之意。它既是一种方法原则,又包含对行为结果的要求。"尚中",我们可以从以下方面理解:其一是"执两用中"。孔子主张研究事物两端的道理,"叩其两端而竭焉"[①]。其二是"以礼制中"。孔子用中有一个原则标

---

① 《论语·子罕篇》。

准，即指"礼"。其三是"固时而中"。这种"中"具有动态的概念，不是一成不变的僵死的原则，"中"具有因时变化的特点。《中庸》就说："君子之中庸也，君子而时中。"时中就是随时处中，把中的原则性和灵活性结合起来，更具有合理性。

"尚和"，强调矛盾事物的统一、和谐。《论语·子路》载孔子的话："君子和而不同，小人同而不和。"他主张人与人之间的关系和谐一致。"尚和"还含有"中和"的意义。其中，"和"是"中"的目标和结果，"中"是"和"的前提和保证；无"中"便无"和"，"中"与"和"互相联系、相互依存的。但是，"和"仅体现了事物的表层状态，而"中"则作为事物的本质和精神内藏于事物之中。《中庸》说："中也者，天下之大本也；和也者，天下之达道也。"又说："致中和，天地位焉，万物育焉。"由此可知，中庸之道亦是中和之道，然而亦为天地之道，亦为人行事之道。它合一天人，使自然界和人类社会和谐无间。

中庸从亲亲之仁出发，以人的道德自律为途径，以"致中和"为其宗旨，最终达到内圣外王的理想境界。中庸之道对于强化中华民族文化心理中"尚和"的价值取向，起到了推动作用。中庸之道作为一种政治与道德形态，对于中国社会的和谐和发展以及维系几千年的统一，起到了极其重要的作用。因而，行中庸，执中道，致中和，便成为中国传统文化的核心内容之一，中庸思想、中和情节，时时刻刻地影响着我们个人和社会。今天，我们全面而客观地评价中庸之道，深刻地理解和把握其合理内容及实质，汲取其思想精华，对于推动当今中国现代化的进程和社会主义道德建设具有重要的意义。同时，当今世界，在全球一体化的发展趋势之下，中庸思想和价值观对全球化的价值思维也有着指导意义。

第一，以求人际关系的和谐，以修身为本。

正确贯彻中庸之道，首先就要修身。《大学》中指出："物格而后知至；知至而后意诚；意诚而后心正；心正而后身修。"《中庸》也说："故君子不可以不修身；思修身，不可以不事亲；思事亲，不可以不知人；思知人，不可以不知天。"修身是儒家内圣的根本，知人是外王的基础，和天合一，方可以由内而外，达到内圣外王的境界。要达到与人际关系的和谐，即在处理自身与他人、与社会的关系上，首先要搞好自身的道德修养，养仁爱之心，行忠恕之道。《中庸》第十三章中说："忠恕违道不远，施诸己而愿，亦勿施于人。"它所倡导的对人如己、推己及人，以求人与人的理解、尊重、信任，也是我们今天处理人际关系的伦理精神与原则。

今天，我国的经济高速发展，是我国历史上任何一个时期也不可比拟的。经济的高速发展，使我们人民的物质生活水平有了极大提高。但是在当今的经济大潮之中，精神文明建设滞后的现象也日益突出。道德作为社会生活中的重要的意识形态，对经济基础的反作用也是巨大的。然而，人们忽视自身的道德修养，甚至用经济取代和决定人们道德素质的培养，从而造成道德的大面积滑坡现象，造成了人与人之间关系的某些扭曲，一切向钱看，而缺乏仁爱之心。这应该说是对我们的惩罚。中庸之道的修身，就是讲礼、义之道，今天我们更应懂得做人之道，加强个人的道德修养，增强道德责任感和道德自尊心，加强包括社会主义道德和共产主义道德建设内容在内的社会主义精神文明建设。只有如此，才能从整体上提高我们民族的道德素养，才能适应经济建设的需要。

第二，中庸之道的"天人合一"思想与我国的可持续发展战略。

可持续发展的思想是对不可持续发展的否定和反思。社会发展至工业文明时代，一方面显示了人对自然征服和改造的力量，另一方面，又造成了对自然的严重破坏。就世界范围来说，主要表现在环境污染、生态破坏、资源耗竭、气候变暖等。就我国而言，还表现在，众多的人口，相对短缺的资源，自然生态的失衡等，严重制约着我国经济的发展。于是，人们反思工业文明的道路，认为这是一条不可持续发展的道路。在当今世界，人们在追求经济增长的同时，从人类的生存环境、生活质量和长远利益出发，将社会、人口、环境、资源问题等提上议事日程，不仅确认人类自身的发展权力，并且强调人和自然的协调发展，从而确立一种新的文明观，即可持续发展的观点。这一理论最本质的创新，在价值观上，从过去的人与自然的对立转变为和谐的关系；在发展观上，从过去单纯的经济目标转变为以经济、社会和自然综合协调发展为目标。

可持续发展的核心问题，其实质是人与自然之间的矛盾问题。而中庸之道的"天人合一"思想，为解决这一矛盾提供了可借鉴的思想资料。

《中庸》一书中讲到"诚"。"诚"的一个重要物质就是"天人合一"之道。《中庸》第二十章曾特别指明："诚者，天之道；诚之者，人之道。"中庸所主张的"天人合一"，认为人类与自然界的关系，是息息相通、和谐一体的。《中庸》第三十章说："辟如天地之无不持载，无不覆帱；辟如四时之错行，如日月之代明。万物并育而不相害，道并行而不相悖。小德川流，大德敦化，此天地之所以为大也。"中庸之道把万物之间的发展变化看做是相互联系并且是和谐平衡的运动。《中庸》第一章说："中也者，天下之大本也；和也者，天下之达道也。致中和，天地位焉，万物育焉。"中庸认为天地与万物构成一个和谐的整体，而人与自然则是共存共生。因此，中庸之道不是把天、地、人孤立起来考虑，而是把三者放在一个大系统中作整体把握，强调天人的和谐。不仅如此,中庸之道还认为,人有责任"成物"。《易系辞传》说:"天地之大德曰生。"《中庸》第二十六章说:"天地之道,可一言而尽也:共为物不贰,则其生物不测。"这段话首先告诉我们,天地之道,生生不息。"其为物不贰",故每一事物都有自己的独特价值,都有生生的必要;"其生物不测",即可以造成形形色色、千变万化的世界。人的天赋责任,就是要实现自然界的"生道",而不是为了人类自身的利益去破坏自然界的生生之德。这就要求人们在维护生态平衡的基础上合理开发自然,规范人类对自然的行为,把人的生产方式、生活消费方式限制在生态系统所能承受的范围之内。

《中庸》第二十二章说:"唯天下至诚,能尽其性;能尽其性,则能尽人之性;能尽人之性,则能尽物之性;能尽物之性,则可以赞天地之化育;可以赞天地之化育,则可以与天地参矣。"可持续发展是从"尽物之性"开始的,但可持续发展却是在"尽人之性"与"尽物之性"的统一中实现。人能改造自然,但人又是自然的一部分,在这个意义上,"尽人之性"也包含着人与自然的关系。中国 21 世纪的发展应是可持续发展,这就需要我们做到在向自然索取的同时要善待自然。善待自然,也就是善待我们自己的生命,善待我们的子孙后代。

因此,我们可以说,中庸之道的"天人合一"思想不仅是个哲学命题、伦理学命题,同时它对于我们今天重新审视人与自然的关系;实施可持续发展战略,具有重要的意义。

第三,中庸之道的理性精神,对处理目前的国际关系有现实的指导意义。

中庸之道,"不偏之谓中,不易之谓庸",中庸乃是用中之常道,以中行事,不走极端。它的最大特色是情与理的平衡,是一种理性精神。中庸又具有宽容包纳、和而不同的内涵。中庸之道的上述思想对于指导处理目前的国际关系有重要作用。

进入 21 世纪后,世界各国人民更加渴望和平,追求经济发展和繁荣,和平与发展已成为时代的主题。然而,国际霸权主义和国际恐怖主义却越来越猖獗,成为严重影响世界和平与发展的两种破坏力量。极端主义是霸权主义和恐怖主义的共同特征,是反理性的。国际霸权主义也称之为单边主义,从自己的狭隘利益出发,往往把自己的政治主张,强加于世界人民,甚至不惜动用武力,威胁世界和平。国际恐怖主义是从民族和宗教极端狂热中孕育而生的,它提倡民族仇恨和宗教暴力,蔑视世界秩序,甚至不惜滥伤无辜,是一种暴力的狂热。霸权主义和恐怖主义是一对毒瘤,国际恐怖主义往往借口反霸权主义来进行国际犯罪活动,而霸权主义的势力扩张也为恐怖主义提供了借口;霸权主义也往往借口反对恐怖主义向世界各地推行单边主义。也正是它的蛮横的霸道行径,更激发了民族和宗教的极端主义,从而为更激烈的恐怖主义提供了口舌和活动的空间。因此,在一定意义上说,霸权主义和恐怖主义相依共生。

中庸之道是一种高于理性精神的学说,因而,我们面对国际霸权主义和恐怖主义,要大力弘扬中庸之道的理性,克服国际活动中的各种偏激行为。

今天国际社会存在着许多不同的文明类型,如中国与东亚文明、欧美文明、印度文明、阿拉伯文明等。不同的文明各有自己的价值观以及与之相适应的社会行为方式。世界文化是多元的,多元文化的并存,才可以使世界呈现的多彩。孔子提出"和而不同"的理念,认为多样事物之间,可以和谐共处,互补共进。《中庸》提出"万物并育而不相害,道并行而不悖"。《周易·大传》认为"天下一致而百虑,同归而殊途"。这些观念,使我们认识到,世界上的各种文明,可以共生共长,并且文化上的多元性也并不会妨碍人类,虽"殊途"而"同归"的终极目的。但是,世界上还有一种"自由帝国主义"的理论,它认为可以用武力和干涉的办法去推行自己的价值观,甚至制造事端挑起地区文明之间的纷争和冲突。这种"自由帝国主义"的理论,乃是国际霸权主义的灵魂,我们要揭露这种理论的本质,并致力于世界各种文明之间的对话和沟通,并达到共生共荣,这就显示了中庸之道的魅力。

第四,中庸"诚"价值观念的普世性。

"诚"的思想内涵主要有:其一,"诚"为真实无妄的本然之道。朱熹对"诚"的解释就是,"诚者,真实无妄之谓,天理之本然也"[①]。其二,"诚"为德目之一,"诚"为道德之本。其三,"诚"强调言行一致,知行合一。《中庸》所谓"诚之",即指的"诚"的实践。

"诚"作为一种普世性的道德观和价值观,对于处理人际关系、社会因素乃至国际关系,都有重要的意义和作用。

对于每个社会成员而言,"诚"是立身之本,每个人首先必须树立正确的价值观,立身以诚,做一个公正无私、不偏不倚、讲究信用、取信于人的人。只有如此,才能妥善处理好人与人、人与社会的关系。

对于一个企业而言,"诚"是立业之本。一个企业形象的好坏往往决定这个企业的前途和命运。而企业形象的树立既不靠金钱,也不依靠权势,只能凭借诚信的原则,来赢得在同行中的权威和声誉。形容"诚"是企业是的第一生命,是一点儿也不为过。而企业失去"诚",便会失去人们对企业的信任,企业注定是要失败的。

对于一个国家而言,"诚"是立国之本。中国自古就有"民为邦本,本固邦宁"的训条,百姓是一个国家的根本,国家领导者靠什么治理好一个国家?靠的是"诚",要取信于民,只有

---

① 《四书集注·中庸注》,岳麓书社1987年版,第45页。

取得百姓的信任，众志成城，这个国家才有力量。要取信于民，就要有利于人民、利于国家、利于民族的政策和措施。《论语·颜渊》就说："民无信不立"，这是千真万确的真理。《中庸》第二十章说：

  凡事豫则立，不豫则废。言前定则不跲，事前定则不困，行前定则不疚，道前定则不穷。在下位不获乎上，民不得而治矣！获乎上有道，不信乎朋友，不获乎上矣！信乎朋友有道，不顺乎亲，不信乎亲矣！诚身有道，不明乎善，不态乎身矣！诚者，天之道也；诚之者，人之道也。诚者，不勉而中，不思而得，从容中道，圣人也。诚之者，择善而固之者也。博学之，审问之，慎思之，明辨之，笃行之。……果能此道矣，虽愚必明，虽柔必强。

这段话指出：治国的前提是"得民"，得民的前提是"获上"，获上的前提是"取信于朋友"，取信于朋友的前提是"顺亲"，顺亲的前提是"诚身"，诚身的前提是善。简而言之，这段话最集中、最典型地阐述了《中庸》"诚"的理论。其根本要义就是一个"诚"字。在这里"诚"又上升到天之道的境界。而"诚之"即诚的实践，则是人之道。可知，诚在治国中的作用和地位是多么重要。现在，我们的国家正迈进在建设强国的大道上，以胡锦涛总书记为首的党中央，代表中国最广大人民的根本利益，一再强调全党"忠诚地为群众谋利益"，并"以党风廉政建设的实际行动取心于民"，这实际上已非常明确地表明了中国共产党要以诚治国的决心和正确方向了。

在国际关系中，国与国之间的"诚"乃是相互交往，相互促进，取得共同发展的基础。国家之间要想建立和平友好、平等互利、合作互动的国际关系，首要的是必须遵循"诚"的原则。

当今世界还存在着许多危机与挑战。譬如国际霸权政治、恐怖主义、宗教冲突、种族战争以及环境污染、生态失衡、资源的掠夺等问题，都威胁着人类的生存与发展。因而，国际社会比任何时候都更需要相互之间的以诚相待，相互信任，在平等互利的基础之上，共同对付人类的生存危机和挑战。只有建立起互信、互利、平等、协作的国际关系，世界才多一份稳定与和平。

综上所述，我们可以说，中庸之道"诚"的原则和精神是正人、立国、治世的准则，是融合国际关系、促进国家和社会发展的基石和法宝。诚具有普世性的伦理精神。

参考文献

朱熹：《四书集注》，中华书局1957年版。
朱熹：《大学中庸论语》，上海古籍出版社1987年版。
杨伯峻：《论语译注》，中华书局1980年版。
杨伯峻：《孟子译注》，中华书局1981年版。
万心权、蔡爱心：《周易大传今注》，台北，正中书局1969年版。
金景芳讲述，吕绍刚整理：《周易讲座》，广西师范大学出版社2005年版。
《十三经注疏》，影印本，中华书局1980年版。
司马迁：《史记》，中华书局1982年版。
班固：《汉书》，中华书局1962年版。
王利器：《新语校注》，中华书局1986年版。
吴云、李春台：《贾谊集校注》，中州古籍出版社1986年版。
凌曰署注：《春秋繁露》，中华书局1975年版。
苏舆：《春秋繁露义证》，中华书局1992年版。
韩敬注：《法言注》，中华书局1992年版。
刘盼遂：《论衡集解》，中华书局1959年版。
楼宇烈：《王弼集校释》，中华书局1980年版。
陆德明：《经典释文》，上海古籍出版社1985年版。
《柳宗元全集》，上海古籍出版社1997年版。

马其昶校注:《韩昌黎文集校注》,上海古籍出版社1998年版。

《刘禹锡全集》,上海古籍出版社1999年版。

马其昶:《韩昌黎文集校注》,上海古籍出版社1998年版。

胡 瑗:《洪范口义》提要,影印四库本。

石 介:《徂徕石先生文集》,中华书局1984年版。

《李觏集》,中华书局1981年版。

《周敦颐集》,中华书局1990年版。

邵雍著:《皇极经世书》,中州古籍出版社1992年版。

《张载集》,中华书局1978年版。

《二程集》,中华书局1981年版。

《朱子语类》,中华书局1986年版。

《朱文公文集》,四部备要本,中华书局1936年版。

《陆九渊集》,中华书局1980年版。

《船山全书》,岳麓书社1990年版。

《陈献章集》,中华书局1987年版。

叶适:《水心文集》,四部备要本。

《习学记言序目》,中华书局1977年版。

吴光、钱明、董平、姚延福编校:《王阳明全集》,上海古籍出版社1992年版。

倪贻德校点:《阳明全书》,上海泰东图书局1925年版。

刘宗周:《刘子全书》,东京中文出版社1981年版。

《王文成公全书》,四部丛刊影印本,上海古籍出版社1992年版。

王夫子:《张子正蒙注》,中华书局1975年版。

王夫子:《读四书大全说》,中华书局1975年版。

《黄宗羲全集》,浙江古籍出版社1986—1994年版。

黄宗羲:《宋元学案》,中华书局1986年版。

黄宗羲：《明儒学案》，中华书局 1985 年版。
《文中子中说》，上海古籍出版社 1991 年版。
许慎：《说文解字》，天津古籍出版社 1991 年版。
段玉裁注：《说文解字注》，上海古籍出版社 1981 年版。
唐兰：《古文字学导论》，齐鲁书社 1980 年版。
《康有为全集》，上海古籍出版社 1987 年版。
康有为注，楼宇烈整理：《孟子注》，中华书局 1987 年版。
康有为注，楼宇烈整理：《中庸注》，中华书局 1987 年版。
梁启超：《饮冰室合集》，商务印书馆 1943 年版。
梁启超：《中国近三百年学术史》，东方出版社 1996 年版。
《孙中山全集》，中华书局 1985 年版。
严可均辑：《全上古三代秦汉三国六朝文》，影印本，中华书局 1958 年版。
冯友兰：《中国哲学史新编》，人民出版社 1985 年版。
任继愈：《中国哲学发展史》，人民出版社 1998 年版。
侯外庐主编：《中国思想通史》，人民出版社 1957 年版。
王钧林：《门外说儒》，齐鲁书社。
任继愈：《学术文化随笔》，中国青年出版社 1996 年版。
钱穆：《中国学术思想史论丛》，安徽教育出版社 2004 年版。
《中国儒学史》（七卷本），广东教育出版社 1998 年版。
匡亚明：《孔子评价》，齐鲁书社 1985 年版。
钱逊：《先秦儒学》，辽宁教育出版社 1991 年版。
杜任之、高树帜：《孔子学说精华体系》，山西人民出版社 1985 年版。
徐复观：《两汉思想史》，华东师范大学出版社 2001 年版。
金春峰：《汉代思想史》，中国社会科学出版社 1987 年版。
牟宗三：《宋明儒学的问题与发展》，华东师范大学出版社

2004年版。

牟宗三:《从陆象山到刘蕺山》,上海古籍出版社2001年版。

金春峰:《朱熹哲学思想》,台北,东大图书公司1998年版。

蒙培元:《理学范畴系统》,福建人民出版社1998年版。

钱穆:《朱子新学案》,巴蜀书社1986年版。

束景南:《朱子大传》,商务印书馆2003年版。

李振刚:《证人之境——刘宗周哲学的宗旨》,人民出版社2000年版。

侯外庐、邱汉生、张岂之主编:《宋明理学史》,人民出版社1997年版。

张立文:《宋明理学研究》,中国人民大学出版社1985年版。

陈来:《宋明理学》,华东师范大学出版社2004年版。

陈来:《朱子哲学研究》,华东师范大学出版社2000年版。

李有兵:《道德与情感——朱熹中和问题研究》,中国传媒大学出版社2006年版。

《庞朴文集》,山东大学出版社2005年版。

张锡勤:《中国近代思想史》,黑龙江人民出版社1988年版。

《孔子学说的重光——梁漱溟新儒学论著辑要》,中国广播电视出版社1995年版。

《极高明而道中庸——冯友兰新儒学论著辑要》,中国广播电视出版社1995年版。

熊十力:《新唯识论》,中华书局1985年版。

蔡仁厚:《儒家思想的现代意义》,台北,文津出版社1987年版。

朱贻庭主编：《中国传统伦理思想史》，华东师范大学出版社 2003 年版。

韦政通：《儒学与现代中国》，上海古籍出版社 1990 年版。

张立文：《和合学概论》，首都师范大学出版社 1987 年版。

陈启智主编：《儒学与全球化》，齐鲁书社 2004 年版。

姜林祥主编：《儒学与社会现代化》，广东教育出版社 2004 年版。

孟祥才、胡新生：《齐鲁文化思想史——从地域文化到主流文化》，山东大学出版社 2002 年版。

万俊人：《寻求普世伦理》，商务印书馆 2001 年版。

成中英：《合内外之道——儒家哲学论》，中国社会科学出版社 2001 年版。

陈满铭：《中庸思想研究》，台北，文津出版社 1980 年版。

吴怡：《中庸诚的哲学》，台北，东大图书公司 1976 年版。

陈科华：《儒家中庸之道研究》，广西师范大学出版社 2000 年版。

徐儒宗：《中庸论》，浙江古籍出版社 2004 年版。

董根洪：《儒家中和哲学通论》，齐鲁书社 2001 年版。